HTML 5+CSS 3+JavaScript 案例实战

Web 前端技术丛书

丁亚飞 薛 燚 著

清華大学出版社
北 京

内容简介

无论是网页的前端还是移动 App 的前端都离不开 HTML+CSS+JavaScript，而学习这 3 门技术的基本要求就是多动手操作和多练习页面实例。本书通过实例的方式讲解前端基础，旨在帮助读者从一位网页开发初学者跃升为真正的前端开发人员。

本书分为 30 章，内容包括网页前端开发和移动端开发的一些必备知识，涵盖常用的表单、图片、按钮、链接、背景、动画、布局、3D、移动开发、触屏开发等技术，涉及 HTML、HTML 5、CSS 2、CSS 3、JavaScript 等现代前端开发常用的技术。

本书内容简洁明了、代码精练、重点突出、实例丰富、语言通俗易懂、原理清晰明白，是广大网页开发初学者的必备选择。本书对想迅速了解跨平台网页代码处理技巧的前端开发人员有重要的指导意义。

图书在版编目（CIP）数据

HTML5+CSS3+JavaScript 案例实战 / 丁亚飞，薛燚著.— 北京：清华大学出版社，2020.1（2023.2 重印）
（Web 前端技术丛书）
ISBN 978-7-302-54444-9

Ⅰ. ①H… Ⅱ. ①丁… ②薛… Ⅲ. ①超文本标记语言—程序设计②网页制作工具③JAVA 语言—程序设计 Ⅳ. ①TP312.8②TP393.092.2

中国版本图书馆 CIP 数据核字（2019）第 264520 号

责任编辑：夏毓彦
封面设计：王　翔
责任校对：闫秀华
责任印制：沈　露

出版发行：清华大学出版社
网　　址：http://www.tup.com.cn，http://www.wqbook.com
地　　址：北京清华大学学研大厦 A 座　　邮　　编：100084
社 总 机：010-83470000　　邮　　购：010-62786544
投稿与读者服务：010-62776969，c-service@tup.tsinghua.edu.cn
质量反馈：010-62772015，zhiliang@tup.tsinghua.edu.cn

印 装 者：三河市龙大印装有限公司
经　　销：全国新华书店
开　　本：190mm×260mm　　印　　张：37.5　　字　　数：960 千字
版　　次：2020 年 1 月第 1 版　　印　　次：2023 年 2 月第 2 次印刷
定　　价：119.00 元

产品编号：083694-01

前　言

读懂本书

当前跨平台、跨多端网页的困局是什么？

手机、平板电脑、PC 等设备给网页开发带来了量的突变。Chrome、Safari、Firefox、微信浏览器等终端给网页开发新增了不少难度。

网页技术近年来有什么发展？

HTML 5、Node.JS、PWA 等新生技术为网页开发带来了质的飞跃。同时，4G 的普及和 5G 的发展为更多带宽提供了可能，我们可以使用一些新的炫彩 3D 动画技术。

为什么还要学习 HTML+CSS+JavaScript？

Web App、移动网页、轻 App、Native App、桌面 App 等各种展现形式，这一切都离不开 HTML+CSS+JavaScript 技术。

本书适合你吗？

本书立足于跨平台、跨终端的 HTML+CSS+JavaScript 开发技术，对移动开发、触屏技术、各种浏览器判断都给出了技术解决方案，是一本学习如何搭建跨平台页面的普及教程。如果你想学习如何开发和设计网页，想了解多平台、跨终端的网页技术，本书就非常适合你。

本书涉及的技术或框架

HTML	HTML 5	CSS 2
CSS 3	JavaScript	jQuery
jQuery Mobile	Chrome 浏览器调试	移动端触屏

本书特点

1. 根据需要选择

本书分为 3 篇，共 30 章，HTML 篇（第 1~16 章）包含表单、图片、媒体、页面特效、SVG、Canvas 等内容；CSS 篇（第 17~22 章）包含文字、图片、按钮、背景、动画、布局、装饰、3D 等内容；JavaScript 篇（第 23~30 章）包含表单、图片、页面特效、移动开发、触屏开发等内容。全书提供近 500 段代码，前后没有关联，让读者可以根据自己的技术弱点来选择性阅读。

2．全面支持 HTML 5 标准

本书每段代码都是在 HTML 5 标准下测试通过的，适应当前所有设备，并针对某些浏览器具体的差异性给出兼容解决方案。

3．解释清晰，原理结合实践

HTML+CSS+JavaScript 虽然语法简单，但是很多读者可能不知效果从何做起，本书配备简单易懂的代码和解释，从效果的实现原理方面进行了剖析，使读者不仅能知其然，更能知其所以然。

4．真实世界的 HTML+CSS+JavaScript 代码

所有代码段不仅提供语法，还有实际场景的代入，符合现代 Web 应用，培养读者编码的兴趣，奠定编码的自信心。

源代码下载

本书配套示例源代码可扫描右侧的二维码获得。

如果下载有问题，请联系 booksaga@163.com，邮件主题为“HTML 5+CSS 3+JavaScript 案例实战”。

本书读者

- 网页与移动网页开发人员
- JavaScript 开发初学者
- 前端开发初学者
- 网页美工人员
- 中小型企业网站搭建开发者
- 大中专院校和各种 IT 培训学校的学生
- 网站后台开发人员（PHP、JSP、Java、ASP.NET 开发人员）
- 网站建设与网页设计的相关威客兼职人员

作者与致谢

本书第 1、2 篇由平顶山学院的丁亚飞编写，第 3 篇由薛燚编写。

封面照片由蜂鸟网的摄影家 ptwkzj 先生友情提供，在此表示衷心感谢。

作　者

2020 年 1 月

目 录

第一篇 HTML篇

第一篇　HTML篇

第 1 章

HTML页面概述

在移动互联网高速发展的时代，各种开发技术层出不穷，但基本技术仍然是 HTML，HTML 是移动 Web 技术的核心和基础。

HTML（Hyper Text Mark-up Language）是制作页面的超文本标签语言，它是目前网络上应用最为广泛的语言，也是构成网页文档的主要语言。无论是移动网页上的信息、显示的图片，还是复杂的交互程序（比如登录网站、短消息提示），都离不开 HTML。

本章介绍构建一个 HTML 文档基础的元素，每个 HTML 文档都要用到这类元素。如何正确使用这些元素对于创建标准的 HTML 文档非常关键。

本章主要涉及的知识点有：

- HTML 文档的基本结构
- HTML 文档类型
- 利用 HTML 元素定义中文网页
- 利用 title 定义网页的标题
- 利用 body 元素定义文档主体
- 利用 meta 元素定义页面元信息
- 载入外部脚本库
- 延迟脚本执行
- 异步执行脚本

1.1 移动网页和普通网页的基本结构

和普通网页一样，移动网页也是由一系列 HTML 元素和标签组成的。元素是 HTML 文档的重要组成部分，例如 html（html 文档开始标签）、title（文档标题）和 img（图像）等。元素名不区分大小写。HTML 用标签来规定元素的属性以及它在文档中的位置。

HTML 的标签分为单独出现的标签和成对出现的标签对两种。

（1）单独出现的标签，其作用是在相应的位置插入元素。语法格式：

```
<元素名称 />
```

```
如<br />
```

（2）大多数标签成对出现，由开始标签（<元素名称>）和结束标签（</元素名称>）组成。语法格式：

```
<元素名称>要控制的元素</元素名称>
如<p>欢迎您的到来</p>
```

在每个 HTML 标签中，还可以设置一些属性，用以控制 HTML 标签所建立的元素。这些属性都位于开始标签中。语法格式：

```
<元素名称 属性 1="值 1" 属性 2="值 2">要控制的元素</元素名称>
如 <div width="300" height="300">这是一个方框</div>
```

当一对 HTML 标签将一段文字包含在其中，这段文字与包含文字的 HTML 标签共同组成一个元素。在 HTML 语法中，每个元素还可以包含另一个元素。

一个完整的移动 HTML 页面是由一系列 HTML 元素按照一定的标准组合而成的，HTML 元素可以说明文字、图形、动画、声音、表格、链接等。

每个 HTML 页面都必须由 DOCTYPE、html、head 和 body 这 4 类元素构成。HTML 的主体结构代码如下：

```
<!DOCTYPE html>
<html>
 <head>
 </head>
 <body>
      这里是页面内容
 </body>
</html>
```

1.2 HTML 网页类型（HTML 4、HTML 5）

由于 HTML 版本繁多，因此 HTML 文档需要告诉浏览器所使用的 HTML 版本，浏览器通过 DOCTYPE 声明来识别 HTML 版本，并正确显示需要输出的内容。

DOCTYPE 由一个单独出现的标签组成。HMTL 文档应以 DOCTYPE 开始，用来说明文档中使用的标签类型。

在 HTML 4 和 XHTML 1.0 时代，有好几种可供选择的 DOCTYPE，每一种都会指明使用的 HTML 是严格型还是过渡型模式。由于太难记，因此每次都需要从某个地方把这些代码复制过来。例如，HTML 过渡型文档的 DOCTYPE：

```
<!DOCTYPE HTML PUBLIC "-//W3C//DTD HTML 4.01 Transitional//EN"
"http://www.w3.org/TR/html4/loose.dtd">
```

<!DOCTYPE>声明不是 HTML 标签，它指示浏览器该页面使用哪个 HTML 版本编写的指令。<!DOCTYPE> 声明引用 DTD，DTD 规定了标记语言的规则，这样浏览器才能正确地呈现内容。DTD（Document Type Definition）即文档类型定义。

HTML 严格模式：

```
<!DOCTYPE HTML PUBLIC "-//W3C//DTD HTML 4.01//EN"
"http://www.w3.org/TR/html4/strict.dtd">
```

HTML 过渡模式：

```
<!DOCTYPE HTML PUBLIC "-//W3C//DTD HTML 4.01 Transitional//EN"
"http://www.w3.org/TR/html4/loose.dtd">
```

相比传统 HTML 和 XHTML 文档中的 DOCTYPE，HTML 5 更为简单，所有浏览器都通用，不需要担心出现兼容性问题，只需记住这个即可：

```
<!DOCTYPE html>
```

<!DOCTYPE html>标签中的 html 用于告诉浏览器处理的是 HTML 文档。

<!DOCTYPE html>必须在文档的第一行，前面不能有空格和空行，否则可能会导致 HTML 代码在浏览器中无法被正确地解析出来。

1.3 定义中文网页

DOCTYPE 定义好之后，紧接着定义 html 元素。html 元素是 HTML 文档的根元素，所有 HTML 标签都要放在<html>标签内。

DOCTYPE 和 html 两个元素构成了 HTML 文档最外层的结构。本例定义一个中文网页，代码如下：

```
01  <!DOCTYPE html>
02  <html lang="zh-CN">
03  ... HTML code ...
04  </html>
```

<html>标签是成对出现的，文件中所有的内容和其他 HTML 标签都包含在其中。

开始标签<html>中的 lang 属性只有在 HTML 5 中才需要指定。该属性定义了创建文档内容的人类语言类型，本例 lang=" zh-CN "，zh-CN 是简体中文的意思，英文简称是 en。任意打开一个英文网页的源代码，我们会发现都会有“<html lang='en'>”。

在网页上定义语言后对搜索引擎和浏览器是有帮助的，但并不是说定义了中文，内容就不能写英文了。尤其是在移动页面，定义语言将有助于语音合成工具确定其应该采用的发音，有助于翻译工具确定其翻译时所应遵守的规则。

不仅可以在<html>标签中定义语言，在其他文本标签中也可以，如<p lang="zh-CN">。

定义语言后的页面在浏览器中并没有特殊的效果，但如果要翻译某个网页，浏览器就会首先判断当前网页使用的哪种语言，然后让用户选择要翻译为哪种语言，此时浏览器会根据 lang 属性来判断当前页面的语言。

比如，当<html lang="en">时，如果要翻译某个网页，网页语言就会自动被识别为英文，如图 1.1 左图所示。当<html lang=" zh-CN ">时，网页语言会自动被识别为“中文”，如图 1.1 右图所示。

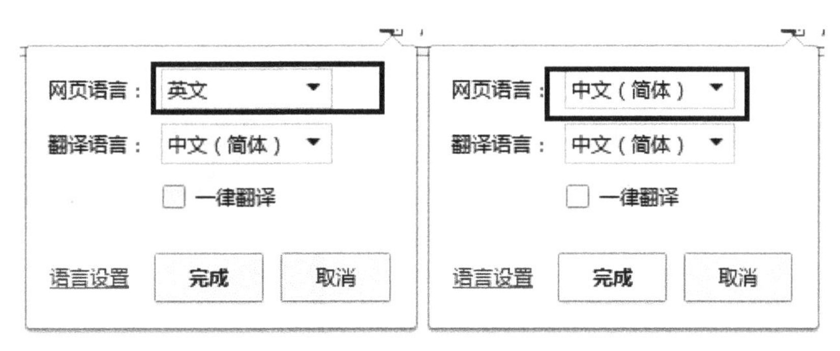

图 1.1　页面的语言

1.4 网页的标题

<html>标签中的 HTML 代码主要分成两部分：第一部分是文档头，包含在<head>标签对内；第二部分是文档正文，包含在<body>标签对内。

在<head>标签对内，通常包含文档标题、关于文档本身的信息以及一些外部资源（比如加载 CSS 样式表）。

除了标题与图像之外，文档中位于<head>标签对内的其他信息通常都是不可见的，代码如下：

```
01  <!DOCTYPE html>
02  <html>
03  <head>
04      <meta charset="utf-8" />
05      <title>head 元素</title>
06  </head>
07  </html>
```

实例中 head 元素中包含<meta>和<title>标签。每个 HTML 文档头部都应该包含这两个基本元素。

- <meta charset="utf-8" />，将文档的字符编码声明为 UTF-8。空格和斜杠可以不输入。如果不声明字符编码，网页就有可能以乱码的方式呈现。
- <title>标签，用来设置文档的标题或名称，浏览器通常将该元素的内容显示在标签页上。

如果是普通的网页，我们就会在浏览器顶部看到显示效果，如图 1.2 所示，在移动浏览器中显示的效果如图 1.3 所示。那么是不是移动网页不用加 title 呢？当然不是，当在移动浏览器中切换多个浏览界面时，还是会显示标题的，如图 1.4 所示。

图 1.2　网页的标题

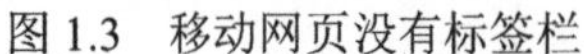

图 1.3　移动网页没有标签栏

图 1.4　切换移动浏览器

<head>标签用于定义文档的头部，它是所有头部元素的容器。<head>中的元素可以引用脚本、指示样式表、提供元信息等。

文档的头部描述了文档的各种属性和信息，包括文档的标题、在 Web 中的位置以及和其他文档的关系等。绝大多数文档头部包含的数据都不会真正作为内容显示给读者。

1.5 移动页面的 meta 元素

<meta>标签位于文档的头部，定义了与文档相关联的元信息，这些元信息总是以“名称/

值”的形式被成对进行定义。

<meta>标签的 name 属性提供了“名称/值”对中的名称，content 属性用于定义元信息“名称/值”对中的值，content 属性始终要和 name 属性或 http-equiv 属性一起使用。<meta>属性如表 1.1 所示。

表 1.1　meta 相关的属性

属性名	值	属性的作用
name	author description keywords generator revised others	把 content 属性关联到一个名称
http-equiv	content-type expires refresh set-cookie	把 content 属性关联到 HTTP 头部
scheme	text	定义用于翻译 content 属性值的格式，用于指定要用来翻译属性值的方案

使用带有 http-equiv 属性的<meta>标签时，服务器将把“名称/值”对添加到发送给浏览器的内容头部，例如：

```
<meta http-equiv="charset" content="iso-8859-1">
<meta http-equiv="expires" content="31 Dec 2016">
```

一个完整的 HTML 页面的 meta 标签代码如下：

```
01  <!DOCTYPE html>
02  <html>
03      <head>
04          <meta charset="utf-8">
05          <meta name="data-spm" content="181"/>
06          <title>机票预订,酒店查询,客栈民宿,旅游度假,门票签证</title>
07          <meta name="description" content="综合性旅游出行服务平台。"/>
08          <meta name="keywords" content=" 机票,机票预订,飞机票查询,航班查询,酒店
预订,特价酒店,酒店团购,特色客栈,旅游度假,门票,签证,自由行线路"/>
09          <meta http-equiv="X-UA-Compatible" content="IE=edge,chrome=1">
10        <meta name="baidu-site-verification" content="3msybWO0gb" />
11        <meta name="360-site-verification"
content="4055b6fd1fa7f20118f2076f30703d11" />
12        <meta name="google-site-verification"
content="MhvMJqzxoa0_Qk5RaNmWqPGYFdlDHKr9x6fMz8Sj0ro" />
13          <meta name="sogou_site_verification" content="tI6NirDNqz"/>
14          <meta name="viewport" content="width=device-width" />
```

```
15
16      </head>
17      <body>
18
19          <a href="https://www.baidu.com">百度</a>
20          <a href="https://www.sogou.com">搜狗</a>
21
22      </body>
23  </html>
```

从以上例子中可以看出，一个页面可以定义多个meta标签，每个标签分别通过对应的name与content属性定义键值对，以定义不同的元信息。

针对移动页面的meta定义还可以增加一些特殊属性，例如：

```
01  <!DOCTYPE html>
02  <html>
03      <head>
04          <meta charset="utf-8">
05          <meta name="data-spm" content="181"/>
06          <title>天猫</title>
07          <meta content="width=device-width, initial-scale=1.0,
maximum-scale=1.0, user-scalable=0" name="viewport">
08          <meta content="yes" name="apple-mobile-web-app-capable">
09          <meta content="black"
name="apple-mobile-web-app-status-bar-style">
10          <meta name="format-detection" content="telephone=no">
11          <meta name="baidu-site-verification" content="h3lsegJFba">
12          <style type="text/css"></style>
13      </head>
14      <body>
15
16          <a href="https://www.baidu.com">百度</a>
17          <a href="https://www.sogou.com">搜狗</a>
18
19      </body>
20  </html>
```

在上面的代码第07行处，可以看出针对移动端应用的页面增加了viewport属性的定义，定义窗口宽度以设备宽度为基准，设置初始缩放比例为1.0。第08行代码设定apple-mobile-web-app-capable属性的值为yes，即指定该Web页面以全屏模式运行；反之，若将apple-mobile-web-app-capable属性的值设置为no，则表示正常显示。第09行设定apple-mobile-web-app-status-bar-style属性，即设置Web App状态栏（屏幕顶部栏）的样式。

建议在移动网页中都加入第07行代码，这样基本不会出现页面内容变形的小错误。

本节重点关注meta的语法及使用方式，meta可设定的属性在后续章节中将进一步介绍。

1.6 文档头部

我们可将 HTML 文档分为头部和主体两个重要的部分。其中，文档头部使用 head 元素进行定义。head 元素是所有头部元素的容器。head 中的元素可以设定文档标题、提供元信息、指定样式表，甚至引用脚本，等等。不过，绝大多数文档头部包含的数据都不会真正作为内容显示给读者。

实例代码：

```
01  <!DOCTYPE html>
02  <html>
03
04      <head>
05          <meta charset="utf-8">
06          <title>文档标题</title>
07          <style type="text/css"></style>
08          <script type="text/javascript"></script>
09      </head>
10
11      <body>
12          <!-- 这里是文档的内容 -->
13      </body>
14
15  </html>
```

以上实例代码中，第 05 行使用 meta 定义文档编码类型，第 06 行定义文档的标题，第 07 行和第 08 行分别定义样式表与脚本，但是第 06 行和第 07 行都是可以选择性定义的内容。

1.7 文档主体

与使用 head 标签定义文档头部类似，文档主体使用 body 元素进行定义。body 元素定义文档的主体，即用户可以在移动页面上直接看到的内容，基本包含文档呈现的所有内容，例如文本、超链接、图像、表格和列表等。

body 元素可选的属性如表 1.2 所示。

表 1.2　body元素可选的属性

属性	值	描述
alink	rgb(x,x,x) #xxxxxx colorname	不赞成使用，请使用 CSS 样式 规定文档中活动链接（Active Link）的颜色
background	URL	不赞成使用，请使用 CSS 样式。规定文档的背景图像

（续表）

属性	值	描述
bgcolor	rgb(x,x,x) #xxxxxx colorname	不赞成使用，请使用 CSS 样式 规定文档的背景颜色
link	rgb(x,x,x) #xxxxxx colorname	不赞成使用，请使用 CSS 样式 规定文档中未访问链接的默认颜色
text	rgb(x,x,x) #xxxxxx colorname	不赞成使用，请使用 CSS 样式 规定文档中所有文本的颜色
vlink	rgb(x,x,x) #xxxxxx colorname	不赞成使用，请使用 CSS 样式 规定文档中已被访问链接的颜色

为 body 标签添加属性的案例如下（不建议使用内联样式）：

```
01  <!DOCTYPE html>
02  <html>
03
04      <head>
05          <title>天猫</title>
06      </head>
07
08      <body  bgcolor="blue">
09          <h2>背景颜色是蓝色的。</h2>
10      </body>
11
12  </html>
```

从以上实例代码中可以看出，body 元素与 head 元素并列，处于相同的层级，body 可根据需要添加其他 HTML 标签。

1.8 指定外部样式表

HTML 文档引用外部样式表时常常使用<link>标签。<link>标签用于定义文档与外部资源的关系，常见的用途是链接样式表，例如：

```
<link rel="stylesheet" type="text/css" href="../css/reset.css" >
<link rel="stylesheet" type="text/css" href="../css/theme.css" >
```

<link>元素只能存在于<head>标签内部。在 HTML 中，<link>标签没有结束标签，但是可用反斜杠来进行闭合，例如：

```
<link rel="stylesheet" type="text/css" href="../css/reset.css" />
<link rel="stylesheet" type="text/css" href="../css/theme.css" />
```

link 可选的属性参见表 1.3。

表 1.3　link可选的属性

属性	值	描述
type	MIME_type，如 text/css	规定被链接文档的 MIME 类型
charset	charset	定义被链接文档的字符编码方式
href	URL	定义被链接文档的位置
media	screen tty tv projection handheld print braille aural all	规定被链接文档将显示在什么设备上
rel	alternate 定义交替出现的链接 author bookmark 书签 chapter 作为文档的章节 copyright 当前文档的版权 glossary 词汇 help 链接帮助信息 next 记录文档的下一页（浏览器可以提前加载此页） prev 记录文档的上一页（定义浏览器的后退键） section 作为文档的一部分 start 通知搜索引擎文档的开始 stylesheet 定义一个外部加载的样式表 subsection 作为文档的一小部分 icon licence search prefetch	定义当前文档与被链接文档之间的关系
rev	reversed relationship	定义被链接文档与当前文档之间的关系，HTML 5 中不支持
target	_blank _parent _self _top framename	定义在何处加载被链接文档
sizes	heightxwidth any	规定被链接资源的尺寸，仅适用于 rel="icon"

<link>标签的 rel 与 rev 这两个标记主要用于表示文档之间的联系，rel 是从源文档到目标文档的关系，而 rev 是从目标文档到源文档的关系。rel 和 rev 用来指定链接定义中哪一端是源端，哪一端是目的端，两者的属性都用于描述链接的基本特征，即链接类型。

link 元素的使用实例代码如下：

```
01  <!DOCTYPE html>
02  <html>
03  <head>
04          <head>
05          <meta charset="utf-8">
06          <title>百度一下，你就知道</title>
07          <link rel="stylesheet" type="text/css"
href="http://su.bdimg.com/static/superplus/css/super_min_8eec70f2.css">
08          <link rel="stylesheet" type="text/css" href="./index.css">
09          <style type="text/css">
10          body {
11              padding: 20px;
12          }
13          </style>
14      </head>
15
16      <body>
17          <div class="layout">
18              <div id="logo">
19                  <img hidefocus="true"
src="//www.baidu.com/img/bd_logo1.png" >
20              </div>
21          </div>
22      </body>
23
24  </html>
```

以上代码第 07 行引用了一个外部样式表，使用该样式表的 URL 地址作为 link 元素的 src 属性值，而第 08 行也引用了一个外部样式表，采用相对路径的样式表，样式表代码如下：

```
.layout {
 width: 60%;
 margin: 0 auto;
 }
```

移动浏览器显示效果如图 1.5 所示。

图 1.5　link 元素使用效果

1.9 利用资源的预加载提升用户体验

预先获取资源类等同于页面资源预加载（Link Prefetch），这是浏览器提供的一个技巧，目的是让浏览器在空闲时间下载或预读取一些文档资源，用户可以在后续操作中访问这些资源。一个 Web 页面可以对浏览器设置一系列的预加载指示，当浏览器加载完当前页面后，它会在后台静悄悄地加载指定的文档，并把它们存储在缓存里。当用户访问这些预加载的文档后，浏览器能快速地从缓存里提取给用户。简单来说，就是让浏览器预先加载用户访问当前页后极有可能访问的其他资源，如页面、图片、视频等。

什么情况下应该预加载页面资源呢？在页面里加载什么样的资源、什么时候加载完全取决于你期望给用户带来什么样的体验。为了提升用户体验，建议当页面有幻灯片等交互效果时，预加载/预读取接下来的 1~3 页和之前的 1~3 页，同时预加载整个网站通用的图片，例如通用的使用 CSS Sprite 后的图片。

在 1.8 节中，我们讨论了<link>元素的 rel 属性，可取值 prefetch，即预先获取资源，利用该属性取值，即可达到本节的目的。实例代码：

```
<!-- 预加载整个页面 -->
<link rel="prefetch" href="http://www.alitrip.com/>
<!-- 预加载一个图片 -->
<link rel="prefetch" href="
```

```
http://gtms03.alicdn.com/tps/i3/TB1OUQzGVXXXXXRapXXlaygHFXX-702-442.png " />
```

该 HTML 5 页面资源预加载/预读取功能是通过 link 标记实现的，将 rel 属性指定为 prefetch，在 href 属性里指定要加载资源的地址。Firefox 浏览器还提供了一种额外的属性支持：

```
<link rel="prefetch alternate stylesheet"
title="Designed for Mozilla" href="mozspecific.css" />
<link rel="next" href="2.html" />
```

预加载不能跨域工作，包括跨域 Cookies。并且预加载有可能导致网站访问量统计不准确，因为有些预加载到浏览器的页面用户可能并未真正访问。

虽然预加载略有缺憾，但是为了提升用户体验，仍然很值得尝试。

1.10 载入外部脚本库

移动 Web 和传统 Web 一样，都是使用 script 元素的 src 属性来加载外部脚本的。本例使用两个 script 元素分别加载外部 jQuery 文件和内联 JavaScript 脚本：

```
01  <!DOCTYPE html>
02  <html>
03  <head>
04      <meta charset="utf-8">
05      <meta content="width=device-width, initial-scale=1.0,
maximum-scale=1.0, user-scalable=0" name="viewport">
06      <title>定义内部和外部 JavaScript 脚本</title>
07  </head>
08  <body>
09      <div> …content here… </div>
10  <script type="text/javascript" src="
http://apps.bdimg.com/libs/jquery/2.1.4/jquery.min.js"></script>
11  <script type="text/javascript">
12      $(function(){
13          // 文档就绪
14          document.write("Hello World!")
15      });
16  </script>
17  </body>
18  </html>
```

以上代码第 09 行引入了一个外部 jQuery 的脚本库，采用 URL 地址进行引入。第 10~15 行定义了一段内嵌脚本，等待文档就绪后向页面写入“Hello World!”字样。

浏览器显示效果如图 1.6 所示。

图 1.6　载入外部脚本效果图

无论引用几个外部 JavaScript 文件，浏览器都会按照<script>元素在页面中出现的先后顺序对它们依次进行解析。换句话说，在第一个<script>元素包含的代码解析完成后，第二个<script>包含的代码才会被解析。

1.11 延迟脚本执行

为了防止 JavaScript 脚本阻止浏览器进程，我们往往需要等整个页面加载后再加载 JavaScript 脚本。常用的方法可以将<script>标签放置在 body 内所有节点之后。如 1.10 节的代码中展示的，第 10~16 行脚本在 body 的所有 content 之后，使得浏览器在加载文档的其他节点时，不会由于遇到 script 元素而需要等待加载或等待脚本执行。

使用 JavaScript 可以实现代码的延时执行，也就是说当一个函数被调用时不立即执行某些代码，而是等一段指定的时间后再执行。延迟 JavaScript 脚本执行可以使用 setTimeout 方法。setTimeout() 方法用于在指定的毫秒数后调用函数或计算表达式，实例如下：

```
01   <!DOCTYPE html>
02   <html>
03       <head>
04   <meta content="width=device-width, initial-scale=1.0, maximum-scale=1.0,
user-scalable=0" name="viewport">
```

```
    05        <title>延迟脚本执行</title>
    06        </head>
    07        <body>
    08            <form>
    09                <input type="button" value="显示计时的消息框！" onClick =
"timedMsg()">
    10            </form>
    11            <p>点击上面的按钮。5 秒后会显示一个消息框。</p>
    12        <script type="text/javascript">
    13            function timedMsg()
    14            {
    15            var t=setTimeout("alert('5 seconds!')",5000)
    16            }
    17            </script>
    18        </body>
    19
    20    </html>
```

setTimeout()只执行 code 一次。如果要多次调用，那么可以使用 setInterval()或者让 code 自身再次调用 setTimeout()。

1.12 异步执行脚本

由于 JavaScript 语言的执行环境是“单线程”（Single Thread）的，即一次只能完成一件任务，如果有多个任务，就必须排队，前面一个任务完成，再执行后面的任务。因此，如果队伍很长，就会出现等待时间过长的现象。为了解决这个问题，JavaScript 语言将任务的执行模式分成两种：同步（Synchronous）和异步（Asynchronous）。

广义上讲，JavaScript 异步执行脚本的实际效果就是延时执行脚本。严格来说，JavaScript 中的异步编程能力都是由 BOM 与 DOM 提供的，如 setTimeout、XMLHttpRequest，还有 DOM 的事件机制，还有 HTML 5 新增加的 webwork、postMessage 等。这些方法有一个共同的特点，就是都有一个回调函数，便于实现控制。

实现异步模式执行脚本有 4 种方法，分别是使用回调函数、事件监听、观察者模式、Promise 对象。

1. 回调函数

回调函数是异步编程基本的方法。前文提到的 setTimeout、XMLHttpRequest、webwork、postMessage 等方法都有一个回调函数，都可归属于使用回调函数实现异步编程的方法。

例如，使用 setTimeout 方法实现异步编程的实例代码如下：

```
01  <!DOCTYPE html>
02  <html>
03      <head>
04      <meta content="width=device-width, initial-scale=1.0,
maximum-scale=1.0, user-scalable=0" name="viewport">
05  </head>
06      <body>
07          <script type="text/javascript">
08          function f2(){
09              alert("这是回调函数 f2");
10          }
11          function f1(callback){
12              setTimeout(function ()
13              { // f1 的任务代码
14                  callback();
15  }, 1000);
16  // 主要逻辑 code
17          }
18          f1(f2);
19          </script>
20      </body>
21
22  </html>
```

以上实例代码中，f1 函数内部的 callback()不会阻塞主题逻辑代码的执行，化同步逻辑为异步逻辑。

可以看出，回调函数简单、容易理解和部署。但是，回调函数的缺点是不利于代码的阅读和维护，各个部分之间高度耦合，流程会很混乱，而且每个任务只能指定一个回调函数。因此，需要了解其他模式的异步编程思想。

2. 事件监听

基于事件监听的异步脚本执行的思路是基于事件的触发，而不依赖脚本的顺序。实例代码如下：

```
01  <!DOCTYPE html>
02  <html>
03  <head>
04      <meta content="width=device-width, initial-scale=1.0,
maximum-scale=1.0, user-scalable=0" name="viewport">
05  </head>
06  <body>
07  <script
src="http://g.alicdn.com/??kissy/k/1.4.14/seed-min.js"></script>
```

```
08   <script type="text/javascript">
09   KISSY.use('node, event, base',function (S, Node, Event, Base) {
10      "use strict";
11      var EMPTY = '';
12      var $ = Node.all;
13      var loadBase = Base.extend({
14
15         initializer: function () {
16            var self = this;
17            self.f1();
18         },
19
20         f1: function (){
21            var self = this;
22            console.log("这是函数 f1");
23            setTimeout(function(){
24               self.fire('done');
25            }, 1000);
26         },
27
28         f2: function (){
29            console.log("这是回调函数 f2");
30         }
31      });
32
33      var loadbase1 = new loadBase();
34      loadbase1.on('done', function (){
35         loadbase1.f2();
36      });
37
38   });
39   </script>
40   </body>
41   </html>
```

其中，代码第 34 行使用 on 方法进行事件绑定，代码第 24 行使用 fire 方法触发事件。f1.fire('done')表示立即触发 done 事件，从而触发第 34 行已绑定的事件回调，即第 35 行代码中的 f2 开始执行。

事件监听使得程序进度基于事件的编程逻辑。

3. 观察者模式

观察者模式的异步脚本执行的方法的实例代码如下：

```
01   <!DOCTYPE html>
```

```
02  <html>
03  <head><meta content="width=device-width, initial-scale=1.0,
maximum-scale=1.0, user-scalable=0" name="viewport">
04  </head>
05  <body>
06      <script
src="http://g.alicdn.com/kissy/k/1.4.0/seed-min.js"></script>
07      <script type="text/javascript">
08          KISSY.use("event", function(S, Event) {
09              function Custom(id){
10                  this.id = id;
11                  this.publish("run",{
12                      bubbles:1
13                  });
14              }
15
16              S.augment(Custom, Event.Target);
17
18              var f1 = new Custom("f1");
19
20              var f2 = new Custom("f2");
21
22              f1.addTarget(f2);
23
24              f2.on("run",function(e){
25                  console.log(e.target.id +" fires event run"); // => c1 fires
event run
26              });
27
28              f1.fire("run");
29          });
30      </script>
31  </body>
32  </html>
```

其中，代码第 22 行的 addTarget 方法用于事件订阅，代码第 28 行的 fire 方法用于触发事件。f1.fire ('run')表示立即发布 run 消息。

这种方法的性质与事件监听类似，但是可以通过查看“消息中心”了解存在多少信号、每个信号有多少订阅者，从而监控程序的运行。

4. Promises 对象

Promises 对象是 CommonJS 工作组提出的一种规范，目的是为异步编程提供统一接口。实例代码如下：

```
01  <!DOCTYPE html>
02  <html>
03      <head>
04         <meta content="width=device-width, initial-scale=1.0,
maximum-scale=1.0, user-scalable=0" name="viewport">
05      </head>
06
07      <body>
08          <script
src="http://g.alicdn.com/kissy/k/1.4.0/seed-min.js"></script>
09          <script type="text/javascript">
10          KISSY.use('promise', function (S, Promise){
11              function getItem (){
12                  var d = new Promise.Defer();
13                  var promise = d.promise;
14                  var data = {
15                      id: "2019-06-06"
16                  };
17                  d.resolve(data);
18                  return promise;
19              }
20              var promiseTasks = getItem();
21              promiseTasks.then(function (res){
22                  console.log(res)
23              });
24          })
25          </script>
26      </body>
27
28  </html>
```

Promise 的优点在于回调函数变成链式写法，程序的流程较为清晰，而且有一整套的配套方法，可以实现许多强大的功能。例如，f1().then(f2).fail(f3);就是在指定发生错误时的回调函数。

第 2 章

头部meta元素

meta 是 meta-information（元信息）的缩写。meta 元素可提供有关页面的元信息，例如针对搜索引擎和更新频度的描述和关键词。meta 的定义有两种方式：第一种是<meta name="name" content="content">，这种形式可以设定传递给浏览器和搜索引擎的元信息；第二种是<meta http-equiv="name" content="content">，这种形式类似于 HTTP 的头部协议，它传递给浏览器一些有用的信息，以帮助浏览器正确和精确地显示移动网页的内容。

在第 1.5 节中，我们简要介绍了 meta 的作用及其使用方法，meta 可以定义 HTML 文档所需使用的元信息。本章将进一步介绍常用的 meta 元信息的作用、定义方式以及使用场景，并针对具体案例进行说明。

本章主要涉及的知识点有：

- 定义页面关键字
- 设置页面描述
- 设定作者信息
- 限制搜索方式
- 网页语言与文字
- 定时跳转页面
- 设定网页缓存过期时间
- 禁止从缓存中调用
- 删除过期的 Cookie

2.1 定义页面关键字

在搜索引擎中，检索信息都是通过输入关键字来实现的。网站关键字就是一个网站给首页设定的以便用户通过搜索引擎能搜到本网站的词汇，是进行网页优化的基础。关键字在浏览时是看不到的，它可以供搜索引擎使用。当用关键字搜索网站时，如果网页中包含该关键字，就可以在搜索结果中列出来。针对移动页面，由于移动端限于手机尺寸的太小，不可能展示太多内容，因此手机百度等搜索引擎对移动端关键字依赖度比较高。

如何在HTML文档中定义最佳关键字供搜索引擎使用呢？关键字可以通过meta标签来定义，其基本语法如下：

```
<meta name="keywords" content="输入具体的关键字">
```

页面关键字的定义方式与meta的标准格式一致，遵循以name、content属性来定义键值对的规则。name为属性名称，这里是keywords，也就是设置网页的关键字属性，keywords提供的网页关键字通常是为搜索引擎分类网页使用的。而在content中则定义具体的关键字。

实例代码：

```
01    <!DOCTYPE html>
02    <html>
03    <head>
04        <meta charset="UTF-8">
05        <title>机票预订,酒店查询,客栈民宿,旅游度假,门票签证</title>
06       <meta name="keywords"  content="机票,机票预订,飞机票查询,航班查询,酒店预订,
特价酒店,酒店团购,特色客栈,旅游度假,门票,签证,旅游,旅行,自由行线路">
07    </head>
08    <body>
09    </body>
10    </html>
```

在以上代码中，第06行为插入关键字。从代码可以看出，同一个HTML文档可以定义多个关键字，多个关键字使用逗号分开。keywords 提供的网页关键字通常是为搜索引擎分类网页使用的，浏览器不会直接显示给用户。

建议不要给网页定义与网页描述内容无关的关键词。网站关键字最好控制在10个词之内，过多的关键字搜索引擎将忽略。

2.2 设置页面描述

与设置页面关键字类似，我们也可以通过meta元素来设置描述网页的主要内容、主题等，合理地设置页面描述也有助于提高被搜索引擎搜索到的概率。

设置页面描述的语法与设置关键字相似：

```
<meta name="description" content="输入具体的页面描述">
```

name属性取值为description，用于定义网页简短描述；content属性提供简短的网页描述。

实例代码：

```
01    <!DOCTYPE html>
02    <html>
```

```
03    <head>
04        <meta charset="UTF-8">
05        <title>机票预订,酒店查询,客栈民宿,旅游度假,门票签证</title>
06        <meta name="description" content="综合性旅游出行服务平台整合数千家机票代理商、航空公司、旅行社、旅行代理商资源，直签酒店，客栈卖家等为广大旅游者提供特价机票，酒店预订，客栈查询，国内外度假信息，门票购买，签证代理，旅游卡券，租车，邮轮等旅游产品的信息搜索，购买及售后服务。全程采用支付宝担保交易，安全、可靠、有保证。"/>
07       <meta name="keywords" content="机票,机票预订,飞机票查询,航班查询,酒店预订,特价酒店,酒店团购,特色客栈,旅游度假,门票,签证,旅游,旅行,自由行线路">
08    </head>
09    <body>
10    </body>
11    </html>
```

在以上代码中，第 06 行定义页面描述。需要注意的是，description 提供的网页简短描述通常是为搜索引擎描述网页使用的，浏览器不会直接显示给用户。网页简短描述不能太长，应该保持在 140~200 个字符或者 100 个左右的汉字。不要给网页定义与网页描述内容无关的简短描述。

2.3 设置作者信息

如果你是在写一篇好文，那么可以为文章署上自己的名字。如果你是在创作一幅精美的油画，那么完结时可以在卷末优雅地签名或者盖上专属印章。HTML 文档能否签名呢？使用 meta 元素可以为 HTML 文档设定网站作者的名称。其语法如下：

```
<meta name="Author" content="mmkguanli">
```

将 meta 元素的属性名设置为 Author，content 属性值即为具体的作者信息。

实例代码：

```
01    <!DOCTYPE html>
02    <html lang="zh-CN">
03    <head>
04        <meta charset="UTF-8">
05        <meta content="width=device-width, initial-scale=1.0, maximum-scale=1.0, user-scalable=0" name="viewport" />
06        <meta content="yes" name="apple-mobile-web-app-capable" />
07        <meta content="black" name="apple-mobile-web-app-status-bar-style" />
08        <meta name="format-detection" content="telephone=no" />
09        <meta name="author" content="前端技术社区" />
10        <title>F2E - 前端技术社区</title>
11        <script type="text/javascript"
```

```
src="/static/js/base/jquery-2.1.4.min.js"></script>
   12       <script type="text/javascript"
src="/static/js/base/bootstrap.min.js"></script>
   13       <script type="text/javascript"
src="/static/js/base/in-min.js"></script>
   14       <link rel="stylesheet"
href="/static/css/bootstrap/bootstrap.min.css" />
   15       <link rel="stylesheet" href="/static/css/main.css?t=20130807001.css"
/>
   16       <style type="text/css">
   17           .totop a {
   18               display: block;
   19               width: 40px;
   20               height: 35px;
   21               background: url('/static/images/totop.gif') no-repeat;
   22               text-indent: -9999px;
   23               text-decoration: none;
   24           }
   25
   26           .totop a:hover {
   27               background-position: 0 -35px;
   28           }
   29       </style>
   30       </head>
   31   <body>
   32       content here ...
   33   <body>
   34   </body>
   35   </html>
```

本段代码来自于活跃度较高的前端技术社区，注意第 04~09 行均为 meta 信息的设定，第 09 行为作者信息的设定。用户在浏览器上浏览页面内容时，并不能直接看到作者信息，因此这里就不给出浏览器效果图了。

2.4 限制搜索方式

搜索引擎的定期搜索方式就是：每隔一段时间，搜索引擎主动对一定 IP 地址范围内的互联网网站进行检索，一旦发现新的网站，它会自动提取网站的信息和网址加入自己的数据库。搜索引擎的搜索机器人沿着网页上的链接（如 http 和 src 链接）不断地检索资料，建立自己的数据库。有没有办法限制自己的网站不被搜索引擎的搜索机器人设定为检索目标呢？

答案是肯定的。通过meta标签可以限制部分内容不被搜索引擎检测到，降低部分信息的公开性。设置方法如下：

```
<meta name="robots" content=" noindex, nofollow ">
```

设置meta属性的name值为robots，属性content的可取值有index、noindex、follow、nofollow等。index为允许搜索引擎索引此网页，noindex为搜索引擎不索引此网页，follow为允许搜索引擎继续通过此网页的链接索引搜索其他的网页，nofollow为搜索引擎不继续通过此网页的链接索引搜索其他的网页。根据排列组合，有4种组合。index和follow组合也可以写为all，noindex和nofollow等价于none。

实例1：

```
<meta name="robots" content="noindex" />
```

实例1的content属性值为noindex，定义了此网页不被搜索引擎索引进数据库，但搜索引擎可以通过此网页的链接继续索引其他网页。

实例2：

```
<meta name="robots" content="nofollow" />
```

实例2的content属性值为nofollow，定义了允许此网页被搜索引擎索引进数据库，但搜索引擎不可以通过此网页的链接继续索引其他网页。nofollow为网站管理员提供了一种方式，即告诉搜索引擎不要追踪此网页上的链接或不要追踪此特定链接。对于大型的可供访问者任意发布信息的网站来说，添加这样的标签可以防止浏览者恶意添加导出链接，从而避免降低网站权重被搜索引擎降权或惩罚。

实例3：

```
<meta name="robots" content="none" />
```

实例3的content属性值为none，定义了此网页不被搜索引擎索引进数据库，且搜索引擎不可以通过此网页的链接继续索引其他网页。

如果网页没有提供robots，搜索引擎就认为网页的robots属性为all（index、follow）。

完整的HTML文档如下：

```
01  <!DOCTYPE html>
02  <html lang="zh-CN">
03  <head>
04
05      <meta name="robots" content="noindex">
06      <meta content="width=device-width, initial-scale=1.0,
maximum-scale=1.0, user-scalable=0" name="viewport" />
07      <meta content="yes" name="apple-mobile-web-app-capable" />
08      <meta content="black" name="apple-mobile-web-app-status-bar-style" />
09      <meta name="format-detection" content="telephone=no" />
10      <title>2.10</title>
```

```
11    </head>
12  <body>
13    content here ...
14  <body>
15  </body>
16  </html>
```

遵循 meta 语法，限制搜索方式的 meta 定义在 head 元素之内。上述代码中的第 05 行，即实例 1 的代码，定义了此网页不被搜索引擎索引进数据库，但搜索引擎可以通过此网页的链接继续索引其他网页。

2.5 网页语言与文字

通过 meta 可设定页面使用的字符集，用以说明页面所使用的文字，浏览器会据此来调用相应的字符集显示页面内容，同时搜索引擎知道该页面使用的是什么语言对浏览器和搜索引擎都有帮助。字符集是一组具有共同特征的抽象字符的集合，常见的字符集有英文字符集、ISO8859、CJK、繁体字字符集、简体字字符集、日文汉字字符集、日文假名字符集。

例如：

```
<meta http-equiv="content-language" content="zh-CN" />
```

将 meta 的 http-equiv 属性取值为 content-language，用以标识页面语言。content 取值为具体的定义页面所使用的语言代码。content-language 为 http-equiv 属性的值。使用 content 属性表示页面的语言以及国家代码，语法格式为：

```
primary-code - subcode
```

其中，primary-code 为语言代码，subcode 为国家代码。例如 zh-CN 即中文-中国。

实例 1：

```
<meta http-equiv="content-language" content="en" />
```

实例 2：

```
<meta http-equiv="content-language" content="en-US" />
```

content 为 en 时，代表 English，而 content 为 en-US 时，代表 the U.S. version of English（美国版本的英文）。

primary-code 常用的由两个字母组成的有：

- zh（Chinese，中国）
- fr（French，法国）
- de（German，德国）

- it（Italian，意大利）
- nl（Dutch，荷兰）
- el（Greek，希腊)
- es（Spanish，西班牙）
- pt（Portuguese，葡萄）
- ar（Arabic，阿拉伯）
- ru（Russian，俄罗斯）
- ja（Japanese，日本）

此外，通过 Content Type 可以定义文件的类型和网页的编码。编码是字符和二进制内码的对应码表，常见的编码类型有 ASCII、ISO8859-1、GB2312、GBK、UTF-8、UTF-16 等。

实例 3：

```
<meta http-equiv="Content-Type" content="text/html; charset=gb2312"/>
```

同一种字符集可以有不同的编码实现，同一种编码也可以实现多个字符集。

实例代码：

```
01   <!DOCTYPE html>
02   <html>
03   <head>
04
05       <meta http-equiv="content-language" content="zh-CN" />
06       <meta http-equiv="Content-Type" content="text/html; charset=utf-8"/>
07       <meta content="width=device-width, initial-scale=1.0,
maximum-scale=1.0, user-scalable=0" name="viewport" />
08       <meta content="yes" name="apple-mobile-web-app-capable" />
09       <meta content="black" name="apple-mobile-web-app-status-bar-style" />
10       <meta name="format-detection" content="telephone=no" />
11       <title>2.5</title>
12       </head>
13   <body>
14       content here ...
15   <body>
16   </body>
17   </html>
```

2.6 定时跳转移动页面

设定移动页面定时跳转不一定要通过 JavaScript 脚本代码来实现，也可以通过 meta 标签来实现。例如自动跳转到其他页面，可以设定 10 秒后跳转到指定的 URL：

```
<meta http-equiv="refresh" content="10;URL=https:/www.baidu.com">
```

设置 meta 的 http-equiv 取值为 refresh，用于刷新与跳转（重定向）页面。refresh 为 http-equiv 属性的值，使用 content 属性表示刷新或跳转的开始时间与跳转的网址。

refresh 也可以设置刷新本页面的功能，例如设置 5 秒之后刷新本页面：

```
<meta http-equiv="refresh" content="5" />
```

完整的实例代码如下：

```
01  <!DOCTYPE html>
02  <html>
03  <head>
04      <meta charset="UTF-8">
05      <meta http-equiv="refresh" content="5" />
06      <meta content="width=device-width, initial-scale=1.0,
maximum-scale=1.0, user-scalable=0" name="viewport" />
07      <meta content="yes" name="apple-mobile-web-app-capable" />
08      <meta content="black" name="apple-mobile-web-app-status-bar-style" />
09      <meta name="format-detection" content="telephone=no" />
10      <title>2.6</title>
11      </head>
12  <body>
13      content here ...
14  <body>
15  </body>
16  </html>
```

2.7 设置网页缓存过期时间

通过 meta 可以设置网页缓存过期时间，语法格式如下：

```
<meta http-equiv="expires" content="这里是具体的时间值" />
```

将 meta 元素的 http-equiv 取值为 expires 属性值，即设置网页缓存过期时间，并使用 content 属性表示页面缓存的过期时间。

expires 的具体作用是用于设置网页的过期时间，一旦过期就必须从服务器上重新加载，时间必须使用 GMT 格式。

实例代码：

```
01  <!DOCTYPE html>
02  <html>
03  <head>
04      <meta charset="UTF-8">
```

```
    05        <meta http-equiv="expires" content="Sunday 19 March 2019 01:00 GMT" />
    06        <meta content="width=device-width, initial-scale=1.0,
maximum-scale=1.0, user-scalable=0" name="viewport" />
    07        <meta content="yes" name="apple-mobile-web-app-capable" />
    08        <meta content="black" name="apple-mobile-web-app-status-bar-style" />
    09        <meta name="format-detection" content="telephone=no" />
    10        <title>2.7</title>
    11        </head>
    12    <body>
    13        content here ...
    14    <body>
    15    </body>
    16    </html>
```

以上代码第 05 行设定了网页缓存过期时间为 2019 年 3 月 19 日上午 1 点整，一旦超过该时间，缓存里关于此网页的内容将过期而无法使用。如果指定过去的时间，此网页就无法使用缓存。

2.8 禁止从缓存中调用

有时为了提高用户访问移动网页的速度，浏览器会缓存用户浏览过的页面，这样用户刷新页面时可从缓存中读取页面数据，减少再次从服务器读取数据所需耗费的时间，以提高页面呈现速度。但是，对于某些需要从服务器及时更新数据的页面来说，有没有办法禁止从缓存中读取页面数据呢？

事实上，网页缓存由 HTTP 消息报头中的 Cache-Control 控制，Cache-Control 指定请求和响应遵循的缓存机制。在请求消息或响应消息时设置 Cache-Control 并不会修改另一个消息处理过程中的缓存处理过程。请求时的缓存指令包括 no-cache、no-store、max-age、max-stale、min-fresh、only-if-cached，响应消息的指令包括 public、private、no-cache、no-store、no-transform、must-revalidate、proxy-revalidate、max-age。各个消息中指令的含义如下：

- public　指示响应可被任何缓存区缓存。
- private　指示对于单个用户的整个或部分响应消息，不能被共享缓存处理。这允许服务器仅仅描述当前用户的部分响应消息，此响应消息对于其他用户的请求无效。
- no-cache　指示请求或响应消息不能缓存。
- no-store　用于防止重要的信息被无意地发布。在请求消息中发送该指令将使得请求和响应消息都不使用缓存。
- max-age　指示客户机可以接收生存期不大于指定时间（以秒为单位）的响应。
- min-fresh　指示客户机可以接收响应时间小于当前时间加上指定时间的响应。
- max-stale　指示客户机可以接收超出超时期间的响应消息。如果指定 max-stale 消息的值，那么客户机可以接收超出超时期间指定值之内的响应消息。

根据用户不同的重新浏览方式，Cache-Control 不同取值的作用可以分为以下几种：

（1）打开新窗口

如果 Cache-Control 的值为 private、no-cache、must-revalidate，那么打开新窗口访问时会重新访问服务器。而如果指定了 max-age 值，那么在 max-age 值内的时间里不会重新访问服务器，例如：

```
Cache-control: max-age=5
```

表示当访问此网页后的 5 秒内不会再次访问服务器。

（2）在地址栏回车

若 Cache-Control 的值为 private 或 must-revalidate，则只有第一次访问时会访问服务器，以后不再访问；若值为 no-cache，则每次都会访问；若值为 max-age，则在过期之前不会重复访问。

（3）单击后退按扭

若 Cache-Control 的值为 private、must-revalidate、max-age，则不会重复访问；若值为 no-cache，则每次都重复访问。

（4）单击刷新按扭

无论为何值，都会重复访问。

Cache-Control 的值为 no-cache 时，访问此页面不会在临时文件夹留下页面备份。

另外，通过指定 expires 的值会影响缓存。例如，指定 expires 的值为一个早已过去的时间，访问此网页时若重复在地址栏按回车键，则每次都会重复访问：Expires: Fri, 31 Dec 1999 16:00:00 GMT。注意，设置的时间格式为 GMT 格式。

通过设置 meta 禁止浏览器缓存页面，并且浏览器无法脱机浏览该页面，方法是设置 HTTP 头中的 pragma 属性，具体如下：

```
<meta http-equiv="pragma" content="no-cache" />
```

其中，pragma 与 no-cache 用于定义页面缓存，pragma 出现在 http-equiv 属性中，使用 content 属性的 no-cache 值表示禁止缓存网页，每次打开此页面都需要重新从服务器读取。

完整的实例代码如下：

```
01  <!DOCTYPE html>
02  <html>
03  <head>
04      <meta charset="UTF-8">
05      <meta http-equiv="Pragma" content="no-cache">
06      <meta http-equiv="Cache-Control" content="no-cache">
07      <meta http-equiv="Expires" content="-1">
08      <meta content="width=device-width, initial-scale=1.0,
```

```
maximum-scale=1.0, user-scalable=0" name="viewport" />
  09      <meta content="yes" name="apple-mobile-web-app-capable" />
  10      <meta content="black" name="apple-mobile-web-app-status-bar-style" />
  11      <meta name="format-detection" content="telephone=no" />
  12      <title>2.8 禁止从缓存中调用</title>
  13      </head>
  14   <body>
  15      content here ...
  16      禁止从缓存中调用
  17   <body>
  18   </body>
  19   </html>
```

在以上代码中，第 05~08 行设置浏览器的缓存模式。其中，第 05、06 行设置 Pragma、Cache-Control 为 no-cache 禁止缓存页面，且过期时间为-1，即缓存失效时间为立即失效。

2.9 删除过期的 Cookie

在没有单独设置 Cookie 的调用方式与过期时间的情况下，浏览器访问某个页面时默认将它保存在缓存中，下次再次访问时就可以从缓存中读取，以提高速度。假设希望用户每次访问页面时都可以刷新广告的图标，或每次都刷新计数器，就可以采用禁用缓存。

通常 HTML 文件没有必要禁用缓存，对于动态语言在服务器端直接生成的页面，可以使用禁用缓存，因为每次看到的页面都是在服务器端动态生成的，缓存就失去意义了。

删除过期的 Cookie 的原理是，如果网页过期，那么存盘的 Cookie 将被删除，实例代码如下：

```
<meta http-equiv="Set-Cookie" Content="cookievalue=xxx; expires=Wednesday,
Sunday 19 March 2019 01:00 GMT; path=/">
```

expires 取值必须使用 GMT 的时间格式。

第 3 章

◂ 标记文字 ▸

在前两章中介绍了 HTML 文档的基本构成、HTML 文档头部的 meta 元素的设置。在本章中介绍有关文字的标记。文字在网页上很常见，但如果网页上只显示一堆毫无章法、密密麻麻的文字，阅读效果就会很差，尤其是在手机端的浏览器上。HTML 文档中适当地应用文字标记可以增加页面的可读性和美感。通过文字标记可以设置文本的字体系列、大小、加粗、风格（如斜体）和变形（如小型大写字母）等效果。其中字体对于文字的美化至关重要，并且由此影响整个网页的美观程度。同时，使用语义化良好的标签定义文字，即使在没有 CSS 样式表的情况下，仍然能够排列完整，能够完整地阅读，而且有助于搜索引擎检索。

本章主要涉及的知识点有：

- 标题<hn></hn>
- 表示关键字和产品名称<b></b>
- 强调<em></em>
- 表示外文词语或科技术语<i></i>
- 表示不正确或校正<s></s>
- 表示重要的文字<strong></strong>
- 为文字添加下画线<u></u>
- 添加小号字体内容<small></small>
- 添加上标和下标
- 强制换行
- 指明可以安全换行的建议位置<wbr>
- 表示输入和输出<code><var><samp><kbd>
- 突出显示文本<mark></mark>

3.1 标题<hn></hn>

HTML 中标题是通过<hn>…</hn>标签进行定义的，其中 n 的值从 1 到 6，分别表示 6 级标题，可用在章节、段落等标题上。搜索引擎使用标题为网页的结构和内容编制索引，用户可以通过标题来快速地浏览网页结构内容，所以不要仅仅为了产生粗体或大号字体的文本而使用标题。应该将<h1>用作主标题（最重要的），其次是<h2>（次重要的），再次是<h3>，以此类推，<h1> 定义最大的标题，<h6> 定义最小的标题。

<hn></hn>为块级元素，如果没有设定 CSS，那么默认状态下每次都占据一整行，后面的内容必须重新再起一行显示。使用方法如下：

```
<h1>主标题 1</h1>
<h2>副标题 2</h2>
<h3>副标题 3</h3>
<h4>副标题 4</h4>
<h5>副标题 5</h5>
<h6>副标题 6</h6>
```

其中，<h1>元素用来描述网页中最上层的标题。由于一些浏览器会默认把<h1>元素显示为很大的字体，因此有些开发者使用<h2>元素来代替<h1>元素显示最上层的标题。虽然这样做不会对读者产生影响，但会使那些试图“理解网页结构”的搜索引擎等受到影响，因此需尽量确保<h1>用于最顶层的标题，<h2>、<h3>等用于较低的层级。实例代码如下：

```
01  <!DOCTYPE html>
02  <html>
03  <head>
04      <meta charset="UTF-8">
05      <meta content="width=device-width, initial-scale=1.0,
maximum-scale=1.0, user-scalable=0" name="viewport" />
06      <meta content="yes" name="apple-mobile-web-app-capable" />
07      <meta content="black" name="apple-mobile-web-app-status-bar-style" />
08      <meta name="format-detection" content="telephone=no" />
09      <title>3.1</title>
10      </head>
11  <body>
12      <div class="content">
13          <h1>这是文档顶级标题</h1>
14          <p>这是文章内容的一部分。</p>
15          <p>这是文章内容的一部分。</p>
16          <h2>3.1 这是二级标题</h2>
17          <p>这里是第 3.1 章节的主要内容。</p>
18          <p>这里是第 3.1 章节的主要内容。</p>
19          <p>这里是第 3.1 章节的主要内容。</p>
20          <h3>3.1.1 这是三级标题</h3>
21          <p>这是第 3.1 章节的第 1 小节的主要内容。</p>
22          <p>这是第 3.1 章节的第 1 小节的主要内容。</p>
23          <p>这是第 3.1 章节的第 1 小节的主要内容。</p>
24      </div>
```

```
25
26  <body>
27  </body>
28  </html>
```

浏览器显示效果如图 3.1 所示。

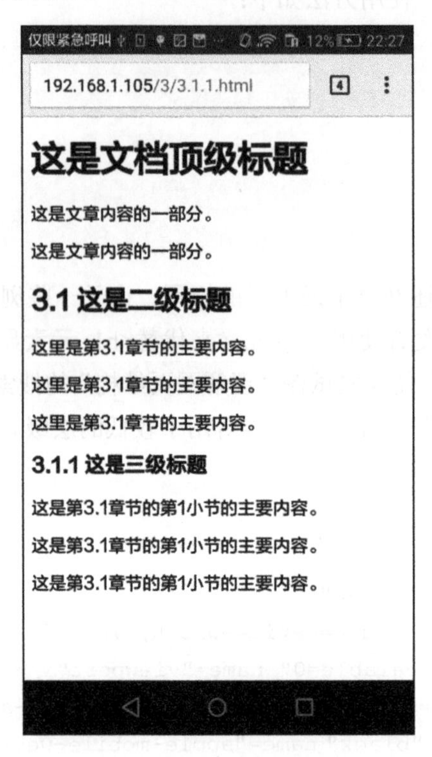

图 3.1　各级标题的实例

此外，<hgroup>是 HTML 5 中新定义的元素，用来将标题和副标题群组。一般被用作将一个或者更多的 h1~h6 的元素群组，可包含一个区块内的标题及其副标题。一般使用 header 将一组标题组合在一起，例如：

```
01  <!DOCTYPE html>
02  <html lang="zh-CN">
03  <head>
04      <meta charset="UTF-8">
05      <meta content="width=device-width, initial-scale=1.0,
maximum-scale=1.0, user-scalable=0" name="viewport" />
06      <meta content="yes" name="apple-mobile-web-app-capable" />
07      <meta content="black" name="apple-mobile-web-app-status-bar-style" />
08      <meta name="format-detection" content="telephone=no" />
09      <title>3.1.2</title>
10      </head>
11  <body>
```

```
12        <header>
13            <hgroup>
14                <h1> 飞猪 (阿里旅行) </h1>
15                <h2> 飞猪是阿里巴巴旗下的综合性旅游出行服务平台 </h2>
16                <p>飞猪旅行，世界触手可行</p>
17            </hgroup>
18        </header>
19        <article>
20                飞猪整合数千家机票代理商、航空公司、旅行社、旅行代理商资源，直签酒店，客栈卖家等为广大旅游者提供特价机票，酒店预订，客栈查询，国内外度假信息，门票购买，签证代理，旅游卡券，租车，邮轮等旅游产品的信息搜索，购买及售后服务。全程采用支付宝担保交易，安全、可靠、有保证。
21        </article>
22    <body>
23    </body>
24    </html>
```

使用<hgroup>标签对网页或区段（Section）的标题进行组合。当只有一个标题元素的时候，并不需要使用<hgroup>元素；当出现一个或者一个以上的标题与元素时，可使用<hgroup>来包裹；当一个标题有副标题或者其他的有关系的元数据（如 section、article 等）时，可将<hgroup>和元数据放到一个单独的<header>元素容器中。

浏览器显示效果如图 3.2 所示。

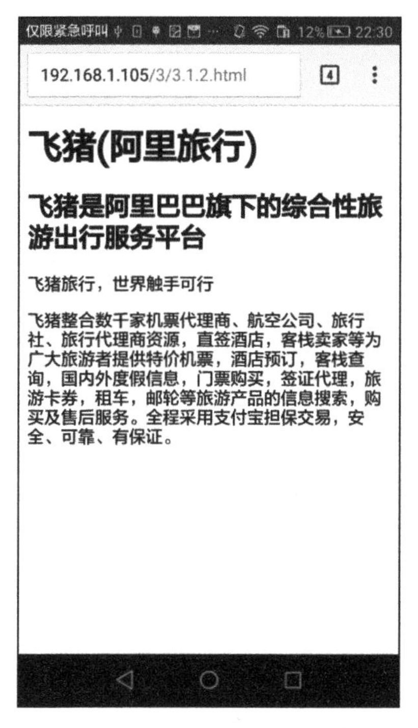

图 3.2 <hgroup>标签的使用效果

3.2 表示关键字和产品名称<b></b>

<b>标签可以定义粗体的文本，比其余文本更为突出显示，即用 b 元素包裹的文本比其余文本更重要，并呈现为粗体。所有浏览器都支持<b>标签。

在以下场景下可以适当使用<b>标签：

- 文档摘要中的关键字。
- 产品描述中的产品名。
- 其他文本在需要加粗显示的情况下。

代码实例：

```
01  <!DOCTYPE html>
02  <html lang="zh-CN">
03  <head>
04      <meta charset="UTF-8">
05      <meta content="width=device-width, initial-scale=1.0,
maximum-scale=1.0, user-scalable=0" name="viewport" />
06      <meta content="yes" name="apple-mobile-web-app-capable" />
07      <meta content="black" name="apple-mobile-web-app-status-bar-style" />
08      <meta name="format-detection" content="telephone=no" />
09      <title>第 3 章</title>
10      </head>
11  <body>
12      <section>
13          <p><b class="keyword">飞猪</b>是<b class="keyword">阿里巴巴</b>旗下
的综合性旅游出行服务平台。飞猪整合数千家机票代理商、航空公司、旅行社、旅行代理商资源，直签酒店，
客栈卖家等为广大旅游者提供特价机票，酒店预订，客栈查询，国内外度假信息，门票购买，签证代理，旅
游卡券，租车，邮轮等旅游产品的信息搜索，购买及售后服务。全程采用支付宝担保交易，安全、可靠、有
保证。</p>
14      </section>
15  <body>
16  </body>
17  </html>
```

在第 13 行代码中，使用<b>标签加粗部分标记。

浏览器显示效果如图 3.3 所示。

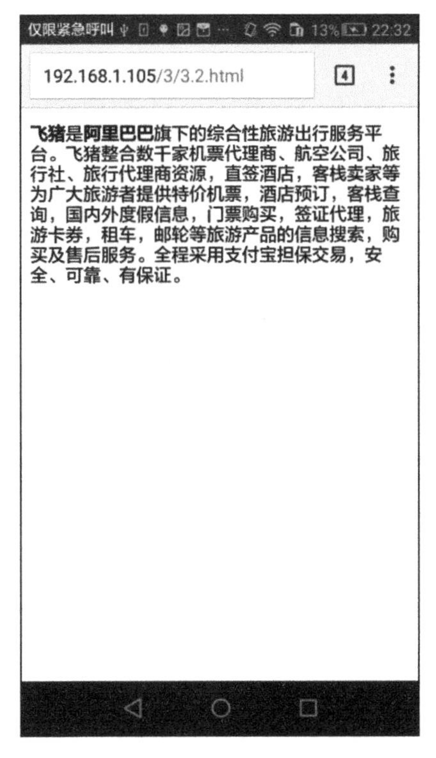

图 3.3　<b>标签使用效果

当然，除了使用<b>标签外，还能够使用 CSS 的 font-weight 属性来设置粗体文本。

根据 HTML 5 规范，在没有其他更合适的标签时，才使用<b>标签。HTML 5 规范声明使用<h1> ~ <h6>来表示标题，使用<em>标签来表示强调的文本，使用<strong>标签来表示重要文本，使用<mark>标签来表示标注的、突出显示的文本。

3.3 强调<em></em>

相比于<b>标签来说，<em>标签可以通知浏览器把其中的文本表示为强调的内容的标签。对于浏览器来说，这意味着要把这段文字用斜体来显示。

在文本中加入强调需要有技巧。如果强调太多，有些重要的短语就会被漏掉；如果强调太少，就无法真正突出重要的部分，因此最好不要滥用强调。

尽管现在<em>标签修饰的内容都是用斜体字来显示的，但这些内容具有更广泛的含义，未来浏览器可能会使用其他的特殊效果来显示强调的文本。如果只想使用斜体字来显示文本，那么可以使用<i>标签。除此之外，文档中还可以包括用来改变文本显示的级联样式定义。

除强调之外，当引入新的术语或引用特定类型的术语或概念作为固定样式的时候，也可以考虑使用<em>标签，<em>标签可以把这些名称和其他斜体字区分开来。

实例代码：

```
01    <!DOCTYPE html>
02    <html lang="zh-CN">
03    <head>
04        <meta charset="UTF-8">
05        <meta content="width=device-width, initial-scale=1.0,
maximum-scale=1.0, user-scalable=0" name="viewport" />
06        <meta content="yes" name="apple-mobile-web-app-capable" />
07        <meta content="black" name="apple-mobile-web-app-status-bar-style" />
08        <meta name="format-detection" content="telephone=no" />
09        <title>第 3 章</title>
10        </head>
11    <body>
12        <section>
13            <p><em>祝愿</em>大家新年吉祥如意。</p>
14            <p>祝愿大家<em>新年</em>吉祥如意。</p>
15            <p>祝愿大家新年<em>吉祥如意。</em></p>
16            <p><em>祝愿大家新年<em>吉祥如意。</em></em></p>
17        </section>
18    <body>
19    </body>
20    </html>
```

在代码中，第 13~15 行分别使用<em>标签包裹不同的关键字，表示每句话表达的重点是不同的。

浏览器显示效果如图 3.4 所示。

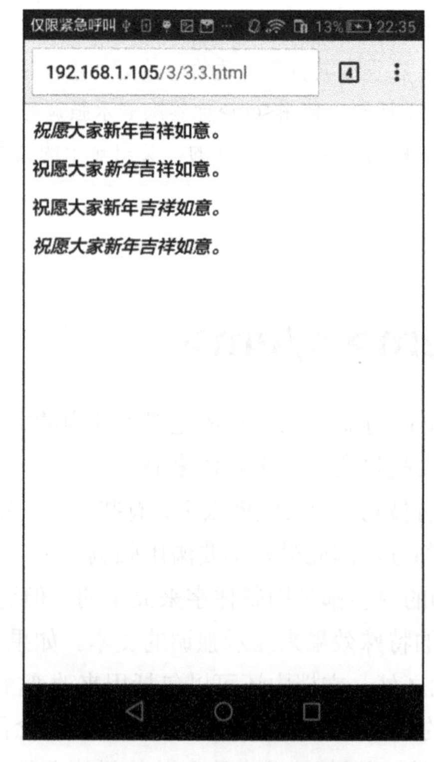

图 3.4　<em>标签使用效果

若需表达提醒，引起读者重视，则可以使用<strong>标签。

3.4 表示外文词语或科技术语<i></i>

<i>标签与基于内容的样式标签<em>类似，也可以显示斜体文本效果。<i>标签通知浏览器将包含其中的文本以斜体字（Italic）或者倾斜（Oblique）字体显示。如果这种斜体字对该浏览器不可用，那么可以使用高亮、反白或加下画线等样式，所有浏览器都支持<i>标签。<i>标签有如下几种使用场景：

- 表示转述句
- 表示分类名称

W3C 标准建议在没有其他标签的情况下可以时刻使用<i>标签，并且应该使用<i>标签把部分文本定义为某种类型，而不只是利用它在布局中呈现的样式。

实例代码：

```
01  <!DOCTYPE html>
02  <html lang="zh-CN">
03  <head>
04      <meta charset="UTF-8">
05      <meta content="width=device-width, initial-scale=1.0,
maximum-scale=1.0, user-scalable=0" name="viewport" />
06      <meta content="yes" name="apple-mobile-web-app-capable" />
07      <meta content="black" name="apple-mobile-web-app-status-bar-style" />
08      <meta name="format-detection" content="telephone=no" />
09      <title>第 3 章</title>
10      </head>
11  <body>
12      <section>
13          <p><i>祝愿</i>大家新年吉祥如意。</p>
14          <p>祝愿大家<i>新年</i>吉祥如意。</p>
15          <p>祝愿大家新年<i>吉祥如意</i>。</p>
16      </section>
17  <body>
18  </body>
19  </html>
```

在代码中，加粗部分标记为插入关键字。浏览器显示效果如图 3.5 所示。

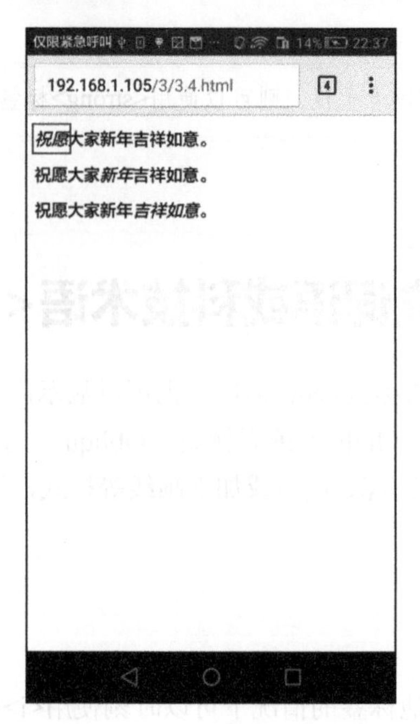

图 3.5　<i>标签使用效果

3.5 表示重要的文字<strong></strong>

<strong>标签和<em>标签一样，用于强调文本，但它强调的程度更强一些。strong 元素包含的内容表示页面内容中重要的部分，其重要程度是由其标识的序号来定义的。

浏览器通常会以不同于<em>标签的方式来显示<strong>标签中的内容，通常用加粗的字体（相对于斜体）来显示其中的内容，这样用户就可以把这两个标签区分开来了。

如果仅仅是想达到粗体的显示效果，那么建议使用 CSS 样式表来定义内容样式，可能会取得更丰富的效果。

实例代码：

```
01  <!DOCTYPE html>
02  <html lang="zh-CN">
03  <head>
04      <meta charset="UTF-8">
05      <meta content="width=device-width, initial-scale=1.0,
maximum-scale=1.0, user-scalable=0" name="viewport" />
06      <meta content="yes" name="apple-mobile-web-app-capable" />
07      <meta content="black" name="apple-mobile-web-app-status-bar-style" />
08      <meta name="format-detection" content="telephone=no" />
```

```
09        <title>第 3 章</title>
10        </head>
11    <body>
12        <section>
13            <p><strong><strong>祝愿：</strong> 大家新年吉祥如意。 </strong></p>
14        </section>
15    <body>
16    </body>
17    </html>
```

在 HTML 4.01 中，<strong>定义语气更重的强调文本，但是在 HTML 5 中，<strong>定义重要的文本。浏览器显示效果如图 3.6 所示。

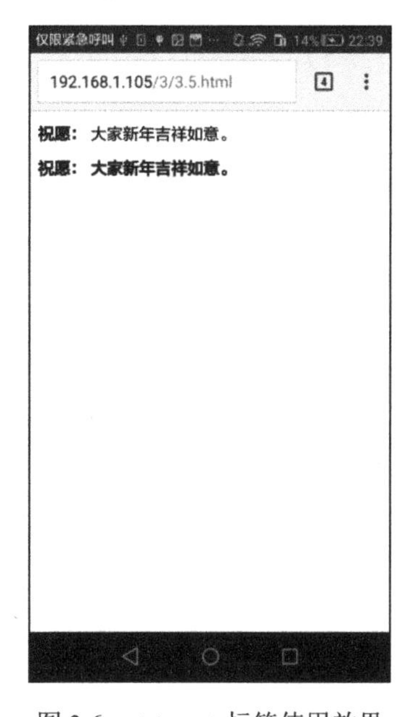

图 3.6　<strong>标签使用效果

3.6　表示不正确或校正<s> </s>

在页面上有时需要表示不正确或校正的内容，具体表现为不正确的内容使用一根删除线划去，并将正确的内容显示在其旁边，具体展示如图 3.7 所示。

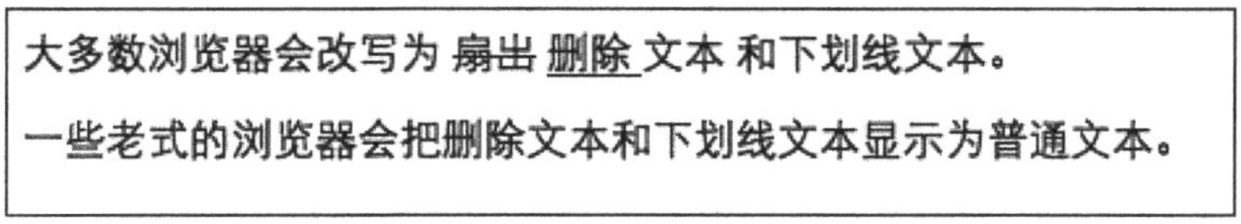

大多数浏览器会改写为 ~~扇出~~ 删除 文本 和下划线文本。

一些老式的浏览器会把删除文本和下划线文本显示为普通文本。

图 3.7　矫正的实例图

可以像这样标记删除线文本：

```
01   <!DOCTYPE html>
02   <html lang="zh-CN">
03   <head>
04       <meta charset="UTF-8">
05       <meta content="width=device-width, initial-scale=1.0,
maximum-scale=1.0, user-scalable=0" name="viewport" />
06       <meta content="yes" name="apple-mobile-web-app-capable" />
07       <meta content="black" name="apple-mobile-web-app-status-bar-style" />
08       <meta name="format-detection" content="telephone=no" />
09       <title>第 3 章</title>
10       </head>
11   <body>
12       <section>
13           <p>大多数浏览器会改写为 <s>扇出</s> <ins> 删除 </ins>文本 和下画线文本。
</p>
14
15           <p>一些老式的浏览器会把删除文本和下画线文本显示为普通文本。</p>
16       </section>
17   <body>
18   </body>
19   </html>
```

以上代码第 13 行使用<s>标签来定义删除文本，<s>标签是<strike>标签的缩写版本。使用<ins>标签来配合描述文档中的更新和修正。所有浏览器都支持<s>标签，但是在 HTML 5 中，删除文本已经不推荐<s></s>，可以使用<del>来代替。

<ins>标签定义已经被插入文档中的文本。所有主流浏览器都支持<ins>标签，但是没有主流浏览器能够正确地显示<ins>标签的 cite 或 datetime 属性。

3.7 为文字添加下画线<u></u>

在传统浏览器中，我们有两种方式为文字添加下画线：一种是通过元素的 text-decoration 样式；另一种是使用<u>标签，但 HTML 5 已经不支持该标签。同时，因为移动浏览器不具备像传统浏览器那样大的界面，用户很容易将下画线错认为超链接，所以并不建议在移动 Web 中使用下画线。

不过，本节还是演示一下为文字添加下画线，通过元素的 text-decoration 样式实现：

```
01   <!DOCTYPE html>
02   <html lang="zh-CN">
03   <head>
04       <meta charset="UTF-8">
05       <meta content="width=device-width, initial-scale=1.0,
maximum-scale=1.0, user-scalable=0" name="viewport" />
06       <meta content="yes" name="apple-mobile-web-app-capable" />
```

```
07        <meta content="black" name="apple-mobile-web-app-status-bar-style" />
08        <meta name="format-detection" content="telephone=no" />
09        <title>第 3 章</title>
10        <style type="text/css">
11        .underline {
12            text-decoration: underline;
13        }
14        </style>
15        </head>
16    <body>
17        <section>
18            <div class="underline">这是通过样式设置的下画线</div>
19            <p>如果文本不是超链接，就不要对其使用下画线。</p>
20        </section>
21    <body>
22    </body>
23    </html>
```

浏览器显示效果如图 3.8 所示。

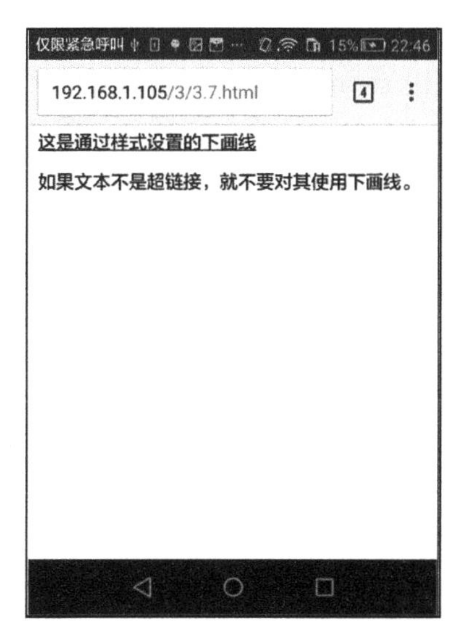

图 3.8　text-decoration 样式使用效果

3.8 添加小号字体内容<small></small>

通常在页面中，免责声明、注意事项、法律限制或版权声明的特征都是小型文本，另外新闻来源、许可要求等也使用小型文本展示。<small>标签将旁注呈现为小型文本。

实例代码：

```
01    <!DOCTYPE html>
02    <html lang="zh-CN">
```

```
    03   <head>
    04       <meta charset="UTF-8">
    05       <meta content="width=device-width, initial-scale=1.0,
maximum-scale=1.0, user-scalable=0" name="viewport" />
    06       <meta content="yes" name="apple-mobile-web-app-capable" />
    07       <meta content="black" name="apple-mobile-web-app-status-bar-style" />
    08       <meta name="format-detection" content="telephone=no" />
    09       <title>第 3 章</title>
    10       </head>
    11   <body>
    12       <section>
    13           <h2>放心出行 保障有我 <small>医院保障基金为您保驾护航! </small> </h2>
    14           <span>现价 $350 元 <small>2.7 折</small> </span>
    15       </section>
    16   <body>
    17   </body>
    18   </html>
```

代码第 13 行和第 14 行分别在 h2 元素和 em 元素内部使用 small 元素，作为主体内容的旁注。从图 3.9 中可以看出，small 元素的内容显示为相对较小的文本。

对于由 em 元素强调过的或由 strong 元素标记为重要的文本，small 元素不会取消对文本的强调，也不会降低这些文本的重要性。所有主流移动浏览器都支持<small>标签。

浏览器显示效果如图 3.9 所示。

图 3.9　<small>标签使用效果

3.9 添加上标和下标

<sup>标签可定义上标文本。sup 是 superscript 的缩写。包含在<sup>标签和其结束标签

</sup>中的内容将会以当前文本流中字符高度的一半来显示，但是与当前文本流中文字的字体和字号是一致的。上标标签在向文档添加脚注以及表示方程式中的指数值时非常有用。如果和<a>标签结合起来使用，就可以创建出很好的超链接脚注；在标题中使用可以起到标注的效果。

实例代码：

```
01  <!DOCTYPE html>
02  <html lang="zh-CN">
03  <head>
04      <meta charset="UTF-8">
05      <meta content="width=device-width, initial-scale=1.0,
maximum-scale=1.0, user-scalable=0" name="viewport" />
06      <meta content="yes" name="apple-mobile-web-app-capable" />
07      <meta content="black" name="apple-mobile-web-app-status-bar-style" />
08      <meta name="format-detection" content="telephone=no" />
09      <title>第 3 章</title>
10      </head>
11  <body>
12      <section>
13          <h2>国内出发 <sup> hot </sup> </h2>
14          <h3> 海南到达 <sub> 春节大促价 </sub>  </h3>
15      </section>
16  <body>
17  </body>
18  </html>
```

与上标标签<sup>类似，<sub>标签可定义下标文本。sub 是 subscript 的缩写。包含在_{标签和其结束标签}中的内容将会以当前文本流中字符高度的一半来显示，但是与当前文本流中文字的字体和字号都是一样的，这与 sup 的表现一致。

浏览器显示效果如图 3.10 所示。

图 3.10　上标、下标的使用效果

3.10 强制换行

br 标签用于内容换行，例如文字内容的换行排版。
可插入一个简单的换行符，实例代码如下：

```
01  <!DOCTYPE html>
02  <html lang="zh-CN">
03  <head>
04      <meta charset="UTF-8">
05      <meta content="width=device-width, initial-scale=1.0,
maximum-scale=1.0, user-scalable=0" name="viewport" />
06      <meta content="yes" name="apple-mobile-web-app-capable" />
07      <meta content="black" name="apple-mobile-web-app-status-bar-style" />
08      <meta name="format-detection" content="telephone=no" />
09      <title>第 3 章</title>
10      </head>
11  <body>
12      <section>
13          <p>
14              今晚北京迎来了 <br /> 新年第一场雪：<br />
15              <img src="./img/snow.jpg" height="250">
16          </p>
17      </section>
18  <body>
19  </body>
20  </html>
```

代码第 14 行在文本中间和结尾插入了两个
标签来达到强制换行的效果。

标签是空标签，意味着它没有结束标签，因此使用标签对
</br>是错误的。在 XHTML 中，把结束标签放在开始标签中，也就是
。需要注意，
标签只是简单地开始新的一行，而当浏览器遇到<p>标签时，通常会在相邻的段落之间插入一些垂直的间距。请使用
标签来输入空行，而不是分隔段落。

浏览器显示效果如图 3.11 所示。

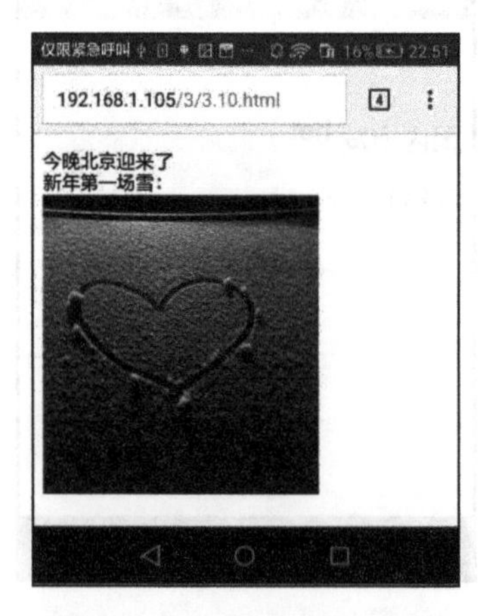

图 3.11　
标签使用效果

3.11 指明可以安全换行的建议位置<wbr>

<wbr>标签是另一种换行的方式，是 HTML 5 中新增的元素。
是此处必须强制换行；而<wbr>是浏览器窗口或者父级元素的宽度足够宽时，即没必要强制换行时，就不进行换行，而当宽度不够时，主动在此处进行换行。

例如，正常情况下，移动浏览器的窗口宽度过小，不足以在行末书写完一个词时，就将行末的整个词放到下一行，实现换行（如图 3.12 左图所示）。但是在单词内的某个位置加入<wbr>标签时，换行就能主动拆分单词（如图 3.12 右图所示）。

实例代码如下：

```
01  <!DOCTYPE html>
02  <html lang="zh-CN">
03  <head>
04      <meta charset="UTF-8">
05      <meta content="width=device-width, initial-scale=1.0,
maximum-scale=1.0, user-scalable=0" name="viewport" />
06      <meta content="yes" name="apple-mobile-web-app-capable" />
07      <meta content="black" name="apple-mobile-web-app-status-bar-style" />
08      <meta name="format-detection" content="telephone=no" />
09      <title>第 3 章</title>
10      </head>
11  <body>
12      <section>
13          <p>
14              Emergency stairway: 225 steps, leading from the
15              viewing platform to the entr<wbr>ance and/or the cellar.
16          </p>
17      </section>
18  <body>
19  </body>
20  </html>
```

目前移动浏览器均可支持<wbr>标签。

只有当设置的单词正好在最后，并且移动浏览器当前行的宽度无法容下整个单词时，<wbr>才生效，如果当前行完全能够容纳该单词，就不会显示单词换行效果。本例在横屏下的效果如图 3.13 所示。

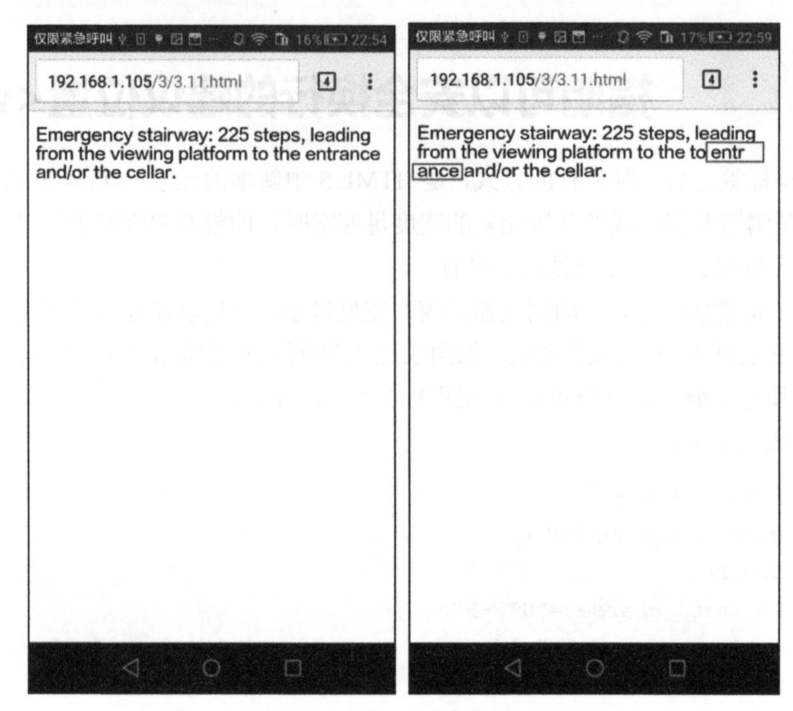

图 3.12　<wbr>标签使用效果

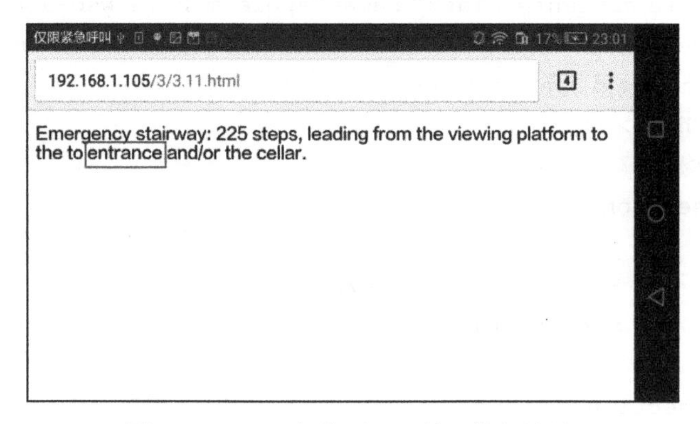

图 3.13　<wbr>标签不显示单词换行效果

3.12 表示输入和输出<code>、<var>、<samp>和<kbd>

1. <code>

<code>标签用于表示计算机源代码或者其他机器可以阅读的文本内容。

开发者已经习惯了编写源代码时文本表示的特殊样式，<code>标签就是为开发者设计的。

包含在该标签内的文本将用等宽、类似电传打字机样式的字体（Courier）显示出来，对于大多数程序员来说，这样的代码格式看起来非常熟悉。

使用<code>标签的实例代码如下：

```
01   <!DOCTYPE html>
02   <html lang="zh-CN">
03   <head>
04       <meta charset="UTF-8">
05       <meta content="width=device-width, initial-scale=1.0,
maximum-scale=1.0, user-scalable=0" name="viewport" />
06       <meta content="yes" name="apple-mobile-web-app-capable" />
07       <meta content="black" name="apple-mobile-web-app-status-bar-style" />
08       <meta name="format-detection" content="telephone=no" />
09       <title>第 3 章</title>
10       </head>
11   <body>
12       <section>
13           <pre>
14               <code>
15
16   KISSY.use('trip-home/mods/fixed-bottom/', function (S, FixedBottom){
17       setTimeout(function (){
18           new FixedBottom({
19               html : S.one('#J_FixedBottomTmpl').html()
20           });
21       },1000);
22   });
23
24               </code>
25           </pre>
26       </section>
27   <body>
28   </body>
29   </html>
```

浏览器显示效果如图 3.14 所示。

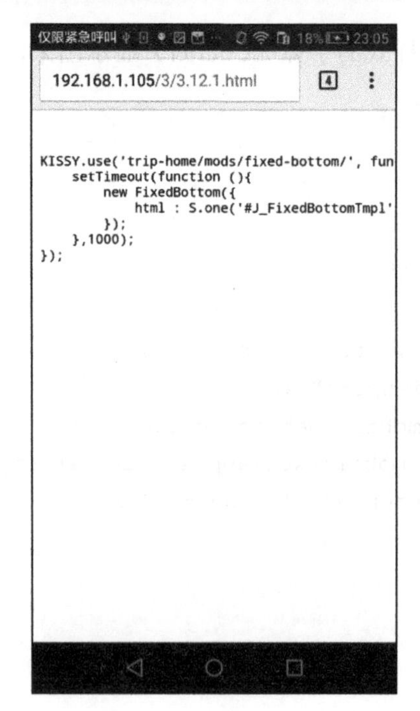

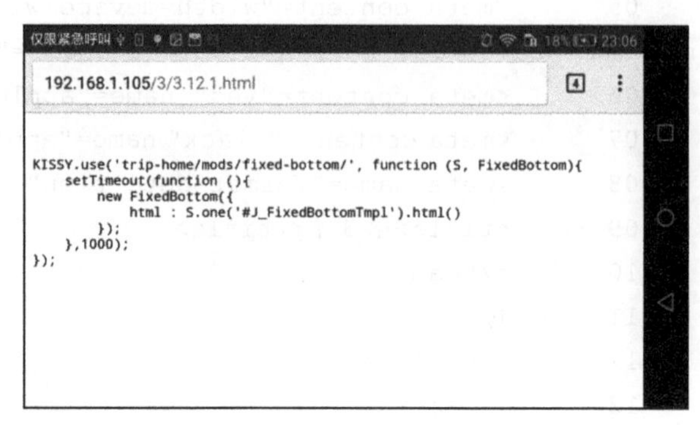

图 3.14　<code>标签使用效果

只应该在表示计算机程序源代码或者其他机器可以阅读的文本内容上使用<code>标签。虽然<code>标签通常只是把文本变成等宽字体，但它暗示着这段文本是程序源代码。将来浏览器有可能会加入其他显示效果。例如，程序员的浏览器可能会寻找<code>片段，并执行某些额外的文本格式化处理，如循环和条件判断语句的特殊缩进等。因此，如果只是希望使用等宽字体的效果，就使用<tt>标签。或者，如果想要在严格限制为等宽字体格式的文本中显示编程代码，就使用<pre>标签。

2. <var>

<var>标签表示变量的名称，或者由用户提供的值。

<var>标签经常与<code>和<pre>标签一起使用，用来显示计算机编程代码范例及类似的特定元素。用<var>标签标记的文本在浏览器中通常显示为斜体。

就像其他与计算机编程和文档相关的标签一样，<var>标签不只是让用户更容易理解和浏览你的文档，而且将来某些自动系统还可以利用这些恰当的标签从你的文档中提取信息以及文档中提到的有用参数。

使用<var>标签的实例代码如下：

```
01  <body>
02      <section>
03          <p>
04              If there are <var>n</var> pipes leading to the ice
05              cream factory then I expect at <em>least</em> <var>n</var>
06              flavors of ice cream to be available for purchase!
```

```
07          </p>
08      </section>
09  <body>
```

浏览器显示效果如图 3.15 所示。从图中可以看出变量 n 已突出显示为斜体。

图 3.15　<var>标签使用效果

3. <samp>

<samp>标签表示一段用户对其没有其他解释的文本字符，要从正常的上下文抽取这些字符时，通常要用到<samp>标签。

请看如下实例代码：

```
01  <body>
02      <section>
03          <p>
04              字符序列 <samp>ae</samp> 可能会被转换为 &aelig; 连字字符。
05          </p>
06      </section>
07  <body>
```

在 HTML 中，用于“ae”连字的特殊实体是“æ”，大多数浏览器都会将它转换成相应的“æ”连字字符。浏览器显示效果如图 3.16 所示。

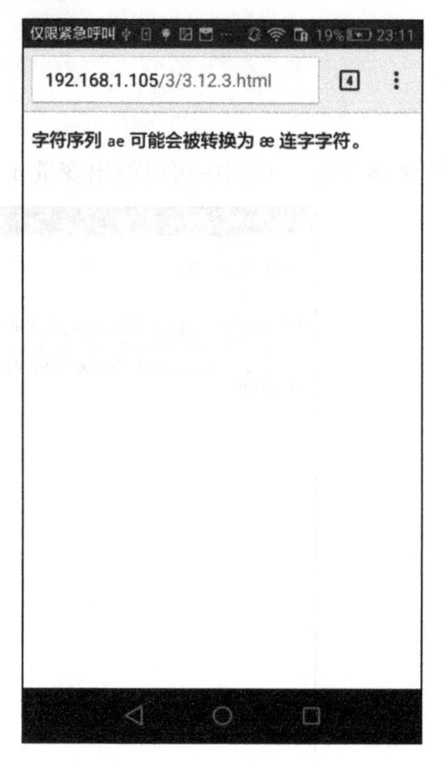

图 3.16　<samp>标签使用效果

<samp>标签并不经常使用，只有在要从正常的上下文中将某些短字符序列提取出来，对它们加以强调的情况下，才使用这个标签。

4. <kbd>

<kbd>标签定义键盘文本，kbd 即 keyboard 的缩写，它用来表示文本是从键盘上输入的。浏览器通常用等宽字体来显示该标签中包含的文本。

<kbd>标签经常用在与计算机相关的文档和手册中，例如：

```
01  <body>
02      <section>
03          <p>
04      输入 <kbd>quit</kbd> 来退出程序，或者输入 <kbd>menu</kbd> 来返回主菜单。
05          </p>
06      </section>
07  <body>
```

浏览器显示效果如图 3.17 所示。

图 3.17　<kbd>标签使用效果

3.13 突出显示文本<mark></mark>

<mark>标签是 HTML 5 中的新标签，用于定义带有记号的文本，因此在需要突出显示文本时使用<mark>标签。例如，突出显示部分文本的实例代码：

```
01   <!DOCTYPE html>
02   <html lang="zh-CN">
03   <head>
04       <meta charset="UTF-8">
05       <meta content="width=device-width, initial-scale=1.0,
maximum-scale=1.0, user-scalable=0" name="viewport" />
06       <meta content="yes" name="apple-mobile-web-app-capable" />
07       <meta content="black" name="apple-mobile-web-app-status-bar-style" />
08       <meta name="format-detection" content="telephone=no" />
09       <title>第 3 章</title>
10       </head>
11   <body>
12       <section>
13           <p>To <mark>亲爱的</mark>: 忙了一年，辛苦了，我们一起去度个假。</p>
14           <p><img src="./img/vacation.png" width="250"></p>
```

```
15        </section>
16    <body>
17    </body>
18    </html>
```

在代码第 13 行中使用了<mark>标签，用于突出显示文本内容。浏览器显示效果如图 3.18 所示。

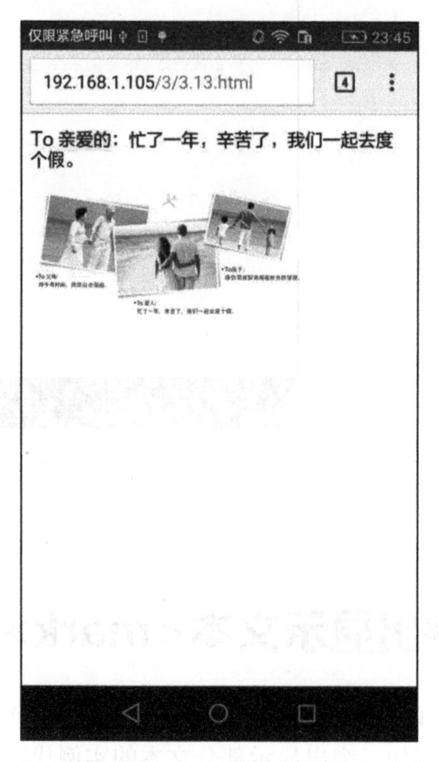

图 3.18　<mark>标签使用效果

IE 9+、Firefox、Opera、Chrome 以及 Safari 支持<mark>标签。

第 4 章

◂ 显示图像 ▸

越来越多的网页更加注重设计化、体验化，几乎每个页面上都会使用图像。移动页面因为空间有限，对于图像的使用更需要注意，比如图像的格式、语义化图像等。本章介绍图像的几种常用的使用方法与使用场景。

本章主要涉及的知识点有：

- 图像的格式
- 图像 img
- 语义化带标题的图片
- 提前载入图片
- 图像区域映射
- base64 格式的图片

4.1 页面中图像的格式

页面中常用的图像格式有两种：矢量图和位图。矢量图较小，位图较大。

1. 什么是矢量图

矢量图也称为面向对象的图像或绘图图像，是根据几何特性来绘制图形的，在数学上定义为一系列由线连接的点。例如，描述一个圆可以通过它的圆心位置和半径来描述。存储矢量图的矢量文件中的图形元素可称为对象，每个对象都具有颜色、形状、轮廓、大小和屏幕位置等属性，矢量图的文件占用空间较小，因为这种类型的图像文件包含独立的分离图像，可以自由无限制地重新组合。

矢量图的特点是放大后图像不会失真，和分辨率无关，适用于图形设计、文字设计和一些标志设计、版式设计等。

2. 什么是位图

位图图像也可称为点阵图像，是由单个像素点组成的，因此也可称为像素图。位图的像素点可以进行不同的排列。要扩大位图尺寸的效果，可以增大单个像素，可以看到整个图像的单个方块，会使线条和形状显得参差不齐，如果从稍远的位置观看它，位图图像的颜色和形状就是连续的。

位图的优点是利于显示色彩层次丰富的写实图像，缺点是文件较大，放大和缩小图像会失真。经常在页面中使用的 JPG、PNG、GIF 格式的图像都是位图，都是通过记录像素点的数据来保存和显示图像的。但这些不同格式的图像在记录数据时的方式不一样，这就涉及有损压缩和无损压缩的区别，下一节将会介绍。

4.2 页面中图像的压缩形式

图像的压缩分为有损压缩和无损压缩。

1. 有损压缩图像

有损压缩利用人类对图像中的某些频率成分不敏感的特性，允许压缩过程中损失一定的不敏感信息，虽然不能完全恢复原始数据，但是所损失的部分对理解原始图像的影响较小。

例如，人眼对光线的敏感度比对颜色的敏感度要高，生物实验证明当颜色缺失时，人脑会利用与附近最接近的颜色来自动填补缺失的颜色，因此可通过一定程度的有损压缩去除图像中某些对人眼不敏感的颜色细节，然后使用附近的颜色通过渐变或其他形式进行填充。JPEG/JPG 是常见的采用有损压缩对图像信息进行处理的图像格式。

2. 无损压缩图像

无损压缩会记录图像上每个像素点的数据信息，但为了压缩图像文件的大小会采取一些特殊的算法。无损压缩的原理是先判断图像上哪些区域的颜色是相同的，哪些是不同的，然后把这些相同的数据信息进行压缩记录，而把不同的数据再做保存。PNG 是常见的一种采用无损压缩的图像格式。

网页中使用的图像可以是 JPEG、GIF、PNG、BMP、TIFF 等格式的图像文件，适当地在网页中使用美观的图片会给浏览网站的用户带来良好的视觉体验，给用户带来更直观的感受。但是如果移动网页上的图片过多，那么肯定会影响网站的浏览速度，所以要合理适当地使用图像。

JPEG/JPG 是网页中常见的图像格式，这种图片以 24 位颜色存储单个位图，支持数百万种颜色，因此适用于具有颜色过渡的图像或需要 256 种以上颜色的图像。JPEG 图像是真彩色图像，不支持透明和动画，是典型的有损压缩图像，支持隔行扫描。

GIF 也是网页中常用的图像格式，采用 LZW 压缩算法，最多可以包含 256 种颜色，同时可以允许一个二进制类型的透明度和多个动画帧，因此 GIF 格式通常适用于卡通、徽标、包含透明区域的图形以及动画。GIF 格式最大的优点是可以制作动态的图像，它可以将数张静态图片作为动画帧串联起来，转换成一个动画文件。

PNG 是网页中的通用格式，最多可以支持 32 位颜色，可以包含透明度或 Alpha 通道。PNG

图像支持真彩色和调色板，支持完全的 Alpha 透明，支持动画，是无损压缩的典型代表，同时支持隔行扫描。需要注意的是，在低版本浏览器中，PNG 图片的透明度需要采用特殊方法进行兼容。

对比不同格式图像的优缺点，可以看出在选择图像时采用 JPG 还是 PNG 主要依据图像上的色彩层次、颜色数量以及是否需要支持动画效果。一般层次丰富、颜色较多的图像采用 JPG 存储，而颜色简单、对比强烈的图像则需要采用 PNG。但也有一些特殊情况，例如有些图像尽管色彩层次丰富，但由于图片尺寸较小，上面包含的颜色数量有限，也可以尝试用 PNG 进行存储。

4.3 常用的<img>

如果需要在网页中插入一幅图像，那么可以使用<img>标签，例如：

```
<img src=" https://img3.doubanio.com/view/subject/l/public/s27291203.jpg "
alt="构建跨平台 APP" />
```

从以上代码中可以看出，<img>标签并不会在网页中插入图像，创建的是被引用图像的占位空间，从网页上链接图像。<img>标签有两个必需的属性，分别是 src 属性和 alt 属性。src 属性用于定义显示图像的 URL 地址，其地址可以是绝对地址，也可以是相对地址；alt 属性用于定义图像的替代文本，当指定 URL 的图像加载失败时，显示该属性定义的文本，以提示用户此文本应显示的图片的内容。

完整代码如下：

```
01  <!DOCTYPE html>
02  <html lang="zh-CN">
03  <head>
04      <meta charset="UTF-8">
05      <meta content="width=device-width, initial-scale=1.0,
maximum-scale=1.0, user-scalable=0" name="viewport" />
06      <meta content="yes" name="apple-mobile-web-app-capable" />
07      <meta content="black" name="apple-mobile-web-app-status-bar-style" />
08      <meta name="format-detection" content="telephone=no" />
09      <title>4.3</title>
10      </head>
11  <body>
12    <div class="content">
13      <h1>构建跨平台 APP</h1>
14      <img
src="https://img3.doubanio.com/view/subject/l/public/s27291203.jpg" alt="构建跨
平台 APP " />
```

```
15    </div>
16
17    <body>
18    </body>
19    </html>
```

浏览器显示效果如图 4.1 所示。

图 4.1　通过<img>标签引入图像

4.4 语义化带标题的图片

如果通过<img>标签引入网页的图片需要带有标题，就可以使用 figure 和 figcaption 元素来语义化地表示该带标题的图片。

完整实例代码如下：

```
01    <!DOCTYPE html>
02    <html lang="zh-CN">
03    <head>
04        <meta charset="UTF-8">
05        <meta content="width=device-width, initial-scale=1.0,
maximum-scale=1.0, user-scalable=0" name="viewport" />
06        <meta content="yes" name="apple-mobile-web-app-capable" />
07        <meta content="black" name="apple-mobile-web-app-status-bar-style" />
08        <meta name="format-detection" content="telephone=no" />
09        <title>4.4</title>
```

```
10        </head>
11    <body>
12        <div class="content">
13            <figure>
14                <p>作者：李柯泉</p>
15                <p>出版社：清华大学出版社</p>
16                <img src="https://
img3.doubanio.com/view/subject/l/public/s27291203.jpg " alt="构建跨平台 APP " />
17                <figcaption>
18                    <p>该书封面</p>
19                </figcaption>
20            </figure>
21        </div>
22
23    <body>
24    </body>
25    </html>
```

<figure> 标签用于对元素进行组合，是 HTML 5 中的新标签。使用 <figcaption>元素为元素组添加标题，且 figcaption 元素应该置于 figure 元素的第一个或最后一个子元素的位置。

<figure>标签的一个显著特点是其定义的是独立的流内容，如图像、图表、照片、代码等。figure 元素的内容应该与主内容相关。如果删除该元素，那么不会对文档流产生影响。

浏览器显示效果如图 4.2 所示。

图 4.2　语义化带标题的图片

4.5 移动端提前载入图片

为了提高移动网站的用户体验，在开发时经常需要在某个页面实现对大量图片的浏览。如果已经尽可能地减少网页上的图片数量，当从某一个功能转换到一个功能时，在这个转换的时间间隙将某处的图片预加载，使得浏览更加流畅。

例如，在幻灯片效果中，翻到第一张图片，要让图片轮换的时候不出现等待，最好是先将图片下载到本地，让浏览器缓存起来，常用的方法是使用 JavaScript 的 Image 对象，例如：

```
<script>
function preLoadImg(url) {
  var img = new Image();
  img.src = url;
}
</script>
```

以上代码定义了 preLoadImg 方法，传入图片的地址 URL 参数，就能使图片预先下载下来。实际上，图片预先下载下来后，通过 img 变量的 width 和 height 属性就能知道图片的宽和高了，把图片放在一个固定大小的 HTML 容器里显示出来。但是需要考虑到，在实现图片浏览器功能时，图片是同步显示的，例如当用户单击显示按钮时，才会调用预加载函数加载图片。因此，同步方法需要提前知道图片宽度，但图片还没有完全下载下来，无法取得图片信息。此时，需要采用异步的方法，等到图片下载完毕的时候再对 img 的 width 和 height 进行调用。具体方法如下：

```
01  <script>
02  function loadImage(url, callback) {
03      var img = new Image();  //创建一个 Image 对象，实现图片的预下载
04      img.src = url;
05
06      if (img.complete) {       // 如果图片已经存在于浏览器缓存，就直接调用回调函数
07          callback.call(img);
08          return;               // 直接返回，不用再处理 onload 事件
09      }
10
11      img.onload = function () {    //图片下载完成时异步调用 callback 函数
12          callback.call(img);   //将回调函数的 this 替换为 Image 对象
13      };
14  };
15  </script>
```

当图片加载过一次以后，如果再有对该图片的请求，由于浏览器已经缓存过这张图片了，因此不会再发起一次新的请求，而是直接从缓存中载入图片。

4.6 图像区域映射

带有可单击区域的图像映射是通过 map 元素来实现的，同时 area 元素嵌套在 map 元素内部，可定义图像映射中的区域。

map 元素的格式如下：

```
<map name="examplemap" id=" examplemap ">
  <area shape="circle" coords="180,139,14" href ="example.html" alt="example" />
  ……
</map>
```

area 元素的格式如下：

```
<area shape="circle" coords="129,161,10" href ="/example/html/mercur.html"
target ="_blank" alt="Mercury" />
```

<area>标签主要用于在图像地图中设定作用区域（又称为热点），这样当用户在指定的作用区域单击时，会自动链接到预先设定的页面。shape 和 coords 是两个主要的参数，用于设定热点的形状和大小。shape 属性定义 required 形状，coords 属性定义了客户端图像映射中对鼠标敏感的区域的坐标。坐标的数字及其含义取决于 shape 属性决定的区域形状。可以将客户端图像映射中的超链接区域定义为矩形、圆形或多边形等。其基本用法如下：

```
<area shape="rect" coords="x1, y1,x2,y2" href="url">
```

表示设定热点的形状为矩形，左上角顶点坐标为(x1,y1)，右下角顶点坐标为(x2,y2)。

```
<area shape="circle" coords="x1, y1,r" href=url>
```

表示设定热点的形状为圆形，圆心坐标为(x1,y1)，半径为 r。

```
<area shape="poligon" coords="x1, y1,x2,y2 ......" href=url>
```

表示设定热点的形状为多边形，各顶点坐标依次为(x1,y1)、(x2,y2)、(x3,y3)……。

同一“图像地图”中的所有热点区域都要在图像地图的范围内，因此所有<area>标签均要在<map>与</map>之间。完整实例代码如下：

```
01  <!DOCTYPE html>
02  <html lang="zh-CN">
03  <head>
04      <meta charset="UTF-8">
05      <meta content="width=device-width, initial-scale=1.0,
maximum-scale=1.0, user-scalable=0" name="viewport" />
06      <meta content="yes" name="apple-mobile-web-app-capable" />
07      <meta content="black" name="apple-mobile-web-app-status-bar-style" />
08      <meta name="format-detection" content="telephone=no" />
09      <title>4.6</title>
```

```
 10      </head>
 11   <body>
 12      <div class="content">
 13        <img src="./img/newyear.png" border="0" usemap="#newyearmap" alt="
春节大促" />
 14          <map name="newyearmap" id="newyearmap">
 15            <area shape="circle" coords="20,20,15" href
="http://trip.taobao.com/market/trip/act/trip2015/spring-festival.php#yz" alt="
亚洲专区" />
 16            <area shape="rect" coords="320,0,440,50" href
="http://trip.taobao.com/market/trip/act/trip2015/spring-festival.php#hd" alt="
温暖海岛" />
 17            <area shape="rect" coords="440,0,560,50" href
="http://trip.taobao.com/market/trip/act/trip2015/spring-festival.php#gn" alt="
国内度假" />
 18            <area shape="rect" coords="560,0,680,50" href
="http://trip.taobao.com/market/trip/act/trip2015/spring-festival.php#zby"
alt="周边游" />
 19            <area shape="rect" coords="680,0,800,50" href
="http://trip.taobao.com/market/trip/act/trip2015/spring-festival.php#omax"
alt="欧美澳新" />
 20            <area shape="rect" coords="800,0,920,50" href
="http://trip.taobao.com/market/trip/act/trip2015/spring-festival.php#jhs"
alt="聚划算" />
 21          </map>
 22      </div>
 23
 24   <body>
 25   </body>
 26   </html>
```

img 元素中的 usemap 属性引用 map 元素中的 id 或 name 属性。浏览器显示效果如图 4.3 所示。

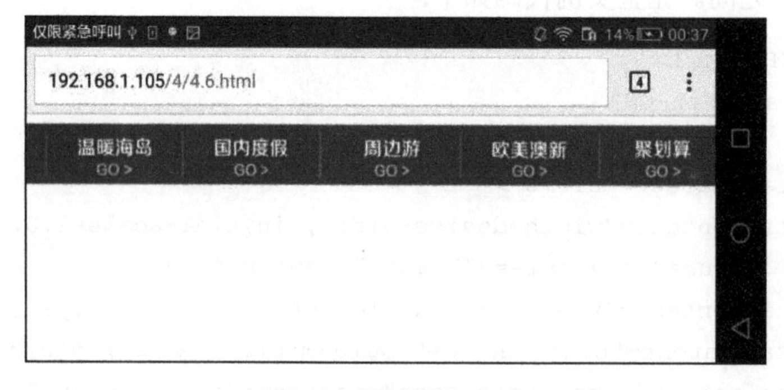

图 4.3　图像区域映射

如果某个 area 标签中的坐标和其他区域发生了重叠，就会优先采用最先出现的 area 标签。浏览器会忽略超过图像边界范围之外的坐标。

4.7 移动网页使用 base64:URL 格式的图片

先来看一个案例，有些图片的 src 属性或 CSS 背景图片的 URL 是一大串字符，例如：

```
<img
src="data:image/png;base64,iVBORw0KGgoAAAANSUhEUgAAACsAAAAzCAMAAAA5BgEEAAAAS1B
MV…spW1JLFJUtp+6KPXXRfmHmVNXKVqehxdpZ/KJrYUvnf759AgbUILrJ5Y2bAAAAAElFTkSuQmCC"
alt="春节大促">
```

这便是使用 base64:URL 传输图片文件的案例。以上代码中 img 的 src 属性的值其实是一张小图片，data 表示取得数据的协定名称，image/png 是数据类型名称，base64 是数据的编码方法，逗号后面就是 image/png 文件 base64 编码后的具体数据内容。目前，IE、Firefox、Chrome、Opera 浏览器都支持这种小文件嵌入。

使用 base64:URL 传输图片文件的优点在于：不仅减少了 HTTP 请求，而且某些文件可以避免跨域的问题，这在 Canvas 保存为 img 的时候尤其有用。同时，不受浏览器缓存的影响，一旦图片更新，要重新上传，不需要清理缓存。

base64 的局限性在于浏览器的兼容性，并非所有浏览器都支持。同时，增加了 HTML、CSS 文件的大小，base64 编码的图片本质上是将图片的二进制编码放到字符中，这些字符会被完全嵌入 CSS 文件中。

权衡 base64 的优缺点，可以适当选择一些无法拥有 CSS Sprite（可以简单理解为并图）只能独立存在、更新频率极低等特点的图片进行 base64 编码。实例代码如下：

```
01  <!DOCTYPE html>
02  <html lang="zh-CN">
03  <head>
04      <meta charset="UTF-8">
05      <meta content="width=device-width, initial-scale=1.0,
maximum-scale=1.0, user-scalable=0" name="viewport" />
06      <meta content="yes" name="apple-mobile-web-app-capable" />
07      <meta content="black" name="apple-mobile-web-app-status-bar-style" />
08      <meta name="format-detection" content="telephone=no" />
09      <title>4.7</title>
10      <style type="text/css">
11      .act-mod-title-line {
12          color:#c50020;
```

```
   13         background:#ffaf3c;
   14         display: -webkit-box;
   15         padding: 0 10px;
   16         height: 30px;
   17         line-height: 30px;
   18         font-size: 20px;
   19         font-weight: bold;
   20         color: #9f1511;
   21         background: #f93;
   22         margin-bottom: 5px
   23     }
   24
   25     .act-mod-title-line span {
   26         text-align: center
   27     }
   28
   29     .act-mod-title-line span a {
   30         color: inherit;
   31         text-decoration: none
   32     }
   33
   34     .act-mod-title-line span:first-child,.act-mod-title-line
span:last-child {
   35         display: block;
   36         -webkit-box-flex: 1;
   37         width: 1%
   37     }
   38
   39     .act-mod-title-line span:first-child {
   40         background:
url(data:image/png;base64,iVBORw0KGgoAAAANSUhEUgAAACsAAAAzCAMAAAA5BgEEAAAAS1BM
VEUAAAD/ETj/ETj/ETj/ETj/ETj/ETj/ETj/ETj/ETj/ETj/ETj/ETj/ETj/ETj/ETj/ETj/ETj/ET
j/ETj/ETj/ETj/ETj/ZgD/ETiOGU9eAAAAF3RSTlMA+zZS8bzg0Z2IeEILA7WolhJgFXRoKnvacxgA
AADESURBVEjH7dLbCsMgDIBhz1Z7breZ93/SMYuEIiMZld1sP0h78SEBIzC1CGbDAhOTKgdcGyUAWB
bt4JVnWZetHDh2hpzm2C1T3sC7/ODi6bCmZ9gejmRYaeyhaBuiIt5NAkZNEgBThB1ntFpQOJpiO0G2
bvPBpWJtcX/rrDdGi38/21q9fkpv6Gil4toA4Hae1bjdlH3k9da1Tbnzdt89gBspW1JLFJUtp+6KPX
XRfmHmVNXKVqehxdpZ/KJrYUvnf759AgbUILrJ5Y2bAAAAAElFTkSuQmCC) no-repeat center
right;
   41         background-size: auto 25px
   42     }
   43
   44     .act-mod-title-line span:last-child {
   45         background:
```

```
url(data:image/png;base64,iVBORw0KGgoAAAANSUhEUgAAADoAAAAvBAMAAABAjsQzAAAAJ1BM
VEUAAAD/ETj/ETj/ETj/ETj/ETj/ETj/ETj/ETj/ETj/ETj/ZgD/ETjXgNtvAAAAC3RSTlMAluW/pW
4Rh0BPMX4cIp0AAABxSURBVDjLY9gNAlASA2DKYqpgAMmQI7sbAsiTBUMyZaGAHFkGmLnkyUIAIVmq
2ZwRaAQ3GyaLkDpz5gwu2TNggOAPmCwDFtlRMLRAAV7Z43hlzwjglT2IV/aMA17ZI/hkgZrxyh7EJ2
u6ALes4jQ0AQBK9oCQ2NyFjgAAAABJRU5ErkJggg==) no-repeat center left;
   46          background-size: auto 24px
   47       }
   48
   49       .act-mod-title-line span:nth-child(2) {
   50          padding: 0 12px 8px;
   51          background:
url(data:image/png;base64,iVBORw0KGgoAAAANSUhEUgAAAAcAAAAFBAMAAAB7tOvrAAAAH1BM
VEUAAAD/ETj/ETj/ETj/ETj/ETj/ETj/ETj/ETj/ETgkWwGtAAAACXRSTlMA881nM5qYDQzB31EZAA
AAHElEQVQI12PQnDlzAoMliGgEEWwzRR0YWJQLGABxZQe1fju+7wAAAABJRU5ErkJggg==)
no-repeat center bottom;
   52          background-size: auto 3px;
   53          font-weight: bold
   54       }
   55       </style>
   56       </head>
   57    <body>
   58       <div class="content">
   59          <!-- 模块 1 -->
   60          <div class="act-mod-title-line J_mainListNewYear">
   61             <span></span>
   62             <span class="line-title">春节爆款</span>
   63             <span></span>
   64          </div>
   65          <!-- 模块 2 -->
   66          <div class="act-mod-title-line J_mainListNewYear">
   67             <span></span>
   68             <span class="line-title">欧美澳非</span>
   69             <span></span>
   70          </div>
   71
   72       </div>
   73
   74    <body>
   75    </body>
   76    </html>
```

以上代码实现了 base64 编码的一个场景：当一个页面中有较多类似模块，每个模块的标题样式相同，但具体内容不同，标题的背景图使用同一张图片且文件较小。实例中代码第 41

行、第 46 行演示了使用 base64 格式的图像作为背景图的使用方法。

浏览器显示效果如图 4.4 所示。

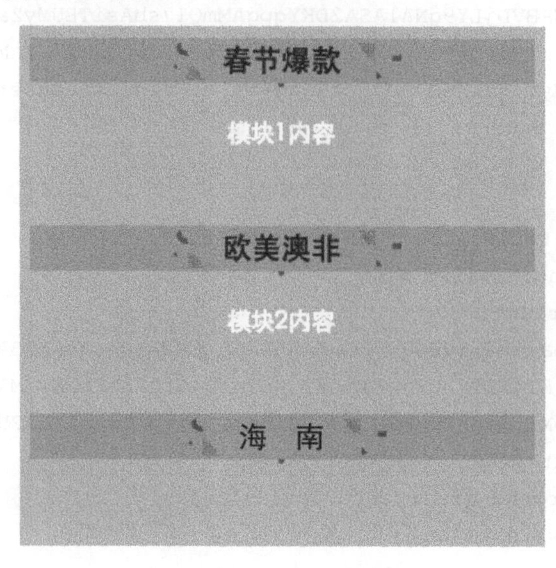

图 4.4　使用 base64 格式图片

第 5 章

超 链 接

超链接是网站中使用较频繁的 HTML 元素之一，网站的各种页面都是通过超链接联系起来的，通过超链接可以完成页面之间的跳转。超链接是用户和服务器交互的主要手段。我们浏览网页的时候，当单击某段文字或图片时，就会打开一个新的网页，这就是使用了超链接。我们都知道，老年人的手机和计算机中的浏览器默认页通常是一个导航类网页（见图 5.1），当他们单击某个链接时可以直接打开新的网页，因为他们很少会自己输入网址。

图 5.1 hao123 的移动首页

所谓超链接，是指从一个网页指向一个目标的链接关系，这个目标可以是另一个网页（可以是同一个站点的网页，也可以是不同站点的网页），也可以是相同网页上的不同位置，还可以是图片、电子邮件地址等。因此，通过超链接可以使得一个 Web 页面同其他网页或网站的页面之间进行链接。当用户单击已经链接的文字或图片后，链接目标将显示在浏览器上，并且根据目标的类型来打开。本章将详细介绍移动网页中超链接的生成、使用以及不同的使用场景。

本章主要涉及的知识点有：

- 超链接的类型
- 使用相对 URL
- 生成内部超链接
- 设定浏览环境
- 图像链接
- 电子邮件链接

5.1 超链接的类型

超链接标签<a>的 href 属性可用于指定目标地址。通过将 href 属性设定为不同类型的值，可以定义超链接指向不同类型的链接地址：内部链接、外部链接和锚链接。

内部链接是指同一域名网站内部页面的相互链接。外部链接是指从某一域名的网页上指向外部域名网站的链接。锚链接又称锚文本，是指从某个域名外部所有以文字带超链接指向这个域名的链接，是影响网站关键词在搜索引擎中排名的主要因素。

指向外部的超链接可以使用绝对地址来定义 href 的值，例如指向 GitHub 的超链接：

```
<a href=" https://github.com ">GitHub</a>
```

5.2 相对路径和绝对路径

HTML 文档中有两种路径的写法，即相对路径和绝对路径。相对路径是指同一个目录的文件引用，例如源文件和引用文件在同一个目录里，直接写引用文件名即可：

```
<div class="content">
    <a href="5-1.html">第 5 章第 1 节实例代码</a>
</div>
```

使用../表示源文件所在目录的上一级目录，../../表示源文件所在目录的上上级目录，以此类推。例如，定义指向引用上级目录中的 4 文件夹下的 4-2.html 文件的方法：

```
<div class="content">
    <a href="../4/4-2.html">第 4 章第 2 节实例代码</a>
</div>
```

引用下级目录的文件，直接写下级目录文件的路径即可，例如指向下级图像目录下的图像：

```
<div class="content">
    <a href="./img/rose.png">情人节快乐</a>
</div>
```

绝对路径是指带域名的文件的完整路径。例如，指向豆瓣中某本书的具体地址，可使用绝对路径来定义：

```
<div class="content">
    <a href=" https://book.douban.com/subject/25894686//">构建跨平台 APP </a>
</div>
```

5.3 生成页面内超链接

有时一个页面上的内容较丰富、长度较长，用户查找内容比较困难。通过生成页面内的超链接用作用户导航可以解决这个问题。

页面内的超链接有时也称作锚链接，实际上用于在单个页面内不同位置进行跳转，类似于书签的功能，用户不需要反复拖曳浏览器的滚动条进行定位。例如，在某次大型特卖页面上，商品内容较多，便可通过锚点将商品根据不同的分类做成页面内的超链接进行导航，实现效果如图 5.2 所示。

图 5.2　页面内部锚点导航效果

为了实现图 5.2 的导航效果，可通过超链接<a>标签的 name 属性定义锚的名称，一个页面可以定义多个锚，通过超链接的 href 属性根据名称跳转到对应的锚。实例代码如下：

```
01  <!DOCTYPE html>
02  <html lang="zh-CN">
```

```
   03  <head>
   04      <meta charset="UTF-8">
   05      <meta content="width=device-width, initial-scale=1.0,
maximum-scale=1.0, user-scalable=0" name="viewport" />
   06      <meta content="yes" name="apple-mobile-web-app-capable" />
   07      <meta content="black" name="apple-mobile-web-app-status-bar-style" />
   08      <meta name="format-detection" content="telephone=no" />
   09      <title>第 5 章</title>
   10      <style type="text/css">
   11      .left-lift {
   12          position: fixed;
   13          left: 0;
   14          top: 10px;
   15      }
   16      .merchant {
   17          width: 90%;
   18          margin: 0 auto;
   19          height: 500px;
   20          border: 1px solid red;
   21      }
   22      </style>
   23  </head>
   24  <body>
   25      <div class="content">
   26          <div class="left-lift" id="J_LeftLift">
   27              <h3>主会场</h3>
   28              <ul>
   29                  <li><a href="#omaf">欧美澳非</a></li>
   30                  <li><a href="#yzhd">亚洲海岛</a></li>
   31                  <li><a href="#gnly">国内旅游</a></li>
   32                  <li><a href="#lyfq">0 元分期</a></li>
   33                  <li><a href="#gnjp">国际机票</a></li>
   34                  <li><a href="#gnjp">国内机票</a></li>
   35                  <li><a href="#jdkz">酒店客栈</a></li>
   36                  <li><a href="#jdmp">景点门票</a></li>
   37                  <li><a href="#tgzc">团购专场</a></li>
   38                  <li></li>
   39              </ul>
   40          </div>
   41
   42          <div class="merchant"><a href="javascript:;" name="omaf">欧美澳非
</a></div>
   43          <div class="merchant"><a href="javascript:;" name="yzhd">亚洲海岛
```

```
</a></div>
  44          <div class="merchant"><a href="javascript:;" name="gnly">国内旅游
</a></div>
  45          <div class="merchant"><a href="javascript:;" name="lyfq">0 元分期
</a></div>
  46          <div class="merchant"><a href="javascript:;" name="gjjp">国际机票
</a></div>
  47          <div class="merchant"><a href="javascript:;" name="gnjp">国内机票
</a></div>
  48          <div class="merchant"><a href="javascript:;" name="jdkz">酒店客栈
</a></div>
  49          <div class="merchant"><a href="javascript:;" name="jdmp">景点门票
</a></div>
  50          <div class="merchant"><a href="javascript:;" name="tgzc">团购专场
</a></div>
  51
  52       </div>
  53    <body>
  54    </body>
  55    </html>
```

代码第 42~50 行通过<a>标签的 name 属性分别定义了内容的模块名称；代码第 29~38 行通过<a>标签的 href 属性设定值为需要定位到的对应模块的对应名称。通过单击锚点，即可将页面定位到该页面内对应的模块。

定位到当前页面对应模块后，当前 URL 地址不发生变化，但地址后面添加了类似“# lyfq”的字符串，这就是当前定位的锚点。

5.4 图像链接

很多情况下，我们不仅需要文字链接，还需要图像链接。图像链接的原理与文字链接的原理类似，只是<a>标签的内容是一幅图片。例如，添加一幅图片的代码如下：

```
<img src="img/rose.png"/ alt="rose">
```

为该图片添加链接后如下：

```
<a href="rose.htm"><img src="img/rose.png"/ alt="rose"></a>
```

例如，需要在用户单击图片时能打开一个网站的链接，并且重新打开一个窗口，实现代码如下：

```
<a href="rose.htm" target="_blank" ><img width="300" src="img/rose.png"/
alt="rose"></a>
```

实现效果如图 5.3 所示。

图 5.3　图片链接

5.5 移动端电子邮件链接

超链接还可以进一步扩展网页的功能，比较常用的有发送电子邮件、FTP 以及 Telnet 连接。完成以上功能只需要修改超链接的 href 值。

超链接的基本格式如下：

```
scheme://host[:post]/path/filename
```

其中，scheme 指的是 HTTP、FTP、File、Mailto、News、Gopher、Telnet 七种协议；host 指的是 IP 地址或计算机名称；post 指的是服务器端口；path 指的是文件路径；filename 指的是文件名。

电子邮件链接的实例代码如下：

```
<p><a href="mailto:example@example.com">send me an email</a></p>
```

如果移动端已经添加了邮箱账户，用户单击该邮箱后，就会打开如图 5.4 所示的发送邮件页面。如果移动端未安装邮箱账户，手机就会提示用户添加账户，如图 5.5 所示。

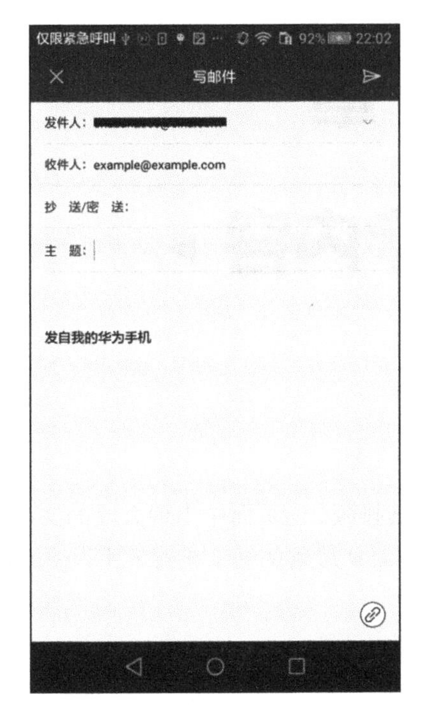

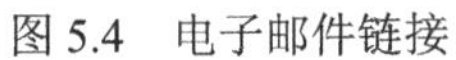
图 5.4　电子邮件链接

图 5.5　添加邮箱账户

第 6 章

组织文字内容

移动网页的外观是否美观很大程度上取决于其排版。当页面中出现大段的文字时，通常采用分段进行规划，对换行也有极其严格的划分。本章从段落的细节设置入手，使读者学习后能利用标签自如地处理大段的文字。

本章主要涉及的知识点有：

- 建立段落<p>
- 使用<div>
- 添加主题分隔<hr>
- 将内容组织为列表
- 有序列表<ol>
- 无序列表<ul>
- 定义列表<dl>
- 定义列表<li>
- 菜单列表<menu>
- 下拉列表<datalist>
- 对话框<dialog>

6.1 段落

许多用户有用手机写博客或微信公众号文章的习惯，段落是文章中基本的单位，具有换行另起的明显标志，便于读者阅读、理解和回味。大量的文章以段落的形式进行排版，标签<p>可用于段落。如果我们查看源码，就会发现博客中往往藏着大量的<p>标签。p 是 Paragraph（段落）的缩写，<p>…</p>可以用来包裹文章段落的主体内容。

表 6.1 中列出了段落<p>标签的基本属性及其作用。

表 6.1 一般属性

属性	作用
class=class	设置类属性
id=id	设置 ID 属性
style=style	设置行内样式
title=title	设置标题，移动网页一般不用
dir=dir	设置段落文字的显示方向
lang=lang	设置语言种类
accesskey=key	设置快捷键
tabindex=n	设置 Tab 键在控件中的移动顺序
contenteditable=bool	设置元素是否可编辑
contextmenu=id	指定 context menu
draggable=bool	设置是否可拖曳
dropzone=value	在元素上拖曳数据时是否复制、移动或链接被拖曳的数据
hidden	设置隐藏元素
spellcheck=bool	检查语法拼写
IE 扩展属性	用于设定 IE 扩展属性

目前，所有主流浏览器都支持<p>标签。以下代码标记了一个段落：

```
01  <div class="content">
02      <p>这是段落二。
03      这是一个段落标记的使用示范。
04      段落标记是非常常用的标记之一。
05      使用段落标记，可以有效地划分段落。</p>
06      <p>这是段落二。          你所看见的这里，          这里正是文章的主体内容，
你可以在这里书写大篇幅的文字说明，          并以正确的句号结尾。
07      </p>
08      <p>
09      这是段落三。这里也是文章的主体内容，你可以在这里插入图片。
10      <img src="./img/bear.jpg">
11      </p>
12  </div>
```

浏览器显示效果如图 6.1 所示。

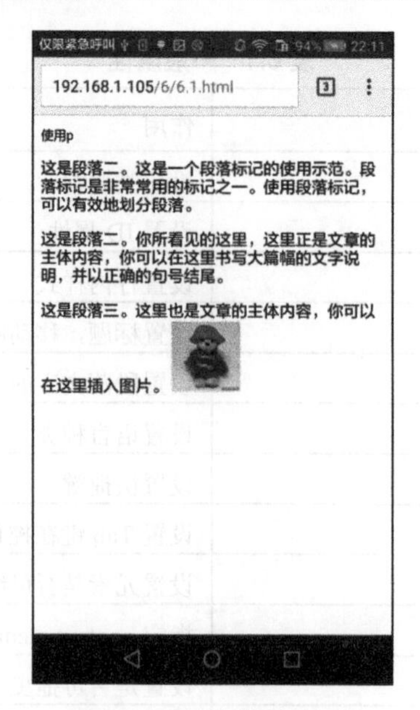

图 6.1　段落使用效果

从图 6.1 可以看出， p 元素会自动在其前后创建一些空白，因此 p 元素是块级元素。浏览器会自动添加这些空间，当然也可以在样式表中规定。

代码第 02~05 行中，在 p 元素内部的文字上增加换行，但是没有增加对应的换行源代码，从图 6.1 中可以看出这些换行被浏览器忽略。

同理，在代码第 06 行中添加的空格同样会被浏览器忽略。因此，浏览器忽略了 p 标签内部源代码中的排版（忽略了多余的空格和换行）。

段落的行数依赖于浏览器窗口的大小。如果调节浏览器窗口的大小，就会改变段落中的行数。

可以只在块元素内建立段落，也可以把段落和其他段落<p>、列表<ul>、表单<form>和预定义格式<pre>的文本一起使用。整体来说，这意味着段落可以在任何有合适的文本流的地方出现，例如文档的主体中、列表的元素内等。

从技术角度来看，段落不可以出现在头部、锚或者其他严格要求内容必须是文本的地方。实际上，多数浏览器都忽略了这个限制，它们会把段落作为所含元素的内容一起格式化。

6.2 页面主题的结构化布局

页面主题的布局是设计师们津津乐道的。常见的页面布局有通栏式、两栏式、三栏式等。例如，通常在移动端页面采用通栏式布局，如图 6.2 所示。

图 6.2　通栏

传统 PC 端采用通栏加三栏混排的模式，如图 6.3 所示。

图 6.3　通栏+三栏混排

要实现这些复杂的排版，离不开 div。div 的全称是 division。div 元素用来为 HTML 文档内的块级内容提供结构化的元素。div 的起始标签和结束标签之间的所有内容都是用来构成该块级元素的，其中所包含的元素的特性由 div 标签的属性来控制，或者通过样式表格式化该块级元素来控制。div 标签又可称为区隔标记，其作用是设定字、画、表格等的摆放位置。

<div>标签可以把文档分割为独立的、不同的部分。它可以用作严格的组织工具，并且不使用任何格式与其关联。如果用 id 或 class 来标记<div>，那么该标签的作用会变得更加有效。

所有主流浏览器都支持<div>标签。div 标签应用于样式表会更加灵活，给设计者赋予另一种组织页面结构的能力，有 class、style、id 等属性。

<div>是一个块级元素。这意味着它的内容会自动地开始一个新行。实际上，换行是<div>固有的唯一格式表现。可以通过<div>的 class 或 id 属性应用额外的样式。

实例代码如下：

```
01  <div class="header">
02          <h1>这里是属于我们的故事</h1>
03      </div>
```

```
04      <div class="content">
05
06          <p>记录我们的点点滴滴......</p>
07
08          <div class="news">
09              <h2>一起去旅行</h2>
10              <p>一起去天涯海角、海角七号</p>
11              <p>
12                  <a href=" shuoming.php" class="product-item"
target="_blank" title="办签证就选飞猪">
13                      <img src="./img/XX-190-158.jpg " alt="办签证就选飞猪"
class="item-img">
14                  </a>
15              </p>
16          </div>
17
18          <div class="news">
19              <h2>一起去浪漫</h2>
20              <p>
21                  <div class="side-ad">
22                      <a href=" maldives.php" class="product-item"
target="_blank" title="马尔代夫">
23                          <img src="./img/190-158.jpeg " alt="马尔代夫"
class="item-img">
24                      </a>
25
26                  </div>
27              </p>
28          </div>
29      </div>
```

上面这段 HTML 结构中，每个 div 把相关的标题和摘要组合在一起，也就是说，div 为文档添加了额外的结构。同时，由于这些 div 属于同一类元素，因此可以使用 class="news" 对这些 div 进行标识，这么做不仅为 div 添加了合适的语义，而且便于进一步使用样式对 div 进行格式化，可谓一举两得。

浏览器显示效果如图 6.4 所示。

图 6.4　div 的使用效果

<div>元素的另一个常见的用途是文档布局，它取代了使用表格定义布局的方法。使用<table>元素进行文档布局不是表格的正确用法。<table>元素的作用是显示表格化的数据。

可以通过<div>和<span>将 HTML 元素组合起来。<span>元素是内联元素，可用作文本的容器。<span>元素没有特定的含义，当与 CSS 一同使用时，<span>元素可用于为部分文本设置样式属性。

6.3 添加主题分隔线

在统一页面内，当主题变化时，我们常常使用分割线来显著地隔离内容，这可以通过<hr>标签来实现，例如：

```
01  <div class="content">
02      <h2>每日特惠</h2>
03      <div class="item">
04          <a href="item.htm" target="_blank" data-page="detail">
05              <div class="img_warpper">
06                  <img src="./img/3pXX-540-430.jpg" class="main_img">
07              </div>
08              <div class="title">【每日闪购】杭州上海-三亚</div>
09          </a>
10      </div>
11
```

```
12      <hr>
13
14      <h2>特价机票</h2>
15
16      <div class="item">
17          <a href="flight_search_result.htm" target="_blank"
data-page="flight_list">
18          <div class="item_img">
19              <img class="img_content" src="./img/ou9VXX-560-560.jpg">
20          </div>
21          <div class="title">【机票】杭州，厦门
22          </div>
23          </a>
24      </div>
25      <hr>
26  </div>
```

此处省略了 CSS 样式代码，可在本书附带源代码中查看。浏览器显示效果如图 6.5 所示。

图 6.5 hr 的使用效果

6.4 输出有顺序关系的内容

在一些购物网站的大促活动页上常常会看到商品是按照模块划分的。这些模块会按照一定

的顺序展示，如推广强度、消费者满意度等，如图 6.6 所示。这就是使用了有序列表。

爆款	国内游	周边游	东南亚
日韩	欧美澳新	海岛	港澳台

图 6.6　模块的展示顺序

有序列表使用数字进行标记，它使用<li>包含于<ol>标签（Ordered Lists）内，例如：

```
<ol>
    <li>开始部分</li>
    <li>次要部分</li>
    <li>结尾部分</li>
</ol>
```

有序列表的显示效果如图 6.7 所示。

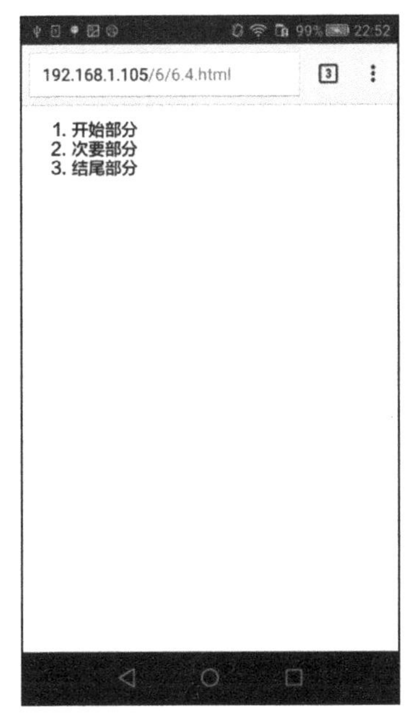

图 6.7　有序列表的显示效果

6.5 使用无序列表输出内容

无序列表可用于展示没有顺序关系的并列内容，例如新闻列表，如图 6.8 所示。

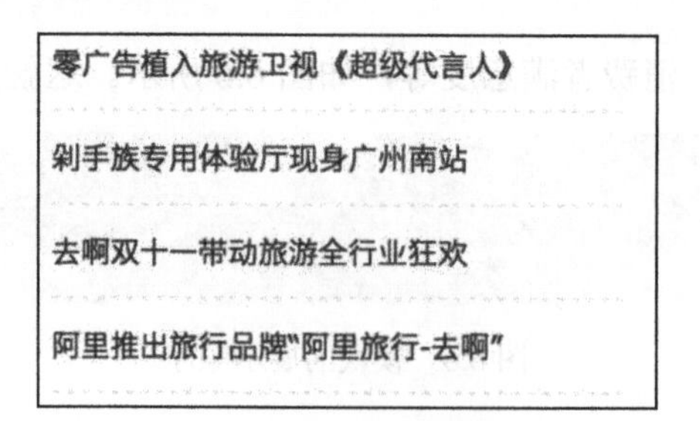

图 6.8　无序列表使用场景

无序列表使用黑点对每项内容进行标记，它使用<li>包含在<ul>标签（Unordered Lists）内，例如：

```
01  <ul>
02      <li>关于主题</li>
03      <li>关于形式</li>
04      <li>关于内容</li>
05  </ul>
```

无序列表的显示效果如图 6.9 所示。

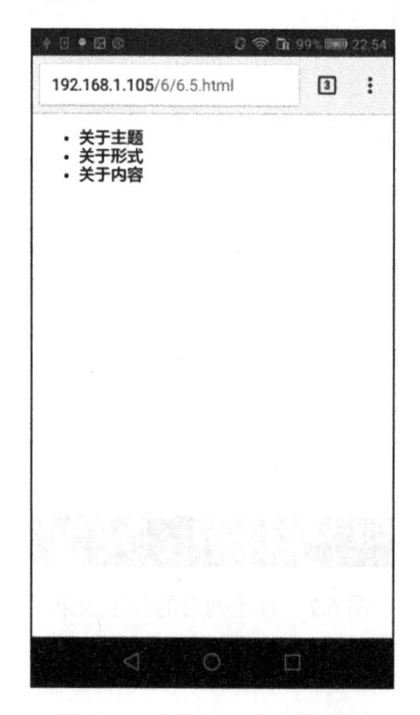

图 6.9　无序列表的显示效果

6.6 使用自定义列表输出内容

在更为灵活的自定义列表中，可为每项列表定义标题和内容，如图 6.10 所示。

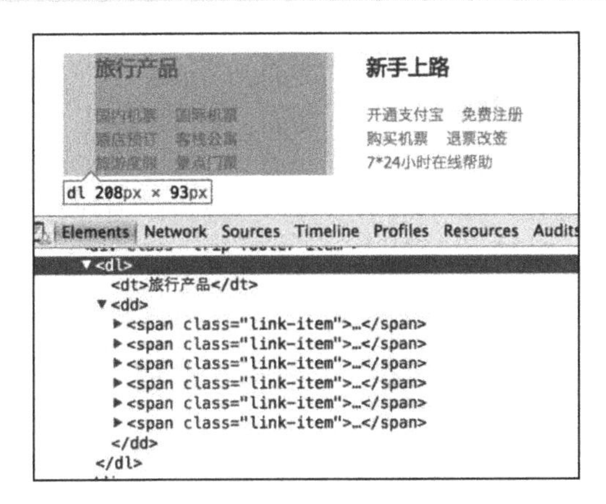

图 6.10　自定义列表的使用场景

从图 6.10 可以看出，“旅行产品”这一独立的项可以使用自定义列表来生成。其中，展示为独立项标题使用 dl 元素定义，各内容列表项使用 dd 元素定义。

自定义列表语义上表示项目及其注释的组合，它以<dl>标签（definition lists）开始，自定义列表项以<dt>（definition title）开始，自定义列表项的定义以<dd>（definition description）开始。

```
01    <dl>
02        <dt>HTML</dt>
03        <dd> HTML 主要组成部分 </dd>
04        <dd> HTML 主要标签</dd>
05        <dd> HTML 常用代码段</dd>
06    </dl>
```

显示效果如图 6.11 所示。

图 6.11　自定义列表的显示效果

6.7 使用列表项

从 6.4 节和 6.5 节可以看出，<li>标签用于定义列表项，有序列表和无序列表中都使用<li>标签。

<li>标签内可以进行列表嵌套，例如：

```
01  <div class="content">
02      <h4>一个嵌套列表：</h4>
03      <ul>
04          <li>北京</li>
05          <li>上海</li>
06          <li>福建
07              <ul>
08                  <li>武夷山市</li>
09                  <li>厦门市</li>
10              </ul>
11          </li>
12      </ul>
13  </div>
```

效果如图 6.12 所示。

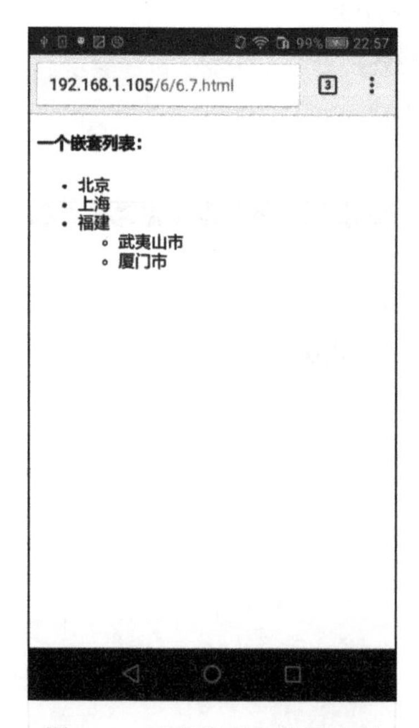

图 6.12　列表嵌套的使用效果

6.8 使用菜单列表

<menu>标签用于上下文菜单、工具栏以及用于列出表单控件和命令。在 HTML 5 中重新定义了 menu 元素，用于排列表单控件。

以下实例代码显示带有两个菜单按钮（File 和 Edit）的工具栏，每个按钮都包含带有一系列选项的下拉列表的定义：

```
01  <menu type="toolbar">
02   <li>
03   <menu label="File">
04   <button type="button" onclick="file_new()">New...</button>
05   <button type="button" onclick="file_open()">Open...</button>
06   <button type="button" onclick="file_save()">Save</button>
07   </menu>
08   </li>
09   <li>
10   <menu label="Edit">
11   <button type="button" onclick="edit_cut()">Cut</button>
12   <button type="button" onclick="edit_copy()">Copy</button>
13   <button type="button" onclick="edit_paste()">Paste</button>
14   </menu>
15   </li>
16  </menu>
```

目前主流的移动浏览器均支持 menu 元素，可以使用 CSS 来定义列表的类型。

在 HTML 5 中，menu 元素的新属性有 label 和 type。label 用于定义菜单的可见标签；而 type 用于定义菜单的类型，可取值有 popup 和 toolbar 类型。

6.9 使用下拉列表

在 Web 网页设计过程中，常会用到如输入框的自动下拉提示，这将大大方便用户的输入。例如，在 Google 中进行搜索的时候，就会出现智能提示的下拉列表选择框。这样的下拉列表选择框称为 AutoComplete。过去实现这样的功能，必须要求开发者使用一些 JavaScript 脚本或相关的 Ajax 调用，需要一定的编程工作量。但随着 HTML 5 的慢慢普及，开发者可以使用其中新的 DataList 标记快速开发出十分漂亮的 AutoComplete 组件的效果。在移动浏览器中，该功能依然有效。

HTML 5 中的 DataList 允许用户从下拉列表中选择选项。使用如下方式声明 DataList：

```
01  <datalist>
02      <option>Detroit Lions</option>
03      <option>Detroit Pistons</option>
04      <option>Detroit Red Wings</option>
05      <option>Detroit Tigers</option>
06      <!-- etc... -->
07  </datalist>
```

在<datalist>标签中包裹的就是可供用户选择的项。然后可以使用如下代码将列表绑定到对应的文本框上：

```
01  <label for="favorite_team">我最爱的球队：</label>
02      <input type="text" name="team" id="favorite_team" list="team_list">
03  <datalist id="team_list">
04      <option>Detroit Lions</option>
05      <option>Detroit Pistons</option>
06      <option>Detroit Red Wings</option>
07      <option>Detroit Tigers</option>
08  </datalist>
```

在上面的代码中，为文本输入框 input 指定 list 属性，其值一定要和<datalist>中的 id 值相匹配。运行上面的代码，可以看到效果如图 6.13 所示。

图 6.13　简单输入框

<datalist> 标签是 HTML 5 中的新标签，大部分移动浏览器都支持<datalist>标签。使用<datalist>标签定义选项列表，与 input 元素配合使用该元素来定义 input 可能的值。datalist 及其选项不会被显示出来，它只是合法的输入值列表。

6.10 在页面中输出对话

常用微信的读者都知道，微信聊天界面就是一种对话框，类似于剧本的效果。例如，有一段话希望进行如图 6.14 所示的排版。

- 浏览器："我需要这个图像。"
- 服务器："我没有这个图像。"
- 浏览器："你确定吗？这个文档说你有。"
- 服务器："真的没有。"

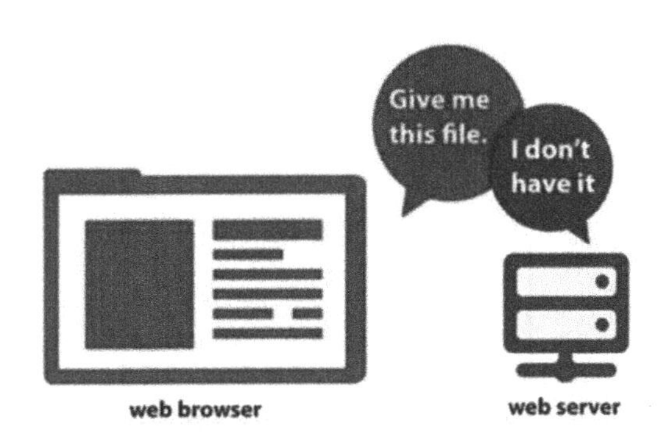

图 6.14 在页面中输出对话

显而易见，这段话是模拟浏览器和服务器之间数据传输过程中进行的三次握手。三次握手的技术细节暂且不表，我们现在比较关心这段话的输出格式。

当然，读者完全可以自定义格式，约定说话者与说话内容的格式，将整段话进行排版。这么做完全可以达到设计效果，但是这样的自定义格式往往会因开发者不同而风格迥异。

<dialog>标签是 HTML 5 中的新标签，用于定义对话框或窗口，例如：

```
01  <div class="content">
02      <dialog open>
03          <dt>浏览器</dt>
04          <dd>我需要这个图像。</dd>
05          <dt>服务器</dt>
06          <dd>我没有这个图像。</dd>
07          <dt>浏览器</dt>
08          <dd>你确定吗？这个文档说你有。</dd>
09          <dt>服务器</dt>
10          <dd>真的没有。</dd>
11      </dialog>
12  </div>
```

dialog 元素表示几个人之间的对话。在 HTML 5 中，dt 元素可以表示讲话者，dd 元素可以表示讲话内容。目前主流的移动浏览器均支持<dialog>标签。

对于这个元素的准确语法还有争议。一些人希望在 dialog 元素中嵌入非对话文本（如剧本中的舞台说明），还有人不喜欢扩展 dt 和 dd 元素的作用。尽管在具体语法方面仍有争议，但是大多数人认为以这样的语义性方式表达对话是有益的。

本例效果如图 6.15 所示。

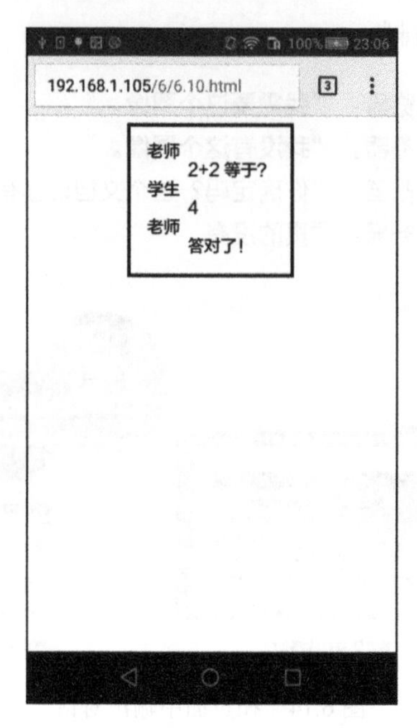

图 6.15　移动页面输出对话

第 7 章

◂ 划分文档结构 ▸

学习过网页设计的读者，应该都看到过如图 7.1 所示的网页结构设计图。

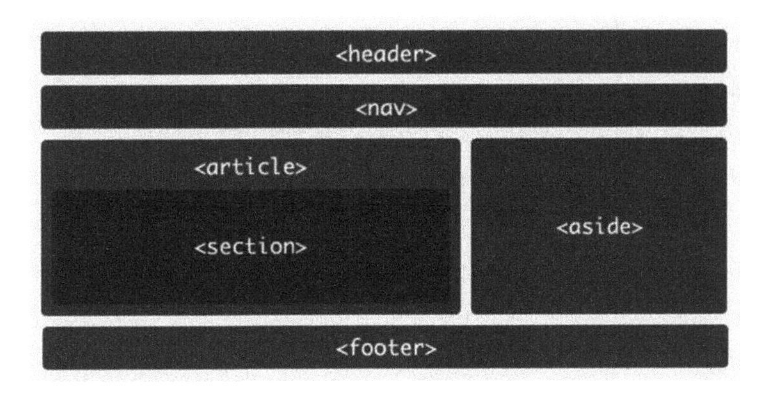

图 7.1　网页结构设计图

图 7.1 是网页主题内容结构设计的一种常见结构图。在本章中介绍如何使用常用的 HTML 标记对 HTML 文档主体部分的结构进行进一步划分。

本章主要涉及的知识点有：

- 添加基本的标题 h1~h6
- 隐藏子标题<hgroup>
- 生成节<section>
- 添加头部<header>和尾部<footer>
- 添加导航区域<nav>
- 使用<article>
- 生成附注栏<aside>
- 提供联系信息<address>
- 生成详情区域<details>、<summary>

7.1 添加基本的标题

标题的使用场景非常广泛，可以说是随处可见，页面标题、模块标题、区块标题等都可以使用 h1~h6 元素来实现，如图 7.2 所示。

200元特价机票		查看更多 >>	
北京-通辽	03-30	¥140	1.8折
北京-延安	03-29	¥117	1.4折
北京-南阳	04-22	¥107	1.3折
北京-鄂尔多斯	04-09	¥107	1.3折
北京-榆林	03-25	¥106	1.3折
北京-大同	04-13	¥109	2.1折
北京-青岛	04-27	¥145	1.4折

图 7.2　列表标题

前面介绍过标题<hn>~</hn>的使用方法。标题是语义化的一个典型代表。图 7.2 的结构代码如下：

```
01  <div class="content">
02      <div class="title-wrap">
03          <h2 class="mod-title">200 元特价机票</h2>
04          <a class="moreLink" href="./ ">查看更多 &gt;&gt;</a>
05      </div>
06      <ul class="lowest-price">
07          <li class="itemContainer">
08              <a href="flight_search_result.htm">
09                  <span class="flightAddress">北京-通辽</span>
10                  <span class="dateItem"> 03-30</span>
11                  <span class="flightLeftPrice"> <i
class="rmb">¥</i>140</span>
12                  <span class="discountItem" style="height:35px;">1.8 折</span>
13              </a>
14          </li>
15          <li class="itemContainer">
```

```
16              <a href="flight_search_result.htm">
17                  <span class="flightAddress">北京-通辽</span>
18                  <span class="dateItem"> 03-30</span>
19                  <span class="flightLeftPrice"> <i
class="rmb">¥</i>140</span>
20                <span class="discountItem" style="height:35px;">1.8 折</span>
21              </a>
22          </li>
23          <li class="itemContainer">
24              <a href="flight_search_result.htm">
25                  <span class="flightAddress">北京-通辽</span>
26                  <span class="dateItem"> 03-30</span>
27                  <span class="flightLeftPrice"> <i
class="rmb">¥</i>140</span>
28                <span class="discountItem" style="height:35px;">1.8 折</span>
29              </a>
30          </li>
31          <!-- more list -->
32      </ul>
33
34  </div>
```

以上代码实现了一个基本的机票模块结构，第 03 行为该模块添加了模块标题，使得浏览器和用户能够对该模块的内容和作用有清晰的认识。以此类推，在同一个 HTML 文档中，不仅可以为文档添加标题，也可以为每个子模块添加标题，还可以为多个子模块组合成的大模块添加标题。

7.2 隐藏子标题 hgroup

<hgroup>标签用来将标题和子标题进行分组，即对 h1~h6 进行分组。一般情况下，一篇文章（Article）或一个区块（Section）里面只有一个标题，这种情况下就不需要使用 hgroup。如果出现多个标题，就可以用 hgroup 把标题框起来，做一个标题分组，如图 7.3 所示。这样我们就可以认为区块或文章中出现多个标题是合法的。

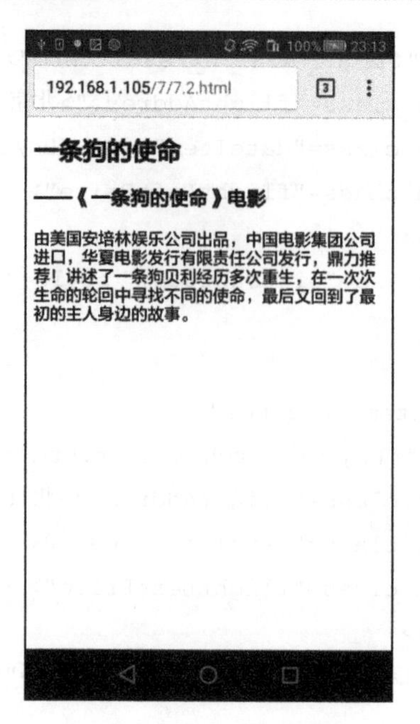

图 7.3　hgroup 使用效果

实现代码如下：

```
01  <section>
02      <hgroup>
03          <h1>一条狗的使命</h1>
04          <h2>——《一条狗的使命》电影</h2>
05      </hgroup>
06
07      <p>由美国安培林娱乐公司出品，中国电影集团公司进口，华夏电影发行有限责任公司发行，鼎力推荐！讲述了一条狗贝利经历多次重生，在一次次生命的轮回中寻找不同的使命，最后又回到了最初的主人身边的故事…</p>
08  </section>
```

以上代码段中，将 h1 和 h2 元素使用 hgroup 分为一组，作为 section 的标题。

7.3 生成节<section>

在 HTML 5 标准中定义了一些新的语义化标签，这些标签能更好地描述网页内容，也使页面更有利于 SEO。<section>也是 HTM 5 中新定义的标签，用于标记文档中的区域或节（例如内容中的一个专题组）。<section>还能对层次结构进行划分，应该出现在文档的框架中。

section 通常由标题（Head）和内容（Content）组成。section 元素不是一般的容器元素，而应该作为结构元素出现。因此，如果一个元素需要定义相应的样式或者脚本，那么一般推荐使用 div 元素代替。section 的使用条件是确保该元素的内容能够明确地展示在文档的大纲里。

例如，某一页面的导航中含有不同的专题组，使用 section 对专题组进行层次结构划分，如图 7.4 所示。

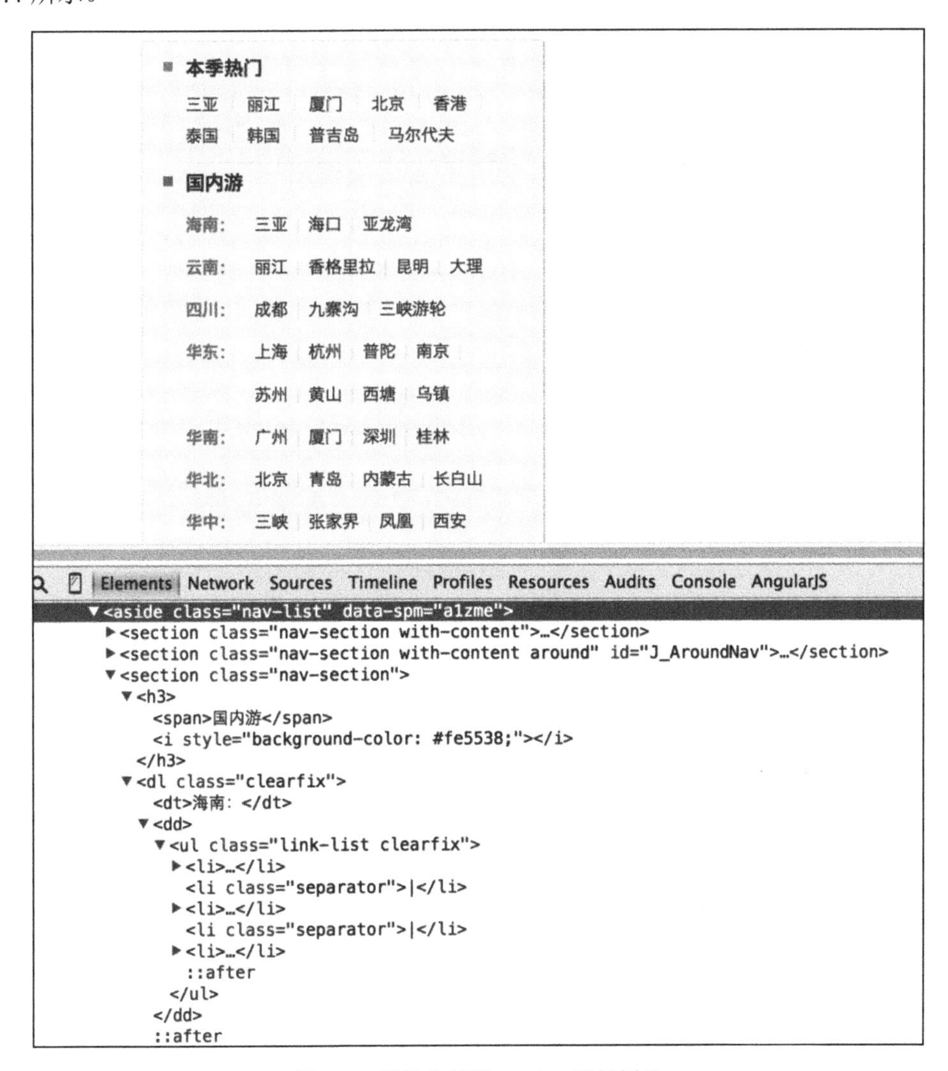

图 7.4　导航中使用 section 进行划分

从图 7.4 中可以看出，导航 aside 中可以通过 section 对不同的主题内容进行划分，“本季热门”和“国内游”通过两个 section 分别组织划分成两个区域，且每个区域有不同的标题和内容列表项，这使得文档结构清晰易读。具体实现代码如下：

```
01  <aside class="nav-list" data-spm="a1zme">
02      <!-- 区域一 ： 本级热门 -->
03      <section class="nav-section with-content">
04          <h3>
05              <span>本季热门</span><i></i>
06          </h3>
07          <ul class="link-list clearfix">
```

```
08              <li><a href="#">三亚</a></li>
09              <li class="separator">|</li>
10              <!-- and more ... -->
11          </ul>
12          <div class="sub-content" style="display:none;">
13              <ul class="link-list sub-list clearfix">
14                  <li><a href="#">国家湿地公园</a></li>
15                  <li class="separator">|</li>
16                  <!-- and more ... -->
17              </ul>
18          </div>
19      </section>
20      <!-- 区域二： 周边游 -->
21      <section class="nav-section with-content around" id="J_AroundNav">
22          <h3>
23              <span>周边游</span><i style="background-color: #fab800;"></i>
24          </h3>
25          <ul class="link-list clearfix">
26              <li><a href="#">杭州</a></li>
27              <li class="separator">|</li>
28              <!-- and more ... -->
29          </ul>
30      </section>
31      <!-- 区域三： 国内游 -->
32      <section class="nav-section">
33          <h3>
34              <span>国内游</span><i style="background-color: #fe5538;"></i>
35          </h3>
36          <dl class="clearfix">
37              <dt>海南：</dt>
38              <dd>
39              <ul class="link-list clearfix">
40                  <li><a href="#">三亚</a></li>
41                  <li class="separator">|</li>
42                  <!-- and more ... -->
43              </ul>
44              </dd>
45          </dl>
46          <dl class="clearfix">
47              <dt>云南：</dt>
48              <dd>
49                  <ul class="link-list clearfix">
50                      <li><a href="#">丽江</a></li>
```

```
51                    <li class="separator">|</li>
52                    <!-- and more ... -->
53                </ul>
54            </dd>
55            <!-- and more ... -->
56        </dl>
57        <!-- and more ... -->
58    </section>
59  </aside>
```

section 元素可以用来作为一个有意义的章节或段落的区隔，在同一网页中可以出现很多次。但是，section 不是用来包裹一段完整且独立的文章（例如 Blog 的内文）的，包含独立的文章可通过 article 元素来实现，后面的章节会介绍。

7.4 为区域添加头部和尾部

header 有引导和统领下文的作用，可作为页面的头部来使用，或者放在 section 或 article 元素内，作为这些区域、文章内容的头部。通常，header 元素可以包含一个区块的标题（如 h1~h6，或者 hgroup 元素标签），但也可以包含其他内容，例如数据表格、搜索表单或相关的 LOGO 图片。

首先，使用 header 元素为整个页面添加标题部分：

```
<header>
   <h1>阿里旅行·飞猪：机票预订,酒店查询,客栈民宿,旅游度假,门票签证 </h1>
</header>
```

其次，在同一个页面中，每一个内容区块都可以有对应的 header 元素，例如：

```
<article>
 <header>
    <h1>一只狗的使命</h1>
  </header>
  <p>由美国安培林娱乐公司出品，中国电影集团公司进口，华夏电影发行有限责任公司发行，鼎力推荐！……</p>
</article>
```

header 元素通常包含标题标签（h1~h6）和 hgroup 元素，也可以包含其他内容，例如 nav 元素。

为区域添加头部之后，考虑为区域添加对应的尾部。footer 元素可以作为底层内容区或根区块的脚注，例如页面的版权部分，或者某区域内容的相关链接、脚注信息，等等。例如，中国传媒大学网站的脚注如图 7.5 所示。

关于我们 / 友情链接
版权所有 © 中国传媒大学 / 京ICP备06054859号-1 京ICP备06054859号-1
地址：北京市朝阳区定福庄东街一号 / 邮政编码：100024 / 技术支持：中国传媒大学计算机与网络中心 中传视友（北京）传媒科技有限公司·视友网

图 7.5　页面的脚注

footer 元素可以作为其直接父级内容区块或者一个根区块的结尾。footer 通常包括其相关区块的附加信息，如作者、相关阅读链接以及版权信息等。

我们通常使用以下代码来写页面的页脚：

```
01  <div id="footer">
02    <div class="wp tc clearfix">
03        <div>
04            <a href="http://by.cuc.edu.cn/aboutUs/" target="_blank">关于我
们</a> / <a href="http://by.cuc.edu.cn/frilinks/" target="_blank">友情链接</a>
05        </div>
06        <div>
07            版权所有 <em>©</em> <a href="http://by.cuc.edu.cn/"
target="_blank">中国传媒大学</a> / 京 ICP 备 06054859 号-1 京 ICP 备 06054859 号-1
08        <div>
09            地址：北京市朝阳区定福庄东街一号 / 邮政编码：100024 / 技术支持：中国传媒
大学计算机与网络中心 中传视友（北京）传媒科技有限公司·<a href="http://www.cuctv.com"
10  class="style-a-red" target="_blank">视友网</a>
11        </div>
12     </div>
13  </div>
```

在 HTML 5 中，我们可以不使用 div，而用更加语义化的 footer 元素来实现：

```
01  <footer>
02    <article class="wp tc clearfix">
03        <div>
04            <a href="http://by.cuc.edu.cn/aboutUs/" target="_blank">关于我
们</a> / <a href="http://by.cuc.edu.cn/frilinks/" target="_blank">友情链接</a>
05        </div>
06        <div>
07            版权所有 <em>©</em> <a href="http://by.cuc.edu.cn/"
target="_blank">中国传媒大学</a> / 京 ICP 备 06054859 号-1 京 ICP 备 06054859 号-1
08        <div>
09            地址：北京市朝阳区定福庄东街一号 / 邮政编码：100024 / 技术支持：中国传媒
大学计算机与网络中心 中传视友（北京）传媒科技有限公司·<a href="http://www.cuctv.com"
10  class="style-a-red" target="_blank">视友网</a>
11        </div>
12     </article>
13  </footer>
```

在同一个页面中可以使用多个<footer>元素，即可以用作页面整体的页脚，也可以作为一个内容区块的结尾。例如，我们可以将<footer>直接写在<section>或<article>中：

```
<section>
  这是 section 区域的主体内容……
  ……
  <footer>
    尾部主要内容，如版权信息等
  </footer>
</section>
```

7.5 添加导航区域

nav 元素用于定义页面的导航链接组，一般用在侧边栏、翻页组等区域。在 nav 中一般可以使用 ul 无序列表来放置导航链接元素，如图 7.6 所示。

图 7.6　nav 实例

传统实现导航的结构代码如下：

```
01  <div class="nav">
02    <ul>
03        <li>
04            <a href="/" class="header-link header-nav-link active">Home</a>
05        </li>
06        <li>
07            <a href="/snippets" class="header-link header-nav-link">Code
Snippets</a>
08        </li>
09        <li>
10            <a href="/ui-kits" class="header-link
header-nav-link">Interface Kits</a>
11        </li>
12        <li>
13            <a href="/faq" class="header-link
header-nav-link">FAQ</a></li>
14        <li>
15            <a href="/search" class="header-link header-search-link"
data-toggle="search">Search</a>
16        </li>
```

```
17    </ul>
18  </div>
```

使用 nav 标签实现导航的结构代码如下：

```
01  <nav class="header-nav">
02     <a href="/" class="header-link header-nav-link active">Home</a>
03      <a href="/snippets" class="header-link header-nav-link">Code
Snippets</a>
04      <a href="/ui-kits" class="header-link header-nav-link">Interface
Kits</a>
05      <a href="/faq" class="header-link header-nav-link">FAQ</a>
06      <a href="/search" class="header-link header-search-link"
data-toggle="search">Search</a>
07  </nav>
```

布局中一般使用 nav 标签与 ul 标签、li 标签配合使用。目前，主流移动浏览器都支持<nav>标签，本例对比效果如图 7.7 所示。

图 7.7　对比效果

nav 是与导航相关的，所以一般用于网站导航布局。与 div 标签、span 标签的使用方法类似，可以为<nav>标签添加 id、class 等属性。而与 div 标签不同的是，此标签一般只用于导航相关的地方，所以在一个 HTML 网页布局中可能就使用在导航条处或与导航条相关的布局中。

7.6 在页面中输出文章

article 元素用于标记 HTML 文档中的独立内容片段，例如博客条目或报纸文章。<article>标签的内容独立于文档的其余部分，如图 7.8 所示。

图 7.8　article 的使用场景

图 7.8 效果的实现代码如下：

```
01  <article data-page="single" class="post">
02      <header class="entry-header">
03          <h1 class="entry-title">浅谈 HTML5 Canvas arc() 方法</h1>
04      </header>
05      <!-- .entry-header -->
06      <div class="entry-content">
07          <p>
08              我们可以使用 arc()方法，在 Canvas 中创建一个圆形，今天我们就来谈谈 arc()
方法。
09          </p>
10          <p>
11              arc(定义一个中心点，半径，起始角度，结束角度，和绘图方向：顺时针或逆时针)
12          </p>
13          <p>
14              <strong>代码：</strong>
15          </p>
```

```
16          <p>
17              context.arc(centerX, centerY, radius, startingAngle, 
endingAngle, antiClockwise);
18          </p>
19          <p>
20          </p>
21          <p>
22              <a href="#"><img style="background-image: none; padding-top: 
0px; padding-left: 0px; margin: 0px; display: inline; padding-right: 0px; border: 
0px;" title="1" 
src="http://gtms01.alicdn.com/tps/i1/TB1zTVYHXXXXXbiaXXXyTIh.FXX-128-95.png" 
alt="1" width="99%" height="" border="0"></a>
23          </p>
24          <p>
25          </p>
26      </div>
27      <!-- .entry-content -->
28  </article>
```

article 是一个特殊的标签，比 section 具有更明确的语义，article 代表一个独立的、完整的相关内容块。一般来说，article 会有标题部分（如 header），有时也包含页尾部分（如 footer）。从结构和内容的角度来看，article 本身是独立完整的。

当 article 内嵌 article 时，原则上来说，内部 article 的内容与外部 article 的内容是相关的。例如，在一篇博客文章中，包含用户提交的评论的 article 就应该嵌套在包含博客文章的 article 中。

7.7 生成附注栏

<aside>用于标记当前文章或页面的附属信息部分，例如当前文章的参考资料或名词解释等内容常常可作为附注出现。作为页面附属部分时，典型的应用是侧边栏，里面可以放友情链接、相关文章、广告入口等内容。例如页面的左侧导航，如图 7.9 所示。

图 7.9　aside 使用场景

实现代码如下：

```
01    <aside class="public-category">
02        <h3>博客分类</h3>
03        <div class="menu-cate-container">
04            <ul id="menu-cate" class="menu">
05                <li id="menu-item-800" class="menu-item"><a href="#">HTML5 游戏
开发</a>
06                    <ul class="sub-menu">
07                        <li id="menu-item-833" class="menu-item"><a href="#">开
发技巧</a></li>
08                        <li id="menu-item-834" class="menu-item"><a href="#">引
擎推荐</a></li>
09                    </ul>
10                </li>
11                <li id="menu-item-209" class="menu-item"><a href="#">移动前端开
发</a>
12                    <ul class="sub-menu">
13                        <li id="menu-item-211" class="menu-item "><a
href="#">HTML5</a></li>
14                        <li id="menu-item-217" class="menu-item"><a
href="#">CSS3</a></li>
```

```
15                    <li id="menu-item-144" class="menu-item"><a href="#">响
应式设计</a></li>
16                  </ul>
17                </li>
18                <li id="menu-item-1212" class="menu-item"><a href="#">全栈式
JavaScript</a>
19                  <ul class="sub-menu">
20                    <li id="menu-item-1214" class="menu-item"><a
href="#">jQuery</a></li>
21                    <li id="menu-item-518" class="menu-item"><a
href="#">NodeJS</a></li>
22                    <li id="menu-item-588" class="menu-item"><a
href="#">AngularJS</a></li>
23                    <li id="menu-item-1213" class="menu-item"><a
href="#">Acoluda</a></li>
24                  </ul>
25                </li>
26              </ul>
27          </div>
28          <div class="cl"></div>
29      </aside>
```

使用 aside 元素来定义侧导航，aside 中可以包含标题元素和无序列表等，用于罗列对应的导航内容。

7.8 在页面输出联系人信息

<address>标签是一个非常不起眼的小标签，但是这并不意味着它没有用。address 元素用于在文档中呈现联系人信息，包括文档创建者的名字、站点链接、电子邮箱、真实地址、电话号码等信息。address 不只是用来呈现电子邮箱或真实地址这样具体的“地址”概念，还应该包括与文档创建人相关的各类联系方式。address 这个小巧的标签默认以斜体显示标签内的内容，当然，使用样式可以很容易地改变默认的样式。

有些联系地址列表的设计做得非常好，以至于即使知道正在看的是一个列表（甚至可以排序），也会觉得这是一种很自然的查看数据的方式。例如，我们可能会发现包括姓名、电话和地址的标题列，其他列表使用了图像，将联系人的名称覆盖在图像上。

结构代码如下：

```
01  <address>
02  高效的移动 HTML 代码段<br />
03  <a href="mailto:us@example.org">给我发邮件</a><br />
```

```
04    地址：北京市朝阳区<br />
05    电话：+010 34 56 78
06    </address>
```

实现效果如图 7.10 所示。

高效的移动HTML代码段
给我发邮件
地址: 北京市朝阳区
电话: +010 34 56 78

图 7.10　联系人信息

7.9 生成详情区域

details 元素用于描述有关文档或文档片段的详细信息。details 元素包含 summary 元素。summary 元素用于定义 details 元素的标题。

summary 元素和 details 元素一起提供了一个可以显示和隐藏额外文字的“小工具”，而不需要 JavaScript 和 CSS 的额外定义。summary 元素是一个头部（或者摘要，就像元素名一样），单击可以切换 details 标签之间内容的显示或隐藏。默认情况下，details 里的文字是隐藏的，被单击后展示出来。

结构代码如下：

```
<details>
    <summary>这里是摘要</summary>
    <p>这里是详细内容。单击摘要后会显示出来</p>
</details>
```

details 元素可以包含任何文档流元素，也就是说 details 可以有很高的复杂度。例如，可以使用 summary 元素和 details 元素来显示、隐藏当前上映电影的更多信息，如图 7.11 所示。

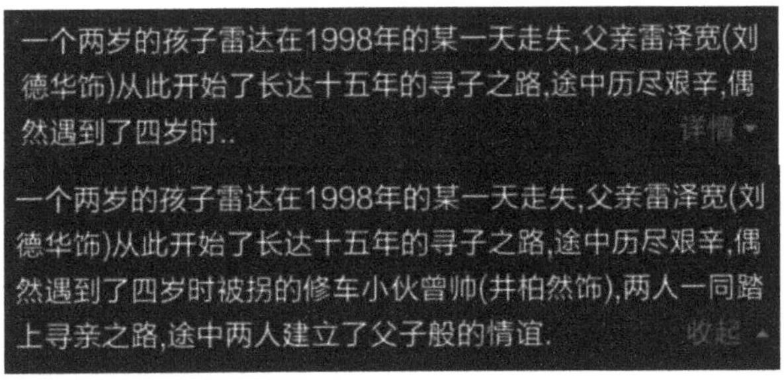

一个两岁的孩子雷达在1998年的某一天走失,父亲雷泽宽(刘德华饰)从此开始了长达十五年的寻子之路,途中历尽艰辛,偶然遇到了四岁时.. 详情

一个两岁的孩子雷达在1998年的某一天走失,父亲雷泽宽(刘德华饰)从此开始了长达十五年的寻子之路,途中历尽艰辛,偶然遇到了四岁时被拐的修车小伙曾帅(井柏然饰),两人一同踏上寻亲之路,途中两人建立了父子般的情谊. 收起

图 7.11　details 折叠与展开效果

本例使用简单的文档流来隐藏或显示图书信息，如图 7.12 所示。

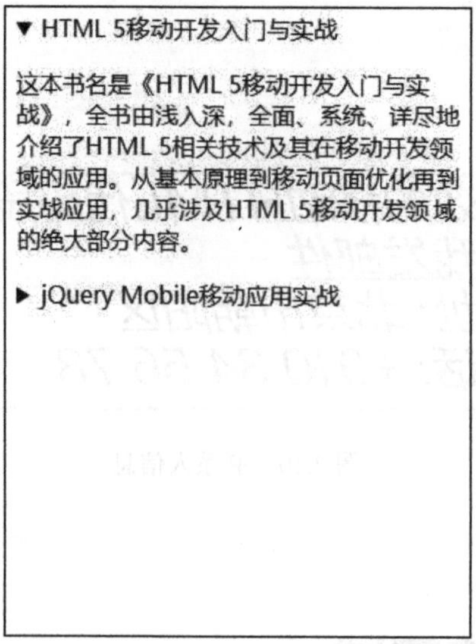

▼ HTML 5移动开发入门与实战

这本书名是《HTML 5移动开发入门与实战》，全书由浅入深，全面、系统、详尽地介绍了HTML 5相关技术及其在移动开发领域的应用。从基本原理到移动页面优化再到实战应用，几乎涉及HTML 5移动开发领域的绝大部分内容。

▶ jQuery Mobile移动应用实战

图 7.12　summary 和 details 使用效果

主要代码如下：

```
<div class="content">
    <details>
        <summary>HTML 5 移动开发入门与实战</summary>
        <p>这本书名是《HTML 5 移动开发入门与实战》，全书由浅入深，全面、系统、详尽地介绍了
HTML 5 相关技术及其在移动开发领域的应用。从基本原理到移动页面优化再到实战应用，几乎涉及 HTML 5
移动开发领域的绝大部分内容。</p>
    </details>
    <details>
        <summary>jQuery Mobile 移动应用实战</summary>
        <p>这本书名是《jQuery Mobile 移动应用实战》，本书整个体系包括基础知识、界面展示、
项目实战、跨平台开发等移动开发人员必须掌握的技能，尤其是本书的界面展示与项目实战部分。 </p>
    </details>
</div>
```

第 8 章

◂ 多媒体文件 ▸

移动 Web 上的视觉元素越来越丰富，可以在网页上加入图像、声音、动画和电影文件。虽然过去对这些文件大小的限制局限了它们的作用，但是新技术（如流技术及宽带）已经使多媒体网页成为可能。如今，多媒体已成为网站的必备元素，使用多媒体可以丰富网站的内容，提供充实的视觉体验，体现网站的个性化服务，吸引用户的回流，突出网站的重点。

本章主要涉及的知识点有：

- 多媒体
- 全面兼容的 video
- 文字的滚动
- 视频截屏
- 视频字幕

8.1 使用多媒体打造丰富的视觉效果

多媒体具有多种不同的格式，可以是听到或看到的任何内容，如文字、图片、音乐、音效、录音、电影、动画等。移动 Web 上的多媒体主要指的是音效、音乐、视频和动画，如图 8.1 和图 8.2 所示。

在网页上，我们随处可见嵌入网页中的多媒体元素，现代浏览器已经支持多种多媒体格式。确定媒体类型的常用方法是查看文件扩展名，多媒体元素具有不同扩展名的文件格式，例如.swf、.wmv、.mp3 以及.mp4 等。

图 8.1　移动网页上嵌入多媒体

图 8.2　嵌入音乐

8.2 全面兼容移动端的 video

以往 Flash 是网页上最好的解决视频问题的方法，例如爱奇艺、优酷等视频网站，虾米、网易音乐等在线音乐网站，仍然使用 Flash 来提供播放服务。但是这种状况随着 HTML 5 的发展，Flash 本身在移动设备上的局限在移动网络时代发生了改变。就视频而言，HTML 5 新增加了<video>标签来实现在线播放视频的功能。<video>标签用于定义视频，如电影片段或其他视频流。<video>标签的使用实例如下：

```
01  <video width="100%" height="80%" controls="controls">
02      <source src="my_video.mp4" type="video/mp4" />
03      <source src="my_video.ogv" type="video/ogg" />
```

```
04        <source src="my_video.webm" type="video/webm" />
05        您的浏览器不支持 video 功能，单击这里下载视频： <a href="video.webm"&gt 下载视
频</a&gt.
06    </video>
```

<video>标签表示插入一段视频，width、height 属性分别表示这个视频内容的宽和高（单位像素），controls 属性用于添加播放、暂停和音量控件。<video>标签中可以包含<source>标签，<source>标签用来表示引用的视频和视频的格式、类型。为了保证向下的兼容性，我们还在<video>标签中加了一句提示（代码第 05 行），这句话在支持<video>标签的浏览器中是不会显示的，如果不支持，就会显示给用户。上述代码的显示效果如图 8.3 所示。

当 video 提供多种<source>标签时，浏览器将使用第一个可识别的格式。

图 8.3　video 演示

表 8.1 中列出的是 video 所有的相关属性。

表 8.1　video 相关的属性

属性名	值	属性作用
autoplay	autoplay	如果出现该属性，视频在加载完成后就立即播放字段
controls	controls	如果出现该属性，就向用户显示控件，比如播放按钮
height	pixels	设置视频播放器的高度
loop	loop	如果出现该属性，当媒介文件完成播放后就再次开始播放，即播放停止后继续播放
muted	muted	规定视频的音频输出应该被静音，即静音
poster	URL	规定视频下载时显示的图像，或者在用户单击播放按钮前显示的图像

（续表）

属性名	值	属性作用
Preload	preload	如果出现该属性，视频在页面加载时就进行加载，并预备播放。如果使用 autoplay，就忽略该属性
src	url	要播放的视频的 URL
width	pixels	设置视频播放器的宽度

video 元素的兼容性如图 8.4 所示（参考 http://caniuse.com/#search=video）。

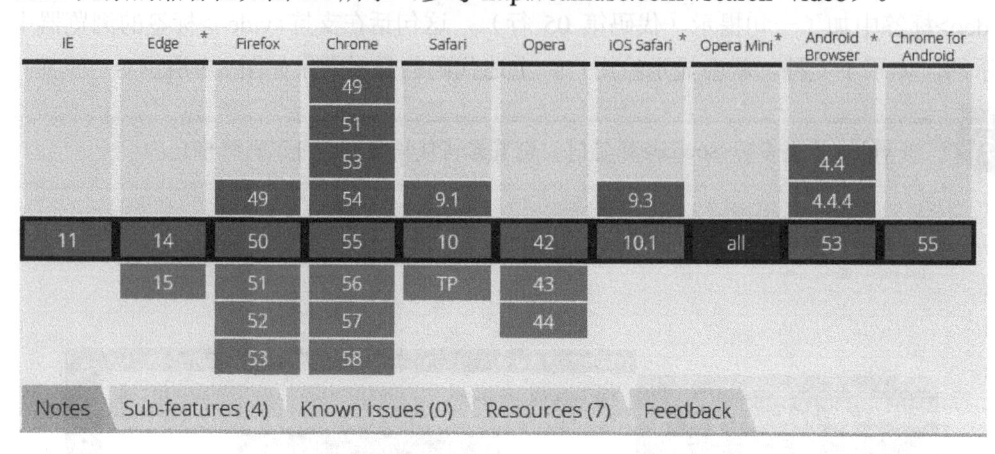

图 8.4　video 元素的兼容性

从图 8.4 中可以看出 video 在现代浏览器中是可以正常支持显示的，尤其是移动端，浏览器已经和 PC 端兼容 IE 6~IE 8 的时代不可同日而语。

考虑要兼容所有的移动设备和所有的浏览器，HTML 5 media 提供了全面兼容的 JavaScript 类库，只需要在 head（头部）复制以下一段代码即可：

```
<script src=" //api.html5media.info/1.2.2/html5media.min.js"></script>
```

HTML 5 media 是一个 JavaScript 类库，它不依赖于任何 JavaScript 框架。

更多 HTML 5 media 的信息请参考 https://HTML5media.info/。

8.3 嵌入来自其他网页的视频

<embed>标签是 HTML 5 中的新标签，可以在页面中嵌入任何类型的文档。用户的机器上必须已经安装能够正确显示文档内容的程序，一般用于在网页中插入多媒体文件，如 Midi、Wav、AIFF、AU、MP3 等格式的文件。示例如下：

```
<embed src="http://www.w3school.com.cn/i/helloworld.swf" />
```

示例效果如图 8.5 所示，其中 URL 为音频或视频文件的路径，可以是相对路径或绝对路径。

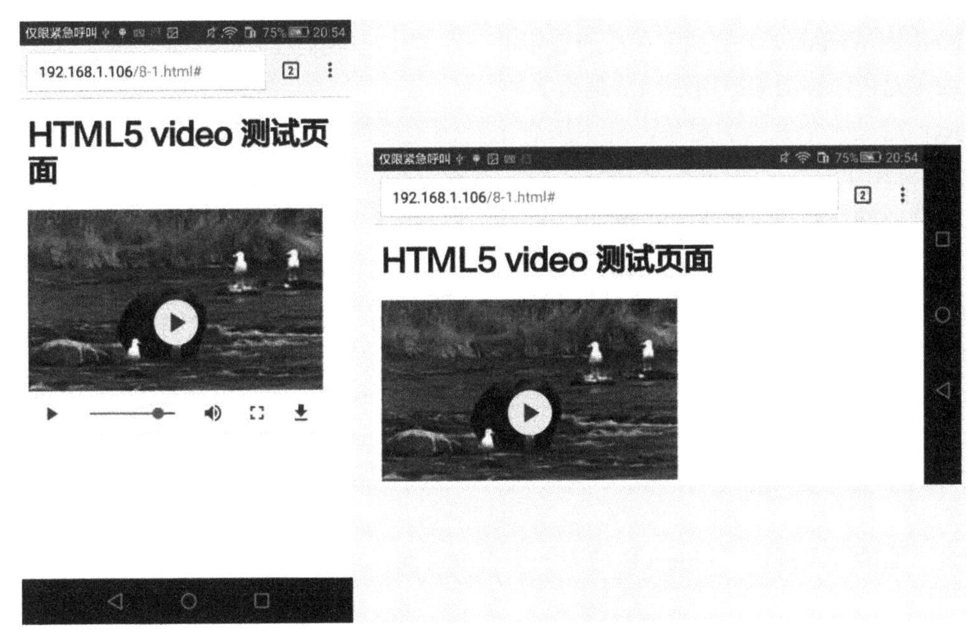

图 8.5　移动网站中的多媒体

还可以通过 autostart 属性设置音频或视频文件是否在下载完之后自动播放。

- true：音频或视频文件在下载完之后自动播放。
- false：音频或视频文件在下载完之后不自动播放。

例如：

```
<embed src="your.mid" autostart=true>
<embed src="your.mid" autostart=false>
```

loop 属性规定音频或视频文件是否循环及循环次数。属性值为正整数时，音频或视频文件的循环次数与正整数值相同；属性值为 true 时，音频或视频文件循环；属性值为 false 时，音频或视频文件不循环，例如：

```
<embed src="your.mid" autostart=true loop=2>
<embed src="your.mid" autostart=true loop=true>
<embed src="your.mid" autostart=true loop=false>
```

8.4 在移动端嵌入一个网页

object 元素向 HTML 代码添加一个对象。在 PC 网页上，一般有两种 object 的使用方法：

```
1.<object classid="clsid:F08DF954-8592-11D1-B16A-00C0F0283628"></object>
2.<object type="text/html"  data="http://www.w3school.com.cn"> </object>
```

classid 是 Windows 中的控件在注册表中的一个 ID，但我们在移动端并不需要这些，所以对于 object 元素，移动端的用法通常是第 2 种。

object 定义一个嵌入的对象，几乎所有主流浏览器都拥有部分对<object>标签的支持。<object>标签用于包含对象，可以是图像、音频、视频、Java Applets、PDF 以及 Flash 等。<object>元素可支持多种不同的媒介类型，例如：

可以显示一幅图片：

```
    <object height="100%" width="100%" type="image/jpeg" data="audi.jpeg">
</object>
```

还可以显示网页：

```
    <object type="text/html" height="100%" width="100%"
data="http://www.w3school.com.cn"> </object>
```

通过下面的代码测试在 object 中放入一个百度页面：

```
    <object type="text/html" width="100%" height="100%"
data="http://www.baidu.com">
    </object>
```

本例效果如图 8.6 所示。

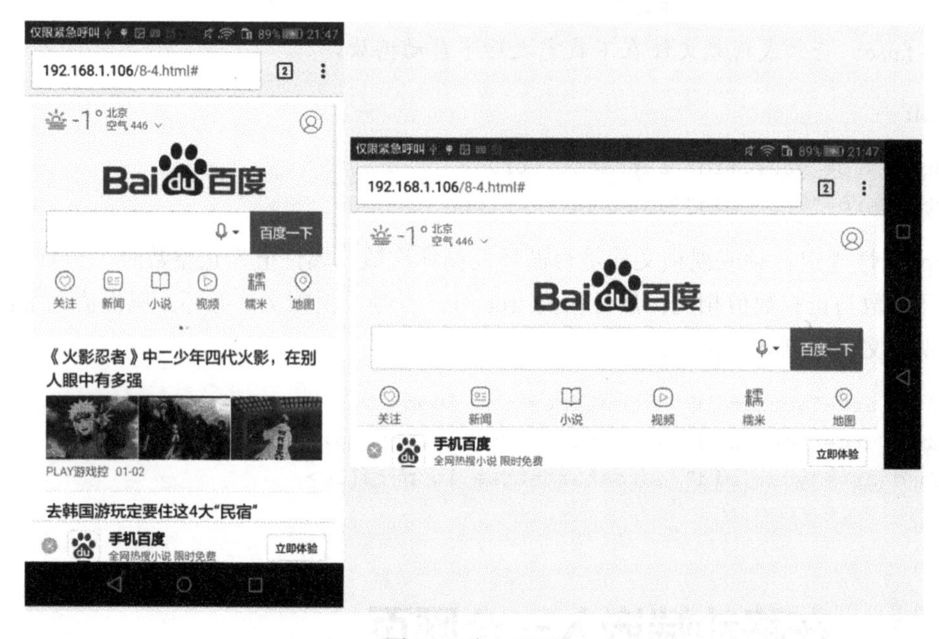

图 8.6　嵌入网页

8.5 文字的滚动

在视频页面中常常需要滚动的字幕，动态更新的内容往往更容易捕获用户的眼球。使用 marquee 元素可以实现文字的滚动，例如：

```
01  <marquee style="width:100%; height:80%" scrollamount="2" direction="up"
align="right" >
02      <p><span>日不落的夏天中了 50 元酒店信用住超值红包</span></p>
03      <p><span>悠悠 youyou 中了 20 元酒店信用住超值红包</span></p>
04      <p><span>xiaomogu 中了 100 元酒店信用住超值红包</span></p>
05  </marquee>
```

<marquee>标签内容对齐方式的可选参数说明如下。

- absbottom：绝对底部对齐（与 g、p 等字母的最下端对齐）。
- absmiddle：绝对中央对齐。
- baseline：底线对齐。
- bottom：底部对齐（默认）。
- left：左对齐。
- middle：中间对齐。
- right：右对齐。
- texttop：顶线对齐。
- top：顶部对齐。

behavior 属性设置 marquee 滚动的方式，有以下 3 种取值。

- scroll：循环滚动。
- slide：单次滚动。
- alternate：来回滚动。

8.6 为视频添加字幕

如果能为视频添加字幕，用户体验就更棒了。<track>标签为诸如 video 元素之类的媒介规定外部文本轨道，用于字幕文件或其他包含文本的文件，当媒介播放时，这些文件是可见的。设置播放带有字幕的视频实例如下：

```
<video width="100%" controls="controls">
  <source src="qishi.mp4" type="video/mp4" />
  <track kind="subtitles" src="qishi.chs.srt" srclang="zh" label="中文">
  <track kind="subtitles" src="qishi.eng.srt" srclang="en" label="英文">
```

```
</video>
```

这里自带两种字幕：中文和英文。注意下载的视频一定不要带字幕。字幕在 Chrome 和 Safari 浏览器下的效果如图 8.7 和图 8.8 所示。track 可使用的属性参见表 8.2。

鉴于版权原因，此处代码没有提供.mp4 文件，读者可以从相关网站下载测试。

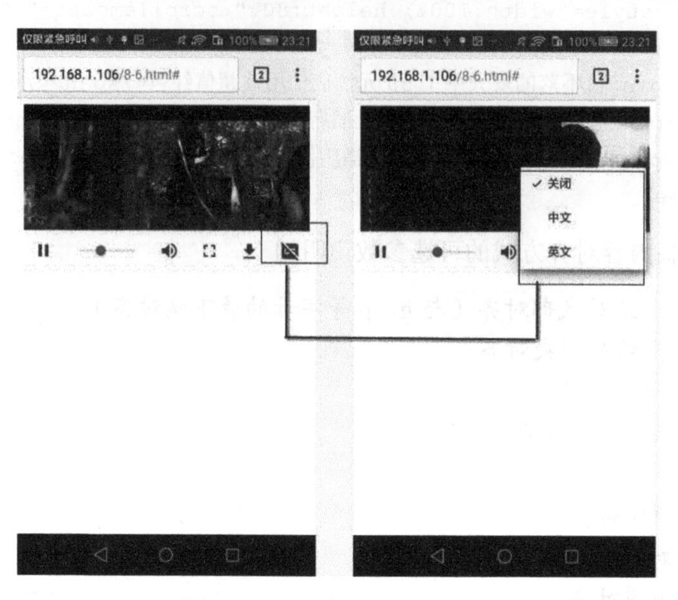

图 8.7 track 效果（Chrome）

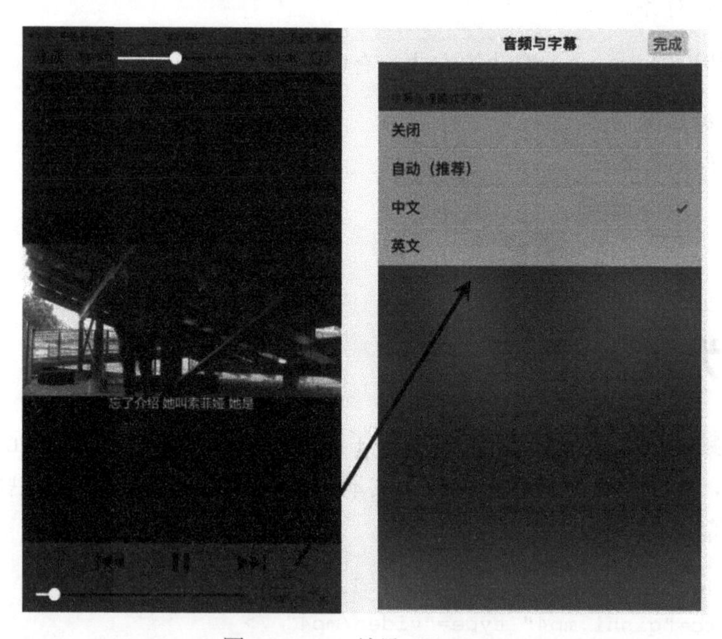

图 8.8 track 效果（Safari）

表 8.2　track 相关的属性

属性	属性的作用
default	指定默认轨道
kind	指定轨道的文本类型，本例为字幕
label	指定轨道的标题，如字幕是“中文”或“英文”
src	指定具体 URL 或文件地址
srclang	指定轨道的语言

kind 属性还有以下 5 种类型，其中我们常用的是字幕。

- captions：在播放器中显示的简短说明。
- chapters：定义章节用于导航媒介资源。
- descriptions：定义通过音频描述媒介的内容。
- metadata：定义脚本使用的内容。
- subtitles：定义用于在视频中显示的字幕，比较常用。

目前各浏览器对 track 元素的支持情况如图 8.9 所示（可参考 http://caniuse.com/#search=track）。

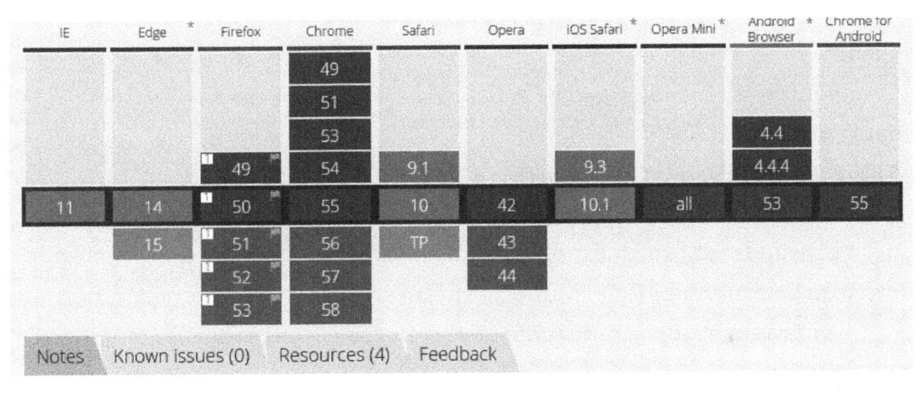

图 8.9　track 的兼容性

8.7　获取播放时长和当前播放时间

在移动页面使用 video 标签时，默认会显示当前播放时间和视频的长度，但如果此时用户进行了其他操作，比如切换到了其他 App，用户再回来时，我们想询问用户“当前播放到某个时间，是否继续？”，那么该如何获取当前的播放时间呢？同时可以显示视频的总长度。

为了操作方便，本例结合 jQuery 3.X 实现。

我们先来看一个视频效果，如图 8.10 所示。

图 8.10　获取视频当前播放时间

本例的主要代码如下：

```
01   <head>
02       <script src="../jquery-3.1.1.min.js"></script>
03   <script>
04   $(document).ready(function(){
05     $("#myvideo").on(
06       "timeupdate",
07       function(event){
08         onTrackedVideoFrame(this.currentTime, this.duration);
09       });
10   });
11   function onTrackedVideoFrame(currentTime, duration){
12       $("#current").text(currentTime);
13       $("#duration").text(duration);
14   }
15   </script>
16   </head>
17
18   <body>
19   <video
20       id="myvideo"
21       width="100%"
22       controls="controls">
```

```
23        <source src="test.mp4" type="video/mp4">
24    </video>
25    当前时间<div id="current">0:00</div>
26    视频时长<div id="duration">0:00</div>
27    </body>
```

本例为了方便获取 HTML 元素，在第 02 行引入了 jQuery 框架。第 04~10 行为视频添加了事件 timeupdate，该事件是在视频播放位置发生改变时被触发的。该事件调用了 onTrackedVideoFrame()函数，目的就是改变两个 div 的内容，以显示视频时长和当前时间。

除了 timeupdate 事件外，video 还支持很多个 Media 事件，都是与视频播放相关的事件，参见表 8.3。

表 8.3 video 与播放相关的事件

事件	说明
onabort	在退出时运行的脚本
oncanplay	当文件就绪可以开始播放时运行的脚本（缓冲已足够开始时）
oncanplaythrough	当媒介能够无须因缓冲而停止即可播放至结尾时运行的脚本
ondurationchange	当媒介长度改变时运行的脚本
onemptied	当发生故障并且文件突然不可用时运行的脚本（比如连接意外断开时）
onended	当媒介已到达结尾时运行的脚本（可发送类似“感谢观看”之类的消息）
onerror	当在文件加载期间发生错误时运行的脚本
onloadeddata	当媒介数据已加载时运行的脚本
onloadedmetadata	当元数据（比如分辨率和时长）被加载时运行的脚本
onloadstart	在文件开始加载且未实际加载任何数据前运行的脚本
onpause	当媒介被用户或程序暂停时运行的脚本
onplay	当媒介已就绪可以开始播放时运行的脚本
onplaying	当媒介已开始播放时运行的脚本
onprogress	当浏览器正在获取媒介数据时运行的脚本
onratechange	每当回放速率改变时运行的脚本（比如当用户切换到慢动作或快进模式）
onreadystatechange	每当就绪状态改变时运行的脚本（就绪状态监测媒介数据的状态）
onseeked	当 seeking 属性设置为 false（指示定位已结束）时运行的脚本
onseeking	当 seeking 属性设置为 true（指示定位是活动的）时运行的脚本
onstalled	在浏览器不论何种原因未能取回媒介数据时运行的脚本
onsuspend	在媒介数据完全加载之前不论何种原因终止取回媒介数据时运行的脚本
ontimeupdate	当播放位置改变时（比如当用户快进到媒介中一个不同的位置时）运行的脚本
onvolumechange	每当音量改变（包括将音量设置为静音）时运行的脚本
onwaiting	当媒介已停止播放但打算继续播放（比如当媒介暂停时）时运行的脚本

8.8 播放视频时截屏

虽然在移动设备中播放视频都有截屏功能，但这类截屏通常是截取当前整个页面。有时我们只想截取图像，不需要按钮、进度条、导航栏。本例就是要实现这样一个功能，效果如图 8.11 所示。

图 8.11 截屏

当点击页面中的“截屏”按钮时，视频下方会生成一个图像。本例因为手机截屏的延时，所以截取的两个图略有不同。本例在生成图像时用到了 HTML 5 的 Canvas。

本例代码如下：

```
01  <head>
02  <script>
03  function capture(){
04    var canvas = document.getElementById('canvas1');
05    var video = document.getElementById('myvideo');
06    canvas.getContext('2d').drawImage(video, 0, 0, video.videoWidth,
video.videoHeight);
07  }
08  </script>
09  </head>
10
11  <body>
```

```
12  <video
13      id="myvideo"
14      width="100%"
15      controls="controls">
16      <source src="test.mp4" type="video/mp4">
17  </video>
18  <button onclick="capture()">截屏</button> <br/>
19  <canvas id="canvas1"></canvas> <br/><br/>
20  </body>
```

本例有一个截屏按钮，点击时调用第 03~07 行的 capture()。截屏效果主要依赖 Canvas 的 drawImage()方法，它可以在画布上绘制图像、图画或视频。drawImage()方法的参数说明如表 8.4 所示。

表 8.4 drawImage()方法的参数说明

参数	说明
img 或 video	规定要使用的图像、画布或视频
sx	可选，开始剪切的 x 坐标位置
sy	可选，开始剪切的 y 坐标位置
swidth	可选，被剪切图像的宽度
sheight	可选，被剪切图像的高度
x	在画布上放置图像的 x 坐标位置
y	在画布上放置图像的 y 坐标位置
width	可选，要使用的图像的宽度
height	可选，要使用的图像的高度

8.9 带海报的视频

针对不同的移动设备，视频的首页显示有的是空白，有的是视频的第一帧。如果是与电影相关的视频，那么一般把电影的海报放在首页。这个功能很简单，HTML 5 为 video 提供了 poster 属性，用来设置视频下载时显示的图像，或者用户点击播放按钮前显示的图像，也就是我们常说的视频海报。

本例代码很简单，只需要在 video 中添加 poster 属性，代码如下：

```
<video
    id="myvideo"
    width="100%"
    poster="lang.jpg"
    controls="controls">
    <source src="test.mp4" type="video/mp4">
```

```
</video>
```

poster 指定一张图像，这里也可以是来自网络的图片，可以是相对地址的，也可以是绝对地址的。本例为测试用的.mp4 视频文件放置了一张金刚狼的海报，在手机上打开浏览器，效果如图 8.12 所示。

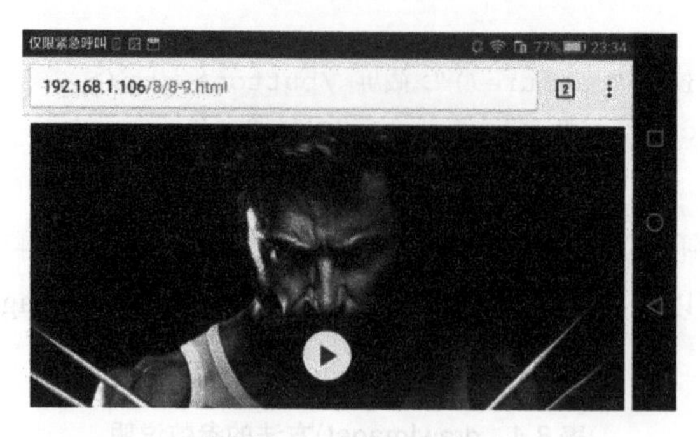

图 8.12　视频海报

第 9 章

◀ 表　格 ▶

表格是 HTML 文档的一项非常重要的功能。表格以网格的形式显示二维数据，过去常用表格控制页面布局，移动 HTML 5 页面中已不建议这样使用，更多地使用新增的 CSS 表格特性，利用其多种属性能够设计出多样化的表格。

本章主要涉及的知识点有：

- 生成基本的表格
- 让表格没有凹凸感
- 添加表头
- 为表格添加结构
- 制作不规则的表格
- 处理列
- 设置表格边框

9.1 生成基本的表格

表格常用来对页面进行排版，在表格中一般通过 3 个标记来构建，分别是表格标记 table、行标记 tr 和单元格标记 td。其中，表格标记是<table>和</table>，表格的其他属性都要在表格的开始标记<table>和结束标记</table>之间才有效。下面介绍如何创建表格。

基本的创建表格的语法如下：

```
<table>
   <tr>
      <td>
         单元格内的文字
      </td>
      <td>
         单元格内的文字
      </td>
```

```
            ......
    </tr>
    <tr>
        <td>
            单元格内的文字
        </td>
        <td>
            单元格内的文字
        </td>
            ......
    </tr>
      ......
</table>
```

<table>和</table>分别标志着一个表格的开始和结束；而<tr>和</tr>则分别表示表格中一行的开始和结束，在表格中包含几组<tr>…</tr>，就表示该表格为几行；<td>和</td>表示一个单元格的起始和结束，也可以表示一行中包含几列。

实例代码如下：

```
01   <!DOCTYPE html>
02   <html>
03   <head>
04   <meta charset="UTF-8"/>
05   <title>第 9 章</title>
06   </head>
07   <style type="text/css" mce_bogus="1">/* CSS Document */
08   body {
09     font: normal 11px auto "Trebuchet MS", Verdana, Arial, Helvetica,
sans-serif;
10     color: #4f6b72;
11     background: #E6EAE9;
12   }
13
14   a {
15     color: #c75f3e;
16   }
17
18   #mytable {
19     width: 95%;
20     padding: 0;
21     margin: 0;
22   }
23
24   caption {
```

```
25   padding: 0 0 5px 0;
26   width: 95%;
27   font: italic 11px "Trebuchet MS", Verdana, Arial, Helvetica, sans-serif;
28   text-align: right;
29 }
30
31 th {
32   font: bold 11px "Trebuchet MS", Verdana, Arial, Helvetica, sans-serif;
33   color: #4f6b72;
34   border-right: 1px solid #C1DAD7;
35   border-bottom: 1px solid #C1DAD7;
36   border-top: 1px solid #C1DAD7;
37   letter-spacing: 2px;
38   text-transform: uppercase;
39   text-align: left;
40   padding: 6px 6px 6px 12px;
41   background: #CAE8EA url(images/bg_header.jpg) no-repeat;
42 }
43
44 th.nobg {
45   border-top: 0;
46   border-left: 0;
47   border-right: 1px solid #C1DAD7;
48   background: none;
49 }
50
51 td {
52   border-right: 1px solid #C1DAD7;
53   border-bottom: 1px solid #C1DAD7;
54   background: #fff;
55   font-size: 11px;
56   padding: 6px 6px 6px 12px;
57   color: #4f6b72;
58 }
59
60 td.alt {
61   background: #F5FAFA;
62   color: #797268;
63 }
64
65 th.spec {
66   border-left: 1px solid #C1DAD7;
67   border-top: 0;
```

```
68    background: #fff url(images/bullet1.gif) no-repeat;
69    font: bold 10px "Trebuchet MS", Verdana, Arial, Helvetica, sans-serif;
70  }
71
72  th.specalt {
73    border-left: 1px solid #C1DAD7;
74    border-top: 0;
75    background: #f5fafa url(images/bullet2.gif) no-repeat;
76    font: bold 10px "Trebuchet MS", Verdana, Arial, Helvetica, sans-serif;
77    color: #797268;
78  }
79  </style>
80  <body>
81  <table id="mytable" cellspacing="0" summary="The technical specifications
of the Apple PowerMac G5 series">
82  <caption>The technical specifications of the Apple PowerMac G5
series</caption>
83    <tr>
84      <th scope="col" abbr="Configurations">设置</th>
85      <th scope="col" abbr="Dual 1.8">1.8GHz</th>
86      <th scope="col" abbr="Dual 2">2GHz</th>
87   <th scope="col" abbr="Dual 2.5">2.5GHz</th>
88    </tr>
89    <tr>
90      <th scope="row" abbr="Model" class="spec">lipeng</th>
91      <td>M9454LL/A</td>
92      <td>M9455LL/A</td>
93      <td>M9457LL/A</td>
94    </tr>
95    <tr>
96      <th scope="row" abbr="G5 Processor" class="specalt">mapabc</th>
97      <td class="alt">Dual 1.8GHz PowerPC G5</td>
98      <td class="alt">Dual 2GHz PowerPC G5</td>
99      <td class="alt">Dual 2.5GHz PowerPC G5</td>
100   </tr>
101   <tr>
102     <th scope="row" abbr="Frontside bus" class="spec">Lennvo</th>
103     <td>900MHz per processor</td>
104     <td>1GHz per processor</td>
105     <td>1.25GHz per processor</td>
106   </tr>
107   <tr>
108     <th scope="row" abbr="L2 Cache" class="specalt">Black</th>
```

```
109       <td class="alt">512K per processor</td>
110       <td class="alt">512K per processor</td>
111       <td class="alt">512K per processor</td>
112     </tr>
113   </table>
114   </body>
115   </html>
```

浏览器显示效果如图 9.1 所示。

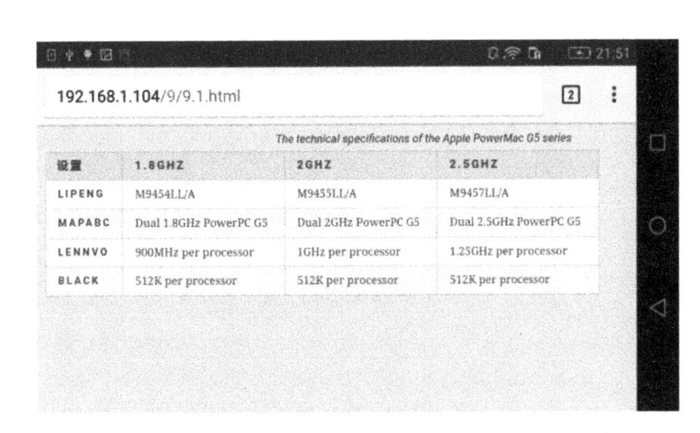

设置	1.8GHZ	2GHZ	2.5GHZ
LIPENG	M9454LL/A	M9455LL/A	M9457LL/A
MAPABC	Dual 1.8GHz PowerPC G5	Dual 2GHz PowerPC G5	Dual 2.5GHz PowerPC G5
LENNVO	900MHz per processor	1GHz per processor	1.25GHz per processor
BLACK	512K per processor	512K per processor	512K per processor

图 9.1　table 实例

9.2 让表格没有凹凸感

在没有样式的情况下，基本表格的显示效果如图 9.2 所示。

单元格内的标题	单元格内的标题
单元格内的文字	单元格内的文字
单元格内的文字	单元格内的文字

图 9.2　基本表格

从图 9.2 中可以发现，表格的边框凹凸有致，占用很大一部分空间，使得单元格的内容不够突出。如何去掉这些凹凸感呢？

使用 cellspacing 和 cellpadding 可以完成。cellspacing 就是 td 和 td 之间的间距，cellpadding 属性用来指定单元格内容与单元格边界之间的空白距离的大小，例如：

```
01  <table border="1" cellpadding="0" cellspacing="0">
02      <tr>
03          <th>
04              单元格内的标题
05          </th>
06          <th>
07              单元格内的标题
08          </th>
09      </tr>
10      <tr>
11          <td>
12              单元格内的文字
13          </td>
14          <td>
15              单元格内的文字
16          </td>
17      </tr>
18      <tr>
19          <td>
20              单元格内的文字
21          </td>
22          <td>
23              单元格内的文字
24          </td>
25      </tr>
26  </table>
```

移动浏览器显示效果如图 9.3 所示。

单元格内的标题	单元格内的标题
单元格内的文字	单元格内的文字
单元格内的文字	单元格内的文字

图 9.3　去除单元格间距

cellspacing 和 cellpadding 的 CSS 替代写法如下：

```
/*控制 cellspacing*/
table{border:0;margin:0;border-collapse:collapse;border-spacing:0;}
/*控制 cellpadding*/
table td{padding:0;}
```

9.3 添加表头

使用 th 元素可以为表格添加表头单元格，表头可以用来区分数据和数据的说明，例如：

```
01  <table cellspacing="0" >
02      <tr>
03          <th>序号</th>
04          <th>歌曲名</th>
05          <th>演唱</th>
06      </tr>
07      <tr>
08          <th>01</th>
09          <td>小苹果</td>
10          <td>筷子兄弟</td>
11      </tr>
12      <tr>
13          <th>02</th>
14          <td>匆匆那年</td>
15          <td>王菲</td>
16      </tr>
17      <tr>
18          <th>03</th>
19          <td>喜欢你</td>
20          <td>G.E.M.邓紫棋</td>
21      </tr>
22      <tr>
23          <th>04</th>
24          <td>当你老了</td>
25          <td>莫文蔚</td>
26      </tr>
27  </table>
```

移动浏览器显示效果如图 9.4 所示。

序号	歌曲名	演唱
01	小苹果	筷子兄弟
02	匆匆那年	王菲
03	喜欢你	G.E.M.邓紫棋
04	当你老了	莫文蔚

图 9.4 添加表头

9.4 为表格添加结构

将表格的基本格式设置完成后，我们发现表头和表格数据没有醒目地区分开来。为了进一步区分表头与表格数据，我们可以通过样式进行设计：

```
01  <style type="text/css">
02  th {
03  font: bold 11px "Trebuchet MS", Verdana, Arial, Helvetica, sans-serif;
04  color: #4f6b72;
05  border-right: 1px solid #C1DAD7;
06  border-bottom: 1px solid #C1DAD7;
07  border-top: 1px solid #C1DAD7;
08  letter-spacing: 2px;
09  text-transform: uppercase;
10  text-align: left;
11  padding: 6px 6px 6px 12px;
12  background: #CAE8EA url(images/bg_header.jpg) no-repeat;
13  }
14
15  td {
16  border-right: 1px solid #C1DAD7;
17  border-bottom: 1px solid #C1DAD7;
18  background: #fff;
19  font-size: 11px;
20  padding: 6px 6px 6px 12px;
21  color: #4f6b72;
22  }
23  </style>
24  <table cellspacing="0" >
25      <tr>
26          <th>序号</th>
27          <th>歌曲名</th>
28          <th>演唱</th>
29      </tr>
30      <tr>
31          <th>01</th>
32          <td>小苹果</td>
33          <td>筷子兄弟</td>
34      </tr>
35      <tr>
36          <th>02</th>
37          <td>匆匆那年</td>
```

```
38          <td>王菲</td>
39      </tr>
40      <tr>
41          <th>03</th>
42          <td>喜欢你</td>
43          <td>G.E.M.邓紫棋</td>
44      </tr>
45      <tr>
46          <th>04</th>
47          <td>当你老了</td>
48          <td>莫文蔚</td>
49      </tr>
50  </table>
```

代码第 01~23 行，通过 th 和 td 选择器匹配所有的表头和表格数据进行样式设计。移动浏览器显示效果如图 9.5 所示。

序号	歌曲名	演唱
01	小苹果	筷子兄弟
02	匆匆那年	王菲
03	喜欢你	G.E.M.邓紫棋
04	当你老了	莫文蔚

图 9.5 添加表格样式

可以使用 thead、tbody、tfoot 元素为表格添加结构。这样可以进一步区别处理不同部分的设计，例如：

```
01  <style type="text/css">
02  th {
03  font: bold 11px "Trebuchet MS", Verdana, Arial, Helvetica, sans-serif;
04  color: #4f6b72;
05  border-right: 1px solid #C1DAD7;
06  border-bottom: 1px solid #C1DAD7;
07  border-top: 1px solid #C1DAD7;
08  letter-spacing: 2px;
09  text-transform: uppercase;
10  text-align: left;
11  padding: 6px 6px 6px 12px;
12  background: #CAE8EA url(images/bg_header.jpg) no-repeat;
13  }
14
15  td {
```

```
16  border-right: 1px solid #C1DAD7;
17  border-bottom: 1px solid #C1DAD7;
18  background: #fff;
19  font-size: 11px;
20  padding: 6px 6px 6px 12px;
21  color: #4f6b72;
22  }
23  thead th {
24     color: red;
25  }
26  tfoot th {
27     color: blue;
28  }
29  </style>
30  <table cellspacing="0">
31     <thead>
32        <tr>
33           <th>序号</th>
34           <th>歌曲名</th>
35           <th>演唱</th>
36        </tr>
37     </thead>
38     <tbody>
39        <tr>
40           <th>01</th>
41           <td>小苹果</td>
42           <td>筷子兄弟</td>
43        </tr>
44        <tr>
45           <th>02</th>
46           <td>匆匆那年</td>
47           <td>王菲</td>
48        </tr>
49        <tr>
50           <th>03</th>
51           <td>喜欢你</td>
52           <td>G.E.M.邓紫棋</td>
53        </tr>
54        <tr>
55           <th>04</th>
56           <td>当你老了</td>
57           <td>莫文蔚</td>
58        </tr>
```

```
59      </tbody>
60      <tfoot>
61          <tr>
62              <th>序号</th>
63              <th>歌曲名</th>
64              <th>演唱</th>
65          </tr>
66      </tfoot>
67  </table>
```

移动浏览器显示效果如图 9.6 所示。

序号	歌曲名	演唱
01	小苹果	筷子兄弟
02	匆匆那年	王菲
03	喜欢你	G.E.M.邓紫棋
04	当你老了	莫文蔚
序号	歌曲名	演唱

图 9.6 添加表格结构

9.5 制作不规则的表格

大多数表格都比较规则，但有时也需要不规则的表格，例如某一单元格需要占据表格中的多行或多列，涉及跨行或跨列显示。通过 colspan 和 rowspan 属性可以制作不规则的表格，例如：

```
01  <style type="text/css">
02  th {
03  font: bold 11px "Trebuchet MS", Verdana, Arial, Helvetica, sans-serif;
04  color: #4f6b72;
05  border-right: 1px solid #C1DAD7;
06  border-bottom: 1px solid #C1DAD7;
07  border-top: 1px solid #C1DAD7;
08  letter-spacing: 2px;
09  text-transform: uppercase;
10  text-align: left;
11  padding: 6px 6px 6px 12px;
```

```
12  background: #CAE8EA url(images/bg_header.jpg) no-repeat;
13  }
14
15  td {
16  border-right: 1px solid #C1DAD7;
17  border-bottom: 1px solid #C1DAD7;
18  background: #fff;
19  font-size: 11px;
20  padding: 6px 6px 6px 12px;
21  color: #4f6b72;
22  }
23  </style>
24  <table cellspacing="0">
25      <thead>
26          <tr>
27              <th>序号</th>
28              <th>歌曲名</th>
29              <th>演唱</th>
30          </tr>
31      </thead>
32      <tbody>
33          <tr>
34              <th>01</th>
35              <td>小苹果</td>
36              <td>筷子兄弟</td>
37          </tr>
38          <tr>
39              <th>02</th>
40              <td>匆匆那年</td>
41              <td colspan="1" rowspan="2">王菲</td>
42          </tr>
43          <tr>
44              <th>03</th>
45              <td>致青春</td>
46          </tr>
47          <tr>
48              <th>04</th>
49              <td>喜欢你</td>
50              <td>G.E.M.邓紫棋</td>
51          </tr>
52          <tr>
53              <th>05</th>
54              <td>当你老了</td>
```

```
55              <td>莫文蔚</td>
56          </tr>
57          <tr>
58              <th>06</th>
59              <td colspan="2" rowspan="2">群星演唱最炫小苹果</td>
60          </tr>
61      </tbody>
62  </table>
```

一个单元格跨多行需要使用 rowspan 属性，即所跨行数；一个单元格跨多列则使用 colspan 属性，即所跨列数。其中，colspan 和 rowspan 属性值必须是整数。移动浏览器显示效果如图 9.7 所示。

序号	歌曲名	演唱
01	小苹果	筷子兄弟
02	匆匆那年	王菲
03	致青春	
04	喜欢你	G.E.M.邓紫棋
05	当你老了	莫文蔚
06	群星演唱最炫小苹果	

图 9.7　跨行和跨列显示表格

9.6 正确地设置表格列

从基本表格可以看出，HTML 的表格是基于行显示的，每个单元格都是放置在行中的，自上而下通过行组建而成的表格结构。因此，列的处理相较于行更为困难一些。如何优雅地进行列的设置呢？

通过 colgroup 和 col 元素可以解决这个问题。colgroup 代表一组列，例如：

```
01  <style type="text/css">
02  th {
03  font: bold 11px "Trebuchet MS", Verdana, Arial, Helvetica, sans-serif;
04  color: #4f6b72;
05  border-right: 1px solid #C1DAD7;
06  border-bottom: 1px solid #C1DAD7;
```

```
07  border-top: 1px solid #C1DAD7;
08  letter-spacing: 2px;
09  text-transform: uppercase;
10  text-align: left;
11  padding: 6px 6px 6px 12px;
12  }
13
14  td {
15  border-right: 1px solid #C1DAD7;
16  border-bottom: 1px solid #C1DAD7;
17  font-size: 11px;
18  padding: 6px 6px 6px 12px;
19  color: #4f6b72;
20  }
21
22  #colgroup1 {
23      background-color: red;
24  }
25  #colgroup2 {
26      background-color: green;
27  }
28  </style>
29  <table cellspacing="0">
30      <caption>金曲排行</caption>
31      <colgroup id="colgroup1" span="1"/>
32      <colgroup id="colgroup2" span="2"/>
33      <thead>
34          <tr>
35              <th>序号</th>
36              <th>歌曲名</th>
37              <th>演唱</th>
38              <th>人气</th>
39          </tr>
40      </thead>
41      <tbody>
42          <tr>
43              <th>01</th>
44              <td>小苹果</td>
45              <td>筷子兄弟</td>
46              <td>120093</td>
```

```
47          </tr>
48          <tr>
49              <th>02</th>
50              <td>匆匆那年</td>
51              <td colspan="1" rowspan="2">王菲</td>
52              <td colspan="1" rowspan="2">38490</td>
53          </tr>
54          <tr>
55              <th>03</th>
56              <td>致青春</td>
57          </tr>
58          <tr>
59              <th>04</th>
60              <td>喜欢你</td>
61              <td>G.E.M.邓紫棋</td>
62              <td>37449</td>
63          </tr>
64          <tr>
65              <th>05</th>
66              <td>当你老了</td>
67              <td>莫文蔚</td>
68              <td>93947</td>
69          </tr>
70          <tr>
71              <th>06</th>
72              <td colspan="2" rowspan="2">群星演唱最炫小苹果</td>
73              <td>93984</td>
74          </tr>
75      </tbody>
76  </table>
```

代码第 31 行和 32 行分别定义了两个 colgroup 元素，其 span 属性指定了 colgroup 元素管理的列数。其中，第 31 行定义的 colgroup 负责第 1 列，第 32 行定义的 colgroup 负责剩余 3 列。代码第 22~27 行定义了 colgroup 的 CSS 样式。如果不指定 span 属性，就默认表示 1 列。移动浏览器显示效果如图 9.8 所示。

金曲排行

序号	歌曲名	演唱	人气
01	小苹果	筷子兄弟	120093
02	匆匆那年	王菲	38490
03	致青春		
04	喜欢你	G.E.M.邓紫棋	37449
05	当你老了	莫文蔚	93947
06	群星演唱最炫小苹果		93984

图 9.8　colgroup 的使用

9.7 设置表格边框

通过 table 的 border 属性可以规定表格周围是否显示边框。border 值为“1”表示应该显示边框，且表格不用于设计目的，例如：

```
01  <table border="1">
02      <caption>金曲排行</caption>
03      <thead>
04          <tr>
05              <th>序号</th>
06              <th>歌曲名</th>
07              <th>演唱</th>
08              <th>人气</th>
09          </tr>
10      </thead>
11      <tbody>
12          <tr>
13              <th>01</th>
14              <td>小苹果</td>
15              <td>筷子兄弟</td>
16              <td>120093</td>
17          </tr>
18          <tr>
19              <th>02</th>
20              <td>匆匆那年</td>
21              <td colspan="1" rowspan="2">王菲</td>
```

```
22              <td colspan="1" rowspan="2">38490</td>
23          </tr>
24          <tr>
25              <th>03</th>
26              <td>致青春</td>
27          </tr>
28          <tr>
29              <th>04</th>
30              <td>喜欢你</td>
31              <td>G.E.M.邓紫棋</td>
32              <td>37449</td>
33          </tr>
34          <tr>
35              <th>05</th>
36              <td>当你老了</td>
37              <td>莫文蔚</td>
38              <td>93947</td>
39          </tr>
40          <tr>
41              <th>06</th>
42              <td colspan="2" rowspan="2">群星演唱最炫小苹果</td>
43              <td>93984</td>
44          </tr>
45      </tbody>
46  </table>
```

代码第 01 行设置 border 属性为 1，即显示表格边框，移动浏览器显示效果如图 9.9 所示。我们发现，该边框不具有任何样式。若需设置更加优美的边框样式，则可以通过 CSS 样式进行设计。

金曲排行

序号	歌曲名	演唱	人气
01	小苹果	筷子兄弟	120093
02	匆匆那年	王菲	38490
03	致青春		
04	喜欢你	G.E.M.邓紫棋	37449
05	当你老了	莫文蔚	93947
06	群星演唱最炫小苹果		93984

图 9.9　显示表格边框

对表格设置 CSS 边框样式分为以下两种情况：

- 只对 table 设置边框。
- 对 td 设置边框。

只对 table 设置边框实例代码如下：

```
01  <style type="text/css">
02  table{border:1px solid #F00}
03  </style>
04  <table border="0" cellspacing="0" cellpadding="0">
05      <caption>金曲排行</caption>
06      <thead>
07          <tr>
08              <th>序号</th>
09              <th>歌曲名</th>
10              <th>演唱</th>
11              <th>人气</th>
12          </tr>
13      </thead>
14      <tbody>
15          <tr>
16              <th>01</th>
17              <td>小苹果</td>
18              <td>筷子兄弟</td>
19              <td>120093</td>
20          </tr>
21          <tr>
22              <th>02</th>
23              <td>匆匆那年</td>
24              <td colspan="1" rowspan="2">王菲</td>
25              <td colspan="1" rowspan="2">38490</td>
26          </tr>
27          <tr>
28              <th>03</th>
29              <td>致青春</td>
30          </tr>
31          <tr>
32              <th>04</th>
33              <td>喜欢你</td>
34              <td>G.E.M.邓紫棋</td>
35              <td>37449</td>
36          </tr>
37          <tr>
```

```
38                  <th>05</th>
39                  <td>当你老了</td>
40                  <td>莫文蔚</td>
41                  <td>93947</td>
42              </tr>
43              <tr>
44                  <th>06</th>
45                  <td colspan="2" rowspan="2">群星演唱最炫小苹果</td>
46                  <td>93984</td>
47              </tr>
48          </tbody>
49      </table>
```

移动浏览器显示效果如图 9.10 所示。

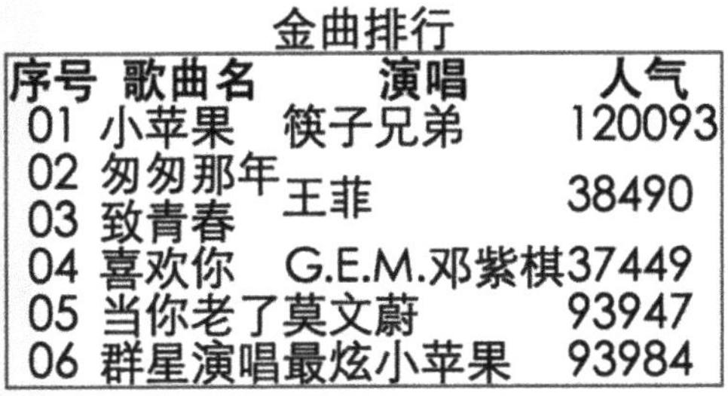

金曲排行

序号	歌曲名	演唱	人气
01	小苹果	筷子兄弟	120093
02	匆匆那年	王菲	38490
03	致青春		
04	喜欢你	G.E.M.邓紫棋	37449
05	当你老了	莫文蔚	93947
06	群星演唱最炫小苹果		93984

图 9.10　只设置 table 边框

对 td 设置边框实例代码如下：

```
01  <style type="text/css">
02  table td{border:1px solid #F00}
03  </style>
04  <table border="0" cellspacing="0" cellpadding="0">
05      <caption>金曲排行</caption>
06      <thead>
07          <tr>
08              <th>序号</th>
09              <th>歌曲名</th>
10              <th>演唱</th>
11              <th>人气</th>
12          </tr>
13      </thead>
14      <tbody>
15          <tr>
16              <th>01</th>
17              <td>小苹果</td>
18              <td>筷子兄弟</td>
```

```
19              <td>120093</td>
20          </tr>
21          <tr>
22              <th>02</th>
23              <td>匆匆那年</td>
24              <td colspan="1" rowspan="2">王菲</td>
25              <td colspan="1" rowspan="2">38490</td>
26          </tr>
27          <tr>
28              <th>03</th>
29              <td>致青春</td>
30          </tr>
31          <tr>
32              <th>04</th>
33              <td>喜欢你</td>
34              <td>G.E.M.邓紫棋</td>
35              <td>37449</td>
36          </tr>
37          <tr>
38              <th>05</th>
39              <td>当你老了</td>
40              <td>莫文蔚</td>
41              <td>93947</td>
42          </tr>
43          <tr>
44              <th>06</th>
45              <td colspan="2" rowspan="2">群星演唱最炫小苹果</td>
46              <td>93984</td>
47          </tr>
48      </tbody>
49  </table>
```

移动浏览器显示效果如图 9.11 所示。

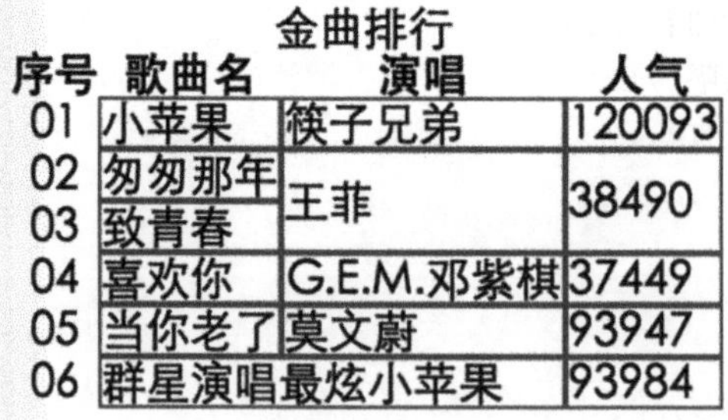

金曲排行

序号	歌曲名	演唱	人气
01	小苹果	筷子兄弟	120093
02	匆匆那年	王菲	38490
03	致青春		
04	喜欢你	G.E.M.邓紫棋	37449
05	当你老了	莫文蔚	93947
06	群星演唱最炫小苹果		93984

图 9.11　对 td 设置边框

9.8 其他表格设计

传统布局网站时可能直接使用表格进行设计，如今的移动浏览器中，为了结构、样式分离，避免在结构中直接书写样式代码，通常直接使用 CSS 样式表进行表格的样式设计，这样网站的结构更加友好和轻便。下面介绍几款常见的表格设计。

设计简单的表格，使用圆角，并突出行和边框，代码如下：

```
01  <style>
02  body {
03      width: 99%;
04      margin: 40px auto;
05      font-family: 'trebuchet MS', 'Lucida sans', Arial;
06      font-size: 14px;
07      color: #444;
08  }
09
10  table {
11      *border-collapse: collapse; /* IE7 and lower */
12      border-spacing: 0;
13      width: 100%;
14  }
15
16  .bordered {
17      border: solid #ccc 1px;
18      -moz-border-radius: 6px;
19      -webkit-border-radius: 6px;
20      border-radius: 6px;
21      -webkit-box-shadow: 0 1px 1px #ccc;
22      -moz-box-shadow: 0 1px 1px #ccc;
23      box-shadow: 0 1px 1px #ccc;
24  }
25
26  .bordered tr:hover {
27      background: #fbf8e9;
28      -o-transition: all 0.1s ease-in-out;
29      -webkit-transition: all 0.1s ease-in-out;
30      -moz-transition: all 0.1s ease-in-out;
31      -ms-transition: all 0.1s ease-in-out;
32      transition: all 0.1s ease-in-out;
33  }
34
35  .bordered td, .bordered th {
```

```
36      border-left: 1px solid #ccc;
37      border-top: 1px solid #ccc;
38      padding: 10px;
39      text-align: left;
40  }
41
42  .bordered th {
43      background-color: #dce9f9;
44      background-image: -webkit-gradient(linear, left top, left bottom,
from(#ebf3fc), to(#dce9f9));
45      background-image: -webkit-linear-gradient(top, #ebf3fc, #dce9f9);
46      background-image:    -moz-linear-gradient(top, #ebf3fc, #dce9f9);
47      background-image:     -ms-linear-gradient(top, #ebf3fc, #dce9f9);
48      background-image:      -o-linear-gradient(top, #ebf3fc, #dce9f9);
49      background-image:         linear-gradient(top, #ebf3fc, #dce9f9);
50      -webkit-box-shadow: 0 1px 0 rgba(255,255,255,.8) inset;
51      -moz-box-shadow:0 1px 0 rgba(255,255,255,.8) inset;
52      box-shadow: 0 1px 0 rgba(255,255,255,.8) inset;
53      border-top: none;
54      text-shadow: 0 1px 0 rgba(255,255,255,.5);
55  }
56
57  .bordered td:first-child, .bordered th:first-child {
58      border-left: none;
59  }
60
61  .bordered th:first-child {
62      -moz-border-radius: 6px 0 0 0;
63      -webkit-border-radius: 6px 0 0 0;
64      border-radius: 6px 0 0 0;
65  }
66
67  .bordered th:last-child {
68      -moz-border-radius: 0 6px 0 0;
69      -webkit-border-radius: 0 6px 0 0;
70      border-radius: 0 6px 0 0;
71  }
72
73  .bordered th:only-child{
74      -moz-border-radius: 6px 6px 0 0;
75      -webkit-border-radius: 6px 6px 0 0;
76      border-radius: 6px 6px 0 0;
77  }
```

```
78
79  .bordered tr:last-child td:first-child {
80      -moz-border-radius: 0 0 0 6px;
81      -webkit-border-radius: 0 0 0 6px;
82      border-radius: 0 0 0 6px;
83  }
84
85  .bordered tr:last-child td:last-child {
86      -moz-border-radius: 0 0 6px 0;
87      -webkit-border-radius: 0 0 6px 0;
88      border-radius: 0 0 6px 0;
89  }
90  </style>
91  <table class="bordered">
92      <caption>金曲排行</caption>
93      <thead>
94          <tr>
95              <th>序号</th>
96              <th>歌曲名</th>
97              <th>演唱</th>
98              <th>人气</th>
99          </tr>
100     </thead>
101     <tbody>
102         <tr>
103             <th>01</th>
104             <td>小苹果</td>
105             <td>筷子兄弟</td>
106             <td>120093</td>
107         </tr>
108         <tr>
109             <th>02</th>
110             <td>匆匆那年</td>
111             <td colspan="1" rowspan="2">王菲</td>
112             <td colspan="1" rowspan="2">38490</td>
113         </tr>
114         <tr>
115             <th>03</th>
116             <td>致青春</td>
117         </tr>
118         <tr>
119             <th>04</th>
120             <td>喜欢你</td>
```

```
121                 <td>G.E.M.邓紫棋</td>
122                 <td>37449</td>
123             </tr>
124             <tr>
125                 <th>05</th>
126                 <td>当你老了</td>
127                 <td>莫文蔚</td>
128                 <td>93947</td>
129             </tr>
130             <tr>
131                 <th>06</th>
132                 <td colspan="2" rowspan="2">群星演唱最炫小苹果</td>
133                 <td>93984</td>
134             </tr>
135         </tbody>
136     </table>
```

移动浏览器显示效果如图 9.12 所示。

图 9.12　圆角表格

设计条纹表格，代码如下：

```
01  <style>
02  body {
03      width: 99%;
```

```
04      margin: 40px auto;
05      font-family: 'trebuchet MS', 'Lucida sans', Arial;
06      font-size: 14px;
07      color: #444;
08  }
09
10  table {
11      *border-collapse: collapse; /* IE7 and lower */
12      border-spacing: 0;
13      width: 100%;
14  }
15
16  .zebra td, .zebra th {
17      padding: 10px;
18      border-bottom: 1px solid #f2f2f2;
19  }
20
21  .zebra tbody tr:nth-child(even) {
22      background: #f5f5f5;
23      -webkit-box-shadow: 0 1px 0 rgba(255,255,255,.8) inset;
24      -moz-box-shadow:0 1px 0 rgba(255,255,255,.8) inset;
25      box-shadow: 0 1px 0 rgba(255,255,255,.8) inset;
26  }
27
28  .zebra th {
29      text-align: left;
30      text-shadow: 0 1px 0 rgba(255,255,255,.5);
31      border-bottom: 1px solid #ccc;
32      background-color: #eee;
33      background-image: -webkit-gradient(linear, left top, left bottom,
from(#f5f5f5), to(#eee));
34      background-image: -webkit-linear-gradient(top, #f5f5f5, #eee);
35      background-image:    -moz-linear-gradient(top, #f5f5f5, #eee);
36      background-image:     -ms-linear-gradient(top, #f5f5f5, #eee);
37      background-image:      -o-linear-gradient(top, #f5f5f5, #eee);
38      background-image:         linear-gradient(top, #f5f5f5, #eee);
39  }
40
41  .zebra th:first-child {
42      -moz-border-radius: 6px 0 0 0;
43      -webkit-border-radius: 6px 0 0 0;
44      border-radius: 6px 0 0 0;
45  }
```

```
46
47  .zebra th:last-child {
48      -moz-border-radius: 0 6px 0 0;
49      -webkit-border-radius: 0 6px 0 0;
50      border-radius: 0 6px 0 0;
51  }
52
53  .zebra th:only-child{
54      -moz-border-radius: 6px 6px 0 0;
55      -webkit-border-radius: 6px 6px 0 0;
56      border-radius: 6px 6px 0 0;
57  }
58
59  .zebra tfoot td {
60      border-bottom: 0;
61      border-top: 1px solid #fff;
62      background-color: #f1f1f1;
63  }
64
65  .zebra tfoot td:first-child {
66      -moz-border-radius: 0 0 0 6px;
67      -webkit-border-radius: 0 0 0 6px;
68      border-radius: 0 0 0 6px;
69  }
70
71  .zebra tfoot td:last-child {
72      -moz-border-radius: 0 0 6px 0;
73      -webkit-border-radius: 0 0 6px 0;
74      border-radius: 0 0 6px 0;
75  }
76
77  .zebra tfoot td:only-child{
78      -moz-border-radius: 0 0 6px 6px;
79      -webkit-border-radius: 0 0 6px 6px
80      border-radius: 0 0 6px 6px
81  }
82
83
84  </style>
85  <table class="zebra">
86      <caption>金曲排行</caption>
87      <thead>
88          <tr>
```

```
89              <th>序号</th>
90              <th>歌曲名</th>
91              <th>演唱</th>
92              <th>人气</th>
93          </tr>
94      </thead>
95      <tfoot>
96          <tr>
97              <td> </td>
98              <td></td>
99              <td></td>
100             <td></td>
101         </tr>
102     </tfoot>
103     <tbody>
104         <tr>
105             <td>01</td>
106             <td>小苹果</td>
107             <td>筷子兄弟</td>
108             <td>1200903</td>
109         </tr>
110         <tr>
111             <td>02</td>
112             <td>匆匆那年</td>
113             <td>王菲</td>
114             <td>138490</td>
115         </tr>
116         <tr>
117             <td>03</td>
118             <td>致青春</td>
119             <td>王菲</td>
120             <td>138489</td>
121         </tr>
122         <tr>
123             <td>04</td>
124             <td>喜欢你</td>
125             <td>G.E.M.邓紫棋</td>
126             <td>137449</td>
127         </tr>
128         <tr>
129             <td>05</td>
130             <td>当你老了</td>
131             <td>莫文蔚</td>
```

```
132             <td>93947</td>
133         </tr>
134         <tr>
135             <td>06</td>
136             <td colspan="2" rowspan="2">群星演唱最炫小苹果</td>
137             <td>93984</td>
138         </tr>
139     </tbody>
140 </table>
```

条纹表格的效果如图 9.13 所示。

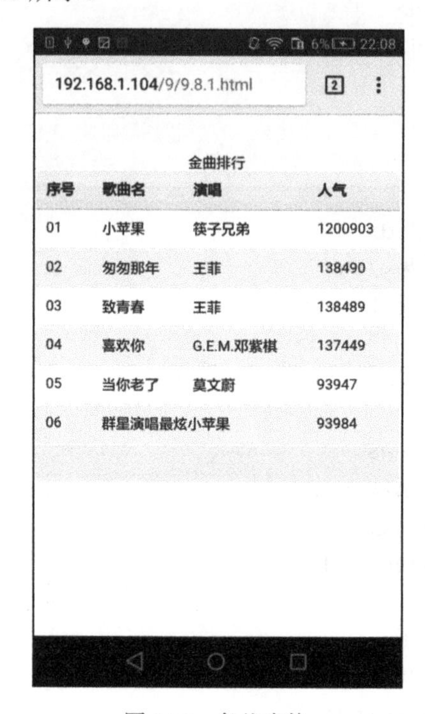

图 9.13　条纹表格

第 10 章

◀ 表单与文件 ▶

网页表单是用户与网站直接沟通的主要途径之一。通过表单能够获取用户最直接的反馈信息，这就是需要确保网页表单易于理解、易于使用的原因。网页表单并非都是无趣的，极致的设计和实现能够确保表单有趣且有效。表单的符号、图标、颜色、位置、尺寸的每一个细节根据不同的需要都有不同的解决方案。

本章主要涉及的知识点有：

- 制作基本表单
- 禁用单个 input 元素
- 关闭输入框的自动提示功能
- 定制 input 元素
- 生成按钮
- 生成隐藏的数据项
- 输入验证
- 密钥对生成器

10.1 制作基本表单

由于网页表单是网站中与用户沟通的重要部分之一，因此必须确保用户容易理解每个表单区域中需要填写什么样的信息。复杂而且长的表单会增加用户的认识难度，更难处理。在网页中，简单且干净的表单似乎是不错的选择。一个表单有 3 个基本组成部分：表单标签、表单域和表单提交按钮。

表单标签即<form>标签，用于声明表单，定义采集数据的范围，也就是<form>中包含的数据将被提交到服务器上。它包含处理表单数据所用 CGI 程序的 URL 以及数据提交到服务器的方法。其语法如下：

```
01   <form action="url" method="get/post" enctype="mime" target="xx"></form>
```

form 元素的各属性含义如下：

action="url"：指定用来处理提交表单的格式，可以是一个 URL 地址（提交给程式）或一个电子邮件地址。

method="get/post"：指明提交表单的 HTTP 方法：设置为 post，在表单的主干包含“名称/值”对并且无须包含于 action 特性的 URL 中；设置为 get（不赞成），把名称/值对加在 action 的 URL 后面并且把新的 URL 送至服务器，这是往前兼容的默认值，这个值由于国际化的原因不赞成使用。

enctype="cdata"：指定表单数据在发送到服务器之前如何编码，需特别注意，当含有上传域时要设置编码方式为 enctype="multipart/form-data"，否则后台无法获取浏览器发送的文件数据，用于设置表单的 MIME 编码。默认情况下，这个编码格式是 application/x-www-form-urlencoded，不能用于文件上传，只有使用 multipart/form-data，form 里面的 input 的值以二进制的方式传过去，才能完整地传递文件数据。FTP 上传大文件的时候，也有一个选项是以二进制方式上传的。

target="..."：指定提交的结果文档显示的位置。_blank：在一个新的、无名的浏览器窗口调入指定的文档；_self：在指向这个目标的元素的相同框架中调入文档；_parent：把文档调入当前框架的直接的父 FRAMESET 框架中；这个值在当前框架没有父框架时等价于_self；_top：把文档调入原来的最顶部的浏览器窗口中（因此取消所有其他框架），例如：

```
    <form action="http://www.xxx.com/test.php" method="post" target="_blank">...
</form>
```

表示表单将向 http://www.xxx.com/test.php 以 POST 的方式提交，提交的结果在新的页面显示，数据提交的媒体方式是默认的 application/x-www-form-urlencoded 方式。

表单域包含文本框、密码框、隐藏域、多行文本框、复选框、单选框、下拉选择框和文件上传框等，用于采集用户的输入或选择的数据。常用的表单标签是输入标签（<input>），输入类型是由类型（Type）属性定义的。常用的输入类型说明如下。

- 文本域（Text Fields）：当需要用户在表单中输入字母、数字等内容时，就会用到文本域。
- 单选按钮（Radio Buttons）：当用户从若干给定的选择中选取其一时，就会用到单选框。
- 复选框（Checkboxes）：当需要用户从若干给定的选择中选取一个或若干选项时，就会用到复选框。

表单按钮包括提交按钮、复位按钮和一般按钮，用于将数据传送到服务器上的 CGI 脚本或者取消输入，还可以用表单按钮来控制其他定义了处理脚本的处理工作。当用户单击“确认”按钮时，表单的内容会被传送到另一个文件。表单的动作属性定义了目的文件的文件名。由动作属性定义的文件通常会对接收到的输入数据进行相关的处理。

完整的基本表单实例如下：

```
01  <form name="input" action="html_form_action.php" method=" post ">
02      <div class="login-item">
03          <input type="hidden" id="savelogin" name="savelogin" value="0">
04      </div>
05      <div class="login-item">
```

```
    06          <label for="idInput" class="placeholder" id="idPlaceholder">邮箱:
</label>
    07          <input class="formIpt formIpt-focus" tabindex="1" title="请输入帐
号" id="idInput" name="username" type="text" maxlength="50" value=""
autocomplete="on">
    08       </div>
    09       <div class="login-item">
    10          <label for="pwdInput" class="placeholder" id="pwdPlaceholder">密
码: </label>
    11          <input class="formIpt formIpt-focus" tabindex="2" title="请输入密
码" id="pwdInput"
    12    name="password" type="password">
    13       </div>
    14          <input class="date formIpt-focus" tabindex="2" title="请输入日期"
id="date" name="date" type="date">
    15       <div class="login-submit">
    16          <button id="loginBtn" class="btn btn-main btn-login" tabindex="6"
type="submit">登  录</button>
    17          <button id="loginBtn" class="btn btn-main btn-login" tabindex="6"
type="reset">重  置</button>
    18       </div>
    19    </form>
```

代码第 06 行使用了<label>标签，label 元素不会向用户呈现任何特殊效果，但是它为鼠标用户改进了可用性。如果在 label 元素内点击文本，就会触发此控件。也就是说，当用户选择该标签时，浏览器就会自动将焦点转到和标签相关的表单控件上。例如，若将单选按钮放在 label 内，则点击 label 内的文字会触发对应的表单项。第 14 行的 date 是一个日期型控件，它调用移动设备自身的日期形式，比如在安卓手机和苹果手机中调用时的不同效果如图 10.1 所示。

图 10.1　date 在安卓手机和苹果手机中调用时的不同效果

10.2 禁用单个 input 元素

如果不想让用户操作某个 input 元素的内容，那么可以设置禁用。单个元素禁用在某些情况下是很有必要的，例如在用户按了“提交”按钮后，利用 JavaScript 将“提交”按钮设置禁用，这样可以防止网络条件比较差的环境下，用户反复点击“提交”按钮导致数据冗余地存入数据库。禁用可以通过设置 disabled 属性来实现，例如设置 input 元素：

```
01  <form name="input" action="html_form_action.php" method="post">
02      <div class="login-item">
03          <label for="nick">姓名：<input autofocus id="nick"
name="nick"/></label>
04      </div>
05      <div class="login-item">
06          <label for="password">密码：<input id="password" disabled
name="password"/></label>
07      </div>
08      <div class="login-submit">
09          <button type="submit">提交</button>
10      </div>
11  </form>
```

disabled 表示禁用 input 元素，不可编辑、不可复制、不可选择、不能接收焦点，后台也不会接收到传值，如图 10.2 所示。

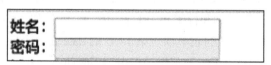

图 10.2　禁用 input 元素

还可以将 input 元素设置为只读，代码如下：

```
01  <form name="input" action="html_form_action.php" method="post">
02      <div class="login-item">
03          <label for="nick">姓名：<input autofocus id="nick"
name="nick"/></label>
04      </div>
05      <div class="login-item">
06          <label for="password">密码：<input id="password" disabled
name="password"/></label>
07      </div>
08      <div class="login-item">
09          <label for="city">城市：<input type="text" name="city" readonly
value="北京"/></label>
```

```
10        </div>
11        <div class="login-submit">
12            <button type="submit">提交</button>
13        </div>
14    </form>
```

readonly 只针对 input(text/password)和 textarea 有效，而 disabled 对于所有的表单元素都有效，包括 select、radio、checkbox、button 等。但是表单元素在使用了 disabled 后，当我们将表单以 POST 或 GET 的方式提交时，这个元素的值不会被传递出去，而 readonly 会将该值传递出去。

10.3 关闭输入框的自动提示功能

许多移动浏览器为了方便用户输入，都有自动提示功能。就是输入过一次表单，下次输入的时候会提示以前输入过的内容。自动提示可以避免重复输入，非常方便，但有时又不需要，例如某些搜索框使用了智能输入提示，就不需要浏览器的输入提示了。

关闭输入框自动提示功能可以使用 autocomplete 属性，代码例下：

```
<input autofocus id="nick" name="nick" autocomplete="off"/>
```

10.4 定制 input 元素

在基本表单中我们介绍了 input 元素的基本用法，该元素可以用于生成一个供用户输入数据的基本输入框，并未对输入的数据进行任何约束。事实上，通过设定 input 的 type 属性可以改变用户收集数据的方式。

表 10.1 列出了 input 可以使用的一系列不同的 type 取值。

表 10.1　input 的 type 属性取值

类型名	类型作用
text	用于输入文字
Password	用于输入密码
submit	用于表单提交
reset	用于表单重置
button	生成普通按钮
number	用于输入数值型数据
range	用于限制用户输入在一个数值范围内的数据
radio	单选按钮

（续表）

类型名	类型作用
email	邮件类型
tel	电话号码类型
url	用于输入 URL
date	用于获取日期
datetime	获取世界日期和时间
datetime-local	获取本地日期和时间
month	获取年、月信息
time	获取时间
week	获取当前星期
color	获取颜色值
search	获取搜索词
hidden	生成隐藏的数据项
image	生成图像按钮
file	文件类型

例如，使用 input 输入文字：

```
<input type="text" maxlength="10" placeholder="请留言">
```

使用 input 输入密码：

```
<input type="password" maxlength="10" placeholder="请输入密码">
```

使用 input 生成按钮：

```
<input type="submit" value="提交">
```

使用 input 获取数值型数据：

```
<input type="number" min="10" max="1000" step="10" placeholder="请输入数字"
value="10">
```

使用 input 获取布尔型数据：

```
<input type="checkbox" value="married" id="married">
```

使用 input 获取日期：

```
<input type="date" id="date">
```

10.5 生成隐藏的数据项

有时表单中的一些数据项是与当前用户没有直接关联或不希望用户直接看见的，但在提交表单时又必须将其发送给服务器，这种情况下可以使用隐藏的数据项。例如，用户直接可见的是昵称，但提交时需要将用户 ID 提交到服务器，用户 ID 往往作为主键提交到数据库记录，对用户而言毫无意义，因此可以隐藏。使用 hidden 类型的 input 元素可以生成隐藏的数据项。实例代码如下：

```
01  <form name="input" action="html_form_action.php" method="post">
02      <input type="hidden" name="userid" value="5392802"/>
03      <div class="login-item">
04          <label for="nick">姓名：<input autofocus id="nick"
name="nick"/></label>
05      </div>
06      <div class="login-item">
07          <label for="password">密码：<input id="password" disabled
name="password"/></label>
08      </div>
09      <div class="login-item">
10          <label for="city">城市：<input type="text" name="city"
readonly="readonly"  value="北京"/></label>
11      </div>
12      <div class="login-submit">
13          <button type="submit">提交</button>
14      </div>
15  </form>
```

代码第 02 行使用了一个 input 元素将其类型 type 属性设置为 hidden，浏览器不会显示该元素。本例浏览效果如图 10.3 所示。

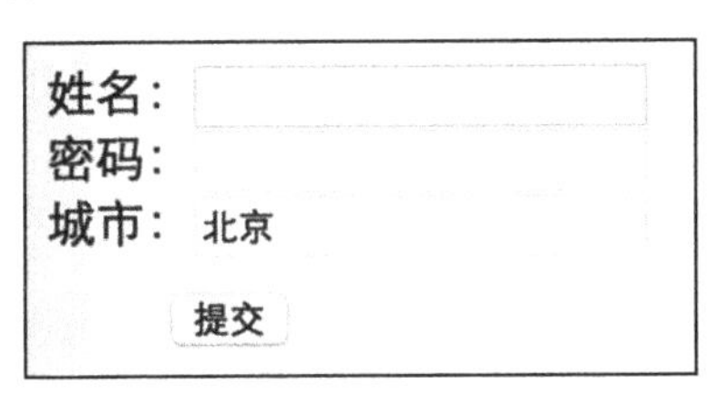

图 10.3　隐藏的表单项

用户提交表单时，浏览器仍会将 hidden 类型的元素的 name 和 value 作为普通数据项提交到服务器上。

10.6 输入验证

在 HTML 5 之前，输入验证通常需要借助 JavaScript 脚本来实现。

HTML 5 引入了输入验证，如果设置了表单元素的输入类型之后，那么浏览器在表单提交之前会检查数据项的数据是否有效，一旦发现数据不符合预设类型规范，就会自动进行更正，直到所有数据类型都正确之后才能提交表单。

目前浏览器对输入验证的支持不太一致，且浏览器的输入验证只是对服务器验证的补充，不能完全替代服务器验证。

HTML 5 的输入验证是通过设置表单元素的属性进行控制的，具体输入验证的支持如表 10.2 所示。

表 10.2　输入验证

验证属性	针对的元素
required	Textarea、select、input 类型为 text、password、checkbox、radio、file、datetime、datetime-local、date、month、time、week、number、email、url、search、tel 型
min	input 类型为 datetime、datetime-local、date、month、time、week、number、range 型
max	input 类型为 datetime、datetime-local、date、month、time、week、number、range 型
pattern	input 的类型为 text、password、email、urk、search、tel 型

例如，设置必填验证：

```
<input type="checkbox" required id="name" name="name">
```

确保输入数值的范围：

```
<input type="number" min="10" max="1000" step="10" placeholder="请输入数字" value="10">
```

输入值为 email：

```
<input type="email" id=" email " name=" email " placeholder="请输入电子邮件" pattern=" .*@163.com$">
```

禁用浏览器输入验证：

```
<input type=" submit " id="submit" name=" submit " formnovalidate>
```

在移动浏览器中，必填验证和数值范围验证的效果如图 10.4 所示。

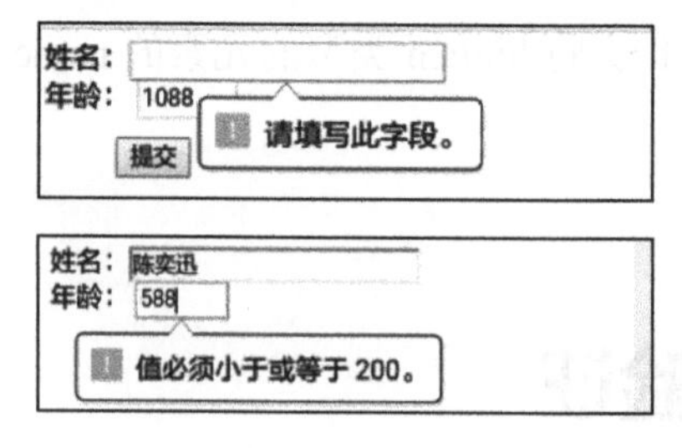

图 10.4　验证效果

10.7 生成按钮

如果将 button 元素的 type 属性设置为 submit，那么当用户单击按钮时将会提交表单。如果 button 未设置 type 属性，那么 button 的默认行为也是如此。使用 button 元素时，还可以使用 button 相关的其他属性，如表 10.3 所示。

表 10.3　button 相关的属性

属性名	属性的作用
form	指定按钮关联的表单
formaction	覆盖 form 元素的 action 属性，重新指定表单提交的 URL
formenctype	覆盖 form 元素的 enctype 属性，重新指定表单的编码方式
formmethod	覆盖 form 元素的 method 属性，重新指定表单提交的方式
formtarget	覆盖 form 元素的 target 属性，重新指定目标窗口
formnovalidate	覆盖 form 元素的 novalidate 属性，设置是否执行客户端数据的有效性检测

这些属性用于覆盖或补充 form 元素的属性，指定表单提交的目标、提交方式、编码方式、数据检测等，例如：

```
01  <form>
02      <input type="hidden" name="userid" value="5392802"/>
03      <div class="login-item">
04          <label for="nick">姓名：<input autofocus id="nick"
name="nick"/></label>
05      </div>
06      <div class="login-item">
07          <label for="password">密码：<input id="password" disabled
name="password"/></label>
08      </div>
09      <div class="login-item">
10          <label for="city">城市：<input type="text" name="city"
readonly="readonly"  value="北京"/></label>
11      </div>
12      <div class="login-submit">
13          <button type="submit" formaction="test.php" formmethod="post">提
交</button>
14      </div>
15  </form>
```

代码第 01 行在 form 元素上未设置 action 和 method 属性，进而在代码第 13 行的 button 上设置 formaction 和 formmethod 属性进行补充。

10.8 使用表单外的元素

前几节介绍的表单结构和表单元素都必须包含于 form 元素之内，通常我们看到的案例都是如此。在 HTML 5 中打破了这种限制。我们可以在表单之外设置表单元素，并通过设置表单元素的 form 属性与对应的表单元素进行关联，例如：

```
    01    <form id="login">
    02        <input type="hidden" name="userid" value="5392802"/>
    03        <div class="login-item">
    04            <label for="nick">姓名：<input autofocus id="nick"
name="nick"/></label>
    05        </div>
    06        <div class="login-item">
    07            <label for="password">密码：<input id="password" disabled
name="password"/></label>
    08        </div>
    09        <div class="login-item">
    10            <label for="city">城市：<input type="text" name="city"
readonly="readonly"  value="北京"/></label>
    11        </div>
    12    </form>
    13    <button form="login" type="submit" formaction="test.php"
formmethod="post">提交</button>
    14    <button form="login" type="reset">重置</button>
```

代码第 13 行与第 14 行的 button 元素均未包含于具体的 form 元素之中，但是通过设置 form 属性为之前所定义的 form 元素的 id 属性值，这两个 button 元素仍然与 form 产生了关联。

10.9 显示进度

<progress> 标签定义运行中的进度（进程），可以使用<progress>标签来显示 JavaScript 中耗费时间的函数的进度。

例如，对象的下载进度代码如下：

```
<progress>
<span id="objprogress">85</span>%
</progress>
```

progress 元素在不同移动设备的浏览器上显示的默认效果并不相同，在安卓手机和苹果手机上的效果如图 10.5 所示。

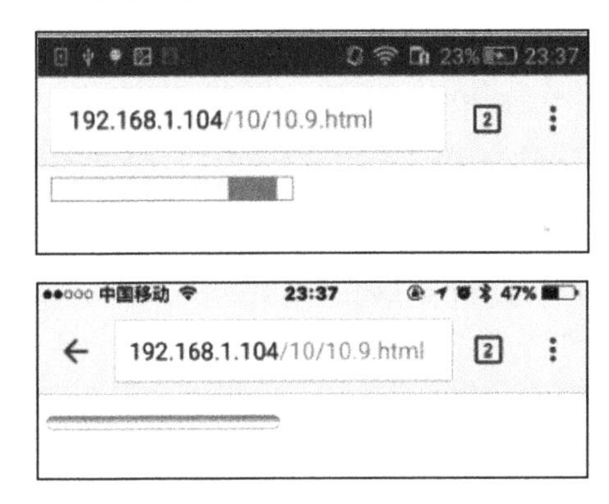

图 10.5　progress 的效果

10.10 密钥对生成器

keygen 是 HTML 5 中的新元素，用于生成公开/私有密钥对。这是公开密钥的一项重要功能。公开密钥是包括客户端证书和安全套接层（Secure Sockets Layer，SSL）在内的众多 Web 安全技术的基础。在提交表单时，keygen 元素会生成一对新的密钥。公钥通过表单发送给服务器，而私钥则由浏览器保存并存入用户的密钥账户，例如：

```
01    <form action="demo_keygen.asp" method="get">
02    Username: <input type="text" name="usr_name" />
03    Encryption: <keygen name="security" />
04    <input type="submit" />
05    </form>
```

<keygen>标签规定用于表单的密钥对生成器字段，当提交表单时，私钥存储在本地，公钥发送到服务器。

目前几乎所有的主流浏览器都支持<keygen>标签，但除了 IE 和 Safari 外。不过，不同浏览器将其提供给用户的方式各不相同，若需要在生产环境中使用 keygen 元素，则要在兼容性上进一步处理。

10.11 HTML 5 调用手机拍照或相册

HTML 5 可以调用手机本身的拍照功能或者手机的相册，不需要专门的 API，只需要将 input 元素的 type 属性设置为 file，然后指定 accept 属性即可，本例代码如下：

```
01    <!DOCTYPE html>
02    <html lang="zh-CN">
```

```
    03   <head>
    04       <meta charset="UTF-8">
    05       <meta content="width=device-width, initial-scale=1.0,
maximum-scale=1.0, user-
    06   scalable=0" name="viewport" />
    07       <meta content="yes" name="apple-mobile-web-app-capable" />
    08       <meta content="black" name="apple-mobile-web-app-status-bar-style" />
    09       <meta name="format-detection" content="telephone=no" />
    10       </head>
    11   <body>
    12     <div>
    13    <input type="file" accept="images/*" />
    14   </body>
    15   </html>
```

本例内容实际只靠第 13 行来完成，accept 还可以设置为“video/*”，这样就会只调用系统的录像功能，不显示相册。

鉴于使用此功能时上传的文件无法验证，所以建议在使用时先做好安全监测。

本例在移动浏览器中的效果如图 10.6 所示，注意在桌面浏览器中没有这类效果。

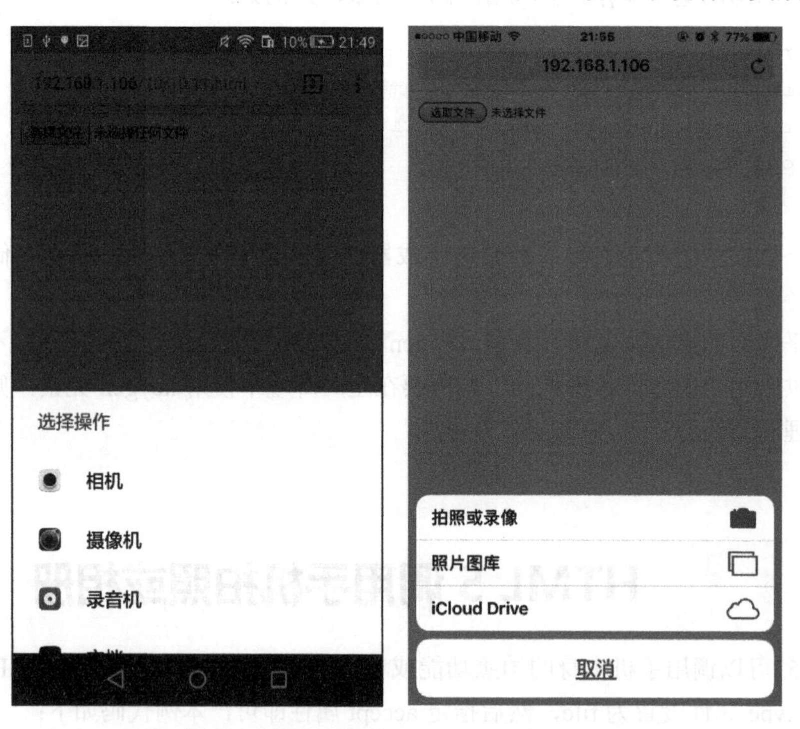

图 10.6　调用手机拍照（Android 和 iOS）

第 11 章

网页中的框架

页面的框架（iframe）是页面布局中重要的概念，网站设计的框架实际上就是把页面的显示区域划分开来。但是移动端对 iframe 的支持并不友好，而且还会阻塞主页面的 Onload 事件，所以并不建议在移动页面中使用 iframe，但是有很多时候必须要用到 iframe，此时该如何解决它在移动端的兼容性呢？

本章主要涉及的知识点有：

- 在页面中使用 iframe
- 在移动页面中使用 iframe

11.1 在页面中使用 iframe

iframe 是框架的一种形式，比较常用，它提供了一种简单的方式把一个页面的内容嵌入另一个页面中。iframe 一般用来包含别的页面，例如可以在自己的网站页面中加载其他网站的内容，为了更好的效果，可能需要使 iframe 透明，因此需要了解更多的 iframe 属性。iframe 相关属性如表 11.1 所示。

表 11.1　iframe相关的属性

属性名	值	说明
align	left right top middle bottom	规定如何根据周围的元素来对齐此框架。不赞成使用。请使用样式代替
frameborder	1 0	规定是否显示框架周围的边框
height	pixels %	规定 iframe 的高度
longdesc	URL	规定一个页面，该页面包含有关 iframe 的长描述
marginheight	pixels	定义 iframe 顶部和底部的边距
marginwidth	pixels	定义 iframe 左侧和右侧的边距
name	frame_name	规定 iframe 的名称

（续表）

属性名	值	说明
scrolling	yes no auto	规定是否在 iframe 中显示滚动条
src	URL	规定在 iframe 中显示的文档的 URL
width	pixels %	定义 iframe 的宽度
align	left right top middle bottom	不赞成使用。请使用样式代替 规定如何根据周围的元素来对齐此框架
frameborder	1 0	规定是否显示框架周围的边框
height	pixels %	规定 iframe 的高度

iframe 标签是成对出现的，以<iframe>开始，以</iframe>结束，并且 iframe 元素会创建包含另一个文档的内联框架（行内框架）。可以把需要的文本放置在<iframe>和</iframe>之间，这样就可以应对无法理解 iframe 的浏览器，iframe 标签内的内容可以在浏览器不支持 iframe 标签时显示。例如，使用像素定义 iframe 框架的大小，代码如下：

```
<iframe src="frame/frame_a.html" width="200" height="500" frameBorder=0 marginwidth=0 marginheight=0 scrolling=no>
这里使用了框架技术，但是您的浏览器不支持框架，请升级您的浏览器以便正常访问。
</iframe>
```

下面是各属性的说明。

- width="200" height="500"为嵌入的网页的宽度和高度，数值越大，范围越大。当要隐藏显示嵌入的内容时，可把这两个数值设置为 0。
- scrolling="no"为嵌入的网页的滚动设置，当内容范围大时，可设置为允许滚动：scrolling="yes"。
- frameBorder=0 为嵌入的网页的边框设置，0 表示无边框，1 和其他数值表示边框粗细，数值越大，边框就越粗。
- marginwidth=0 marginheight=0 设置嵌入网页到边距的距离，0 表示无边距。

移动页面使用百分比定义 iframe 框架的大小，代码如下：

```
<iframe src="http://www.baidu.com" width="90%" height="90%" frameBorder=0 marginwidth=0 marginheight=0 scrolling=no >
这里使用了框架技术，但是您的浏览器不支持框架，请升级您的浏览器以便正常访问
</iframe>
```

11.2 设置 iframe 透明背景色

通常 iframe 底色是白色的，在不同的浏览器下可能会有不同的颜色，如果主页面有一个整体的背景色或者背景图片，iframe 区域就会出现一个白色块，与主体页面不协调，这时就需要设置 iframe 透明，例如：

```
    <iframe src="test.html" allowtransparency="true"
style="background-color=transparent" title="test" frameborder="0" width="470"
height="308" scrolling="no"></iframe>
```

当然前提是 iframe 页面中没有设置颜色。iframe 透明主要是使用了：

```
    allowtransparency="true" style="background-color=transparent"
```

11.3 移动浏览器下的 iframe 宽度自适应

不带边框的 iframe 因为能和网页无缝地结合，所以可以在不刷新页面的情况下更新页面的部分数据，但是 iframe 的大小却不像层那样可以“伸缩自如”，带来了使用上的麻烦，给 iframe 设置宽度有时在安卓手机的浏览器上是好用的，但到了苹果手机的浏览器 Safari 上就会遇到问题。现在设置一个 div 来嵌套 iframe，可以解决这个问题：

```
01  <div id="scroller" style="height: 400px; width: 100%; overflow: auto;">
02      <iframe height="90%" id="iframe" scrolling="no" width="90%" id="iframe"
03  src="http://www.baidu.com" />
04  </div>
```

其中，代码第 01 行定义的 div 设置了固定高度，宽度和屏幕一样宽。在 iframe 中，宽度为 90%是指 iframe 占 div 宽度的 90%，这样不会溢出，如图 11.1 所示。

图 11.1　宽度自适应

11.4 在 Safari 浏览器中实现 iframe 滚动条

iframe 在安卓手机的浏览器中如果去掉 scrolling="no"的设置，基本都会出现滚动条，但是在 Safari 浏览器中根本不会出现滚动条，这意味着 iframe 中的页面不能上下滚动。有一个 CSS 3 属性可以解决这个问题：-webkit-overflow-scrolling。该属性有以下两个取值。

- auto：普通滚动，当手指从屏幕上移开时，滚动会立刻停止。
- touch：具有回弹效果的滚动。当手指从屏幕上移开时，内容会继续保持一段时间的滚动。

下面来看详细代码：

```
<div id="scroller" style="height: 400px; width: 90%;
-webkit-overflow-scrolling:touch; overflow : auto;">
    <iframe height="90%" id="iframe" width="90%" id="iframe"
src="http://www.baidu.com" />
</div>
```

此时，不仅在安卓手机的浏览器中出现了滚动条，在 Safari 浏览器中也出现了滚动条，并且允许上下左右滚动。

-webkit-overflow-scrolling 相对来说会消耗更多内存，最好在产生了非常大面积的 overflow 时才应用。

11.5 一个完整的响应式 iframe

为了方便使用 iframe，这里设计一段完整版的支持 Android 手机、iPhone、iPad 的 HTML+CSS 代码：

```
01      <style type="text/css">
02      .myIframe {
03          position: relative;
04          padding-bottom: 65.25%;
05          padding-top: 30px;
06          height: 0;
07          overflow: auto;
08          -webkit-overflow-scrolling:touch;
09          border: solid black 1px;
10          }
11       .myIframe iframe {
12          position: absolute;
13          top: 0;
```

```
14          left: 0;
15          width: 100%;
16          height: 100%;
17          }
18  </style>
19
20  <div class='myIframe' >
21    <iframe src="http://www.baidu.com" > </iframe>
22  </div>
```

第 02~10 行定义 div 的样式，第 11~17 行定义 iframe 的样式，Android 手机和 iPhone 上的显示效果如图 11.2 所示。

图 11.2 响应式 iframe 的效果

第 12 章

◂HTML 5 Canvas▸

在过去的 Web 前端开发中，需要在页面上绘图或者生成相关图形时，常见的实现方式是使用 Flash。而在 HTML 5 标准中，Canvas（画布）能够更加方便地实现 2D 绘制图形、图像以及各种动画效果。本章将介绍 HTML 5 Canvas 常见的使用场景及相关实现。

本章主要涉及的知识点有：

- 使用 canvas 元素
- 使用路径和坐标
- 绘制图形：矩形和圆形
- 使用纯色填充图形
- 使用渐变色填充图形
- 在画布中写字
- 相对文字大小
- 输出 PNG 图片文件
- 复杂场景使用多层画布
- 使用 requestAnimationFrame 制作游戏或动画
- 显示满屏 Canvas

12.1 在页面中使用 Canvas 元素

canvas 元素是 HTML 5 的新元素，用于在网页上绘制图形，相当于在 HTML 中嵌入了一张画布，这样就可以直接在页面上进行图形操作了，因此 Canvas 具有极大的应用价值，可以在较多场景下使用。

使用 canvas 标签只需要在页面中添加 canvas 元素即可，实现代码如下：

```
<canvas id=”rectCanvas" width="200" height="100">
   your browser doesn't support the HTML 5 elemnt canvas.
</canvas>
```

canvas 元素本身是没有绘图能力的，需要借助额外的 JavaScript 脚本来实现绘图功能，例如：

```
01  <canvas id="rectCanvas" width="200" height="100"></canvas>
02  <script type="text/javascript">
03  onload = function (){
04      draw();
05  }
06  function draw(){
07      /* 验证 canvas 元素是否存在，以及浏览器是否支持 canvas 元素 */
08      var canvas = document.getElementById('rectCanvas');
09      /* 创建 context 对象 */
10      if (!canvas || !canvas.getContext) {
11          return false;
12      }
13      var ctx = canvas.getContext('2d');  // 画一个红色矩形
14      ctx.fillStyle = "#FF0000";        //采用 fillStyle 方法将画笔颜色设置为红色
15      ctx.fillRect(0, 0, 150, 75);
16  }
17  </script>
```

显示效果如图 12.1 所示。

图 12.1　用 Canvas 绘制矩形

代码第 08 行根据 Canvas 的 id 或 name 属性获取 canvas 对象，使用的是 getElementById() 方法，如果给 canvas 标签加入 name 属性，那么也可以使用 getElementByTagName 来获取 canvas 对象。要使用 canvas 元素必须先判断这个元素是否存在及用户所使用的浏览器是否支持此元素。上面的代码在使用 getContext()方法时传递了一个“2d”参数，这样可以得到二维的 context 对象以实现二维图形的绘制。试想一下，如果将来 Canvas 可以绘制三维图形，那么或许也可以使用“3d”参数。但是目前还只能使用“2d”作为参数。

12.2 使用路径和坐标

若需要对图 12.1 所示的矩形绘制边框，则在矩形上方绘制两条蓝色的边框，如图 12.2 所示。

图 12.2　绘制路径

对于 Canvas，我们可以使用“路径”来绘制任何图形。简单来说，路径就是一系列的点以及连接这些点的线。任何 Canvas 上下文只会有一个“当前路径”：

```
01  <canvas id=" rectCanvas " width="200" height="100"></canvas>
02  <script type="text/javascript">
03  onload = function (){
04     draw();
05  }
06  function draw(){
07     /* 验证 canvas 元素是否存在，以及浏览器是否支持 canvas 元素 */
08     var canvas = document.getElementById('rectCanvas');
09     /* 创建 context 对象 */
10     if (!canvas || !canvas.getContext) {
11        return false;
12     }
13     var ctx = canvas.getContext('2d');  // 画一个红色矩形
14     ctx.fillStyle = "#FF0000";       //采用 fillStyle 方法将画笔颜色设置为红色
15     ctx.fillRect(0, 0, 150, 75);
16
17     drawScreen(ctx);
18  }
19
20  function drawScreen(context) {
21     context.strokeStyle = "blue";       //设置填充颜色
22     context.lineWidth = 10;          //设置线条宽度
23     context.lineCap = 'square';        //设置线条起点样式
24     context.beginPath();               //开始绘制
25     context.moveTo(0, 0);           //移至坐标(0,0)点
26     context.lineTo(145, 0);          //移至坐标(145,0)点
27     context.moveTo(0, 0);           //移至坐标(0,0)点
28     context.lineTo(0, 70);           //移至坐标(0,70)点
29     context.stroke();                  //绘制当前路径
30     context.closePath();               //关闭路径
31  }
32
```

```
33    </script>
```

上面代码第 24 行调用 beginPath()开始一个路径，而代码第 30 行调用 closePath()令该路径结束。代码第 29 行的 stroke()方法会实际地绘制出通过 moveTo()和 lineTo()方法定义的路径，默认颜色是黑色，代码第 21 行定义了路径的颜色为蓝色。如果连接路径中的点，这种连接就构成了一个“子路径”。如果“子路径”中最后一个点与其自身的第一个点相连，就认为该“子路径”是“闭合”的。绘制线条基本的路径操作为反复调用 moveTo()和 lineTo()命令，代码见第 25~28 行。

第 23 行定义了 lineCap 属性，即 Canvas 中线段两头的样式，可设置为以下三个值中的一个。

- butt：默认值，在线段的两头添加平直边缘。
- round：在线段的两头各添加一个半圆形线帽。线帽直径等于线段的宽度。
- square：在线段的两头添加正方形线帽。线帽边长等于线段的宽度。

绘制线条后，如何在 Canvas 中获取坐标呢？当用到鼠标事件的时候常要获取当前鼠标所在的 x、y 值。如果鼠标事件作用的是窗口对象，获取鼠标的 x、y 就很简单，但当鼠标事件作用的是窗口中的一个对象的时候，就要考虑对象在窗口的位置。

由于 canvas 对象的特殊性，在这里我们要分析当鼠标事件作用在 canvas 对象中时，需要获取的 x、y 坐标的问题。实例代码如下：

```
01    <canvas id=" rectCanvas" width="200" height="100"></canvas>
02    <div>
03        窗口的 X，Y 值：
04        <input type="text" id="input_window" value=""/><br/><br/>
05        canvas 的 X，Y 值：
06        <input type="text" id="input_canvas" value=""/>
07    </div>
08    <script type="text/javascript">
09    onload = function (){
10        draw();
11    }
12    function draw(){
13        /* 验证 canvas 元素是否存在，以及浏览器是否支持 canvas 元素 */
14        var canvas = document.getElementById('rectCanvas');
15        /* 创建 context 对象 */
16        if (!canvas || !canvas.getContext) {
17            return false;
18        }
19        var ctx = canvas.getContext('2d');  // 画一个红色矩形
20        ctx.fillStyle = "#FF0000";        //采用 fillStyle 方法将画笔颜色设置为红色
21        ctx.fillRect(0, 0, 150, 75);
22        drawScreen(ctx);
```

```
23
24      canvas.onclick = function(event) {
25          var loc = windowTocanvas(canvas, event.clientX, event.clientY)
26          var x = parseInt(loc.x);
27          var y = parseInt(loc.y);
28          document.getElementById("input_window").value = event.clientX +
"--" + event.clientY;
29          document.getElementById("input_canvas").value = x + "--" + y;
30      }
31  }
32
33  function drawScreen(context) {
34      context.strokeStyle = "blue";
35      context.lineWidth = 10;
36      context.lineCap = 'square';
37      context.beginPath();
38      context.moveTo(0, 0);
39      context.lineTo(145, 0);
40      context.moveTo(0, 0);
41      context.lineTo(0, 70);
42      context.stroke();
43      context.closePath();
44  }
45
46  function windowTocanvas(canvas, x, y) {
47      var bbox = canvas.getBoundingClientRect();
48      return {
49          x: x - bbox.left * (canvas.width / bbox.width),
50          y: y - bbox.top * (canvas.height / bbox.height)
51      };
52
53   }
54
55  </script>
```

上面代码第 34~43 行使用的方法即创建基本的 Canvas 矩形，而在代码第 47 行使用了 getBoundingClientRect()方法来获取 Canvas 这个矩形对象，代码第 48 行返回了鼠标在矩形中的相对坐标 x 与 y。当点击页面中的矩形时会显示窗口的 x、y 值和 canvas 的 x、y 值，如图 12.3 所示。

窗口的x、y值：91--56

canvas的x、y值：83--48

图 12.3　获取 canvas 坐标

12.3 绘制弧形和圆形

在 12.1 节中介绍了使用 Canvas 绘制矩形的基本方法，本节将介绍弧形和圆形的绘制方法。例如，实现一个如图 12.4 所示的笑脸。

图 12.4　Canvas 绘制圆弧

实现代码如下：

```
01   <canvas id="rectCanvas" width='400' height="300">
02       your browser doesn't support the HTML 5 elemnt canvas.
03   </canvas>
04
05   <script type="text/javascript">
06   onload = function (){
07       drawRadian();
08   }
09   function drawRadian(){
10       var context = document.getElementById('rectCanvas').getContext('2d');
11       context.beginPath();
12       context.strokeStyle = "rgb(0,0,0)";
13       context.arc(100,100,100,0,2*Math.PI,true);
14       context.closePath();
```

```
15      context.fillStyle = '#f5cf3e';
16      context.fill();
17
18      context.beginPath();
19      context.arc(50,75,25,0,2*Math.PI,true);
20      context.fillStyle = '#bb751b';
21      context.fill();
22
23      context.beginPath();
24      context.arc(50,75,20,0,2*Math.PI,true);
25      context.fillStyle = '#fff';
26      context.fill();
27
28      context.beginPath();
29      context.arc(50,85,10,0,2*Math.PI,true);
30      context.fillStyle = '#5a2414';
31      context.fill();
32
33      context.beginPath();
34      context.arc(150,75,25,0,2*Math.PI,true);
35      context.fillStyle = '#bb751b';
36      context.fill();
37
38      context.beginPath();
39      context.arc(150,75,20,0,2*Math.PI,true);
40      context.fillStyle = '#fff';
41      context.fill();
42
43      context.beginPath();
44      context.arc(150,85,10,0,2*Math.PI,true);
45      context.fillStyle = '#5a2414';
46      context.fill();
47
48      context.beginPath();
49      context.arc(100,125,10,0,2*Math.PI,true);
50      context.fillStyle = 'rgb(177,94,33)';
51      context.fill();
52
53      context.beginPath();
54      context.strokeStyle = "rgb(177,94,33)";
```

```
55      context.lineWidth = 5;
56      context.arc(100,150,25,Math.PI/6,5*Math.PI/6,false);
57
58      context.stroke();
59
60  }
61  </script>
```

上面代码第 09~60 行中，反复使用绘制圆形的方法分别绘制笑脸轮廓、眼睛轮廓、瞳孔、鼻子和嘴巴。其中，在 Canvas 中绘制弧形和圆形的计算方法如下：

```
arc(x, y, radius, startAngle, endAngle, bAntiClockwise)
```

各参数说明如下。

- x,y：arc 的中心点。
- radius：半径长度。
- startAngle：以 starAngle 开始（弧度）。
- endAngle：以 endAngle 结束（弧度）。
- bAntiClockwise：是不是逆时针。设置为 true 意味着弧形的绘制是逆时针进行的，设置为 false 意味着顺时针进行。

12.4 使用纯色填充图形

我们在 12.2 节中介绍了描边的方法 stroke，本节将介绍 Canvas 中使用纯色填充图形的方法。在 12.3 节中，我们介绍过的 fill()方法就是用来填充的。可以使用 fillStyle 设置填充样式，语法如下：

```
ctx.fillStyle = '颜色';//默认的填充样式是不透明的黑色
```

此外，可以使用 fillRect()方法填充矩形：

```
ctx.fillRect(x,y,width,height);
```

绘制矩形实例代码如下：

```
01  <script>
02  var canvas = document.getElementById('mycanvas'),
03      context = canvas.getContext('2d');
04
05  context.fillStyle = 'orange';
06  context.fillRect(150, 150, 100, 100); //参数分别是：矩形左上角坐标 x、y，矩形
宽度，矩形高度
```

```
07  </script>
```

在上面的代码中，第 05 行设置了填充的颜色，第 06 行使用 fillRect 方法填充矩形，传入的 4 个参数分别是矩形左上角的坐标 x、y，矩形宽度，矩形高度。

移动浏览器显示效果如图 12.5 所示。

图 12.5　用纯色填充矩形

绘制圆形实例代码如下：

```
01  var canvas = document.getElementById('mycanvas');
02     context = canvas.getContext('2d');
03
04  var centerX = canvas.width / 2;
05  var centerY = canvas.height / 2;
06  var radius = 70;
07
08  context.beginPath();
09  context.arc(centerX, centerY, radius, 0, 2 * Math.PI, false);
10  context.closePath();
11  context.fillStyle = 'orange';
12  context.fill();
13  context.lineWidth = 3;
14  context.strokeStyle = '#eee';
15  context.stroke();
```

在上面的代码中，第 09 行使用 arc 方法绘制圆形，并在第 11~15 行中对所绘制的圆形设置填充颜色后进行填充。本例效果如图 12.6 所示。

图 12.6　用纯色填充圆形

12.5 使用渐变色填充图形

在 Canvas 中可以实现线性渐变和径向渐变两种渐变色，我们先看如何创建线性渐变。

创建线性渐变使用 createLinearGradient()方法，语法如下：

```
createLinearGradient(x1,y1,x2,y2)
```

其中，x1、y1 表示线性渐变的起点坐标，x2、y2 表示终点坐标。创建一个水平的线性渐变，代码如下：

```
var linear = ctx.createLinearGradient(100,100,200,100);
```

渐变创建了，但是这个渐变是空的，没有使用颜色进行填充。

在渐变中添加颜色的方法是 addColorStop()，例如：

```
var linear = ctx.createLinearGradient(100,100,200,100);
linear.addColorStop(0,'#f6e98d');
linear.addColorStop(0.5,'#f4c736');
linear.addColorStop(1,'#e7a01d');
```

以上代码中使用了 3 个 addColorStop 方法，为渐变条添加上了 3 个颜色。需要注意 addColorStop 的位置参数是介于 0~1 的数字，可以是两位小数，表示百分比。

最后填充渐变色，把定义好的渐变赋给 fillStyle，代码如下：

```
01  var linear = ctx.createLinearGradient(100,100,200,100);
02  linear.addColorStop(0,'#f6e98d');
03  linear.addColorStop(0.5,'#f4c736');
04  linear.addColorStop(1,'#e7a01d');
05  ctx.fillStyle = linear;                    //把渐变赋给填充样式
06  ctx.fillRect(100,100,100,100);
07  ctx.stroke();
```

效果如图 12.7 所示。

图 12.7　线性渐变

fillRect 与 strokeRect 画出的都是独立的路径，如上面的代码所示，在 fillRect 后调用描边并不会对刚刚画出的矩形描边，strokeRect 同理。

接下来试试径向渐变（圆形渐变）。与 createLinearGradient 类似，创建径向渐变的方法如下：

```
createRadialGradient(x1,y1,r1,x2,y2,r2)
```

其中的 x1、y1 和 x2、y2 表示起点和终点，起点和终点都是一个圆，x、y 则是圆心的坐标，r1 与 r2 分别是起点圆的半径和终点圆的半径。实例代码如下：

```
01   var radial = ctx.createRadialGradient(55,55,10,55,55,20);//重合的圆心坐标
02   radial.addColorStop(0,'#f6e98d');
03   radial.addColorStop(0.5,'#f4c736');
04   radial.addColorStop(0.9,'#e7a01d');
05   radial.addColorStop(1,'#a8672b');
06
07   ctx.fillStyle = radial;                              //把渐变赋给填充样式
08   ctx.fillRect(0,0,150,150);
09   ctx.stroke();
```

移动浏览器显示效果如图 12.8 所示。

图 12.8　径向渐变

一般情况下，终点圆的半径总比起点圆大，但也可以设置终点半径比起点半径小，例如：

```
01   var radial = ctx.createRadialGradient(75,75,55,55,55,0);
02   radial.addColorStop(0,'#f6e98d');
03   radial.addColorStop(0.5,'#f4c736');
04   radial.addColorStop(0.9,'#e7a01d');
05   radial.addColorStop(1,'#a8672b');
06
07   // ctx.fillStyle = linear;        //把渐变赋给填充样式
08   ctx.fillStyle = radial;                //把渐变赋给填充样式
```

```
09  ctx.fillRect(0,0,150,150);
10  ctx.stroke();
```

从图 12.9 可以看出，终点半径大于起点半径的径向渐变的效果是从外到内的渐变过程。

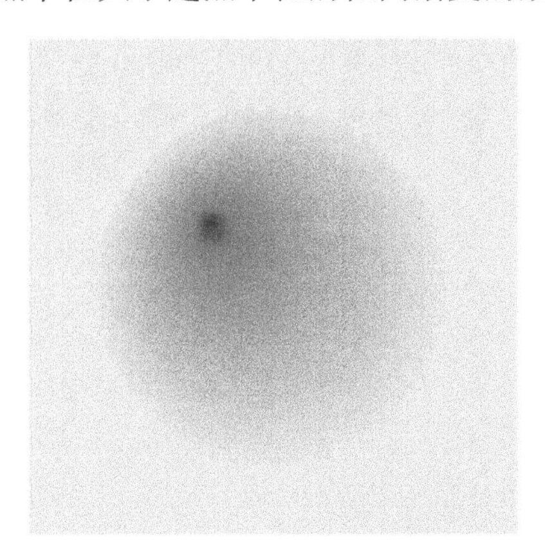

图 12.9 终点半径大于起点半径的径向渐变

12.6 在画布中绘制文本

还可以在 Canvas 画布上绘制我们所需的文本文字，其中涉及的 CanvasRenderingContext2D 对象的主要属性和方法如表 12.1 所示。

表 12.1 绘制文本所需的方法

属性或方法	基本描述
font	设置绘制文字所使用的字体，例如 20px 宋体，默认值为 10px sans-serif。该属性的用法与 CSS 的 font 属性一致，例如 italic bold 14px/30px Arial,宋体
fillStyle	用于设置画笔填充路径内部的颜色、渐变和模式。该属性的值可以是表示 CSS 颜色值的字符串。如果绘制需求比较复杂，那么该属性的值还可以是一个 CanvasGradient 对象或者 CanvasPattern 对象
strokeStyle	用于设置画笔绘制路径的颜色、渐变和模式。该属性的值可以是一个表示 CSS 颜色值的字符串。如果绘制需求比较复杂，那么该属性的值还可以是一个 CanvasGradient 对象或者 CanvasPattern 对象
fillText(string text, int x, int y[, int maxWidth])	从指定坐标点开始绘制填充的文本文字。参数 maxWidth 是可选的，如果文本内容的宽度超过该参数的，就会自动按比例缩小字体以适应宽度。与本方法对应的样式设置属性为 fillStyle
strokeText(string text, int x, int y[, int maxWidth])	从指定坐标点开始绘制非填充的文本文字（文字内部是空心的）。参数 maxWidth 是可选的，如果文本内容的宽度超过该参数的设置，就会自动按比例缩小字体以适应宽度。该方法与 fillText()的用法一致，不过 strokeText()绘制的文字内部是非填充（空心）的，fillText()绘制的文字内部是填充（实心）的。与本方法对应的样式设置属性为 strokeStyle

在 Canvas 中可以使用两种方式来绘制文本文字：一种是使用 fillText()和 fillStyle 组合来绘制填充文字；另一种是使用 strokeText()和 strokeStyle 组合来绘制非填充（空心）文字。

填充文字实例代码如下：

```
01  <canvas id="rectCanvas" width='400' height="300">
02      your browser doesn't support the HTML 5 elemnt canvas.
03  </canvas>
04
05  <script type="text/javascript">
06  onload = function (){
07      drawRadian();
08  }
09  function drawRadian(){
10      var canvas = document.getElementById("rectCanvas");
11      if(canvas){
12          var ctx = canvas.getContext('2d');
13          //设置字体样式
14          ctx.font = "30px Courier New";
15          //设置字体填充颜色
16          ctx.fillStyle = "#5a2413";
17          //从坐标点(50,50)开始绘制文字
18          ctx.fillText("让世界触手可行，用足迹点亮人生", 50, 50);
19      }
20  }
21  </script>
```

浏览器显示效果如图 12.10 所示。

图 12.10　填充文字

非填充文字实例代码如下：

```
01  <canvas id="rectCanvas" width='400' height="300">
02      your browser doesn't support the HTML 5 elemnt canvas.
```

```
03  </canvas>
04
05  <script type="text/javascript">
06  onload = function (){
07      drawRadian();
08  }
09  function drawRadian(){
10      var canvas = document.getElementById("rectCanvas");
11      if(canvas){
12          var ctx = canvas.getContext('2d');
13          //设置字体样式
14          ctx.font = "30px Courier New";
15          //设置字体填充颜色
16          ctx.fillStyle = "#5a2413";
17          //从坐标点(50,50)开始绘制文字
18          ctx.fillText("让世界触手可行", 50, 50);
19
20          //设置字体样式
21          ctx.font = "30px Courier New";
22          //设置字体颜色
23          ctx.strokeStyle = "blue";
24          //从坐标点(50,50)开始绘制文字
25          ctx.strokeText("用足迹点亮人生", 50, 100);
26      }
27  }
28  </script>
```

非填充文字与填充文字对比效果如图 12.11 所示。

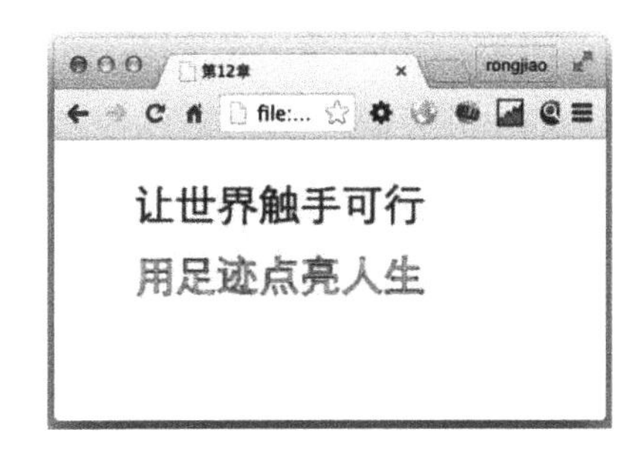

图 12.11　非填充文字与填充文字对比

12.7 将画布输出为 PNG 图片文件

将 HTML 5 Canvas 的内容保存为图片是借助 Canvas API 中的 toDataURL()方法来实现的。

```
01  <div class="content">
02
03  <canvas width=200 height=200 id="rectCanvas"></canvas>
04  <div>
05      <button id="saveImageBtn" class="m-btn m-md-btn m-btn-info">保存图片
</button>
06      <button id="downloadImageBtn" class="m-btn m-md-btn m-btn-info">下载
图片</button>
07  </div>
08  <script type="text/javascript">
09  onload = function (){
10      draw();
11      var saveButton = document.getElementById("saveImageBtn");
12      bindButtonEvent(saveButton, "click", saveImageInfo);
13      var dlButton = document.getElementById("downloadImageBtn");
14      bindButtonEvent(dlButton, "click", saveAsLocalImage);
15  }
16  function draw() {
17      var canvas = document.getElementById("rectCanvas");
18      var ctx = canvas.getContext("2d");
19      ctx.fillStyle = "rgba(125, 46, 138, 0.5)";
20      ctx.fillRect(25, 25, 100, 100);
21      ctx.fillStyle = "rgba( 0, 146, 38, 0.5)";
22      ctx.fillRect(58, 74, 125, 100);
23      ctx.fillStyle = "rgba( 0, 0, 0, 1)";
24      ctx.fillText("将画布输出为 PNG 图片文件", 50, 50);
25  }
26
27  function bindButtonEvent(element, type, handler) {
28      if (element.addEventListener) {
29          element.addEventListener(type, handler, false);
30      } else {
31          element.attachEvent('on' + type, handler);
32      }
33  }
34
35  function saveImageInfo() {
36      var mycanvas = document.getElementById("rectCanvas");
```

```
37        var image = mycanvas.toDataURL("image/png");
38        var w = window.open('about:blank', 'image from canvas');
39        w.document.write("<img src='" + image + "' alt='from canvas'/>");
40    }
41
42    function saveAsLocalImage() {
43        var myCanvas = document.getElementById("rectCanvas");
44        var image = myCanvas.toDataURL("image/png").replace("image/png",
"image/octet-stream");
45        window.location.href = image; // 保存在本地
46    }
47
48    </script>
49    </div>
```

上面代码第 09~25 行使用 Canvas 绘制对应的 Canvas 图像。代码第 44 行使用 toDataURL 方法将 canvas 对象输出为对应格式的图片文件。

实现效果如图 12.12 所示。

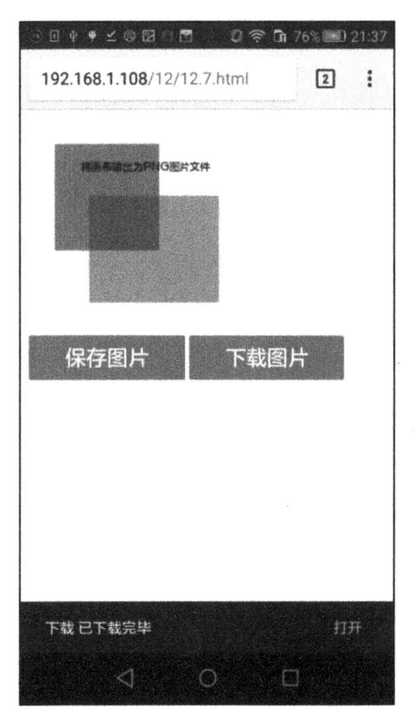

图 12.12 将画布保存为 PNG 图片文件

12.8 在复杂场景使用多层画布

为了减少对单一画布的操作，提高画布性能，在较为复杂场景下可以使用多层画布，实例代码如下：

```
<canvas  width="600" height="400" style="position: absolute; z-index: 0">
</canvas>
<canvas  width="600" height="400" style="position: absolute; z-index: 1">
</canvas>
```

产生多层画布，练习对不同画布进行使用。

12.9 使用 requestAnimationFrame 制作游戏或动画

目前，制作动画可以使用 CSS 3 的 animation+keyframes，也可以使用 CSS 3 的 transition 属性，或者使用 SVG。当然，还可以使用原始的 window.setTimout()或者 window.setInterval()方法，通过不断更新元素的状态位置等来实现动画，前提是画面的更新频率要达到每秒 60 次，这样才能让肉眼看到流畅的动画效果。

setTimeout()几乎在所有浏览器上都运行得不错，但还有一个更好的方法——requestAnimFrame。requestAnimFrame 方法的原理与 setTimeout/setInterval 方法差不多，通过递归调用同一方法来不断更新画面以达到动起来的效果，但它优于 setTimeout/setInterval，在于它是由浏览器专门为动画提供的 API，在运行时浏览器会自动优化方法的调用，并且页面不是在激活状态下时动画会自动暂停，可以优化绘制循环以及与剩下的页面回流，有效节省 CPU 开销。

可以直接调用 requestAnimationFrame 方法，也可以通过 window 来调用，接收一个函数作为回调，返回一个 ID 值，通过把这个 ID 值传给 window.cancelAnimationFrame()可以取消这次动画。

```
requestAnimationFrame(callback)//callback 为回调函数
```

在不同的浏览器上调用 requestAnimFrame 的情况也不同，标准的检测方法如下：

```
01   <script type="text/javascript" charset="utf-8">
02       window.requestAnimFrame = (function() {
03           return window.requestAnimationFrame ||
window.webkitRequestAnimationFrame || window.mozRequestAnimationFrame ||
window.oRequestAnimationFrame || window.msRequestAnimationFrame ||
```

```
04          function(callback) {
05             window.setTimeout(callback, 1000 / 60);
06          };
07       })();
08    </script>
```

如果 requestAnimFrame 不可用，那么可以使用内置的 setTimeout。使用 requestAnimFrame 的实例代码如下：

```
01    <!DOCTYPE HTML>
02    <html>
03       <head>
04          <title>第 12 章</title>
05       </head>
06       <body onload="onLoad()">
07          <div id="test"
style="width:1px;height:17px;background:#0f0;">0%</div>
08          <input type="button" value="Run" id="run"/>
09
10          <script type="text/javascript" charset="utf-8">
// 处理兼容性
11          window.requestAnimationFrame = window.requestAnimationFrame ||
window.mozRequestAnimationFrame || window.webkitRequestAnimationFrame ||
window.msRequestAnimationFrame;
12          var start = null;
13          var ele = document.getElementById("test");
14          var progress = 0;
15    //绘制进度条
16          function step(timestamp) {
17             progress += 1;
18             ele.style.width = progress + "%";
19             ele.innerHTML=progress + "%";
20             if (progress < 100) {
21                requestAnimationFrame(step);
22             }
23          }
24          requestAnimationFrame(step);      //使用 requestAnimationFrame 方法
25          document.getElementById("run").addEventListener("click",
function() {
26             ele.style.width = "1px";
27             progress = 0;
28             requestAnimationFrame(step);
29          }, false);
30          </script>
```

```
31      </body>
32  </html>
```

实现效果如图 12.13 所示。

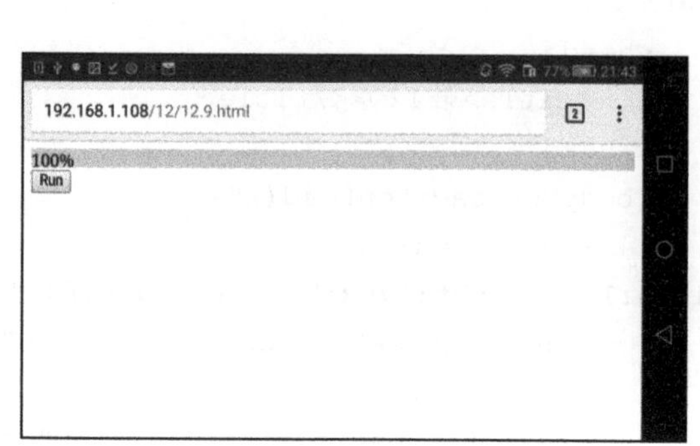

图 12.13　用 requestAnimFrame 实现进度条

12.10 如何显示满屏 Canvas

读者可能已经注意到，前几节的案例中，画布没有铺满整个浏览器窗口。为了解决这个问题，我们可以增加画布的宽度和高度，根据画布所包含的文件元素的大小来灵活地调整画布尺寸。实例代码如下：

```
01  <body style="position: absolute; padding:0; margin:0; height: 100%;
width:100%" onload="onload()" onresize="resize()">
02      <canvas id="gameCanvas"></canvas>
03
04      <script type="text/javascript" charset="utf-8">
05      function onload() {
06          canvas = document.getElementById("gameCanvas");
07          var ctx = canvas.getContext("2d");
08          resize();
09      }
10      function resize() {
11          canvas.width = canvas.parentNode.clientWidth;
12          canvas.height = canvas.parentNode.clientHeight;
```

```
13          var ctx = canvas.getContext("2d");
14          ctx.fillStyle = '#000';
15          ctx.fillRect(0, 0, canvas.width, canvas.height);
16          ctx.fillStyle = '#333333';
17          ctx.fillRect(canvas.width / 3, canvas.height / 3, canvas.width / 3,
18          canvas.height / 3);          //绘制矩形
19      }
20      </script>
21  </body>
```

移动浏览器显示效果如图 12.14 所示。

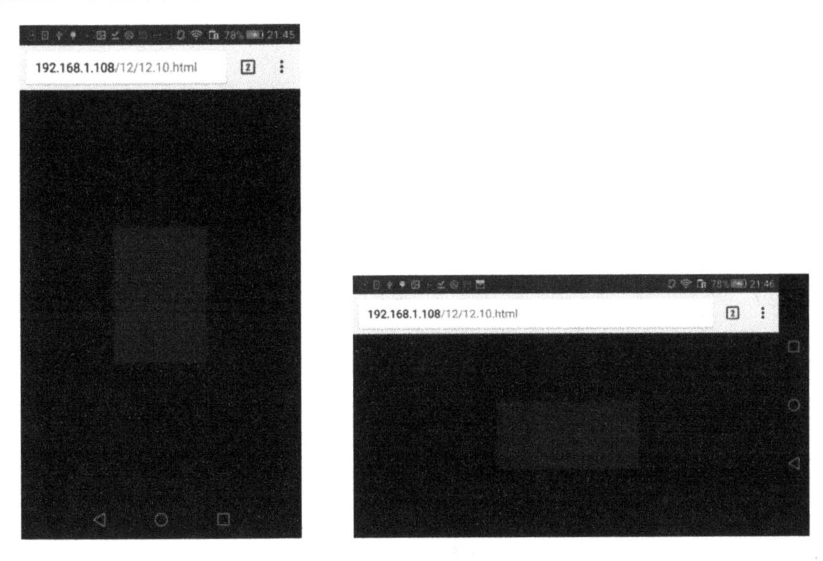

图 12.14　满屏 Canvas

12.11 Canvas 圆环进度条

圆环进度条在各种移动 App 中会经常见到。本节使用 HTML 5 的 Canvas 来制作这样一个进度条，实例代码如下：

```
01  <body>
02      <canvas id="gameCanvas" class="process" width="48px"
height="48px">61%</canvas>
03
04      <script type="text/javascript" charset="utf-8">
05      onload = function (){
06          drawProcess();
07      }
```

```
08        function drawProcess() {
09            //canvas 标签
10            var canvas = document.getElementById("gameCanvas");
11            var text = "60%";
12            var process = 60;
13            //拿到绘图上下文，目前只支持“2d”
14            var context = canvas.getContext('2d');
15            //将绘图区域清空，如果是第一次在这个画布上画图，画布上没有东西，这步就不需要了
16            context.clearRect(0, 0, 48, 48);
17
18            //开始画一个灰色的圆
19            context.beginPath();
20            //坐标移动到圆心
21            context.moveTo(24, 24);
22            //画圆，圆心是（24,24），半径是 24，从角度 0 开始，画到 2PI 结束，最后一个参数
确定方向是顺时针还是逆时针
23            context.arc(24, 24, 24, 0, Math.PI * 2, false);
24            context.closePath();
25            // 填充颜色
26            context.fillStyle = '#ddd';
27            context.fill();
28            // ***灰色的圆画完
29
30            // 画进度
31            context.beginPath();
32            // 画扇形的这步很重要，画笔不在圆心画出来的不是扇形
33            context.moveTo(24, 24);
34            // 跟上面的圆唯一的区别在这里，不画满圆，画个扇形
35            context.arc(24, 24, 24, 0, Math.PI * 2 * process / 100, false);
36            context.closePath();
37            context.fillStyle = '#e74c3c';
38            context.fill();
39
40            // 画内部空白
41            context.beginPath();
42            context.moveTo(24, 24);
43            context.arc(24, 24, 21, 0, Math.PI * 2, true);
44            context.closePath();
45            context.fillStyle = 'rgba(255,255,255,1)';
46            context.fill();
47
48            // 画一条线
49            context.beginPath();
```

```
50            context.arc(24, 24, 18.5, 0, Math.PI * 2, true);
51            context.closePath();
52            // 与画实心圆的区别，fill 是填充，stroke 是画线
53            context.strokeStyle = '#ddd';
54            context.stroke();
55
56            //在中间写字
57            context.font = "bold 9pt Arial";
58            context.fillStyle = '#e74c3c';
59            context.textAlign = 'center';
60            context.textBaseline = 'middle';
61            context.moveTo(24, 24);
62            context.fillText(text, 24, 24);
63        }
64        </script>
65    </body>
```

在上面的代码中，画圆环进度条的步骤是：开始画一个灰色的圆→填充颜色→画进度→画内部空白→画一条线→在画布中间写上进度的文案，详见代码注释。

移动浏览器显示效果如图 12.15 所示。

图 12.15　圆环进度条

第 13 章

◀ HTML 5地理定位 ▶

目前有许多应用都是基于用户的位置信息为用户提供服务的。地理位置（Geolocation）是HTML 5 的重要特性之一，提供了确定用户位置的功能，借助这个特性能够开发基于位置信息的应用。本章介绍 HTML 5 的地理位置特性。

本章主要涉及的知识点有：

- 使用 navigator 对象
- 获取当前位置

13.1 使用 navigator 对象

图 13.1 是在网页上使用地理位置信息的案例，打开页面时，根据用户的位置定位出对应的省份、城市，再显示响应的内容。

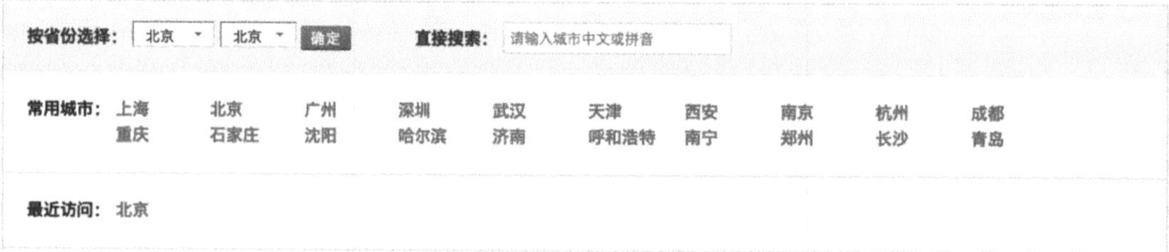

按省份选择： 北京 北京 确定 直接搜索： 请输入城市中文或拼音

常用城市： 上海 北京 广州 深圳 武汉 天津 西安 南京 杭州 成都 重庆 石家庄 沈阳 哈尔滨 济南 呼和浩特 南宁 郑州 长沙 青岛

最近访问： 北京

图 13.1　使用地理位置信息

HTML 5 Geolocation（地理定位）用于定位用户的位置，鉴于该特性可能侵犯用户的隐私，除非用户同意，否则用户位置信息是不可用的。在访问位置信息前，浏览器会询问用户是否共享其位置信息。以 Chrome 浏览器为例，如果允许 Chrome 浏览器与网站共享位置，Chrome 浏览器会向 Google 位置服务发送本地网络信息，估计当前用户所在的位置；然后，浏览器会与请求使用位置的网站共享位置。

HTML 5 Geolocation API 使用起来非常简单，基本调用方式如下：

```
01    if (navigator.geolocation) {
02        navigator.geolocation.getCurrentPosition(locationSuccess,
```

```
locationError,{
    03          // 指示浏览器获取高精度的位置，默认为 false
    04          enableHighAcuracy: true,
    05          // 指定获取地理位置的超时时间，默认不限时，单位为毫秒
    06          timeout: 5000,
    07          // 最长有效期，在重复获取地理位置时，此参数指定多久再次获取位置
    08          maximumAge: 3000
    09      });
    10    }else{
    11      alert("Your browser does not support Geolocation!");
    12    }
```

其中，代码第 02 行中使用 navigator 对象获取当前位置的方法 getCurrentPosition，并为 getCurrentPosition 方法传入 3 个参数，分别是成功回调、失败回调和配置参数。

locationSuccess 为获取位置信息成功的回调函数，返回的数据中包含经纬度等信息，结合 Google Map API 即可在地图中显示当前用户的位置信息，例如：

```
01  locationSuccess: function(position){
02      var coords = position.coords;
03      var latlng = new google.maps.LatLng(
04          // 纬度
05          coords.latitude,
06          // 经度
07          coords.longitude
08      );
09      var myOptions = {
10          // 地图放大倍数
11          zoom: 12,
12          // 地图中心设为指定坐标点
13          center: latlng,
14          // 地图类型
15          mapTypeId: google.maps.MapTypeId.ROADMAP
16      };
17      // 创建地图并输出到页面
18      var myMap = new google.maps.Map(
19          document.getElementById("map"),myOptions
20      );
21      // 创建标记
22      var marker = new google.maps.Marker({
23          // 标注指定的经纬度坐标点
24          position: latlng,
25          // 指定用于标注的地图
26          map: myMap
27      });
```

```
28      //创建标注窗口
29      var infowindow = new google.maps.InfoWindow({
30          content:"您在这里<br/>纬度："+
31              coords.latitude+
32              "<br/>经度："+coords.longitude
33      });
34      //打开标注窗口
35      infowindow.open(myMap,marker);
36  }
```

locationError 为获取位置信息失败的回调函数，可以根据错误类型提示信息，例如：

```
01  locationError: function(error){
02      switch(error.code) {
03          case error.TIMEOUT:
04          //超时异常
05              showError("A timeout occured! Please try again!");
06              break;
07          case error.POSITION_UNAVAILABLE:
08          //位置检测异常
09              showError('We can\'t detect your location. Sorry!');
10              break;
11          case error.PERMISSION_DENIED:
12          //权限异常
13              showError('Please allow geolocation access for this to work.');
14              break;
15          case error.UNKNOWN_ERROR:
16          //未知异常
17              showError('An unknown error occured!');
18              break;
19      }
20  }
```

位置服务用于估计当前用户所在位置的本地网络信息，包括 WiFi 接入点的信息（包括信号强度）、有关本地路由器的信息、计算机的 IP 地址。位置服务的准确度和覆盖范围因位置不同而有所差异。

关于精度，总的来说，在 PC 浏览器中 HTML 5 的地理位置功能获取的位置精度不够高，借助这个 HTML 5 特性制作城市天气预报绰绰有余，但如果要制作地图应用，那么误差还是不能忽略的。不过，如果是移动设备上的 HTML 5 应用，那么可以通过设置 enableHighAcuracy 参数为 true 调用设备的 GPS 定位来获取高精度的地理位置信息。

13.2 获取当前位置

可以通过 navigator.geolocation 的 getCurrentPosition 方法来获取用户的信息，实例代码如下：

```
navigator.geolocation.getCurrentPosition( getPositionSuccess ,
getPositionError );
```

在以上代码中，调用了 getCurrentPosition 方法，并为其传递了两个参数，该方法可以接收 3 个参数，前两个参数是函数，最后一个参数是对象：第 1 个参数是成功获取位置信息的回调函数，是必要参数；第 2 个参数用于捕获获取位置信息异常情况的处理回调函数；第 3 个参数是相关的配置项。

当浏览器成功获取用户的位置信息时，getCurrentPosition 的第一个函数类型的参数将被调用，将对应的 position 对象传入调用的函数中，这个对象中包含浏览器返回的具体数据，非常重要。

```
function getPositionSuccess( position ){
    var lat = position.coords.latitude;
    var lng = position.coords.longitude;
    document.write( "您所在的位置： 经度" + lat + "，纬度" + lng );
}
```

其中，position 对象包含用户的地理位置信息，该对象的 coords 子对象包含用户所在的纬度和经度信息，通过 position.coords.latitude 可以访问纬度信息，通过 position.coords.longitude 可以访问经度信息，用户的位置信息越精确，这两个数字后面的小数点越长。此外，在 Firefox 中，position 对象下还附带另一个 address 对象，这个对象包含这个经纬度下的国家名、城市名以及街道名，实例代码如下：

```
01  function getPositionSuccess(position) {
02      var lat = position.coords.latitude;
03      var lng = position.coords.longitude;
04      alert("您所在的位置： 经度" + lat + "，纬度" + lng);
05      if (typeof position.address !== "undefined") {
06              var country = position.address.country;
07              var province = position.address.region;
08              var city = position.address.city;
09              alert(' 您位于 ' + country + province + '省' + city + '市');
10      }
11  }
```

完整实例如下：

```
01  <body>
```

```
02   <div class="content">
03   <p id="demo">点击这个按钮，获得您的坐标：</p>
04   <button onclick="getLocation()">试一下</button>
05   </div>
06   <script type="text/javascript">
07   var x = document.getElementById("demo");
08   function getLocation() {
09       if (navigator.geolocation) {
10           navigator.geolocation.getCurrentPosition(showPosition);
11       } else {
12           x.innerHTML = "Geolocation is not supported by this browser.";
13       }
14   }
15   function showPosition(position) {
16       var a = "Latitude: " + position.coords.latitude + "<br />Longitude: "
+ position.coords.longitude;
17       x.innerHTML = a;
18       console.log(a)
19   }
20   </script>
21   </body>
```

移动浏览器显示效果如图 13.2 和图 13.3 所示。

图 13.2　是否同意获取

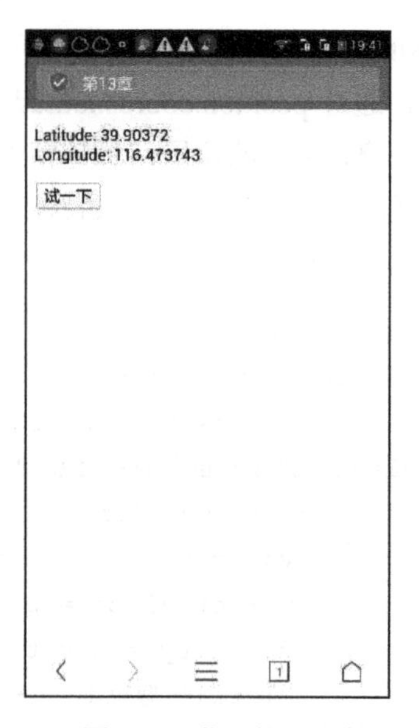

图 13.3　获取的经纬度

对于拥有 GPS 的设备，例如 iPhone 等移动设备，所支持的地理定位将更加精确。本例在使用时要打开浏览器的定位设置。

在 iOS 10 系统中对 Webkit 定位权限进行了修改，所有定位请求的页面必须是 HTTPS 协议的。在 HTTP 协议下使用 HTML 5 原生定位接口会返回错误，无法正常定位。此时，可以使用第三方 API，如高德 JSAPI、腾讯地图开放平台。下一节将介绍如何使用第三方 API。

13.3 使用腾讯地图开放平台获取当前位置

使用腾讯地图开放平台获取当前位置需要两步实现：

第一步，引入 JS 文件：

```
<script
src="http://3gimg.qq.com/lightmap/components/geolocation/geolocation.min.js" >
</script>
```

第二步，创建定位对象：

```
var geolocation = new
qq.maps.Geolocation("DZYBZ-73WWI-FG6GZ-5JRFR-PNVIE-4OFUL", "myapp");
geolocation.getLocation(sucCallback, errCallback);
```

下面是完整的实例：

```
01    <script
src="http://3gimg.qq.com/lightmap/components/geolocation/geolocation.min.js" >
</script>
02  <body>
03  <div id="area">
04  <p id="demo">点击这个按钮，获得您的坐标：</p>
05  <button onclick="geolocation.getIpLocation(showPosition, showErr)">获取
定位</button>
06  </div>
07
08  <script type="text/javascript">
09      var x = document.getElementById("demo");
10      var geolocation = new
qq.maps.Geolocation("DZYBZ-73WWI-FG6GZ-5JRFR-PNVIE-4OFUL", "myapp");
11      var positionNum = 0;
12         function showPosition(position) {
13             positionNum ++;
14             document.getElementById("demo").innerHTML += "序号：" +
positionNum;
15    document.getElementById("demo").appendChild(document.createElement('pre'))
.innerHTML
```

```
 = JSON.stringify(position, null, 4);
  16              document.getElementById("area").scrollTop =
document.getElementById("area").scrollHeight;
  17          };
  18
  19          function showErr() {
  20              positionNum ++;
  21              document.getElementById("demo").innerHTML += "序号: " + positionNum;
  22              document.getElementById("demo").appendChild(document.createElement
('p')).innerHTML = "定位失败! ";
  23              document.getElementById("area").scrollTop =
document.getElementById("area").scrollHeight;
  24          };
  25      </script>
  26      </body>
```

第 01 行千万不要忘记引入地图平台的 JS 文件。第 10 行根据官方规定创建地图对象。第 12 行定义地图调用成功的返回方法 showPosition。这里使用变量 positionNum 定义序号，这样每次返回地址（地址如果变化）就会有一个标识。

本例支持安卓和苹果手机上的浏览器，但在打开页面时会先提示是否允许腾讯地图定位，如图 13.4 所示。允许后，点击“获取定位”按钮，效果如图 13.5 所示。

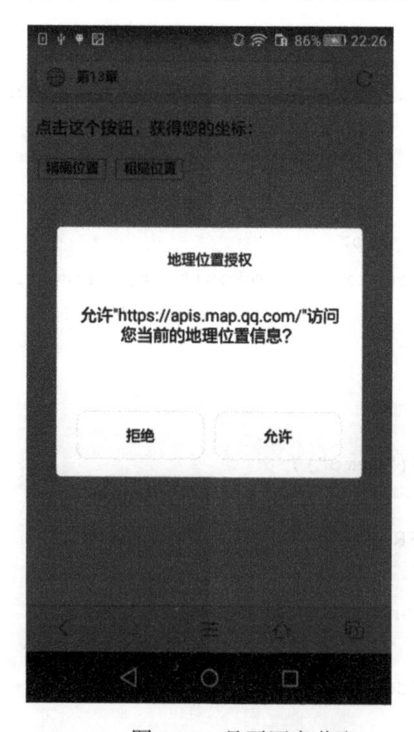

图 13.4　是否同意获取

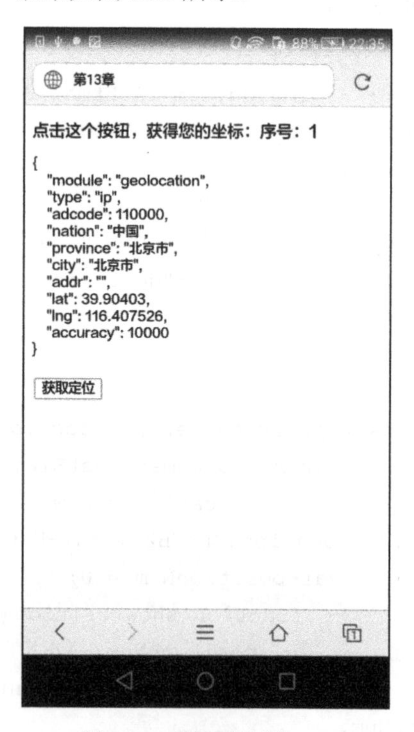

图 13.5　获取的位置

第 14 章

HTML 5本地存储

随着移动 Web 应用的发展，越来越多地使用到客户端存储，而实现客户端存储的方法是多种多样的。最简单而且兼容性最佳的方案是 Cookie，但是作为真正的客户端存储，Cookie 存在很多弊端。HTML 5 中给出了更加理想的解决方案：如果需要存储复杂的数据，就可以使用 Web Database（目前已经实现的浏览器很有限）；如果需要存储的只是简单的用 key/value 对即可解决的数据，就可以使用 Web Storage。本章重点介绍 Web Storage。

本章主要涉及的知识点有：

- 客户端存储数据
- 检查 HTML 5 存储的支持情况
- localStorage
- sessionStorage

14.1 在客户端存储数据

无论是离线 Web 应用、提升用户体验，还是节省更多移动流量，很多 Web 应用都需要在本地存储数据，于是出现了很多基于浏览器的本地存储解决方案。Cookies 的优点是几乎所有浏览器都支持，但是 Cookies 的太小限制在 4KB 左右，并且 IE 6 只支持每个域名 20 个 Cookies。HTML 5 提供了以两种在客户端存储数据的新方法。

- localStorage：没有时间限制的数据存储。
- sessionStorage：针对一个 Session 的数据存储。

在此之前，客户端存储都是由 Cookie 完成的，但是 Cookie 不适合大量数据的存储，因为它们由每个对服务器的请求来传递，这使得 Cookie 速度很慢，效率也不高。在 HTML 5 中，数据不是由每个服务器请求传递的，而是只有在请求时使用数据。它使在不影响网站性能的情况下存储大量数据成为可能。

在 HTML 5 中，本地存储使用 window 属性，包括 localStorage 和 sessionStorage。localStorage 是一直存储在本地，sessionStorage 只是伴随着 Session，窗口一旦关闭就没了。二者的用法完全相同。

14.2 检查 HTML 5 存储支持

HTML 5 作为互联网新的浏览器标准，受到很多人推崇。但是目前浏览器开发商对于 HTML 5 的支持程度并不一致，这给开发者们带来了挑战。由于并非所有浏览器都支持本地存储，因此需检测浏览器是否支持本地存储。如何检测移动浏览器是否支持 HTML 5 的本地存储呢？检测方法如下：

```
01  <script type="text/javascript">
02  if(window.localStorage){
03      alert('当前浏览器支持 localStorage');
04  }else{
05      alert('当前浏览器不支持 localStorage');
06  }
07  </script>
```

代码第 02 行调用 localStorage 属性判断当前浏览器是否支持本地存储，如果浏览器支持该特性，就提示相关信息。

14.3 利用 localStorage 进行本地存储

为了提升用户体验，在 Web 交互的细节上许多地方可以采用本地存储，例如图 14.1 所示的机票搜索。其中，用户输入的出发城市、到达城市、出发日期等均可以使用本地存储保存起来。

图 14.1　本地存储的实例

存储数据的方法就是直接给 window.localStorage 添加一个属性，例如 window.localStorage.a 或者 window.localStorage["a"]。它的读取、写入、删除的操作方法很简单，是以键值对的方式存在的，代码如下：

```
01  localStorage.a = 3;                //设置 a 为“3”
02  localStorage["a"] = "adsf";            //设置 a 为“adsf”，覆盖之前所设置的值
03  localStorage.setItem("b","isaac")  ;//设置 b 为“isaac”
04  var a1 = localStorage["a"];            //获取 a 的值
05  var a2 = localStorage.a;               //获取 a 的值
06  var b = localStorage.getItem("b"); //获取 b 的值
07  localStorage.removeItem("c");          //清除 c 的值
```

推荐使用 getItem()和 setItem()，若需要清除键值对，则可使用 removeItem()；若需一次性清除所有的键值对，则可以使用 clear()。另外，HTML 5 还提供 key()方法，可以在不知道有哪些键值的时候使用，例如：

```
01  var storage = window.localStorage;
02
03  function showStorage() {
04      for (var i = 0; i < storage.length; i++) {
05          //key(i)获得相应的键，再用 getItem()方法获得对应的值
06          document.write(storage.key(i) + " : " +
storage.getItem(storage.key(i)) + "<br>");
07      }
08  }
```

利用本地存储的计数器的实例如下：

```
01  <div id="count"></div>
02
03  <script type="text/javascript">
04  function supportLocalStorage() {
05      var test = 'test';
06      try {
07          localStorage.setItem(test, test);
08          localStorage.removeItem(test);
09          return true;
10      } catch (e) {
11          return false;
12      }
13  }
14
15  function showStorage(){
16      //首先判断是否支持本地存储
17      if(supportLocalStorage()){
18          var storage = window.localStorage;
19          if (!storage.getItem("pageLoadCount"))
storage.setItem("pageLoadCount", 0);
20         storage.pageLoadCount = parseInt(storage.getItem("pageLoadCount"))
```

```
+ 1; //必须格式转换
   21          document.getElementById("count").innerHTML =
storage.pageLoadCount;
   22        }
   23    }
   24
   25    showStorage();
   26    </script>
```

代码第 04~13 行用于判断当前浏览器是否支持本地存储的自定义，代码第 17 行调用该自定义方法，如果当前浏览器支持本地存储，就进行本地存储的操作。不断刷新就能看到数字在一点点上涨，如图 14.2 所示。

图 14.2　使用 localStorage

HTML 5 本地存储只能存储字符串，任何格式存储的时候都会被自动转换为字符串，所以读取的时候需要自己进行类型的转换。

localStorage 方法存储的数据没有时间限制。第二天、第二周或下一年之后，数据依然可用。

14.4 利用 localStorage 存储 JSON 对象

在 14.3 节中我们介绍了使用 localStorage 存储简单的字符串，本节介绍利用 localStorage 简单存储一些 JSON 对象，可以用于简易应用的数据存储。注意 localStorage 存储的值都是字符串类型的，在处理复杂的数据时需要借助 JSON 类，将 JSON 字符串转换成真正可用的 JSON 格式，例如：

```
01  var students = {
02      liyang: {
03          name: "liyang",
04          age: 17
05      },
06
07      lilei: {
08          name: "lilei",
09          age: 18
10      }
11
12  } //要存储的 JSON 对象
13  students = JSON.stringify(students);        //将 JSON 对象转化成字符串
14  localStorage.setItem("students", students);     //用 localStorage 保存转化
好的字符串
```

在代码第 13 行，使用 JSON.stringify()方法将 JSON 对象转换为字符串后再进行存储，即可保存 JSON 对象。接下来，在需要使用的时候再将存储好的 students 变量取出：

```
01  var students = localStorage.getItem("students");   //取回 students 变量
02  students = JSON.parse(students);                   //把字符串转换成 JSON 对象
```

代码第 02 行中，使用 JSON.parse()方法将取出的字符串转换为 JSON 对象，即可得到存储的 students 的 JSON 对象。

14.5 利用 localStorage 记录用户表单输入

在 HTML 5 中，可以使用 localstorage 记录用户表单输入，即使关闭浏览器，下次重新打开浏览器访问也能读取表单中输入的值，避免用户重新输入，这可以给用户带来更加方便的体验。以下是使用 jQuery 在每次加载表单的时候读取 localstorage 对应的值，而在每次提交表单时清除对应的值的实例代码：

```
01  <!DOCTYPE html>
```

```
02  <html lang="en">
03      <head>
04          <meta charset="utf-8">
05          <title>第 14 章</title>
06          <!-- include Bootstrap CSS for layout -->
07          <link
href="//netdna.bootstrapcdn.com/twitter-bootstrap/2.2.1/css/bootstrap-combined
.min.css"
08          rel="stylesheet">
09      </head>
10
11      <body>
12          <div class="container">
13              <form method="post" class="form-horizontal">
14                  <fieldset>
15                      <legend>表单</legend>
16                      <div class="control-group">
17                          <label class="control-label" for="type">必填</label>
18                          <div class="controls">
19                              <select name="type" id="type">
20                                  <option value="">请选择</option>
21                                  <option value="general">普通</option>
22                                  <option value="sales">特价</option>
23                                  <option value="support">优惠</option>
24                              </select>
25                          </div>
26                      </div>
27                      <div class="control-group">
28                          <label class="control-label" for="name">姓名</label>
29                          <div class="controls">
30                              <input class="input-xlarge" type="text"
31                              name="name" id="name" value=""
32                              maxlength="50">
33                          </div>
34                      </div>
35                      <div class="control-group">
36                          <label class="control-label" for="email">电子邮件
</label>
37                          <div class="controls">
38                              <input class="input-xlarge" type="text"
name="email" id="email" value=""
39                              maxlength="150">
40                          </div>
```

```
41                      </div>
42                      <div class="control-group">
43                          <label class="control-label" for="message">信息
</label>
44                          <div class="controls">
45                              <textarea class="input-xlarge" name="message"
id="message">
46                              </textarea>
47                          </div>
48                      </div>
49                      <div class="control-group">
50                          <div class="controls">
51                              <label class="checkbox">
52                                  <input name="subscribe" id="subscribe"
type="checkbox">
53                                  订阅
54                              </label>
55                          </div>
56                      </div>
57                  </fieldset>
58                  <div class="form-actions">
59                      <input type="submit" name="submit" id="submit"
value="Send" class="btn btn-primary">
60                  </div>
61              </form>
62          </div>
63          <script src="//code.jquery.com/jquery-latest.js"></script>
64          <script>
65              $(document).ready(function() {
66                  /*
67                  * 判断是否支持 localstorage
68                  */
69                  if (localStorage) {
70                      /*
71                      * 读出 localstorage 中的值
72                      */
73                      if (localStorage.type) {
74                          $("#type").find("option[value=" + localStorage.type
+ "]").attr("selected", true);
75                      }
76                      if (localStorage.name) {
77                          $("#name").val(localStorage.name);
78                      }
```

```
79                      if (localStorage.email) {
80                         $("#email").val(localStorage.email);
81                      }
82                      if (localStorage.message) {
83                         $("#message").val(localStorage.message);
84                      }
85                      if (localStorage.subscribe === "checked") {
86                         $("#subscribe").attr("checked", "checked");
87                      }
88                      /*
89                      * 当表单中的值改变时，localstorage 的值也会改变
90                      */
91                      $("input[type=text],select,textarea").change(function(){
92                         $this = $(this);
93                         localStorage[$this.attr("name")] = $this.val();
94                      });
95                      $("input[type=checkbox]").change(function() {
96                         $this = $(this);
97                         localStorage[$this.attr("name")] =
$this.attr("checked");
98                      });
99                      $("form")
100                     /*
101                     * 若表单提交，则调用 clear 方法
102                     */
103                     .submit(function() {
104                        localStorage.clear();
105                     }).change(function() {
106                        console.log(localStorage);
107                     });
108                  }
109               });
110           </script>
111
112       </body>
113   </html>
```

代码第 13~61 行是表单结构的定义，设置了优惠类型、姓名、电子邮件、信息等字段。代码第 63 行引入了 jQuery，在第 69 行直接使用 localStorage 判断是否支持 localStorage，如果支持 localStorage，就将优惠类型、姓名、电子邮件、信息等字段的值设置为本地存储对应的值。

14.6 在 localStorage 中存储图片

如何做到将当前页面中已缓存的图片保存到本地存储中呢？本地存储只支持字符串的存取，我们要做的就是将图片转换成 Data URI。其中一种实现方式是使用 canvas 元素来加载图片，使用 Data URI 的形式从 Canvas 中读取当前展示的内容。

```
01  <!DOCTYPE html>
02  <html lang="zh-CN">
03  <head>
04      <meta charset="UTF-8">
05      <meta content="width=device-width, initial-scale=1.0,
maximum-scale=1.0, user-scalable=0" name="viewport" />
06      <meta content="yes" name="apple-mobile-web-app-capable" />
07      <meta content="black" name="apple-mobile-web-app-status-bar-style" />
08      <meta name="format-detection" content="telephone=no" />
09      <title>第 14 章</title>
10      <script
src="http://g.alicdn.com/kissy/k/1.4.0/seed-min.js"></script>
11  </head>
12  <body>
13  <figure>
14      <img id="elephant" src="img/elephant.png" alt="A close up of an
elephant" />
15      <noscript>
16          <img src="img/elephant.png">
17      </noscript>
18      <figcaption>大象</figcaption>
19  </figure>
20
21  <script>
22  //在本地存储中保存图片
23  var storageFiles = JSON.parse(localStorage.getItem("storageFiles")) ||
{},
24  elephant = document.getElementById("elephant"),
25  storageFilesDate = storageFiles.date,
26  date = new Date(),
27  todaysDate = (date.getMonth() + 1).toString() + date.getDate().toString();
28  console.log(storageFiles,storageFilesDate,todaysDate)
29  // 检查数据，若数据不存在或者已过期，则创建本地存储
30  if (typeof storageFilesDate === "undefined" || storageFilesDate <
todaysDate) {
31      // 图片加载完成后执行
```

```
32      elephant.addEventListener("load",
33      function() {
34          var imgCanvas = document.createElement("canvas"),
35          imgContext = imgCanvas.getContext("2d");
36          // 确保 canvas 尺寸和图片一致
37          imgCanvas.width = elephant.width;
38          imgCanvas.height = elephant.height;
39          // 在 canvas 中绘制图片
40          imgContext.drawImage(elephant, 0, 0, elephant.width,
elephant.height);
41          // 将图片保存为 Data URI
42          storageFiles.elephant = imgCanvas.toDataURL("image/png");
43          storageFiles.date = todaysDate;
44          // 将 JSON 保存到本地存储中
45          try {
46              localStorage.setItem("storageFiles",
JSON.stringify(storageFiles));
47          } catch(e) {
48              console.log("Storage failed: " + e);
49          }
50      },
51      false);
52      // 设置图片
53      elephant.setAttribute("src", "img/elephant.png");
54  } else {
55      // Use image from localStorage
56      elephant.setAttribute("src", storageFiles.elephant);
57  }
58  </script>
59  </body>
60  </html>
```

代码第 13~19 行使用 figure 定义了一幅图像。代码第 22~57 行为在本地存储图像的实现逻辑。第 30 行开始检查数据，如果数据不存在或者已过期，就实现创建本地存储的逻辑。第 34~43 行使用 Canvas 的 toDataURL 方法将图像转换为 Data URL 数据格式。第 45~49 行使用 setItem 方法将 JSON 保存到本地存储中。本例效果如图 14.3 所示，第一次加载页面时，图片请求的是线上地址，第二次加载页面时，图片请求的是 Data URI。

图 14.3　加载后的效果

14.7 在 localStorage 中存储文件

使用 Canvas 将图片转换成 Data URI 并保存到本地存储中的方式非常好用，但是我们希望能找到一个可以保存任意格式文件的方式。保存任意格式文件的过程中需要用到以下几种技术：

- XMLHttpRequest Level 2，XMLHttpRequest 对象的改进，可以请求不同域名下的数据（跨域请求）、上传文件等。
- BlobBuilder，提供接口来构建 Blob 对象，Blob 对象是 BLOB (Binary Large Object)，二进制大对象，是一个可以存储二进制文件的容器。
- FileReader，文件读取。

保存任意格式文件的基本思路：首先使用 XMLHttpRequest 请求文件；然后将响应头设置为“arraybuffer”；接着将返回数据存放到 BlobBuilder 中，获取 BLOB，也就是文件内容；接着使用 FileReader 对象读取文件并加载到文件中；最后保存到本地存储。

```
01  // 获取文件
02  var rhinoStorage = localStorage.getItem("rhino"),
03  rhino = document.getElementById("rhino");
04  if (rhinoStorage) {
```

```
05        //若已经存在，则直接重用已保存的数据
06        rhino.setAttribute("src", rhinoStorage);
07    } else {
08        // 创建 XHR、BlobBuilder 和 FileReader 对象
09        var xhr = new XMLHttpRequest(),
10        blobBuilder = new(window.BlobBuilder || window.MozBlobBuilder ||
window.WebKitBlobBuilder || window.OBlobBuilder || window.msBlobBuilder),
11        blob,
12        fileReader = new FileReader();
13        xhr.open("GET", "rhino.png", true);
14        //将响应头类型设置为“arraybuffer”，也可以使用“blob”，这样就不需要使用
BlobBuilder 来构建数据，但是“blob”的支持程度有限
15        xhr.responseType = "arraybuffer";
16        xhr.addEventListener("load",
17        function() {
18            if (xhr.status === 200) {
19                // 将响应数据放入 blobBuilder 中
20                blobBuilder.append(xhr.response);
21                // 用文件类型创建 blob 对象
22                blob = blobBuilder.getBlob("image/png");
23                // 由于 Chrome 不支持用 addEventListener 监听 FileReader 对象的事件，
因此需要用 onload
24                fileReader.onload = function(evt) {
25                    // 用 Data URI 的格式读取文件内容
26                    var result = evt.target.result;
27                    // 将图片的 src 指向 Data URI
28                    rhino.setAttribute("src", result);
29                    //保存到本地存储中
30                    try {
31                        localStorage.setItem("rhino", result);
32                    } catch(e) {
33                        alert("Storage failed: " + e);
34                    }
35                };
36                // 以 Data URI 的形式加载 blob
37                fileReader.readAsDataURL(blob);
38            }
39        },
40        false);
41        // 发送异步请求
42        xhr.send();
43    }
```

在以上代码中，使用 arraybuffer 作为响应头类型，然后使用 BlobBuilder 来创建可以由

FileReader 读取的数据。

浏览器支持情况如下。

- localStorage：大部分移动浏览器均支持。
- 原生的 JSON 支持：支持情况和本地存储类似。
- canvas 元素：大部分移动浏览器都支持。
- XMLHttpRequest Level 2：最新版本的浏览器均支持。
- BlobBuilder：Firefox、Google Chrome 支持。
- FileReader：Firefox、Google Chrome、Opera 11.1 之后的版本支持。

14.8 使用 localForage 进行离线存储

localStorage 能够实现基本的数据存储，但是针对复杂数据的处理过程比较复杂。首先，localStorage 是同步的，不论数据多大，都需要等待数据从磁盘读取和解析，这会减慢应用程序的响应速度。这在移动设备上是特别糟糕的，主线程被挂起，直到数据被取出，会使应用程序看起来慢，甚至没有反应。此外，localStorage 仅支持字符串，需要使用 JSON.parse 与 JSON.stringify 进行序列化和反序列化。这是因为 localStorage 中仅支持 JavaScript 字符串值，不支持数值、布尔值、BLOB 类型的数据。Mozilla 开发一个名为 localForage 的库，使得离线数据存储在任何浏览器上都非常方便和易用。

localForage 是一个使用起来非常简单的 JavaScript 库，提供了 get、set、remove、clear 和 length 等 API，具有以下特点：

- 支持回调异步 API。
- 支持 IndexedDB、WebSQL 和 localStorage 三种存储模式（自动加载最佳的驱动程序）。
- 支持 BLOB 和任意类型的数据，可以存储图片、文件等。
- 支持 ES6 Promises。

使用 localForage 的实例代码如下：

```
// 保存用户信息
var users = [ {id: 1, fullName: 'Matt'}, {id: 2, fullName: 'Bob'} ];
localForage.setItem('users', users, function(result) {
    console.log(result);
});
```

localForage 支持非字符串数据，例如下载一个用户的个人资料图片，并对其进行缓存以供离线使用，使用 localForage 很容易保存二进制数据：

```
01  // 使用 Ajax 下载图片
02  var request = new XMLHttpRequest();
```

```
03  // 以获取第一个用户的资料图片为例
04  request.open('GET', "/users/1/profile_picture.jpg", true);
05  request.responseType = 'arraybuffer';
06  // 当 Ajax 调用完成后，把图片保存到本地
07  request.addEventListener('readystatechange', function() {
08      if (request.readyState === 4) {          // readyState DONE
09          // 保存的是二进制数据，如果用 localStorage 就无法实现
10          localForage.setItem('user_1_photo', request.response, function() {
11              // 图片已保存，想怎么用都可以
12          });
13      }
14  });
15
16  request.send()
```

使用代码可以从缓存中把照片读取出来：

```
localForage.getItem('user_1_photo', function(photo) {
    // 获取图片数据后，可以通过创建 data URI 或者其他方法来显示
    console.log(photo);
});
```

重要的是，localForage 提供使用 Promises 的方法：

```
localForage.getItem('user_1_photo').then(function(photo) {
    // 获取图片数据后，可以通过创建 data URI 或者其他方法来显示
    console.log(photo);
});
```

更多 localForage 的使用方法请参考 https://github.com/mozilla/localForage。

14.9 利用 sessionStorage 进行本地存储

sessionStorage 是针对一个 Session 进行的数据存储。当用户关闭浏览器窗口后，数据会被删除。

实例代码如下：

```
01  <div id="count"></div>
02
03  <script type="text/javascript">
04  function supportLocalStorage() {
05      var test = 'test';
06      try {
```

```
07          localStorage.setItem(test, test);
08          localStorage.removeItem(test);
09          return true;
10      } catch (e) {
11          return false;
12      }
13  }
14
15  function showStorage(){
16      //首先判断是否支持本地存储
17      if(supportLocalStorage()){
18          if (sessionStorage.pagecount) {
19              sessionStorage.pagecount = Number(sessionStorage.pagecount) +
1;
20          } else {
21              sessionStorage.pagecount = 1;
22          }
23          document.write("当前 session 已访问 " + sessionStorage.pagecount + "
次");
24      }
25  }
26
27  showStorage();
28  </script>
```

本例效果如图 14.4 所示。

图 14.4　sessionStorage 的使用

storage 还提供了 storage 事件，当键值改变或者清除的时候，就可以触发 storage 事件。如下面的代码就添加了一个 storage 事件改变的监听：

```
01  <script type="text/javascript">
02  onload = function (){
03      window.addEventListener("storage",function(e){
04          console.log(e);
05      },false);
06  }
07
08  function supportLocalStorage() {
09      var test = 'test';
10      try {
11          localStorage.setItem(test, test);
12          localStorage.removeItem(test);
13          return true;
14      } catch (e) {
15          return false;
16      }
17  }
18
19  function showStorage(){
20      //首先判断是否支持本地存储
21      if(supportLocalStorage()){
22          if (sessionStorage.pagecount) {
23              sessionStorage.pagecount = Number(sessionStorage.pagecount) +
1;
24          } else {
25              sessionStorage.pagecount = 1;
26          }
27          document.write("当前 session 已访问 " + sessionStorage.pagecount + "
次");
28
29          if (window.addEventListener) {
30              window.addEventListener("storage", handle_storage, false);
31          } else if (window.attachEvent) {
32              window.attachEvent("onstorage", handle_storage);
33          }
34
35      }
36  }
37
38  function handle_storage(e) {
```

```
39          console.log(e)
40          if (!e) {
41              e = window.event;
42          }
43      }
44
45      showStorage();
46      </script>
```

代码第 08~17 行为判断当前浏览器是否支持本地存储方法的自定义过程。第 19~36 行为存储和获取 sessionStorage 的 pagecount 数值的逻辑过程，首先判断是否支持本地存储，如果未设置 sessionStorage.pagecount 属性，就将 sessionStorage.pagecount 设置为 1，否则将 sessionStorage.pagecount 加 1。

storage 事件对象的具体属性如表 14.1 所示。

表 14.1　storage 事件对象的具体属性

属性	类型	基本描述
key	string	增加、删除或者修改的键
oldValue	any	改写之前的旧值。如果是新增的元素，就是 null
newValue	any	改写之后的新值。如果是删除的元素，就是 null
url*	string	触发这个改变事件的页面 URL

第 15 章

◄ HTML 5应用缓存 ►

HTML 5 引入了 application cache 的概念，其作用是可以将一个 Web 应用缓存，以便在没有互联网的情况下访问该应用。应用缓存主要有 3 方面的优点：

- 用户可以在离线状态下使用应用。
- 提升访问速度，缓存的资源加载速度比在线资源快。
- 减少服务器负载，只有当资源过期或发生变更时，浏览器才会向服务器请求下载资源。

本章主要涉及的知识点有：

- 使用 cache manifest 创建页面缓存
- 离线 Web 网页或应用
- 删除本地缓存
- 更新缓存文件
- 应用程序缓存事件

15.1 使用 cache manifest 创建页面缓存

页面缓存的作用是当用户打开过当前页面后，将页面内容缓存。如果此时用户断线（比如进入地铁中没有信号），当用户再次刷新页面时将显示缓存内容。如果没有缓存内容，刷新后就会出现无法访问的错误提示页面。

使用 HTML 5 可以通过创建一个缓存 manifest 文件来方便地生成一个离线版的应用。以下是一个 HTML 5 cache manifest 的实例：

```
01  <!DOCTYPE HTML>
02  <html manifest="demo.appcache">
03    <head>
04      <title>第 15 章</title>
05    </head>
06    <body>
07  <img src="logo.png" width="60%" />
08      <section>
```

```
09          主要内容
10        </section>
11      </body>
12    </html>
```

启用页面的缓存有两步：

（1）在文档的<html>标签中包含 manifest 属性，如第 02 行代码所示。如果未指定 manifest 属性，页面就不会被缓存（除非在 manifest 文件中直接指定该页面）。manifest 文件必须保存为 UTF-8 格式，并且命名必须与第 02 行一致。文件保存位置与当前页面在同一目录下。

（2）必须在 Web 服务器上配置 manifest 文件，建议 manifest 文件的扩展名是.appcache，manifest 文件需要配置正确的 MIME-type，即 text/cache-manifest。如果使用的是 Apach 服务器，就需要在 httpd.conf 中配置，代码如下：

```
AddType text/cache-manifest manifest
AddType text/cache-manifest .appcache
```

manifest 文件是简单的文本文件，它告知浏览器被缓存的内容（以及不缓存的内容）。manifest 文件可分为以下 3 部分。

- CACHE MANIFEST：在此标题下列出的文件将在首次下载后进行缓存。
- NETWORK：在此标题下列出的文件需要与服务器连接，且不会被缓存。
- FALLBACK：在此标题下列出的文件规定当页面无法访问时的回退页面（比如 404 页面）。

其中，CACHE MANIFEST 是必需的，例如：

```
CACHE MANIFEST
/theme.css
/logo.gif
/main.js
```

以上 manifest 文件列出了 3 个资源：CSS 文件、GIF 图像和 JavaScript 文件。当 manifest 文件加载后，浏览器会从网站的根目录下载这 3 类文件，当用户与网络断开连接后，这些资源依然是可用的。

NETWORK 规定文件 login.asp 永远不会被缓存，且离线时是不可用的：

```
NETWORK:
login.asp
```

可以使用星号来指示所有其他资源/文件都需要互联网连接：

```
NETWORK:
*
```

FALLBACK 规定如果无法建立互联网连接，就用 offline.html 替代/html5/目录中的所有文件：

```
FALLBACK:
offline.html
```

一旦应用被缓存，它就会保持缓存直到发生下列情况：

- 用户清空浏览器缓存。
- manifest 文件被修改。
- 由程序来更新应用缓存。

本例比较简单，只需要缓存一个 logo.png 即可，完整的 manifest 文件如下：

```
01  CACHE MANIFEST
02  # 2019-02-21 v1.0.0
03  logo.png
04
05  NETWORK:
06
07  FALLBACK:
08  offline.html
```

其中以“#”开头的是注释行。应用的缓存会在其 manifest 文件更改时被更新。如果编辑了一幅图片或者修改了 JavaScript 函数，这些改变都不会被重新缓存。更新注释行中的日期和版本号也是一种使浏览器重新缓存文件的办法。

关闭手机的 WiFi 和浏览器的蜂窝网络，打开浏览器，缓存页面和未缓存页面的对比效果如图 15.1 所示。

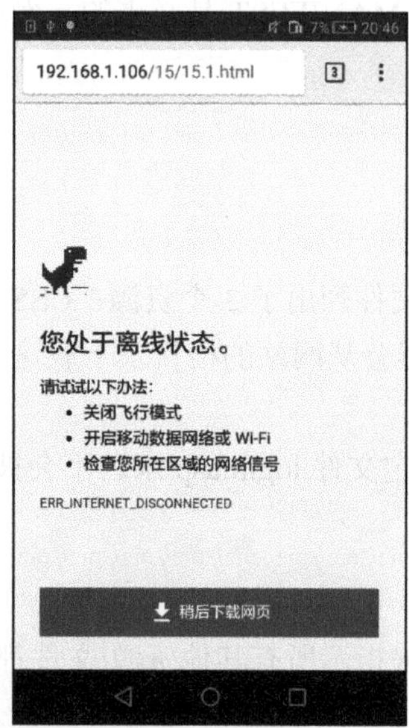

图 15.1　离线状态下的缓存页面和未缓存页面

浏览器对缓存数据的容量限制可能不太一样（有些浏览器设置的限制是每个站点 5MB）。

15.2 离线 Web 网页或应用

HTML 5 的离线 Web 应用允许我们在脱机时与网站进行交互。这在提高网站的访问速度和制作一款 Web 离线应用上有很大的使用价值。

如果没有特殊设置，浏览器就会主动保存自己的缓存文件以加快网站加载速度。但是要实现浏览器缓存必须满足一个前提，那就是网络必须要保持连接。如果网络没有连接，那么即使浏览器启用了对一个站点的缓存，依然无法打开这个站点。而使用离线 Web 应用可以主动告诉浏览器应该从网站服务器中获取或缓存哪些文件，并且在网络离线状态下依然能够访问这个网站。

实现 HTML 5 应用程序缓存要告诉浏览器需要离线缓存的文件是哪些，并对服务器和网页做一些简单的设置。

（1）创建一个 cache.manifest 文件，文件内容如下：

```
01  CACHE MANIFEST
02  #v1
03  CACHE:
04  index.html
05  404.html
06  favicon.ico
07  robots.txt
08  humans.txt
09  apple-touch-icon.png
10  css/normalize.min.css
11  css/main.css
12  css/bootmetro-icons.min.css
13  img/pho-cat.jpg
14  img/pho-huangshan.jpg
15  NETWORK:
16  *
```

其中：

- CACHE：之后的部分是列出的需要缓存的文件。
- NETWORK：之后可以指定在线白名单，即列出不希望离线存储的文件，因为通常它们的内容需要在互联网上访问才有意义。另外，在此部分可以使用快捷方式：通配符*。这将告诉浏览器从应用服务器中获取没有在显示部分中提到的任何文件或 URL。

（2）在服务器上设置内容类型。

如果使用的是 Apache 服务器，就在.htaccess 文件中添加以下代码：

```
AddType text/cache-manifest .manifest
```

（3）将 HTML 页面指向清单文件。通过设置每一个页面中 HTML 元素的 manifest 属性来完成这一步：

```
<html manifest="/cache.manifest">
```

完成这一步后，就完成了 Web 离线缓存的所有步骤。由于浏览的文件内容都没有更改且存储在本地，因此现在网页的打开速度会提升。

在一个网站应用中只能有一个 cache.manifest 文件（建议放在网站根目录下）。

15.3 删除本地缓存

一旦一个应用被缓存，浏览器将保持缓存的这个版本。比如我们测试时要删除本地缓存，如果对浏览器非常熟悉，就会猜到一个方法：通过浏览器的“清除浏览数据”功能进行删除。

在手机端的 Chrome 浏览器中，单击右上角的菜单，选择“设置”|“隐私设置”|“清除浏览数据”，如图 15.2 所示。

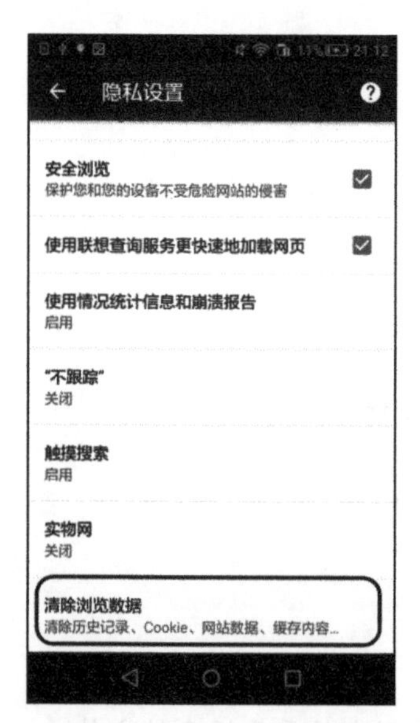

图 15.2　在 Chrome 浏览器中删除本地缓存

苹果手机上使用的 Safari 浏览器清空缓存的方式非常不同，需要打开手机的“设置”|Safari，这里有一项“清空历史记录与网站数据”，如图 15.3 所示。

图 15.3　在 Safari 浏览器中删除本地缓存

15.4 更新缓存文件

在使用 offline cache 的时候，有时需要更新资源，例如 JavaScript、CSS 或者图片文件的更新。但是，在没有更新这些文件之前，用户已经缓存了旧版本的资源，当再次访问时，使用的还是旧版本的资源，如何才能让用户及时更新缓存资源呢？

更新缓存资源主要有以下两种方法：

（1）通过修改配置文件的版本号或调用 JavaScript 完成更新。使用 JavaScript 更新的代码如下：

```
if (window.applicationCache.status == window.applicationCache.UPDATEREADY)  {
        window.applicationCache.update();
}
```

（2）修改文件更新 manifest 文件，浏览器发现 manifest 文件本身发生变化，便会根据新的 manifest 文件获取新的资源进行缓存。

当 manifest 文件列表并没有发生变化的时候，通过修改 manifest 注释的方式来改变文件，从而实现更新，manifest 注释改变就是指配置文件的版本号改变。

15.5 使用 HTML 5 离线应用程序缓存事件

前几节介绍了如何设置离线应用程序缓存清单文件。随着浏览器缓存文件、建立本地缓存触发了一系列事件，以下应用程序缓存事件是可用的。

- checking：更新检查或第一次试图下载缓存清单，是第一个事件序列。
- noupdate：缓存清单没有改变。
- downloading：浏览器已经开始下载缓存清单或第一次检测到缓存清单发生变化。
- progress：浏览器下载并缓存了资源，每一次文件下载（包括当前页面的缓存）完成都会触发。
- cached：清单中列出的资源已经完全下载，并在本地应用程序中缓存。
- updateready：重新下载清单中列出的资源，并可以使用 swapCache()脚本切换到新的缓存。
- obsolete：不能找到缓存清单文件，表明缓存不再需要，应用程序缓存将被删除。
- error：发生错误，可能是由很多种原因造成的。这永远是最后一个事件序列。

我们已了解离线应用程序缓存清单文件和要缓存的次级资源，以下是利用应用程序缓存事件的实例。在以下代码中，使用 jQuery 的 on()方法为窗口的 applicationCache 对象绑定事件，每个事件触发将会输出到屏幕上，实例代码如下：

```
01  <!DOCTYPE html>
02  <html manifest="demo.appcache">
03      <head>
04          <title>第 15 章</title>
05          <script type="text/javascript"
src="js/jquery-3.1.1.min.js"></script>
06      </head>
07      <body>
08          <h1>监听应用缓存事件</h1>
09          <p>
10              应用状态:<span id="applicationStatus">Online</span>
11              <!-- 输出时间 -->
12              <cfset writeOutput( timeFormat( now(), "h:mm:ss TT" ) ) />
13          </p>
14          <p>
15              <a id="manualUpdate" href="#">检测更新</a>
16          </p>
17          <h2>应用缓存事件</h2>
18          <p>
19              进度:<span id="cacheProgress">N/A</span>
20          </p>
```

```
21          <ul id="applicationEvents">
22              <!-- 将进行动态设置 -->
23          </ul>
24          <!-- 当 DOM ready，执行脚本-->
25          <script type="text/javascript">
26              var appStatus = $("#applicationStatus");// 获取所需要的 DOM 元素
27              var appEvents = $("#applicationEvents");
28              var manualUpdate = $("#manualUpdate");
29              var cacheProgress = $("#cacheProgress");
30              // 获取应用缓存对象
31              var appCache = window.applicationCache;
32              // 创建缓存对象属性，便于跟踪缓存进度
33              var cacheProperties = {
34                  filesDownloaded: 0,
35                  totalFiles: 0
36              };
37              // 输出事件清单
38              function logEvent(event) {
39                  appEvents.prepend("<li>" + (event + " ... " + (new
Date()).toTimeString()) + "</li>");
40              }
41              // 获取缓存清单文件总数量
42              // 手动解析缓存清单的文件
43              function getTotalFiles() {
44                  // 首先， 初始化文件总数和下载总数
45                  cacheProperties.filesDownloaded = 0;
46                  cacheProperties.totalFiles = 0;
47                  // 获取缓存清单文件
48                  $.ajax({
49                      type: "get",
50                      url: "demo.appcache",
51                      dataType: "text",
52                      cache: false,
53                      success: function(content) {
54                          // 输出非缓存片段
55                          content = content.replace(new
RegExp("(NETWORK|FALLBACK):" + "((?!(NETWORK|FALLBACK|CACHE):)[\\w\\W]*)", "gi"),
"");
56                          // 输出注释
57                          content = content.replace(new
RegExp("#[^\\r\\n]*(\\r\\n?|\\n)", "g"), "");
58                          // 输出缓存文件头部和分隔符
59                          content = content.replace(new RegExp("CACHE
```

```
MANIFEST\\s*|\\s*$", "g"), "");
    60                          // 输出额外的空行便于打断点
    61                          content = content.replace(new RegExp("[\\r\\n]+",
"g"), "#");
    62                          // 获取文件总数
    63                          var totalFiles = content.split("#").length;
    64                          // 保存文件数量
    65                          // 此处我们添加了 *THIS* 默认进行缓存
    66                          cacheProperties.totalFiles = (totalFiles + 1);
    67                      }
    68                  });
    69              }
    70              // 展示下载过程
    71              function displayProgress() {
    72                  // 增加下载总数
    73                  cacheProperties.filesDownloaded++;
    74                  // 检查是否有文件总数
    75                  if (cacheProperties.totalFiles) {
    76                      // 如果有下载总数，就输出已知总数
    77                      cacheProgress.text(cacheProperties.filesDownloaded + "
of " + cacheProperties.totalFiles + " files downloaded.");
    78                  } else {
    79                      // 如果未知文件总数，就仅输出下载数
    80                      cacheProgress.text(cacheProperties.filesDownloaded + "
files downloaded.");
    81                  }
    82              }
    83
    84              // 绑定更新事件
    85              manualUpdate.click(function(event) {
    86                  // 阻止默认事件
    87                  event.preventDefault();
    88                  // 手动触发更新方法
    89                  appCache.update();
    90              });
    91              // 绑定 online/offline 事件
    92              $(window).on("online offline",
    93              function(event) {
    94                  // 更新在线状态
    95                  appStatus.text(navigator.onLine ? "Online": "Offline");
    96              });
    97              // 设置应用初始化
    98              appStatus.text(navigator.onLine ? "Online": "Offline");
```

```
99          // 检测事件
100         // 当浏览器检测缓存清单文件或第一次试图下载时触发
101         $(appCache).on("checking",
102         function(event) {
103             logEvent("Checking for manifest");
104         });
105         // 当检测到缓存清单没有更新时触发
106         $(appCache).on("noupdate",
107         function(event) {
108             logEvent("No cache updates");
109         });
110         // 当浏览器下载在缓存清单中设定的文件时触发
111         $(appCache).on("downloading",
112         function(event) {
113             logEvent("Downloading cache");
114             // 获取文件清单中的文件总数
115             getTotalFiles();
116         });
117         // 缓存更新时，每一个文件下载时均触发
118         $(appCache).on("progress",
119         function(event) {
120             logEvent("File downloaded");
121             // 显示下载进度
122             displayProgress();
123         });
124         // 当所有缓存文件均下载完成并为应用准备好缓存时触发
125         $(appCache).on("cached",
126         function(event) {
127             logEvent("All files downloaded");
128         });
129         // 当缓存文件已下载并替换了已设置的缓存时触发
130         // 旧缓存文件需要删除
131         $(appCache).on("updateready",
132         function(event) {
133             logEvent("New cache available");
134             // 删除旧缓存
135             appCache.swapCache();
136         });
137         // 当找不到缓存清单时触发
138         $(appCache).on("obsolete",
139         function(event) {
140             logEvent("Manifest cannot be found");
141         });
```

```
142                // 当出错时触发
143                $(appCache).on("error",
144                function(event) {
145                    logEvent("An error occurred");
146                });
147            </script>
148        </body>
149
150    </html>
```

在上面的代码中，第 31 行获取应用缓存对象，第 48 行使用 Ajax 获取缓存清单文件，并在其回调函数中保存文件数量。第 101~146 行分别为窗口的 applicationCache 对象绑定 checking、noupdate、downloading、progress、cached、updateready、obsolete 事件。

本例在离线和在线状态下的浏览效果如图 15.4 所示。

图 15.4　离线和在线下的浏览效果

第 16 章

HTML 5移动开发

由于手机携带方便，已成为人们生活必带的随身用品，覆盖广、操作便捷，使得人们对手机越来越依赖，也催生了众多的精彩应用，移动开发在互联网开发中的比重越来越大。移动开发也称为手机开发，或叫作移动互联网开发，是指以手机、PDA、UMPC 等便携终端为基础进行相应的开发工作，由于这些随身设备基本都采用无线上网的方式，因此也可称为无线开发。

本章主要涉及的知识点有：

- 在 iPhone 上直接电话呼叫或短信
- 设置 iPhone 书签栏图标
- HTML 5 相册

16.1 在手机上打电话或发短信

在很多手机网站上有打电话和发短信的功能，这些功能是如何实现的呢？实例代码如下：

```
01  <!DOCTYPE html>
02  <html>
03
04      <head>
05          <meta charset="UTF-8">
06          <meta content="width=device-width, initial-scale=1.0,
maximum-scale=1.0, user-scalable=0"
07          name="viewport" />
08          <meta content="yes" name="apple-mobile-web-app-capable" />
09          <meta content="black"
name="apple-mobile-web-app-status-bar-style" />
10          <meta name="format-detection" content="telephone=no" />
11          <title>
12              第 16 章
13          </title>
```

```
  14          <link rel="stylesheet"
href="http://code.jquery.com/mobile/1.3.2/jquery.mobile-1.3.2.min.css">
  15          <script src="http://code.jquery.com/jquery-1.8.3.min.js">
  16          </script>
  17          <script
src="http://code.jquery.com/mobile/1.3.2/jquery.mobile-1.3.2.min.js">
  18          </script>
  19      </head>
  20
  21      <body>
  22          <div data-role="page">
  23              <div data-role="header" data-position="fixed">
  24                  <h1>
  25                      第 16 章
  26                  </h1>
  27              </div>
  28              <div data-role="content">
  29                  <p>
  30                      <a href="sms:10086" data-role="button" data-theme="a">
  31                          测试发短信
  32                      </a>
  33                  </p>
  34                  <p>
  35                      <a href="tel:10086" data-role="button" data-theme="a">
  36                          测试打电话
  37                      </a>
  38                  </p>
  39              </div>
  40          </div>
  41      </body>
  42
  43  </html>
```

HTML 5 启用了打电话和发短信等功能，提高开发效率的同时还带来了更炫的功能。在上面的代码中，第 30 行使用了<a>标签，将其 href 属性设置为 sms:10086，启用发短信功能；第 35 行使用了<a>标签，将其 href 属性设置为 tel:10086，启用打电话功能。其实例效果如图 16.1 和图 16.2 所示，安卓手机和苹果手机都支持。

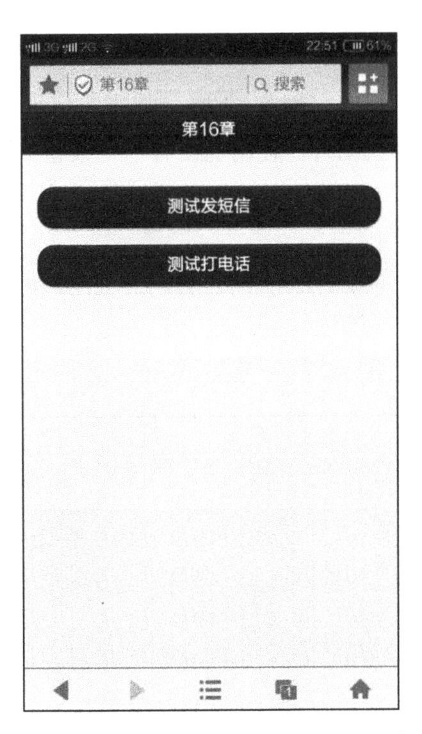

图 16.1　HTML 启用打电话、发短信功能

图 16.2　测试发短信功能

16.2 设置 iPhone 书签栏图标

移动端的 Safari 浏览器有一个分享选项，可以将当前浏览的网页添加到主屏幕，用户添加该选项之后，就可以从移动端主屏幕上启动页面，这看起来有点像普通 App，简单快捷，也类似于以前 Windows 桌面上的快捷方式。

添加到桌面上的图标是可以进行设置的，详细步骤如下：

（1）创建一个 PNG 格式的图片，将其命名为 apple-touch-icon.png 或 apple-touch-icon-precomposed.png 放置在网站根目录即可。然后为页面指定一个图标路径，在网页的 head 部分编写代码如下：

```
<link rel="apple-touch-icon" href="/custom_icon.png"/>
```

（2）在网页中为不同的设备指定特殊图标，因为 iPhone 和 iPad 的图标尺寸不一样，所以需要使用 sizes 属性来进行区分，如果没有定义尺寸属性，就默认尺寸是 57×57，代码如下：

```
<link rel="apple-touch-icon" href="touch-icon-iphone.png" />
<link rel="apple-touch-icon" sizes="72x72" href="touch-icon-ipad.png" />
<link rel="apple-touch-icon" sizes="114x114" href="touch-icon-iphone4.png" />
```

如果没有图片尺寸可以匹配设备图标的尺寸，存在比设备图标尺寸大的图片，那么将使用比设备图标尺寸大的图片；如果没有比设备图标尺寸大的图片，就使用最大的图片。

（3）如果没有在网页中指定图标路径，就会在根目录搜寻以 apple-touch-icon...和 apple-touch-icon-precomposed...作为前缀的 PNG 格式图片。假设现在有一个设备的图标大小是 57×57，系统将按以下顺序搜寻图标：

```
pple-touch-icon-57x57-precomposed.png
apple-touch-icon-57x57.png
apple-touch-icon-precomposed.png
apple-touch-icon.png
```

完整的实例代码如下：

```
01  <!DOCTYPE html>
02  <html>
03
04      <head>
05          <title>第 16 章</title>
06          <meta charset="UTF-8">
07          <meta content="width=device-width, initial-scale=1.0,
maximum-scale=1.0, user-scalable=0"
08          name="viewport" />
09          <meta content="yes" name="apple-mobile-web-app-capable" />
10          <meta content="black"
name="apple-mobile-web-app-status-bar-style" />
11          <meta name="format-detection" content="telephone=no" />
12          <meta name="apple-mobile-web-app-title" content="设置书签图标">
13          <link rel="apple-touch-icon" href="img/apple-icon-57x57.png"/>
14          <link rel="apple-touch-icon-precomposed"
href="img/apple-icon-57x57.png" />
15      </head>
16
17      <body>
18          <div data-role="page">
19              第 16 章
20          </div>
21      </body>
22
23  </html>
```

在上面的代码中，第 13 行与第 14 行均未定义图片尺寸属性，将采用默认大小 57×57。第 14 行使用了 apple-touch-icon-precomposed，因此系统将先搜寻带有该前缀的图片。

单击 Safari 浏览器下方的“分享”按钮，选择弹出的“添加到主屏幕”选项，然后单击“添加”按钮，效果如图 16.3 所示。添加完成后，会在主屏幕显示一个类似普通 App 的图标，这就是我们已经设计好的图标。

图 16.3　设置书签栏图标

此外，附注不同尺寸屏幕图标的设置如下：

```
<!-- iOS 图标 -->
<!-- rel="apple-touch-icon-precomposed"启用图标高亮 -->
<!-- 非视网膜 iPhone 低于 iOS 7 -->
<link rel="apple-touch-icon" href="icon57.png" sizes="57x57">
<!-- 非视网膜 iPad 低于 iOS 7 -->
<link rel="apple-touch-icon" href="icon72.png" sizes="72x72">
<!-- 非视网膜 iPad iOS 7 -->
<link rel="apple-touch-icon" href="icon76.png" sizes="76x76">
<!-- 视网膜 iPhone 低于 iOS 7 -->
<link rel="apple-touch-icon" href="icon114.png" sizes="114x114">
<!-- 视网膜 iPhone iOS 7 -->
<link rel="apple-touch-icon" href="icon120.png" sizes="120x120">
<!-- 视网膜 iPad 低于 iOS 7 -->
<link rel="apple-touch-icon" href="icon144.png" sizes="144x144">
<!-- 视网膜 iPad iOS 7 -->
<link rel="apple-touch-icon" href="icon152.png" sizes="152x152">
<!-- Android 启动图标 -->
<link rel="shortcut icon" sizes="128x128" href="icon.png">
<!-- iOS 启动画面 -->
<!-- iPad 竖屏 768 x 1004（标准分辨率） -->
```

```
    <link rel="apple-touch-startup-image" sizes="768x1004"
href="/splash-screen-768x1004.png" />
    <!-- iPad 竖屏 1536x2008（Retina） -->
    <link rel="apple-touch-startup-image" sizes="1536x2008"
href="/splash-screen-1536x2008.png" />
    <!-- iPad 横屏 1024x748（标准分辨率） -->
    <link rel="apple-touch-startup-image" sizes="1024x748"
href="/Default-Portrait-1024x748.png" />
    <!-- iPad 横屏 2048x1496（Retina） -->
    <link rel="apple-touch-startup-image" sizes="2048x1496"
href="/splash-screen-2048x1496.png" />
    <!-- iPhone/iPod Touch 竖屏 320x480 (标准分辨率) -->
    <link rel="apple-touch-startup-image" href="/splash-screen-320x480.png" />
    <!-- iPhone/iPod Touch 竖屏 640x960 (Retina) -->
    <link rel="apple-touch-startup-image" sizes="640x960"
href="/splash-screen-640x960.png" />
    <!-- iPhone 5/iPod Touch 5 竖屏 640x1136 (Retina) -->
    <link rel="apple-touch-startup-image" sizes="640x1136"
href="/splash-screen-640x1136.png" />
```

16.3 HTML 5 相册

图片特效在 HTML 5 应用中十分广泛，本节使用 jQuery Mobile 来实现 HTML 5 相册效果。jQuery Mobile 是 jQuery 针对手机和平板设备开发的版本，是移动 Web 跨浏览器的框架。jQuery Mobile 不仅为主流移动平台带来了 jQuery 核心库，而且发布了一个完整统一的 jQuery 移动 UI 框架支持主流的移动平台。

实例代码如下：

```
    01    <!DOCTYPE html>
    02    <html>
    03        <head>
    04            <title>第 16 章</title>
    05            <meta charset="UTF-8">
    06            <meta content="width=device-width, initial-scale=1.0,
maximum-scale=1.0, user-scalable=0"
    07            name="viewport" />
    08            <meta content="yes" name="apple-mobile-web-app-capable" />
    09            <meta content="black"
name="apple-mobile-web-app-status-bar-style" />
    10            <meta name="format-detection" content="telephone=no" />
    11            <link rel="stylesheet" href="css/style.css" type="text/css"
```

```
media="screen"/>
   12       </head>
   13       <body>
   14           <h1>jQuery Mobile 相册</h1>
   15           <div class="description">点击图片在大图和小图之间切换</div>
   16           <div id="im_wrapper" class="im_wrapper">
   17               <div style="background-position:0px 0px;"><img
src="images/thumbs/1.jpg" alt="" /></div>
   18               <div style="background-position:-125px 0px;"><img
src="images/thumbs/2.jpg" alt="" /></div>
   19               <div style="background-position:-250px 0px;"><img
src="images/thumbs/3.jpg" alt="" /></div>
   20               <div style="background-position:-375px 0px;"><img
src="images/thumbs/4.jpg" alt="" /></div>
   21               <div style="background-position:-500px 0px;"><img
src="images/thumbs/5.jpg" alt="" /></div>
   22               <div style="background-position:-625px 0px;"><img
src="images/thumbs/6.jpg" alt="" /></div>
   23    <!—此处省略部分结构代码，详情见随书源代码{{ -->
   24    ……
   25    <!—此处省略部分结构代码，详情见随书源代码}} -->
   26           </div>
   27           <div id="im_loading" class="im_loading"></div>
   28           <div id="im_next" class="im_next"></div>
   29           <div id="im_prev" class="im_prev"></div>
   30        //引入 jQuery 脚本
   31        <script type="text/javascript"
src="js/jquery-1.4.3.min.js"></script>
   32           <script src="js/jquery.transform-0.9.1.min.js"></script>
   33           <script type="text/javascript">
   34               (function($,sr){
   35                   //相册的实现脚本
   36               })(jQuery,'smartresize');
   37        <!—此处省略部分脚本代码，详情见随书源代码{{ -->
   38    ……
   39    <!—此处省略部分脚本代码，详情见随书源代码}} -->
   40
   41          </script>
   42       </body>
   43    </html>
```

在上面的代码中，第 16~29 行定义了相册所需的结构代码，包括图片列表和上一张、下一张控制按钮的结构代码。第 31 行引入了 jQuery 库，第 32 行引入了 jQuery 的 transform 扩展方法，用于图片的渐变效果。该相册的效果是照片墙，点击小图放大显示，点击大图的某处可切换回小图的照片墙，效果非常绚丽，如图 16.4 所示。

图 16.4　jQuery Mobile 相册

关于 jQuery Mobile 的更多使用可访问 http://jquerymobile.com/查看官方文档。

第二篇　CSS篇

第 17 章

◂ 文字与字体 ▸

文字是网页中基本的元素，因为网络上大部分用户都是以查找信息为目的的，所以文字几乎是多数网站的灵魂。一般来说，网站访客不会很在意网站文本的样式，但是文字的设置非常必要，多种样式的文字能够加强网站内容的层次性，突出重点，使网页内容清晰合理，奇特的文本样式也会给人耳目一新的感觉。从本质上讲，CSS 对文字的设置与在 Word 中格式化文字是一样的。本章将介绍 CSS 在设置文字与字体方面的某些特性及应用实例。

本章主要涉及的知识点有：

- 自定义字体、自定义文本被选中的样式
- 文本缩进与首字符下沉
- 文本对齐、文字间距
- 文字阴影、毛玻璃效果、金属质感等装饰
- 隐藏文本、文字旋转

有关字体的设置都较为简单，因此本章的例子是一些较为基础的应用。

17.1 在网页中使用自定义字体

CSS 3 中新增了@font-face 规则，该规则允许网页设计人员在网页中使用自己喜欢的字体，这些字体在访客的计算机中可能不存在，但是当网页设计人员把这些字体放置在服务器之后，浏览器会下载这些字体集，然后展示给访客。

在 CSS 2 中，font-family 属性只能使用两种字体：

（1）通用字体系列：拥有相似外观的字体系统组合，包括 Serif 字体、Sans-serif 字体、Monospace 字体、Cursive 字体和 Fantasy 字体。

（2）特定字体系列：具体的字体系列，如 Times 或 Courier。只能使用用户计算机中已经安装的字体，这是它的局限性。如果用户计算机里没有安装需要的字体，浏览器就会使用 CSS 中定义的第一个用户已有的字体类型，如果最终没有 CSS 所需的字体，那么浏览器将使用默认的字体类型。

相对于 CSS 2，CSS 3 这一新规则使得网页更加多样性。这一规则的应用多见于国外网站。图 17.1 所示为 IE 和 Google Chrome 浏览器下使用徐静蕾字体的网页效果。虽说不同浏览器下的效果相同，但实际上不同浏览器对字体文件格式的支持是不同的。微软的 IE 5 最先支持这个属性，但是只支持微软自有的 EOT（Embedded OpenType）格式，除 IE 之外的浏览器直到现在都没有支持这一字体格式。从 Safari 3.1 开始支持 TTF（TrueType）和 OTF（OpenType）两种字体，截至目前，IE 之外的主流浏览器都已支持这些格式。

这段文字使用的是徐静蕾字体。	这段文字使用的是徐静蕾字体。
这段文字使用的是默认字体。	这段文字使用的是默认字体。

图 17.1　IE 和 Google Chrome 浏览器下使用徐静蕾字体的网页效果

实现的代码如下：

```
01  @font-face
02  {
03      font-family: xujinglei;                 /*定义字体的名称*/
04      src: url('xujinglei.ttf')                   /*字体在服务器的位置*/
05     ,url('xujinglei.eot');                   /* IE9+ */
06  }
07  div
08  {
09      font-family:xujinglei;                  /*使用已经定义的字体*/
10      font-size:18px;
11  }
```

在使用自定义字体之前，首先在第 03 行定义字体的名称，在第 04、05 行指明字体的相对路径。为了兼容，一般定义两种格式的字体即可。第 09 行在使用时与 CSS 2 无异。

自定义字体在英文网站很常见，但是目前在中文网站上很少。原因有二：

（1）英文只有 26 个字母以及其他字符，字体文件占用空间小，网站使用自定义字体之后对网站的响应速度并无明显影响。

（2）国外的网速快，即使是大文件，也可以很快地下载完成，用户不会感觉网站响应慢。而相比之下，中文的字体文件较大，加上目前国内的网速不够快，使用自定义字体虽然美观，但一定会拖慢网站的运行，所以目前在中文网站上很少存在大面积自定义字体的现象。但是，随着中国互联网的发展，5G 技术的进步，相信在不久的将来一定会实现飞速的网络，届时自定义字体在中文网站的普及就没有压力了，@font-face 终将有用武之地。

在只能找到 TTF 格式的字体文件时，建议采用 EOTFast 软件将 TTF 格式转化为 EOT 格式。在 TTF 格式文件上右击，选择“打开方式”快捷菜单，用 EOTFast (http://www.eotfast.com/) 打开，即可自动生成同名 EOT 文件。

代码第 10 行指定字号是 18px，这在移动终端中显示会有问题，比如小屏幕和大显示的效果应该略有差异。现在使用 rem 实现自适应布局，应该是当前移动前端的一大趋势。本节提供一个 rem.js 文件，可以根据屏幕的宽度动态改变 font-size，代码如下：

```
01  <script>
02      (function (doc, win) {
03          var docEl = doc.documentElement,
04          resizeEvt = 'orientationchange' in window ? 'orientationchange' :
'resize',
05          recalc = function () {
06          var clientWidth = docEl.clientWidth;
07          if (!clientWidth) return;
08          docEl.style.fontSize = 20 * (clientWidth / 320) + 'px';
09      };
10      if (!doc.addEventListener) return;
11      win.addEventListener(resizeEvt, recalc, false);
12      doc.addEventListener('DOMContentLoaded', recalc, false);
13      })(document, window);
14  </script>
```

上述代码的关键是第 08 行，首先判断设备宽度，然后计算出一个 rem 值，这样就能实现 rem 的自适应了。读者可以先不了解每行代码的意义，只要知道这样能实现移动端的自适应页面即可。本例添加这段 JavaScript 代码后，在 iPhone X 和 iPad 下的效果对比如图 17.2 所示。

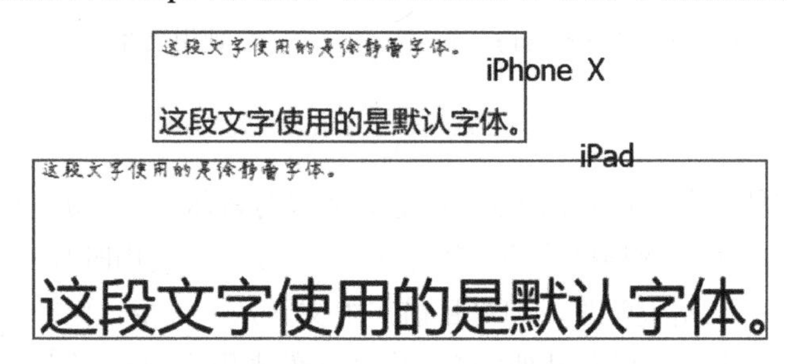

图 17.2　在 iPhone X 和 iPad 下的效果对比

网页内容如果只是在网页中查看，就可以去掉 rem.js 的引用，如果是适配移动端页面，就尽量添加这个引用。

17.2 文本缩进和首字符下沉

通常在报刊和杂志上会看到段首字符下沉效果，这在信息类网页中也经常会用到，而文本缩进是段落排版不可或缺的样式。首字符下沉和文本缩进效果如图 17.3 所示。

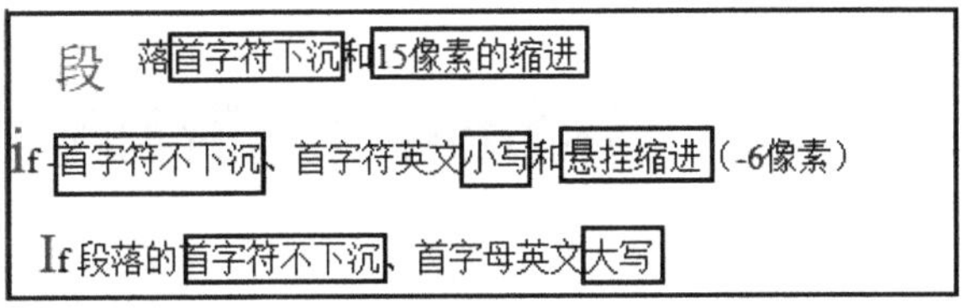

段 落首字符下沉和15像素的缩进

If 首字符不下沉、首字符英文小写和悬挂缩进（-6像素）

If 段落的首字符不下沉、首字母英文大写

图 17.3 首字符下沉和文本缩进效果

首字符下沉效果用 CSS 中的:first-letter 伪类实现：

```
01  #a{
02      text-indent:15px;                          /*使用像素作为单位*/
03  }
04  #b{
05      text-indent:-6px;
06  }
07  #c{
08      text-indent:0.5em;                         /*使用 em 作为单位*/
09  }
10  #a:first-letter{
11      font-size:25px;
12      color:#B23AEE;
13      float:left;                                /*要下沉必须浮动*/
14  }
15  #b:first-letter{
16      font-size:30px;
17      color:red;
18  }
19  #c:first-letter{
20      font-size:25px;
21      color:#B23AEE;
22  }
23  p.uppercase:first-letter
24  {
25      text-transform:uppercase;                    /*大写的关键字*/
26  }
```

第 02 行、第 05 行和第 08 行是对不同文字设置不同的缩进，由图 17.3 中 3 段文字的缩进情况可以对比结果。利用 first-letter 匹配每段的第一个字母，段落之间的不同之处只有第 13 行的浮动，一旦首字母浮动在左边，就会自己得到浮动的效果，图中第一段文字显示首字母在整排文字下沉对应的线上。第 25 行利用大写关键字设置字母的大写显示，可以将 HTML 文档中的小写英文字母在不改动的情况下变为大写字母，对中文无效。

17.3 自定义文本被选中时的样式

当鼠标选中网页上的文本时，默认的样式为蓝底白字，在 CSS 3 中，这种样式是可以自定义的。CSS 3 中有 UI 元素状态伪类::selection，该属性可以设置文本选中的效果。图 17.4 所示为默认样式与自定义样式的对比图。

图 17.4　文本选中效果对比

CSS 代码较为简单，使用::selection：{CSS 样式}即可，图 17.4 中效果的代码如下：

```
01  ::selection
02  {
03      color:#9400D3;                          /*字体颜色*/
04      background:#A9A9A9;                 /*背景颜色*/
05  }
06  ::-moz-selection                            /*Firefox 下的设置*/
07  {
08      color:#9400D3;
09      background:#A9A9A9;
10  }
```

在老版本的 Firefox 下可能需要加-moz-前缀进行兼容。与其他伪类不同，这一伪类前面有两个冒号，请注意不要遗漏。

17.4 文本对齐

文本对齐方式也是排版中常用的属性，由于不同语言的阅读顺序可能不同，因此网页设计中要考虑文本对齐。文本对齐使用属性 text-align，它有 3 个值可以选择：

```
01  text-align: center              /*文本居中对齐*/
02  text-align: left                /*文本左对齐*/
03  text-align: right               /*文本右对齐*/
```

文本居中经常用在将文字调整到元素的中央位置上，若要文字位于按钮的中央，则通常使用下面的代码：

```
01  text-align:center;
```

```
02    line-height:15px;
```

其中第 01 行使得按钮上的文字水平居中，第 02 行中的 line-height 为行高的设置，如同 Word 中对文字行高的设置一样，当指定一行文字的高度后，文字会在该行的中部显示（行高是影响上一行和下一行与本行距离的属性），当设置行高为按钮的高度时，按钮上方的文字自然会显示在按钮的中部。

text-align: center 与 center 标签的效果似乎相同，实际上却是不相同的，因为 center 标签同时会使得元素居中。

17.5 调整文字、字符的间距

CSS 对间距的处理包含文字间距、行间距，以及对空格符、回车符和制表符的处理等多个方面。以下 CSS 代码包含常用的多种间距处理方式，具体效果见代码注释。

```
01    p.wordspacing{word-spacing:20px;}                      /*设置空格的长度*/
02    p.letterspacing{letter-spacing:20px;}                  /*设置字间距*/
03    p.lineheight{line-height:0.3;}                         /*设置行间距*/
04    p.whitespace_normal{white-space:normal;}               /*默认，忽略多个空格为 1 个，忽略回
车符*/
05    p.whitespace_pre{white-space:pre;}                     /*保留多个空格*/
06    p.whitespace_nowrap{white-space:nowrap;}               /*忽略回车符，禁止换行，直到遇到
br*/
07    p.whitespace_prewrap{white-space:pre-wrap;}            /*保留所有空格符与回车符*/
08    p.whitespace_preline{white-space:pre-line;}            /*忽略多个空格为 1 个，保留回
车*/
```

以上代码执行之后的效果如图 17.5 所示，中英文无差异。

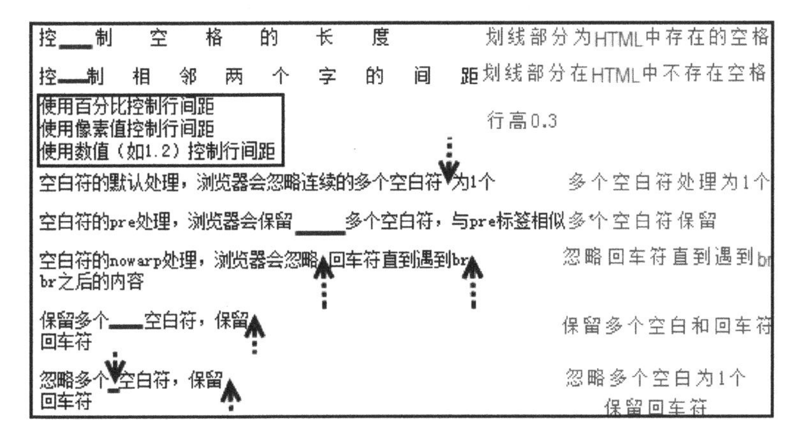

图 17.5　间距处理

浏览器对制表符（Tab）的处理方式与空格符相同。

17.6 文本的装饰

CSS 可以实现在字体上添加一条线的文本装饰效果。下面的 CSS 代码分别在文本的上方、文本的中央和文本的下方添加直线，并设计粗体和斜体。

```
01    .overline{text-decoration:overline;}           /*上画线*/
02    .through{text-decoration:line-through;}        /*穿过线*/
03    .underline{text-decoration:underline;}         /*下画线*/
04    .blink{text-decoration:blink;}                 /*文本闪烁，暂不支持*/
05    .bold{font-weight:bold;}                       /*粗体*/
06    .italic{font-style:italic;}                    /*斜体*/
07    .oblique{font-style:oblique;}                  /*倾斜*/
```

不同样式的效果如图 17.6 所示。

文本装饰	**粗体字**
~~文本装饰~~	*italic斜体*
文本装饰	*oblique倾斜*
文本装饰blink浏览器不支持	

图 17.6　文本装饰

斜体（Italic）是一种简单的字体风格，对每个字母的结构有一些小改动，来反映变化的外观。倾斜（Oblique）文本则是正常竖直文本的一个倾斜版本。通常情况下，两种效果在浏览器中看上去完全一样。

在 a 链接标签上，经常把 text-decoration 的属性值取为 none，来取消链接的下画线。

在 W3C 标准中，text-decoration 的值可以取 blink 得到文字闪烁的效果，不过 IE、Chrome 和 Safari 浏览器目前不支持。

17.7 文字阴影

text-shadow 是 CSS 3 新增加的内容，利用它可以创造出文字阴影的效果，如图 17.7 所示。文字阴影与边框阴影同属于阴影范畴，所以 text-shadow 属性的语法结构与 box-shadow 相似，参数均为水平偏移距离、竖直偏移距离、阴影宽度、阴影扩展和阴影颜色，前两个参数必选，边框阴影的应用参考第 18 章。在某些 3D 文字的场景中，文本阴影应用得更为广泛。在同一文本上可以使用多个阴影，相邻两个阴影之间用逗号隔开。

文字的阴影效果

图 17.7　文字阴影

实现图 17.7 效果的 CSS 代码如下：

```
01   text-shadow: 5px 5px 5px #6600ff;
```

17.8 文字毛玻璃效果

使用文字阴影和字体透明颜色可以合成毛玻璃效果，如图 17.8 所示。

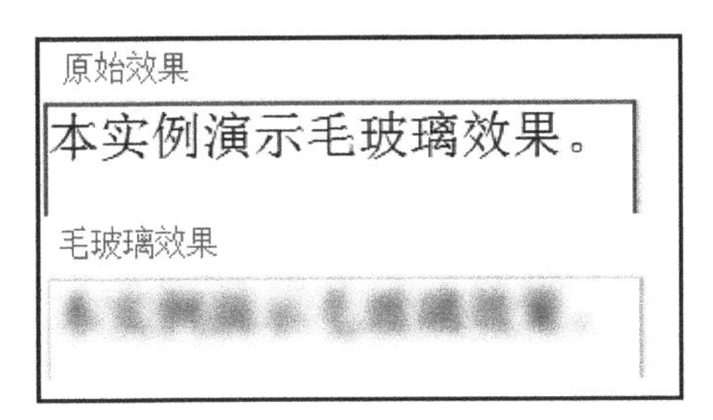

图 17.8　毛玻璃效果

其主要代码如下：

```
01   box-shadow:1px 1px 2px 2px #ccc;
02   color:rgba(0,0,0,0);
03   text-shadow: 0 0 10px black;
```

其中第 01 行为边框阴影，第 03 行为文字阴影，第 02 行通过透明度的设置使得文字变为不可见的状态，只留下文本阴影的模糊效果。

使用完全透明的效果并不等同于使用白色，本实例若使用白色，则可以清晰地看到白色字体，而不是模糊的效果。

17.9 金属质感文字

文字的金属质感效果直接实现较为困难，本节效果的实现原理为在文本上方添加一个使用半透明和渐变效果的遮罩层，效果如图 17.9 所示。

图 17.9　金属质感文字

CSS 代码如下：

```
01  p{
02      color:white;background:black;
03      font-weight:bold;font-size:30px;
04      position:relative;                  /*对 p 定位才可以使浮动层绝对定位*/
05  }
06  span.cover{
07      width:100%;height:100%;position:absolute;  /*浮动渐变层的定位*/
08      background:linear-gradient(to bottom,black 0%,transparent
50%,black);
09      opacity:0.5;                        /*设置透明度*/
10  }
```

在 p 标签中使用一个 span，该 span 的大小与父元素相同。为了实现金属质感，在第 02 行设置文字为黑底白字。span 上使用渐变，从顶部渐变到底部，从黑色渐变到透明再渐变到黑色（第 08 行渐变部分只使用了 W3C 标准，渐变的实现见其他章节）。在第 09 行对 span 的整体透明度进行了设置，这不是必要的，但可以使效果更好。

span 部分也可以使用半透明的背景图片实现，只是不如渐变灵活。

17.10 隐藏文本

隐藏网页元素的方法有很多种，比如使用 display:none，或者使用全透明（Opacity）。在对文本的处理中，有时并不希望文本丢失，而通常把文字转移到屏幕的外面，换句话说，文字在屏幕之外，用户看不见，但它依然是存在的，浏览器可以检测到。本节介绍两种隐藏文本的方式：

- 使用 text-indent 隐藏——图片替换文本。

- 使用定位隐藏——利于屏幕讲述工具的阅读。

1. 使用 text-indent

text-indent 属性是之前提到的文本缩进，当文本缩进使用负参数缩进到屏幕之外时，文本就变得不可见了。之前很多网站使用 h1 标签把文本隐藏起来。

```
01  h1{
02      text-indent:-9999px;                    /*缩进*/
03  }
```

2. 使用定位

使用绝对定位使文本脱离文档流，然后把文本设置在屏幕的不可见区域即可。很多网站使用此方法隐藏图标下的文字，但同时有利于“屏幕讲述者”阅读文本，对视觉障碍者提供便利。其本质为绝对定位使得文字不可见。

```
01  .screen-reader-text {
02      position: absolute;          /*绝对定位*/
03      top: -9999px;                /*顶部*/
04      left: -9999px;               /*左边*/
05  }
```

17.11 文字旋转

文字旋转可以使用 CSS 3 变形方便地实现。下面给出一段使文字从水平方向变为竖直方向的简单代码，对于文字旋转更多的实现可以参考第 21 章中对 CSS 3 变形实现的介绍，本节不做过多介绍，主要使用 rotate 旋转属性。

```
01  -webkit-transform:rotate(-90deg);       /*Webkit 内核浏览器*/
02  -moz-transform:rotate(-90deg);          /*火狐浏览器*/
03  -o-transform:rotate(-90deg);            /*旧版本 Opera 浏览器*/
04  -ms-transform:rotate(-90deg);           /*IE9+浏览器*/
05  transform:rotate(-90deg);               /*W3C 标准*/
```

第 18 章

◀ 边框和图片 ▶

边框和图片是网页中不可或缺的元素，图片能够引起访客的兴趣，从而提高转化率。边框则可以使网页中各部分区域的范围明确，使网页的结构更清晰，同时很多输入框和搜索框的边框是必不可少的。本章将介绍网页设计中常见的边框和图片的某些设计方案。

本章主要涉及的知识点如下：

- 边框新属性的基础与实例
- 搜索框、微博发布框、拍立得效果框等常用边框
- CSS 3 动画边框、边框移动特效
- Banner 图片的标签
- 黑白图片、图片水印
- 图片细节放大展示
- 瀑布流、图片墙、图片轮播图（焦点图）、幻灯片（带缩略图）
- 手风琴效果
- 纯 CSS 绘制图像
- 图片自适应、图片原地放大、图片翻转

考虑到动态变化效果，本章有不少实例使用 JavaScript 代码来控制 CSS 样式，读者没有 JavaScript 基础也没有关系，实例代码会有详细的注释。

18.1 边框新属性

本节主要介绍 CSS 3 增加的 border-color、border-image、border-radius 和 box-shadow 属性，CSS 3 中增加的边框属性使得 CSS 可以方便地控制边框样式。

1. border-color

使用 CSS 3 的 border-radius 属性时，如果边框的宽度是 X 像素，那在这个边框上可以使用 X 种颜色，每种颜色显示 1 像素的宽度。如果边框的宽度是 10 像素，那么可以设置 10 种

颜色，但是如果只声明了 5 种或 6 种颜色，那么最后一种颜色将被添加到剩下的宽度中。这一属性就如同渐变属性，在实际应用中使用较少，因为该属性仅在 Firefox 3.0 以上得到支持。

2. border-image

border-image 是 CSS 中一个很强大的属性，也是一个让新手感到头痛的属性，因为它的参数多而且复杂，且在不同浏览器下得到的结果也不同。border-image 属性把边框的背景设置为图片，图 18.1 所示是该属性的一种应用，左边的部分为该属性所使用的原始图片，右边的部分为浏览器使用原始图片处理之后的结果，看起来像是把原始图片拉长的效果。讲到这里似乎有点名不副实，明明是给边框加图片，怎么看起来是背景图的效果，这个问题暂且交给读者思考，继续往下阅读，疑问自然会解开。

图 18.1 border-image 应用效果

在解释之前有必要学习 border-image 属性的基础知识。

在使用 border-image 前，必须了解浏览器对它的支持，如表 18.1 所示。

表 18.1 浏览器对 border-image 属性的支持情况

浏览器及版本	是否支持及如何支持
Firefox 3.5- Firefox15（暂且称为老版本）	需加-moz-前缀
Firefox 15 以上	同样支持-moz-前缀的 CSS 代码，但是存在 BUG，必须在 CSS 代码中加入 border-style: solid;，否则不会看到效果
Chrome 1.1.X 以上（老版本）	需加-webkit-前缀
Safari 3.1 以上	需加-webkit-前缀
Opera 浏览器（老版本）	需加-o-前缀
较新版本的 Chrome、Firefox 及 Webkit 内核的 Opera	支持 W3C 标准，可以不加前缀
IE 浏览器	支持效果不好，IE 11 可以支持

border-image 的语法如下：

```
    border-image:none | <image> [ <number> | <percentage>]{1,4} [ /
<border-width>{1,4} ]? [ stretch | repeat | round ]{0,2}
```

单看语法便可知属性的复杂性。为了更清楚地讲述，下面使用更清晰的分类：

- 第 1 种写法 border-image:none 下边框不使用图片。
- 第 2 种写法的参数为表 18.2 中的 5 个参数，这 5 个参数可以只取参数值合起来写在 border-image 属性里，作为简写属性，也可以不使用 border-image 属性，直接使用下面的参数名：取值分开写 5 部分，通常使用简写属性。

表 18.2　更清晰分类下的 5 个参数

参数名称	参数描述（都无须单位 px）	参数顺序
border-image-source	图片的路径	无
border-image-slice	图片的裁切方式，4 个参数值可以是像素值，也可以为百分比，参数值可写一部分	裁切图片的上、右、下、左
border-image-width	边框的宽度，默认值存在边框宽度	上边框、右边框、下边框、左边框
border-image-outset	边框偏移基准位置的像素值，默认值为 0	上、右、下、左
border-image-repeat	使用裁切后的图片填充的方式，可选值有 stretch、repeat、round，分别为拉伸、重复、平铺，默认值为 stretch	上下边框、左右边框

列出分类的目的是为了更好地理解，而不是直接把参数名称写在 border-image 里。另外，中间带有参数顺序的 3 个参数之间需要使用斜杠（/）分开。例如下面的写法：

```
border-image: url(1.png) 30% 30% 30% 30% /5 5 5 5 stretch stretch ;
```

下面详细讲解 border-image 属性的使用。

（1）border-image-slice（图片裁切）详解

从现在开始，更换一幅经典的图片以便理解图片的裁切方式。图 18.2 左侧是原始图片，原始图片的大小为 78px×78px，右侧是以像素值为 26 像素的 4 个参数的裁切示意图。这么裁切之后，得到一幅“九宫格”图，这幅九宫格图与边框的每部分都是吻合的，如图 18.3 所示。如果边框是有一定宽度的，那么 4 条边与之包含的内容的组合恰巧是一个“九宫格”，裁切完成的每部分小图片用来填充相应边框的部分。

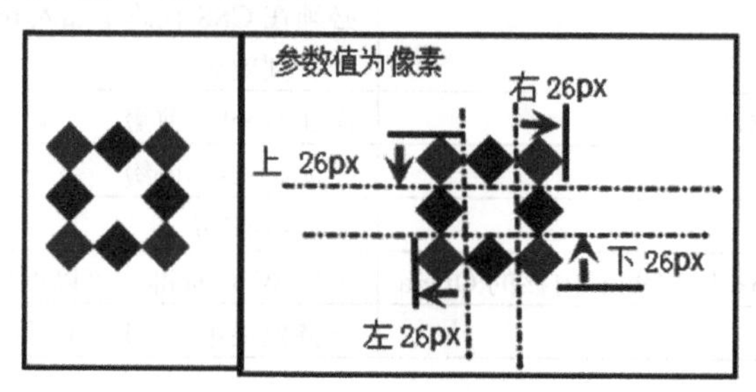

图 18.2　像素裁切效果

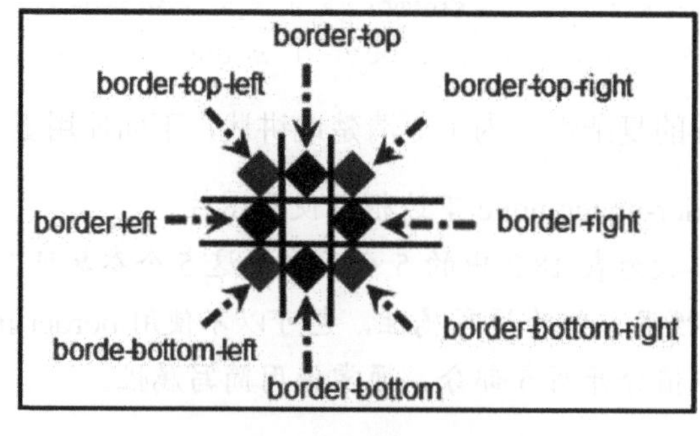

图 18.3　边框各部分示意图

除了使用像素外，还可以使用百分比作为 4 个参数，使用百分比裁切的效果如图 18.4 所示，与使用像素值裁切是相似的。

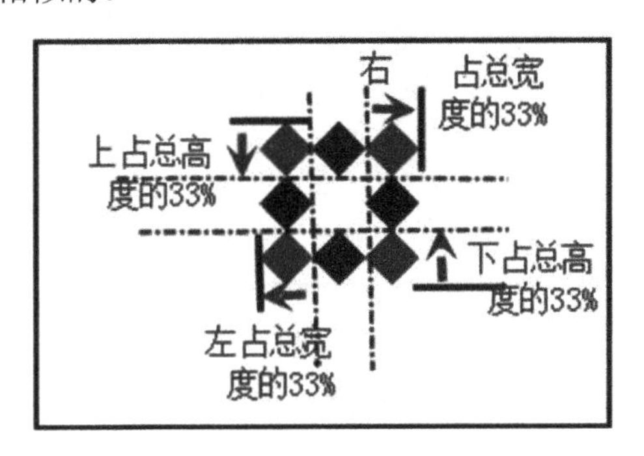

图 18.4　使用百分比裁切示意图

如果把属性分开写，那么上述效果体现在代码中如下：

```
border-image-slice: 26px 26px 26px 26px;或者 border-image-slice: 26px;
border-image-slice: 33% 33% 33% 33%;或者 border-image-slice: 33%;
```

（2）border-image-outset 详解

假设图 18.5 中的实线部分为边框应该在的基准位置，虚线部分为浏览器解释参数之后实际的边框开始位置，那么箭头所指的两线之间的距离即为 border-image-outset 的值，默认情况下值为 0，设置参数时按照上、右、下、左的顺序依次写出，并使用斜杠与上面的 4 个参数分开。

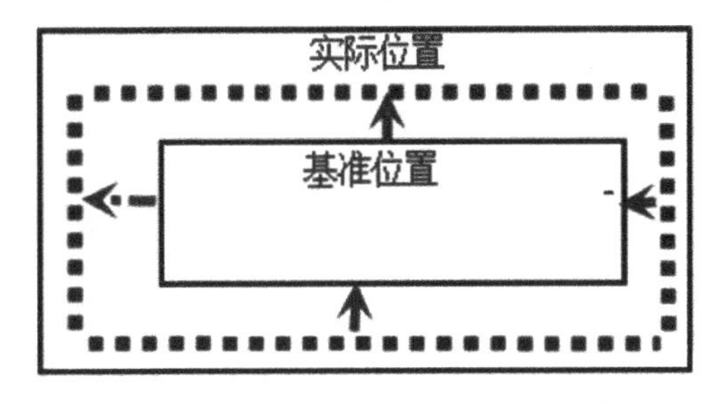

图 18.5　border-image-outset 详解图

默认情况下，浏览器内部的取值为：

```
border-image-outset: initial;等同于 border-image-outset: 0;
```

（3）border-image-repeat 详解

前面提到了裁切之后每部分小图片对应相应的边框区域并且填充它们。如图 18.6 所示，在填充时，1、2、3、4 四部分的图片是不变化的，其余的部分是需要变化的。border-image-repeat 有两个参数，前一个参数影响 5、7 两部分对 top、bottom 边框的填充方式，应用的是水平填充规则；后一个参数影响 6、8 两部分对 right、left 边框的填充方式，应用的是竖直填充规则。第 9 小块则会在水平和竖直方向都应用填充规则。

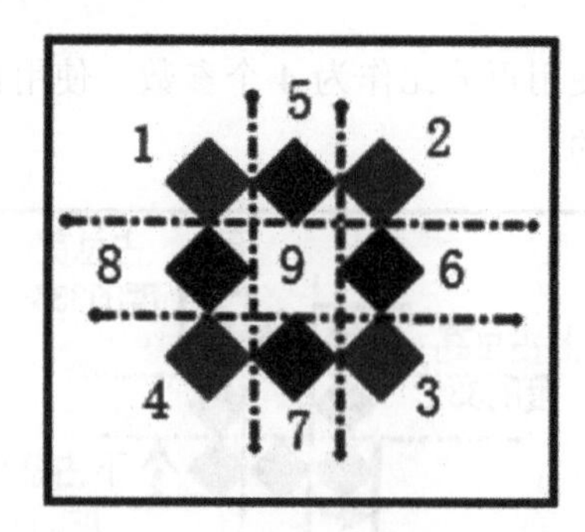

图 18.6　裁切得到的各部分

图 18.7~图 18.9 分别是拉伸、重复和平铺所对应的效果图，千言万语不及一张图，相信效果图能增强理解。

```
border-image: url(18.png) 26 26 26 26/10 stretch stretch ;
```

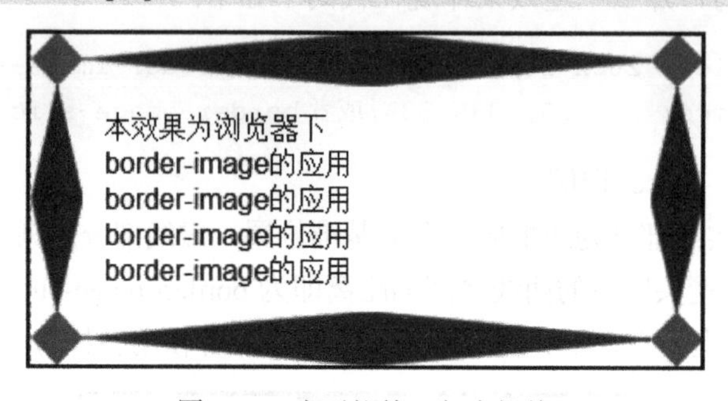

图 18.7　水平拉伸、竖直拉伸

```
border-image: url(18.png) 26 26 26 26/10 repeat stretch ;
```

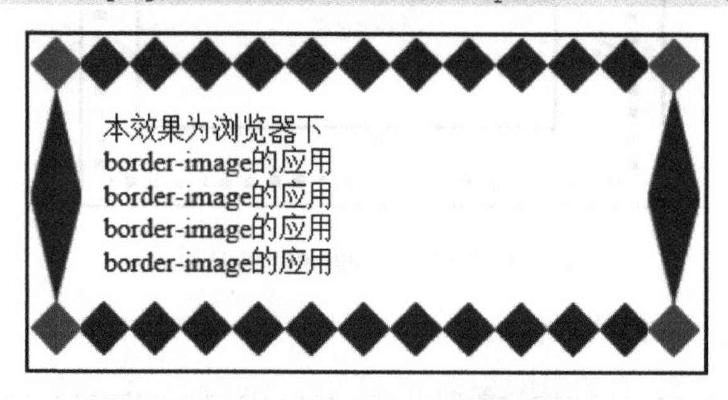

图 18.8　水平重复、竖直拉伸

```
border-image: url(18.png) 26 26 26 26/10 repeat round ;
```

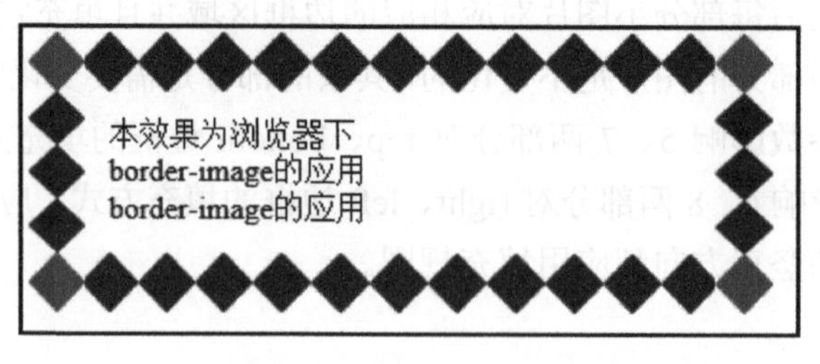

图 18.9　水平重复、竖直平铺

属性分开写的格式类似于：

```
border-image-repeat: stretch;
```

重复是不改变裁切所得图片的大小，而平铺会自动改变图片的大小以达到合理的效果。

现在回到刚开始留下的问题，border-image 的本意是为边框加图片，为什么变成为元素加背景呢？原因在于，第一个案例中的图片裁切之后，9 处的位置并不是空白的，而是有一块蓝色的区域，该区域因同时应用水平填充和竖直填充，所以填充完成之后仍然为蓝色，于是成为背景。恰巧可以利用这一点制作可以伸缩的按钮图片，以解决不同大小的按钮需要准备不同大小的背景图片的问题。如果仍然想在中部留成空白，那么可以调整各个参数的值，包括如何裁切边框宽度、边框偏离基准位置的距离以及元素的 padding 值来达到所需的效果。

由于早期的带前缀的属性在各个浏览器上的支持并不完善，因此会出现相同的参数在加前缀和不加前缀时得到的效果不同。这时建议把不加前缀的 CSS 代码放在后面，更标准的浏览器会使用后出现的值，而忽略先出现的值。

在调试时，如果各部分参数把握不准，那么可以使用浏览器的控制台动态改变 CSS 代码，每次修改都会立即看到效果，从而更快地取得合理的参数值。

在 Firefox 下，如果看不到边框，那么不要忘记检查 border-style: solid;是否已经添加在 CSS 中。这是解决 Firefox 下 BUG 的最快捷的办法。

3. border-radius

CSS 3 中新增了 border-radius 属性处理边框的圆角，在此之前，对边框圆角的处理大多是使用边框或者使用对多个小 div 的堆砌与定位来实现（该实例为本节源代码文件夹中的“CSS 2 圆角边框”，由于内容老旧，这里不进行讲解）。而现在，除了使用 border-image 制作圆角边框外，还可以使用 border-radius 属性轻松地设计多种多样的圆角样式，需要的 CSS 代码只有 1 行。还有一点很重要：大多数浏览器对此属性的支持很好。表 18.3 所示为浏览器对 border-radius 属性的支持情况。

表 18.3 浏览器对 border-radius 属性的支持情况

浏览器及版本	是否支持及如何支持
Firefox 3.0 以上（某些老版本）	需加-moz-前缀
Chrome 1.1.X 以上（老版本）	需加-webkit-前缀
Safari 3.1 以上	需加-webkit-前缀
Opera 浏览器（某些老版本）	需加-o-前缀
较新版本的 Chrome、Firefox、Opera、Safari	可以不加前缀
IE 9 以上	不加前缀

该属性的语法如下：

```
border-radius:none|<length>{1,4}[/<length>{1,4}]
```

在参数表中，length 可以选用 1~4 个像素值，[ ]中的内容可以省略，不省略时加“/”与前面的参数，实质上 4 个像素值参数最终转化为 border-top-left-radius、border-top-right-radius、border-bottom-right-radius 和 border-bottom-left-radius 的参数值，具体的对应情况如表 18.4 和表 18.5 所示。

表 18.4 参数值转化情况表 1

参数实例 border-radius	5px	5px 6px	5px 6px 8px	5px 6px 8px 10px
border-top-left-radius	5px	5px	5px	5px
border-top-right-radius	5px	6px	6px	6px
border-bottom-right-radius	5px	5px	8px	8px
border-bottom-left-radius	5px	6px	6px	10px

表 18.5 参数值转化情况表 2

参数实例 border-radius	5px /5px	5px 6px /5px 6px	5px 6px 8px /5px 6px 8px	5px 6px 8px 10px /5px 6px 8px 10px
border-top-left-radius	5px 5px	5px 5px	5px 5px	5px 5px
border-top-right-radius	5px 5px	6px 6px	6px 6px	6px 6px
border-bottom-right-radius	5px 5px	5px 5px	8px 8px	8px 8px
border-bottom-left-radius	5px 5px	6px 6px	6px 6px	10px 10px

也就是说，当 CSS 代码为：

```
border-radius:5px 6px 8px 10px/5px 6px 8px 10px;
```

浏览器将按照：

```
border-top-left-radius:5px 5px;
border-top-right-radius:6px 6px;
border-bottom-right-radius:8px 8px;
border-bottom-left-radius:10px 10px;
```

来解释。由表 18.5 中的情况可知，当制作部分圆角效果时，参数将按照连续顺序写。如果只写 3 个参数，那么将对应 border-top-left-radius、border-top-right-radius 和 border-bottom-right-radius 解释，而不会是 border-top-left-radius、border-top-right-radius 和 border-bottom-left-radius。如果几部分的圆角是隔开的，那么可以分开写多条语句，或者在不需要圆角的地方使用参数 0，因为一旦参数中出现 0，就不再成为圆角而是直角。

图 18.10 以 border-radius:0 45px 0 0/0 60px 0 0 为实例解释浏览器对圆角渲染的效果。在表现效果上，这与 border-top-right-radius:45px 60px 是相同的。可以按照顶部边框上距离右上角 45 像素处的点与右边框上距离右上角 60 像素的点所画成的圆角来理解。

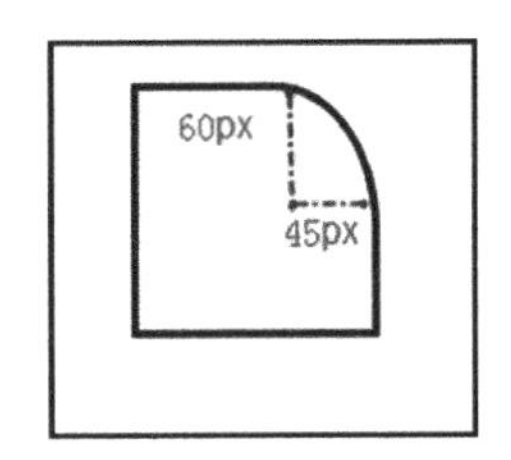

图 18.10　浏览器对圆角的渲染

4. box-shadow

在没接触 box-shadow 之前，可以使用 border-image 制作边框阴影的效果。box-shadow 的作用是向边框增加阴影效果，浏览器对其兼容性大致与 border-radius 相同，在一些需要体现层次感或者立体感的场景中常常会使用。其语法较为简单：

```
box-shadow: h-shadow v-shadow [blur spread color inset];
```

参数依次为水平方向偏移距离、垂直方向偏移距离、阴影模糊距离、阴影尺寸、阴影颜色、内阴影或外阴影。其中，前两个偏移距离参数必须设置，后面 4 个参数（中括号只是代表取值可选）可选。颜色默认值为黑色，inset 为内阴影、outset 为外阴影，默认情况下是外阴影。这与第 17 章中文本阴影的参数相似。

box-shadow:5px 8px 5px 3px red 与 box-shadow:5px 8px 5px 3px red inset 的效果不同，如图 18.11 所示，有关参数的说明也在其中。

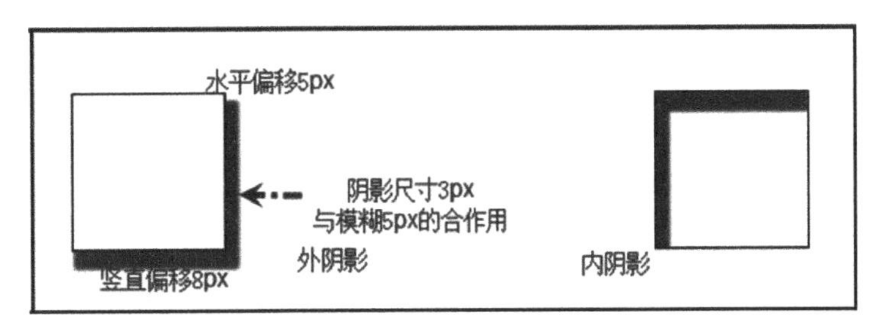

图 18.11　box-shadow 参数解释

与 Photoshop 中阴影的设置方法一样，同一边框上可以使用多个投影，每两个投影之间以逗号隔开。

至此，边框的一些新属性已经描述完毕，边框属性会在不同的章节与实例中应用。

18.2 搜索框

本节旨在制作一个简洁却不失美感的搜索框。笔者使用两种思路对搜索框进行美化：一种是使用背景图片；另一种是只用 CSS。对比效果如图 18.12 所示。

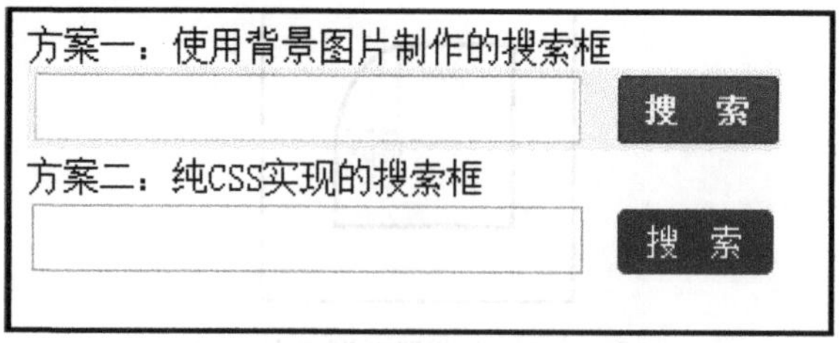

方案一：使用背景图片制作的搜索框
搜 索
方案二：纯CSS实现的搜索框
搜 索

图 18.12 简洁的搜索框

1. 使用背景图片的搜索框

这种方案为假美化，输入框与搜索按钮实质为背景图片中的影像。在设计时，使背景图片中的输入框和搜索按钮与实际输入框和搜索按钮的位置重合，在完成输入框和搜索按钮的尺寸设置、文本的调整之后，使得一切边框皆为 0，一切挡住背景图片的元素均透明即可。使用这种方案可以通过更换背景图片方便快捷地更换搜索框的样式，也可以实现普通 CSS 难以实现的复杂搜索框效果（例如搜索框的周围布置上花藤）。

```
//HTML 部分
01  <div id="search">
02  <input type="text" id="input" />
03  <input type="button" id="go" />
04  </div>
//CSS 部分
01  #search
02  {
03      position:relative;
04      padding-top:3px;                          //输入框向下偏移到合适高度
05      height:35px;                              //长和宽最好与背景图一致
06      width:330px;
07      background:url(search.jpg) no-repeat;     //背景图
08  }
09  #input
10  {
11      left:2px;                                 //向右偏移到合适的位置
12      position:absolute;
13      font-size:20px;
14      width:240px;                              //长和宽与背景图有关
15      height:25px;
16      border:0;                                 //隐藏默认属性
17      background:none;
18  }
```

```
19  #go
20  {
21      position:absolute;
22      left:258px;
23      width:70px;                                 //长和宽与背景图有关
24      height:30px;
25      cursor:pointer;
26      border:0;                                   //隐藏默认属性
27      background:none;                            //隐藏默认属性
28  }
```

以上代码最主要的工作是定位，如代码中第 04 行、第 07 行、第 22 行调整元素与背景图片重合。第 16 行、第 17 行、第 26 行、第 27 行则是把遮盖背景图的边框、输入框背景等元素变为透明元素。

本例使用了图片，图片的宽度为 330px，这就导致移动终端屏幕的宽度小于 330px 时显示异常，比如 iPhone 4 和 iPhone 5 设备上的图片会显示不全。

2. 只使用 CSS 的搜索框

对于本实例中的效果来说，完全可以简单地用颜色值、圆角、大小、定位实现与方案一相同的效果（图 18.12 下半部分所示）。纯 CSS 代码不受图片的限制，响应快、效果好，只是不好实现复杂样式的搜索框。

```
//CSS 部分
01  #search2
02  {
03      position:relative;
04      padding-top:3px;
05      height:35px;
06      width:330px;   /*移动设备下可将此宽度设计为 300px，下面 input 的宽度也变小*/
07  }
08  #input2
09  {
10      left:2px;
11      position:absolute;
12      font-size:20px;
13      width:240px;
14      height:25px;
```

```
15      border:0;
16      background:#FFFFFF;                              //颜色
17      border:1px solid #CCCCCC;                        //颜色
18  }
19  #go2
20  {
21      font-size:14px;
22      color:#FFFFFF;
23      position:absolute;
24      left:258px;
25      width:70px;
26      height:30px;
27      cursor:pointer;
28      border:0;
29      background:#4876FF;                              //颜色
30      border:1px solid;
31      border-radius:5px;                               //圆角
32  }
```

代码较为简单，不再赘述。

当更换背景图片、添加输入框发光效果、添加输入框背景色渐变、添加JavaScript代码时，可带来样式改变、立体效果增强和输入框动画等效果，所以搜索框样式可以是多种多样的，本书只列出简单的搜索框美化，这更加适应扁平化设计的风格。

18.3 微博发布框

在微博流行的年代，人们对微博发布框都不陌生，它不仅是一个输入框，还包括140字判断、提交判断等功能。新浪微博、腾讯微博的功能几乎一致，其他类似于QQ空间说说发布框的模块也可以借鉴。本节的实例主要实现仿腾讯微博发布框，主要技术为CSS定位布局、JavaScript完善功能。图18.13所示为微博发布框的效果图。

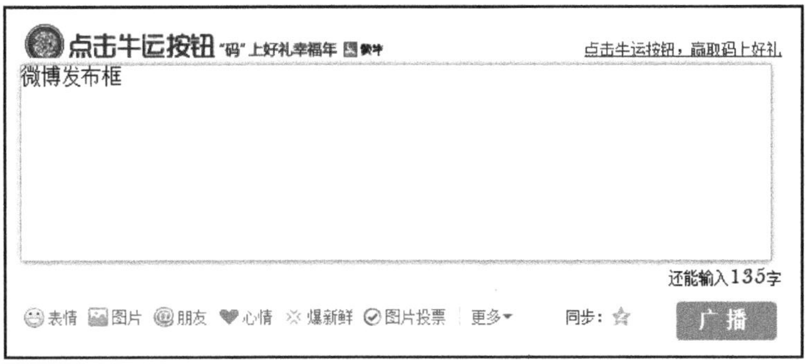

图 18.13 微博发布框

```
//HTML 代码
01  <div class="weibodiv">
02  <a href="#" class="ad"></a>
03  <a href="#" class="adtext">点击牛运按钮，赢取码上好礼</a>
04  <div class="weibotext">
05  <textarea></textarea>
06  <p id="weibotextnum">还能输入<span id="weibotextnumber">140</span>字</p>
07  </div>
08  <span id="weibobottomlinks"><img src="img/18.png" alt="" /></span>
09  <a class="post">广播</a>
10  </div>
```

在本实例的 HTML 中，发布框下方的链接并没有做，而是用 img 代替。在 CSS 部分，主要分为 3 部分：上部、中部和底部。上部大多放置广告图、广告链接或活动链接。左边元素使用左浮动，右边元素使用右浮动即可。在输入框上应用发光效果。字数提示默认不可见，只有在输入文字时可见。CSS 部分的代码如下：

```
01  *{margin:0;padding:0;font-size:12px;}
02  .weibodiv{
03      width:600px;
04      margin:20px  auto;                          /*整体水平居中*/
05  }
06  .ad{                                            /*上方广告模块*/
07      display:block;
08      width:291px;
09      height:30px;
10      background:url(img/1.png);
11      float:left;                                 /*浮动在左边*/
12  }
13  .adtext{                                        /*广告文本*/
14      position:relative;
15      float:right;                                /*浮动在右边*/
16      line-height:30px;
```

```
17      top:10px;
18  }
19  p{
20      float:right;
21  }
22  .weibotext{
23      margin:5px auto;
24      float:left;
25      top:30px;
26  }
27  textarea{                                 /*文本输入区*/
28      width:590px;
29      height:150px;
30      font-size:16px;
31      overflow:auto;
32  }
33  .post{                              /*发布按钮*/
34      display:block;                  /*此区域的设置与第 19 章中按钮的设置方法相似*/
35      color:#FFFFFF;
36      float:right;
37      border:1px solid;
38      width:80px;
39      height:30px;
40      text-align:center;
41      text-decoration:none;
42      line-height:30px;
43      margin:3px;
44      border-radius:5px;
45      font-size:16px;
46      font-weight:bold;
47      letter-spacing:5px;
48      background:#8BC528;
49      cursor:pointer;
50  }
51  #weibotextnumber{                         /*字数统计区域*/
52      font-family:Bell MT;                  /*效果较好的字体*/
53      font-size:20px;
54  }
55  #weibotextnum{                            /*字的数量*/
56      opacity:0;                            /*若没有输入，则隐藏*/
57  }
```

第 04 行使整个发布框居中，第 14 行和第 17 行调整右上角的文字高度，解决右浮动后文字处于右上角的问题。提交按钮的 CSS 样式较多，包括设置圆角、颜色、文字几何居中、文字间隔等。CSS 代码较为简单，主要实现基本样式和定位。

在 JavaScript 部分需要做的工作有：

- 输入框获得焦点时文本框发光——使用 onfocus 事件改变 CSS 样式。
- 字数提示显示——使用 onpropertychange 和 oninput 事件，在输入框字数发生改变时使用正则表达式统计出当前已经输入的字数并做判断，同时使用 JavaScript 写入 HTML 中给用户当前字数的提示。
- 输入框失去焦点时输入框回复初始状态——使用 onblur 事件改变 CSS 样式。
- 输入字数时判断字数改变提示文字的具体实现。
- 提交时判断字数是否符合要求。

以下的 JavaScript 代码为一种可行的方案：

```
01  <script type="text/javascript">
02  window.onload =function (){
03  var oT = document.getElementsByTagName('textarea')[0];      //获取到输入区
04  var weibotext=document.getElementsByClassName("weibotext")[0];//获取输入
区外容器
05  var weibotextnum=document.getElementById("weibotextnum");//获取数字提示语句
06  var weibotextnumber = document .getElementById('weibotextnumber');//获
取数字
07  var oA=document.getElementsByClassName('post')[0]; //获取“提交”按钮
08  var ie = !-[1,];                                   //判断是否为 IE
09  oT.onfocus=function (){                            //获得焦点函数
10      oT.style.border="1px #40E0D0 solid";
11      oT.style.boxShadow="0 0 10px #5CACEE";
12      weibotextnum.style.opacity="1";
13      var num = Math.ceil(getLength(oT.value)/2);
14      if(num=="")
15      {
16          oA.style.background="#7F7F7F"; //第一次获得焦点“提交”按钮为灰色
17      }
18  };
19  oT.onblur = function(){                    //失去焦点函数
20      oT.style.boxShadow="";
21      weibotextnum.style.opacity ="0";
22      oA.style.background="#8BC528";
23  };
24      if(ie){                                //字数变化事件的兼容，主要针对 IE
25          oT.onpropertychange = toChange;
26      }
27      else{
```

```
28          oT.oninput = toChange;
29      }
30      oA.onmouseover=function(){
31      oT.blur();
32      oA.style.background="#7CCD7C";
33      }
34      oA.onmouseout=function(){
35      oA.style.background="#8BC528";
36      }
37          oA.onclick=function (){                          //提交函数
38          var num = Math.ceil(getLength(oT.value)/2);     //获取内容长度
39          if(num==0|| num>140){
40              alert("不符合发布要求，请检查");
41          }
42          else{
43              alert("发布成功");                          //实际中动态加载到页面上
44              oT.value="";
45              weibotextnumber.innerHTML = "140";
46          }
47          }
48  function toChange(){                                     //字数变化时执行的函数
49          var num = Math.ceil(getLength(oT.value)/2);
50          if(num<=140){
51              weibotextnum.innerHTML =
52              "还能输入<span id='weibotextnumber'></span>52    字";
53          weibotextnumber = document .getElementById('weibotextnumber');
52                                                   //重新获取数字
53              weibotextnumber.innerHTML = 140 - num;
54              weibotextnumber.style.color = '';
55          }
56          else{
57              weibotextnum.innerHTML = "超出<span id='weibotextnumber'>
</span>字，
58      您可以转为<a href='#'>长微博</a>发送";
59          weibotextnumber = document .getElementById('weibotextnumber');
60          weibotextnumber.innerHTML=num-140;
61              weibotextnumber.style.color = 'red';
62              }
63          if(oT.value=="" || num>140){
64              oA.style.background="#7F7F7F"; //提交框为灰色
65          }
66          else{
67              oA.style.background="#8BC528"; //提交框为绿色
```

```
68              }
69          }
70              function getLength(str){                    //计算输入内容长度的函数
71          return String(str).replace(/[^\x00-\xff]/g,'aa').length;//正则表达式，
当为汉字时以 aa 计算长度
72          }
73      }
74  </script>
```

本例使用了严格的宽度匹配，所以在移动页面下的效果并不好。

18.4 拍立得效果框

拍立得效果框多用来装饰照片，使用 border 或元素边距、盒子阴影即可创建拍立得效果。图 18.14 所示为拍立得效果图。使用 padding 制作起来简单快捷，如果不需要在图片上加文字说明，那么仅用 border 也可以实现。

图 18.14　拍立得效果

CSS 代码如下：

```
01  body
02  {
03      background:#ABABAB;
04  }
05  img.palaroid{
06      background:#000;
07      height:200px;
08      width:300px;
09      border:solid #fff;
10      box-shadow:1px 1px 5px #333;                /*边框阴影*/
11      border-width:6px 6px 20px 6px;              /*各部分边框有不同的宽度*/
12  }
```

第 11 行使各部分的边框宽度不同，第 10 行为盒子加阴影。如果需要为图片添加说明文字，那么用 div 是最简单的：

```
01  div.palaroid
02  {
03      position:absolute;
04      left:50px;
05      top:300px;
06      text-align:center;
07      font-size:15px;
08      width:294px;
09      padding:10px 10px 10px 10px;                /*使用 padding*/
10      border:1px solid #BFBFBF;
11      background-color:white;
12      box-shadow:2px 2px 3px #aaaaaa;
13      transform:rotate(30deg);                    /*旋转*/
14      -ms-transform:rotate(30deg);                /* IE 9 */
15      -moz-transform:rotate(30deg);               /* Firefox */
16      -webkit-transform:rotate(30deg);            /* Safari and Chrome */
17      -o-transform:rotate(30deg);                 /* Opera */
18  }
```

第 13~17 行向 div 应用了 CSS 3 中的 2D 转换，使 div 绕其几何中心顺时针旋转 30 度。有关 2D 转换的内容可以参考第 21 章。这在图片墙中也是必须设置的效果，在此基础上实现的图片墙可参照后面的章节。

18.5 CSS 3 动画边框

在网页设计中经常使用边框使得区块分明，无论边框是什么形状的、有多美观，大多是静态的。在 CSS 3 时代，完全可以不借助 JavaScript 实现动画的效果，因为 CSS 3 动画即可胜任。本节将用 CSS 3 动画和背景巧妙地实现图片的动画边框，效果如图 18.15 所示，图片是静态的，实际上边框是不断变化的。它的本质并不是边框而是背景，所以它是“伪边框”，从视觉上却根本察觉不出。这也是本实例的巧妙之处。

图 18.15　动画边框

因为是“伪边框”，所以图片下面是有斜纹的，只是被图片挡住了。HTML 部分代码如下：

```
01  <div id="demo">
02      <div class="animation_border"></div>
03      <img src="imgs/18.jpg" width="300" height="150" alt="" />
04  </div>
```

外层的 div 作为容器，内层的 div 作为背景容器，这里选取两个 div 的原因是后面动画中将使用透明度设置，默认边框是显示不出来的，只有在鼠标指向图片时边框才会出现，如果仅使用 1 个 div，那么透明度为 0 时会造成图片不可见。这里不需要对只有 HTML 代码的网页做演示，直接开始应用 CSS：

```
01  *{
02      margin:0;                /*简单初始化*/
03      padding:0;
04  }
05  #demo {                  /*图片下方边框预留区域定位*/
06      width: 300px;
07      padding: 10px;
08      position: absolute;
09      left:50px;
10      border:1px solid;
11  }
12  #demo > img {                    /*图片设置*/
13      display: block;
14      position: relative;
```

```
15        cursor:pointer;
16    }
```

第 01~04 行把外边距和内边距重置为 0，第 05~11 行对容器大小和位置进行设置。第 07 行把容器的内边距设置为 10 像素，这里是边框的存在区。第 12~16 行使图片块状显示，指向图片的鼠标样式为手形。执行以上的 CSS 代码会得到如图 18.16 所示的效果。

图 18.16　初步设置

下面不会再对图片做出改变，暂且把图片放在一边。开始“伪边框”（背景）的制作。首先应该让内层 div 充满外层 div。

```
01    .animation_border {
02        position: absolute;
03        top: 0;
04        left: 0;
05        right: 0;
06        bottom: 0;
07    }
```

为了讲述方便，笔者首先把背景设置为正方形，然后利用 CSS 渐变做一个斜纹的背景。以下代码执行之后的效果如图 18.17 所示。

```
01    .animation_border {
02        background-image: -webkit-linear-gradient(45deg, red 25%, transparent 
25%,
03            transparent 50%, red 50%, red 75%, transparent 75%, transparent);
04        background-image: -moz-linear-gradient(45deg, red 25%, transparent 
25%, transparent 50%, red 50%, red 75%, transparent 75%, transparent);
05        background-image: linear-gradient(45deg, red 25%, transparent 25%, 
transparent 50%, red 50%, red 75%, transparent 75%, transparent);
06    }
```

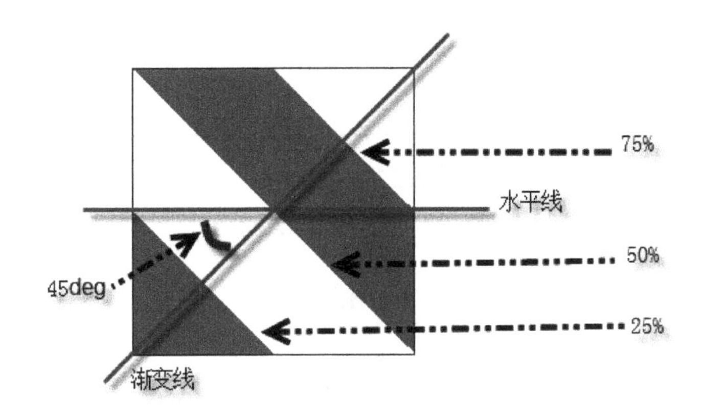

图 18.17　渐变斜纹图

CSS 渐变的第一个参数选用了度数，在-webkit-前缀、-moz-前缀和-o-前缀下，这一度数是由水平线沿逆时针方向与渐变线的角度，如图 18.17 所示。在没有前缀时，这一度数是由竖直线沿逆时针方向与渐变线的角度。其他的颜色暂停点都已经在图中标注出来，0%~25%和 50%~75%是红色的，25%~50%和 75%~100%是透明的，也就是背景是白色的。

谷歌浏览器、IE 浏览器、Opera 浏览器最新版本都支持不加前缀，书写前缀是为了兼容火狐浏览器、Safari 浏览器和许多低版本浏览器。

这样看来，虽然现在已经借助 CSS 渐变实现了斜纹，但是使用这一大图做背景显然是不合适的，并且达不到很多条纹的效果。细分更多的百分比制作更多条纹显然也是不合适的。这时背景图片的大小就很有用了，再添加一行代码，执行后的效果如图 18.18 所示。

```
01  .animation_border {
02      background-size: 30px 30px;
03  }
```

图 18.18　背景图片大小改变之后的效果

下一步便是如何让条纹动起来，需要使用 background-position 属性。图 18.19 所示的条纹运动原理图中，当背景图由位置 1 缓慢地变化到位置 2，即 background-position 的值由 0,0 变化到 60,30 的时候，从视觉上看，条纹就会动起来。实现运动的数值不是固定的，60,30 仅为本例中一种可行的方案，其他合理的数值也是可以的。为了更好地理解，建议读者截取两幅同样大小的条纹图，做拖曳条纹图从一个位置到另一个位置的实验，理解就不难了。

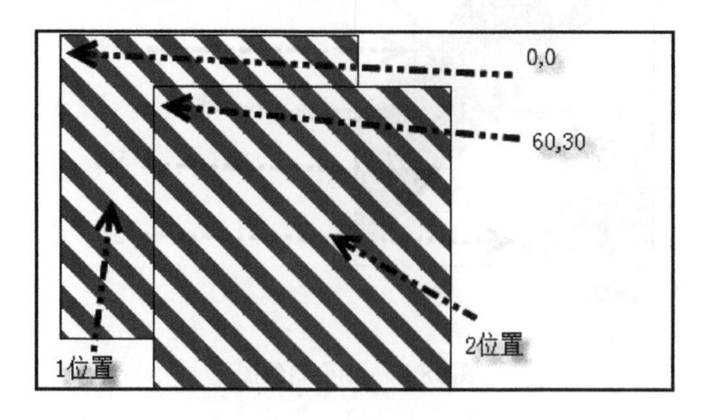

图 18.19　条纹运动原理图

得到合适的值之后，下一步与 CSS 3 动画结合起来。首先使用@keyframes 规则定义适应各种浏览器的动画。然后让斜条纹执行这些动画。下面是这部分的 CSS 代码，执行这些代码之后，斜条纹就可以运动了，这时把图片显示出来，把条纹的大部分遮盖起来，只剩外层容器的 padding 部分是图片遮盖不住的内容，这样看来斜纹背景便成为图片的运动边框了。

```
01  @-webkit-keyframes animate {                    /*定义动画 webkit*/
02  from {
03      background-position: 0 0;
04  }
05  to {
06      background-position: 60px 30px;
07  }
08  }
09  @-moz-keyframes animate {               /*定义动画 opera*/
10  from {
11      background-position: 0 0;
12  }
13  to {
14      background-position: 60px 30px;
15  }
16  }
17  @keyframes animate {                    /*定义动画 w3c*/
18  from {
19      background-position: 0 0;
20  }
21  to {
22      background-position: 60px 30px;
23  }
24  }
```

```
25  .animation_border {                    /*应用动画*/
26      -webkit-animation: animate 0.5s linear infinite;
27      -moz-animation: animate 0.5s linear infinite;
28      animation: animate 0.5s linear infinite;
29  }
```

最后，把运动的斜纹背景设置为透明，当鼠标指向图片时，通过：hover 伪类改变其透明度使得边框展现。为了加强视觉体验，再使用 CSS 3 中的 transition 属性为动画做缓冲的效果，鼠标指向图片时在 0.3s 内将边框缓慢展示出来，鼠标移开时淡出，代码如下：

```
01  .animation_border {
02      opacity: 0;
03      -webkit-transition: opacity 0.3s ease;
04      -moz-transition: opacity 0.3s ease;
05      transition: opacity 0.3s ease;
06  }
07  #demo:hover .animation_border{
08      opacity: 1;
09  }
```

至此，本实例的所有代码均已完成，完整的代码请参随书源代码。

本实例运用的是转换的思想，即通过设置背景转换为边框，用法巧妙并且可以扩展到其他方面，如会动的进度条。

在 CSS 的渐变部分，可以使用重复渐变而不必使用 background-size 实现，具体的实现可以参考第 20 章。

本节 CSS 部分涉及第 21 章的内容，如果有疑问，可详细阅读 21.1 节的内容。

18.6 边框移动特效

在迅雷的登录界面，在用户名和密码输入框上切换时有一款很漂亮的边框移动特效，本节的实例就是把迅雷登录界面的这一特效扩展到网页中，相信这一特效能够带来良好的用户体验。效果图如图 18.20 所示，当单击某个输入框或者按 Tab 键使焦点框获得焦点时，边框就会移动到该输入框上，同时尺寸也会变化为该输入框的大小。

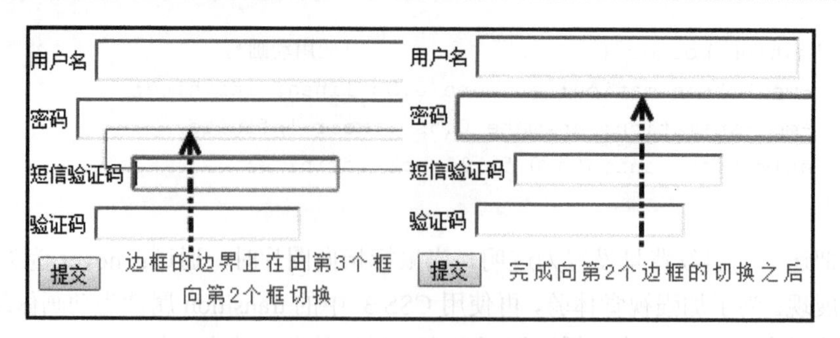

图 18.20　边框移动特效

实现的原理非常简单，在网页中有许多 input 框和一个 div，这个 div 为绝对定位。看到的边框移动实际上是 div 大小和位置改变的结果，并不是输入框的边框到处飞。所以在 CSS 部分只需要对此 div 进行设置：

```
01    #animate_border{
02        position:absolute;left:0;top:0;
03        width:0;height:0;border:1px solid #2CAAC9;box-shadow:0 0 3px #0AF1F5;
04    }
```

在 JavaScript 部分，为每个输入框添加 onfocus 事件，当输入框获得焦点时，获取该输入框的长度、宽度、左偏移值和上偏移值，并将其应用在 div 的 length、width、left 和 top 属性上，当然要使 div 均匀变化到目标值（也就是运动）。

一种 JavaScript 解决方案如下，运动部分同样使用本书经常用到的运动框架（框架函数见随书源代码）：

```
01    <script type="text/javascript" src="js/zQuery.js"></script>
02    <script type="text/javascript">
03    window.onload=function(){
04        var inputs=document.getElementsByTagName('input');      //获取输入框
05        var animate_border=document.getElementById('animate_border');  //获
取div
06        for (var i=0;i<inputs.length ;i++)
07        {
08            //为输入框添加 onfocus 事件并传入变化函数
09            inputs[i].onfocus=function(){change_border_to(this);}
10        }
11        function change_border_to(obj){                //出入某个输入框
12        var this_width=obj.offsetWidth;                //获得该输入框的宽度
13        var this_height=obj.offsetHeight;              //获得该输入框的高度
14        var this_left=obj.offsetLeft;                  //获得该输入框的左偏移值
15        var this_top=obj.offsetTop;                    //获得该输入框的上偏移值
16    move(animate_border,{width:[this_width],height:[this_height],left:
[this_left],top:[this_top]});
17                                                //使用运动框架动态改变 div 样式
```

```
18          }
19     }
20     </script>
```

运动框架的功能与 jQuery 中的 animate 效果相似，可以轻易地根据本实例中的注释扩展同样的效果到 jQuery 上。

18.7 Banner 图片的标签

使用 CSS 代码可以在 Banner 图片上添加标签效果，看起来如图 18.21 所示。

图 18.21　标签效果图

在开始之前，首先说明如何用 border 制作各式各样的形状。在许多导航链接中使用一个小三角形指明这是一个下拉菜单，如果该处也要使用一张图片，那么必然有些麻烦。使用 border 可以轻松创建一些图形，如图 18.22 所示，当然也可以制作梯形。

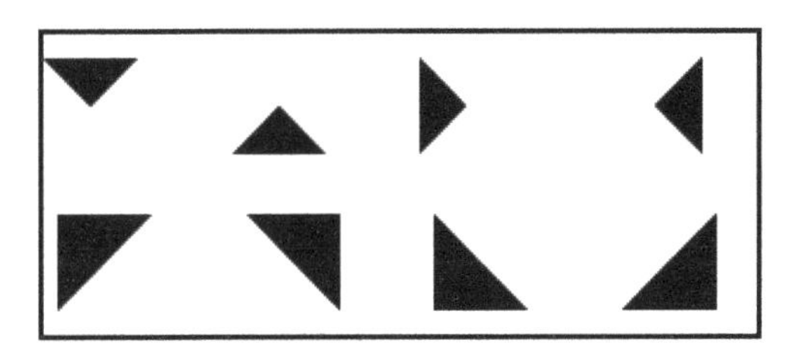

图 18.22　使用 border 创建图形

在网页中，边框并不是 4 条线组合在一起的，当边框足够宽时，就能看到边框的真正面目，如图 18.23 所示。当使某些边框变成透明时，各种形状组合就出现了，例如：

```
01   border-top:20px solid;
02   border-left:20px solid transparent;
03   border-right:20px solid transparent ;
04   border-bottom:20px solid transparent;
```

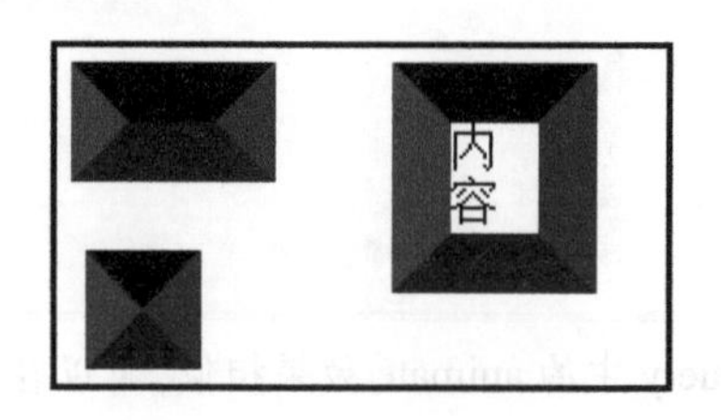

图 18.23　边框

几张图对比就可以轻易发现实例的原理，使用 before 伪类在图片上方添加一个去掉右边框的元素，使用 after 伪类在图片下方添加一个三角形，并使用 content 添加文字。其代码如下：

```
01   .featureBanner:before {
02       position:absolute;top:5px;left:-8px;z-index:1;          /*定位相关*/
03       padding-right:10px;font-weight:bold;line-height:0px;
04       color:#000;height:0px;
05       border: 15px solid #EE7600;                       /*利用的是 border 属性*/
06       border-right-color: transparent;                  /*去掉右边的边框*/
07       content: "图片";                                  /*这里定义标签上的文字*/
08       box-shadow:-0px 5px 5px -5px #000;
09   }
10   .featureBanner:after {                                /*第二部分的效果*/
11       content: "";
12       position:absolute;top:35px;left:-8px;
13       border: 4px solid #89540c;
14       border-left-color: transparent;
15       border-bottom-color: transparent;
16   }
```

在 CSS 3 的时代，网页设计中可以使用更多新属性将 div 打造成各式各样的图标，One div 就是专门使用纯 CSS 3 代码制作图标的一员，虽然这些图标存在低版本浏览器的兼容问题，但并无大碍。

可以使用 CSS 3 圆角、CSS 3 渐变、before 和 after 等属性创建回形针等其他效果，将回形针与拍立得效果结合起来会有很好的效果。

18.8 黑白图片

有时在网页中需要使用黑白照片，比如发生大地震时，各大网站都把自己的 LOGO 变为黑白图。早在 IE 6~IE 9 时代，黑白图片在 IE 下就可以使用滤镜（filter:gray）轻松实现，但滤镜只是 IE 的“专利”，其他浏览器无法识别，并且从 IE 10 开始，IE 浏览器也抛弃了滤镜。

在 CSS 3 中，可以使用 filter:grayscale(100%)来实现，麻烦之处在于不同的浏览器需要添加不同的前缀，例如：

```
.gray{
filter:gray;
-webkit-filter: grayscale(100%);
 -moz-filter: grayscale(100%);
 -ms-filter: grayscale(100%);
 -o-filter: grayscale(100%);
}
```

上述代码可以在 Chrome、Microsoft Edge 中测试，但不支持 IE。本例效果如图 18.24 所示。

图 18.24　黑白照片

实现黑白照片的途径并非只有一条。使用 JavaScript 是简洁方便、兼容性很好的方案，有很多提供黑白图片的 JS 库。正如牛顿所说："站在巨人的肩膀上"，使用前人的经验往往使得解决问题变得简单，进而提高工作效率。有的时候，需要从多种角度（资源、代码开销、复杂度等）综合考虑整体的代价，然后制定解决方案。

18.9 图片水印

网站上使用图片水印一般是在图片上加上自己网站的网址、图标或者某些文字。此类应用多为防盗图而设置。如果图片加水印的目的在于防盗，那么根本的方式必然是直接用图片工具（如 Photoshop）处理。只是为了得到图片水印的效果，希望本节的实例能有用，实例中使用定位法将图片说明附到图片的某一位置，效果如图 18.25 所示。

图 18.25　使用图片作为水印和使用文字作为水印的效果展示

使用纯 CSS 布局实现代码很简洁，思路很简单。其代码如下：

```
01  div.shui{
02      border:1px solid;opacity:0.5;
03      position:absolute;bottom:0;right:0;
04  }
05  div.img{border:1px solid ;position:relative;display:inline-block;}
06  img.big{width:250px;height:150px;}
```

如果要尽可能地实现图片防盗，那么可以把 img 标签用 background 替代。也可以通过在最上层加一个遮罩层来阻止普通用户下载图片（依然可以通过浏览器控制台获取图片资源）。

18.10 图片细节放大展示

几乎在所有的电子商务网站（如当当、淘宝、京东商城）里都有图片放大效果（也被称为放大镜）的应用。图片放大展示效果的主要目的是让顾客看到更清晰、更接近实物的大图，为购买提供便利。图 18.26 是本节实例的效果图，虽然各种网站上的图片展示效果的代码不尽相同，但原理基本是相同的。

本例涉及鼠标操作，只在 Web 端有效，移动端的放大则由浏览器自己的功能实现。

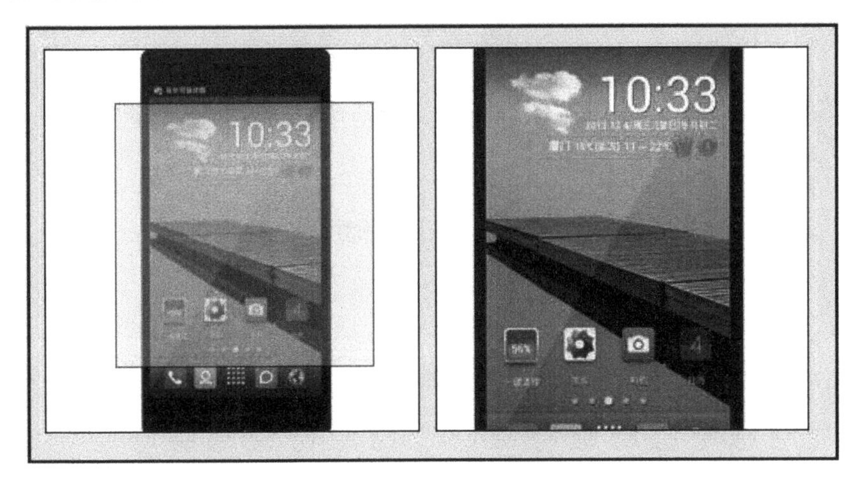

图 18.26　图片放大效果

在 HTML 中，对最外层 div 命名，便于在多处应用时取得整体元素。在此 div 中包含两个小 div，一个是左边小图所在的 div，另一个是右边大图所在的 div，赋给它们 CSS 类名以便重复利用。在左边的 div 中，还需要有一个与 div 大小一致的 cover 遮罩和一个半透明的小浮动层。综合起来的 HTML 代码如下：

```
01  <div id="show_bigger_pic">
02  <span class="cover"></span>
03  <span class="float_span"></span>
04  <div class="small_pic_div">
05  <img src="img/small.jpg" alt="" />
06  </div>
07  <div class="big_pic_div">
08  <img src="img/big.jpg" alt="" />
09  </div>
10  </div>
```

在布局 CSS 之前，首先应该考虑整体。为了增强实用性以及减少出错的可能性，应该把最外层的定位设置为绝对定位，再进行处理。如果绝对定位没有问题，那么其他的定位方式一般也能通过。大图 div 应该为左浮动，小图 div 应为相对定位以便子元素进行绝对定位，小图 div 的子 span 元素都应为绝对定位，脱离文档流。在初步布局做好之后，把大图 div 和浮动层都隐藏起来，考虑完成后再开始写 CSS 代码。其代码如下：

```
01  *{margin:0;padding:0;}
02  #show_bigger_pic{
03      position:absolute;
04      width:500px;
05      height:400px;
06      top:200px;
07      left:200px;
08  }
```

```
09  .small_pic_div{           /*小图区*/
10      width:240px;
11      height:240px;
12      border:1px solid;
13      float:left;
14      position:relative;  /*便于覆盖层的绝对定位*/
15  }
16  .big_pic_div{             /*大图区*/
17      width:240px;
18      height:240px;
19      border:1px solid;
20      float:left;
21      margin-left:10px;
22      display:none;         /*大图默认不显示*/
23      overflow:hidden;
24  }
25  .big_pic_div>img{
26      position:relative;
27  }
28  .cover{
29      width:240px;
30      height:240px;
31      position:absolute;  /*覆盖层绝对定位*/
32      border:1px solid;
33      z-index:2;
34      left:0;               /*绝对定位时不指定 left 和 top 在火狐下会产生错误*/
35      top:0;
36  }
37  .float_span{
38      width:165px;
39      height:165px;
40      position:absolute;
41      left:0;               /*绝对定位时不指定 left 和 top 在火狐下会产生错误*/
42      top:0;
43      z-index:1;
44      background:#B2DFEE;
45      opacity:0.5;
46      display:none;         /*当前放大区域指示器默认不显示，只在鼠标指向图片时显示*/
47      border:1px solid;
48  }
```

为了减少错误概率，第 03~07 行对整体 div 设置了随意的值。由于本实例中元素大小的值可由 JavaScript 部分动态决定，因此第 10~11 行、第 17~18 行、第 29~30 行和第 38~39 行对大小可随意设置，但 cover 层和小图 div 的大小是一致的。cover 层的作用是供 onmousemove 事件使用，所以需要把整个小图都覆盖起来，并且它在重叠的多个元素的最上面（第 33 行）。第 21 行为左右两部分设置间距，第 23 行将大图 div 之外的图片区域隐藏起来。

理论上讲，使用图片作为背景图片，结合 background-size 和 background-position 属性也可以实现，但在浏览器兼容方面不如使用 img 定位实现好，所以本例中使用 img 定位。

在 JavaScript 方面主要做的工作有以下几方面，这也是基本通用的流程。

（1）在页面加载完成之后取得所有将要用到的 HTML 元素。

（2）当鼠标移动到小图上时，鼠标样式改变，右边的大图出现，小图上的浮动层也出现，并在鼠标的位置。同时记录小图、大图、小 div 的大小参数供后面使用。

（3）当鼠标移开小图时，第（2）步的样式逆向改变。

（4）当鼠标在小图上移动时，获取鼠标的位置，并转换为浮动层相对于小图 div 的定位 left 值和 top 值。转换方法：left 值为鼠标的横坐标位置-最外层容器距离左边缘的位置-浮动层宽度的一半；top 值为鼠标的纵坐标位置-最外层容器距离上边缘的位置-浮动层高度的一半。还需要对浮动元素的可移动区域进行限制，当 left、top 值小于 0 或大于一定数值之后，将数值强制变为 0 或最大值从而使浮动层固定。

（5）右边的大图的 left 值与 top 值应伴随浮动层的改变而改变。改变方法：left 值=比例×大图的宽；top 值=比例×大图高度。其中的比例分别为 percentX=left/小图宽度、percentY=top/小图高度。

（6）为了使右图的展示区域符合左图中浮动层的覆盖区域，需要对浮动层的大小进行计算，计算使用第（2）步中的值，具体参考代码。

（7）写 JavaScript 代码，修复错误，增强代码的重用性。

以下的 JavaScript 代码是一种可以实现的解决方案，对应上述的 JavaScript 说明并带有注释帮助理解。

```
01  <script type="text/javascript">
02  function gbc(tparent,tclass){           //获取指定父元素的指定类的子元素的函数
03      var allclass=tparent.getElementsByTagName('*');
04      var result=[];
05      for (var i=0;i<allclass.length;i++)
06      {
07          if(allclass[i].className==tclass)
08          result.push(allclass[i]);
09      }
10      return result;                       //返回的是数组
11  }
12  window.onload =function (){
13      var sbp=document.getElementById('show_bigger_pic');//获取最外层 div
```

```
14      var  c=gbc(sbp,'cover')[0];                             //获取 cover 层
15      var  fs=gbc(sbp,'float_span')[0];                       //获取浮动层
16      var spd=gbc(sbp,'small_pic_div')[0];                    //获取小图 div
17      var sp=spd.getElementsByTagName('img')[0];              //获取小图
18      var bpd=gbc(sbp,'big_pic_div')[0];                      //获取大图 div
19      var bp=bpd.getElementsByTagName('img')[0];              //获取大图
20      var spw;                                                //比例计算变量
21      var sph;
22      var bpw;
23      var bph;
24      var btn=true;                                   //开关，因参数只需获取一次
25      c.onmouseover  =function(){                     //鼠标移入小图
26      fs.style.display="block";
27      bpd.style.display="block";
28      c.style.cursor="pointer";
29      if(btn){                 //获取大、小图片的参数以便浮动层大小的计算，仅获取一次即
可
30          spw=sp.offsetWidth;
31          sph=sp.offsetHeight;
32          bpw=bp.offsetWidth;
33          bpw=bp.offsetHeight;
34          spdw=spd.offsetWidth;
35          spdh=spd.offsetHeight;
36          var fsw=Math.ceil(spw/bpw*spdw);                    //比例计算
37          var fsh=Math.ceil(sph/bph*spdh);
38          fs.style.width=fsw+'px';                            //浮动层大小设置
39          fs.style.height=fsh+'px';
40          btn=false;                                          //获取完关闭开关
41      }
42  };
43  c.onmouseout  =function(){                                  //鼠标移出
44      fs.style.display="none";
45      bpd.style.display="none";
46  };
47  c.onmousemove =function (ev){                               //鼠标移动
48      var pos=ev||event;
49      var left=pos.clientX-sbp.offsetLeft-fs.offsetWidth/2;  //计算 left
50      var top=pos.clientY-sbp.offsetTop-fs.offsetHeight/2;   //计算 top
51      if(left<0){
52          left=0;                                     //当小于 0 时强制固定
53      }
54      else if(left>c.offsetWidth-fs.offsetWidth){     //防浮动层移出图片区
55          left=c.offsetWidth-fs.offsetWidth;
```

```
56         }
57         if(top<0){
58             top=0;
59         }
60         else if(top>c.offsetHeight-fs.offsetHeight){
61             top=c.offsetHeight-fs.offsetHeight;
62         }
63         fs.style.left=left+"px";                          //浮动层位置改变
64         fs.style.top=top+'px';
65         var percentX=left/c.offsetWidth;                  //比例计算
66         var percentY=top/c.offsetHeight;
67         bp.style.left=-percentX*(bp.offsetWidth)+"px"; //右边大图位置的改变
68         bp.style.top=-percentY*(bp.offsetHeight)+"px";
69         }
70     }
```

18.11 图片的瀑布流

瀑布流效果是一种当下非常流行的图片展示布局，一般是一行多列，每一列中元素的宽度相等、高度不同，给人一种参差不齐却整体不乱的感觉。图 18.27 所示为瀑布流布局的效果图。瀑布流效果是一种很好的图片展示方式，百度图片、美丽说、蘑菇街等许多网站都采用这种布局方式。在实际应用中，往往是通过 Ajax 请求数据的，以达到动态添加图片的效果。

图 18.27　瀑布流

瀑布流在 CSS 布局方面比较简单，一般使用浮动定位和绝对定位都可以实现，只是在动态加载方面使用 JavaScript 处理比较麻烦。可以说整个瀑布流效果的核心并不在 CSS 上，JavaScript 才是它的核心。笔者以浮动瀑布流为例介绍。

使用浮动制作瀑布流的显著优点是 CSS 代码较为简单，并且容易理解。这种方式的特点是 CSS 定位容易，但 JavaScript 动态加载较复杂。HTML 结构和 CSS 代码如下：

```
//HTML 部分
01  <div class="pubuliu">
02  <ul>
03      <li><img src="img/1.jpg" alt="" /><p>标题</p></li>
04      更多的 li
05  </ul>
06  更多的 ul
07  </div>
//CSS 部分
01  *{margin:0;padding:0;}
02  .pubuliu{
03      /*width:708px;    移动设备下可去掉本代码*/
04      height:auto;                    /*居中*/
05      margin:20px auto;
06  }
07  .pubuliu>ul{
08      width:226px;
09      margin:5px;
10      float:left;
11      list-style:none;
12  }
```

在 HTML 中每一个 ul 对应网页中每一列图片，一般在瀑布流布局中网页上的每一列图片都会使用相同的宽度，在 CSS 中第 08 行每个 ul 的宽度是与图片相同的。第 09 行每个 ul 留 5 像素的外边距使它们保持距离。第 10 行使 ul 左浮动。在第 03 行，整体的宽度需要依据每列的宽度和外边距计算，使所有的列都能盛放在 div 中，第 04 行使图居中显示。这样瀑布流的布局就完成了。

无论是浮动定位还是绝对定位，都要实现动态加载，在 JavaScript 方面需要做的基本是一致的，实现的过程有以下几个主要步骤：

（1）确定如何在使用 JavaScript 之前手动地修改 HTML 代码模拟动态修改。

（2）确定如果使用 JavaScript，那么需要在什么情况下触发执行。

（3）确定如何实现触发。

（4）确定触发之后 JavaScript 需要做什么工作。

（5）写 JavaScript 代码与修复错误。

基于上面的思路，考虑实际的问题：

- HTML 中每一列 ul 的每一个 li 元素为每块图片的内容，当增减 ul 中 li 的数量时，体现在网页上便是每一列图片的增减，所以 JavaScript 需要做的是修改这些 li 来代替手动添加的过程。
- 瀑布流的期望是当滚动条拖曳到页面的最后一幅图片（无论它在哪一列）时，加载新的图片和内容，然后使这些内容变为每个 li 元素插入对应的列中。
- 如何判断滚动条是否已经拖曳到了底部？首先获取窗口的可用高度范围 d1，在每一次滚动条滚动时，获取滚动条滚动过的距离 d2。遍历所有的列，取得每一列最后一个元素的高度 d3 以及该元素距离文档顶部的距离 d4。当 d3+d4<d1+d2 时，大致（因为取得的值没有取整，所以为大致，小数的影响可以忽略）可以判定滚动到了每一列的最后一个元素底部，这时便需要加载新的数据。在实际应用中，往往通过 Ajax 请求一个 URL。

为了便于测试，本例的数据为固定数据，所有的数据直接以 JSON 的方式写在了 JavaScript 文件中，Ajax 请求这一文件进行操作，另外本例是无限加载的，实际中有限加载时使用布尔变量做一个开关控制与动态 URL 结合即可。

- 触发之后需要执行的必然是 Ajax 请求，请求到数据之后，把数据组成一串 HTML 代码，添加到相应的列中即可。
- 最后写 JavaScript 代码与修复错误。

在写 JavaScript 时常常遇到错误，建议使用浏览器的控制台进行调试，Chrome、Opera 和 Firefox 浏览器均有调试台的功能，能够指明错误的地点，并且可以在 JavaScript 中通过 console.log()在控制台做数据记录，是很好的工具。

下面这段代码是浮动定位瀑布流实例中基于 jQuery 的 JavaScript 代码，在当前主流浏览器上测试均可正常工作。代码中做了详细的注释，结合上述的分析可快速理解。

```
01  <script type="text/javascript" src="js/jq.js"></script>
02  <script type="text/javascript">
03  $(function (){
04  var veiw_height=$(window).height();      //获取窗口可以使用范围的高度
05  var str;                                  //HTML 组建时的字符串存放变量
06  $(window).resize(function(){
07  veiw_height=$(window).height();           //窗口大小改变时刷新可用范围的高度
08  });
09  $(window).scroll(function (){             //滚动条滚动触发
10  var uls=$(".pubuliu").children("ul");     //获取所有的列
11  for (var i=0;i< uls.length;i++ )          //遍历列
12  {
13      var lastli=uls.eq(i).children("li").last();//获取每一列的最后一个元素
```

```
14        var  top_distance =lastli.offset().top;      //获取最后一个元素距离文档顶部的距离
15        var listli_height=parseInt (lastli.css("height")); //获取最后一个元素的高度值
16        var scroll_distance=document.documentElement.scrollTop||
document.body.scrollTop;
17                                                    //获取滚动条向下滚动的距离
18        if(top_distance+listli_height<veiw_height+scroll_distance) //判断是否到达了底部
19        {
20            ajax(i);                                //需要加载新内容，ajax 请求
21        }
22    }
23    });                                             //滚动结束
24    });                                             //主函数结束
25    function ajax(number){
26        $.ajax({url:"js/data.js ",
27        success:function(data)                      //回调函数
28        {
29            str="";                                 //清空字符串变量
30            data=eval(data);                        //解析 json
31                var n2=data[number].src.length;
32                for (var j=0;j<n2;j++ ) {           //遍历数据
33                    str+="<li><imgsrc="+data[number].src[j]+"alt=''/>
34                    <p>"+data[number].title[j]+"</p></li>";
35                    }
36                $(".pubuliu").children("ul").eq(number).append(str); //添加至相应的列中
37        }
38        });                                         //请求结束
39    }                                               //ajax 函数体结束
40    </script>
```

本节所讲的瀑布流重点在于实现原理，对于美化方面可以自由发挥，具体样式可以参考名站的做法。

18.12 图片墙

图片墙是一种用来展示一系列图片的网页，用户可以使用鼠标拖曳图片查看。本节结合本

章中的拍立得效果框、CSS 3 2D 转换和拖曳来制作图片墙效果，如图 18.28 所示。

图 18.28　图片墙

本例使用了鼠标拖曳效果，只在 Web 端有效。

在 HTML 部分每一张图片的结构都是下面这样的：

```
01    <div class="polaroid">
02    <div class="cover"></div>
03    <img src="img/1.png" alt="" />
04    <p>图片说明文字</p>
05    </div>
```

最外层的 div 设置拍立得效果，第 02 行中的 div 为最外层的遮罩层，目的是避免图片文字被选中和被拖曳。CSS 部分则需要进行以下设置，其中不包括 2D 转换中的 transform 属性，该属性由 JavaScript 部分随机生成。

```
01    *{margin:0;padding:0;}
02    body{background:url("img/bg.jpg");overflow:hidden;}
03    .polaroid{padding:10px;background:#FFF;text-align:center;width:auto;
position:absolute;}
04    .cover{position:absolute;width:100%;height:100%;z-index:10;}
```

拍立得效果框由 padding 生成（与曾经的实例不同，是另一种实现方式），当然也可以使用图片作为背景来生成，对图片设置绝对定位，在 JavaScript 部分改变 left 和 top 实现拖曳。第 04 行中的遮罩层保持在图片和文字的上方。

JavaScript 部分需要完成的工作有随机产生定位值和旋转度数、当点击某张图片时使该图片调整到最上层、随意拖曳图片和使用键盘上的左右箭头对图片的旋转度数进行调整。下面是一种可行的 JavaScript 方案，代码较为简洁。获取当前的旋转度数、获取窗口大小和实现拖曳等次要内容全部写在一个 JS 文件中，以下只说明与 CSS 相关的主要内容。

```
01    <script type="text/javascript"src='js/zQuery.js'></script> //次要部分函数
```

```
02  <script type="text/javascript">
03  window.onload =function (){
04  var ocover=getbyclassname("div","cover");        //获取遮罩层
05  var pre=ocover[0].parentNode;                    //在图片切换时存放上一张图
06  var body=document.getElementsByTagName('body')[0];//获取body供窗口大小的设置
07  resize();                                        //随机参数生成
08  window.onresize=resize;                          //页面大小调整刷新参数
09  function resize(){                               //随机图片布局的生成
10  var winh=win('height');var winw=win('width');    //获取窗口大小
11  body.style.width=winw;                           //设置body宽度
12  body.style.height=winh;                          //设置body高度
13  for (var i=0;i<ocover.length ;i++ )
14  {
15      var left=Math.random()*(winw-1.3*ocover[i].offsetWidth); //随机left
16      var top=Math.random()*(winh-ocover[i].offsetHeight);//随机top
17      var deg=Math.random()*45;                    //随机角度
18      if (i%2==0)
19      {
20          deg=-deg;                                //图片顺、逆时针旋转交替进行
21      }
22      ocover[i].parentNode.style.left=left+'px';           //设置定位值
23      ocover[i].parentNode.style.top=top+'px';
24      ocover[i].parentNode.style.webkitTransform='rotate('+deg+"deg)";
//设置旋转度数
25      ocover[i].parentNode.style.mozTransform='rotate('+deg+"deg)";
26      ocover[i].parentNode.style.oTransform='rotate('+deg+"deg)";
27      ocover[i].parentNode.style.msTransform='rotate('+deg+"deg)";
28      ocover[i].parentNode.style.transform='rotate('+deg+"deg)";
29      ocover[i].onmousedown=function (){           //选中图片
30      pre.style.zIndex=0;                          //上一张图片的zIndex变为0
31      this.parentNode.style.zIndex=1000;           //当前图片调整到最上层
32      drag(this.parentNode);                       //实现当前图片的拖曳
33      pre=this.parentNode;                         //更新上一张图片为本图
34      }
35  }
36  }
37  document.onkeydown=function(event){              //键盘按下
38  var deg=css(pre,'rotate')[0];                    //获取图片当前的旋转度数
39  if(event.keyCode==37){                           //判断按键（左箭头）
40      deg--;                                       //度数减小
41      if (deg<-90)
42      {
43          deg++;                                   //防止颤抖(考虑到方法css())
```

```
44          }
45  }else if(event.keyCode==39){                          //判断按键（右箭头）
46      deg++;
47          if (deg>90)
48          {
49              deg--;
50          }
51  }else{
52          return false;
53  }
54          pre.style.webkitTransform='rotate('+deg+"deg)";          //设置角度
55          pre.style.mozTransform='rotate('+deg+"deg)";
56          pre.style.oTransform='rotate('+deg+"deg)";
57          pre.style.msTransform='rotate('+deg+"deg)";
58          pre.style.transform='rotate('+deg+"deg)";
59  }
60  }
61  </script>
```

使用 JavaScript 设置 rotate 属性的值虽然简单，但获取当前的旋转度数会返回 matrix 方法的 6 个参数，在处理时要根据得到的值进行处理从而得到当前的度数。由于篇幅原因，次要部分的实现可参考随书源代码。

18.13 图片轮播图

图片轮播图也被称为焦点图，是网页设计中使用最多的效果之一，多数网站上都能看到图片轮播图的身影。曾经有一项调查显示，图片轮播图的转化率能达到很高的水平，很多网站把焦点内容以这种形式展现出来，于是图片轮播图又名焦点图。图片轮播图的样式多种多样，JavaScript 的实现也不尽相同，但实现的原理有限，常用的有定位法、显示隐藏法和无缝切换法等。本节就常用的几种方法分别实现同一款图片轮播图的不同效果，它们的长相相同，只是切换的方式不同，图 18.29 所示为效果图。

图 18.29　图片轮播图

图片轮播图的基本功能有点击箭头切换到上一页/下一页，点击下方的小圆点显示对应的图片，自动播放以及鼠标悬浮在图片上方时显示箭头、按钮、暂停播放。

HTML 部分的结构如下（结构并不是死板的，可以根据需求修改）：

```
01  <div id="pics">
02  <ul class="pics">
03  <li><a href=""><img src="img/1.jpg" alt="" /></a></li>
04  <li><a href=""><img src="img/18.jpg" alt="" /></a></li>
05  <li><a href=""><img src="img/3.jpg" alt="" /></a></li>
06  <li><a href=""><img src="img/4.jpg" alt="" /></a></li>
07  <li><a href=""><img src="img/5.jpg" alt="" /></a></li>
08  </ul>
09  <span class="pics_pre"></span><span class="pics_next"></span>
10  <ul class="pics_list"></ul>
11  </div>
```

第 01 行为外层容器，是为了方便元素获取而设置的，第 02~08 行为图片列表，第 09 行为上一页和下一页按钮，第 10 行为图片下方的圆点列表，在 JavaScript 部分会根据图片的数量动态地加入 li 子元素。

1. 使用定位实现

使用定位实现即外层容器设为溢出隐藏，容器内的 ul 整体进行相对定位，通过定位属性值改变可以看到的部分。通常可以使用 left 属性制作左右切换的效果，使用 top 属性制作上下切换的效果。实现原理如图 18.30 所示。

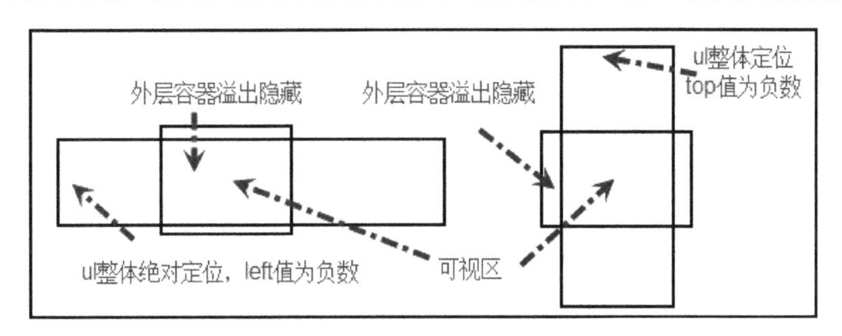

图 18.30　定位轮播图原理

在使用 left 实现左右切换时，CSS 部分代码如下：

```
01  *{margin:0;padding:0;}
02  #pics{                                  /*容器*/
03      height:280px;
04      border:1px solid;overflow:hidden;
05      position:absolute;top:100px;left:10px;
06  }
07  .pics{
08      width:2600px;height:280px;
09      position:relative;
10      left:0;
11  }
12  .pics>li{float:left;}                            /*左浮动排列在一起*/
13  .pics_pre{
14      width:32px;height:32px;
15      position:absolute;top:45%;left:0;
16      background:url("img/arrow_left.png");  /*左箭头*/
17      cursor:pointer;display:none;
18  }
19  .pics_next{
20      width:32px;height:32px;
21      position:absolute;top:45%;right:0;
22      background:url("img/arrow_right.png"); /*右箭头*/
23      cursor:pointer;display:none;
24  }
25  .pics_list{                                      /*小圆点区*/
26      width:100%;height:8%;
27      position:absolute;bottom:0;
28      background:#8B8878;opacity:0.8;filter:alpha(opacity:80);
29      cursor:pointer;text-align:center;display:none;
30  }
31  .pics_list>li{                                   /*圆点*/
32      width:10px;height:10px;
```

```
33        border-radius:5px;
34        background:#ffffff;
35        cursor:pointer;
36        float:left;margin:5px;left:35%;position:relative;
37        list-style:none;
38    }
```

需要注意第 04 行的溢出隐藏、第 08 行的 ul 整体宽度设置（只有设置为大数值，图片才能显示在一排中）、第 09~10 行的整体定位（JavaScript 部分改变 left 值）以及第 12 行的左浮动（JavaScript 部分需要获取每幅图相对于 ul 的偏移值供 left 定位使用）。其余的按钮和小圆点部分多采用绝对定位的方式布局到合理位置。

本例选用的图片宽度为 520px，所以在移动端建议在屏宽大于 520px 的设备上测试。

在 JavaScript 部分需要完成基本的功能，以下这段 JavaScript 代码可以实现。元素运动部分是通过运动框架中的 move 函数实现的，其作用与 jQuery 中的 animate 函数相似。

```
01    <script type="text/javascript" src="js/zQuery.js"></script>
 //加载运动框架
02    <script type="text/javascript">
03    window.onload=function(){
04        var pics=document.getElementById('pics');        //获取外层 div
05        var pics_pre=getbyclass(pics,'pics_pre')[0];     //获取上一个按钮
06        var pics_next=getbyclass(pics,'pics_next')[0]; //获取下一个按钮
07        var pics_list=getbyclass(pics,'pics_list')[0]; //获取圆点 ul
08        var pics_ul=pics.getElementsByTagName('ul')[0];      //获取图片 ul
09        var pics_lis=pics_ul.getElementsByTagName('li');    //获取图片 li
10        var inow=0;                                       //贯穿整体的当前图片索引变量
11        for (var i=0;i<pics_lis.length ;i++ )
12        {
13            var list=document.createElement('li');
14            pics_list.appendChild(list);              //为圆点 ul 添加所有的小圆点
15        }
16        var list_li=pics_list.getElementsByTagName('li');  //获取所有小圆点
17        for (var i=0; i<list_li.length;i++ )
18        {
19            list_li[i].onclick=function (){       //为每个小圆点加载点击事件
20            inow=index(this,list_li);             //获取当前圆点在圆点 ul 中的索引值
21            show(inow);                           //展示相应的图片
22            }
23        }
24        show(0);                                  //页面加载完成显示第一张
25        var timer=setInterval(function (){        //定时器自动播放
```

```
26          if (inow<pics_lis.length-1)
27          {
28              inow++;       //页面加载完成后将从第二张开始，解决定时器等待的问题
29          }else{
30              inow=0;
31          }
32          show(inow);
33      },3000);
34      pics_pre.onclick=function (){          //上一个按钮被点击
35      if (inow>0)                            //更改索引变量的值
36      {
37          inow-=1;
38      }else{
39          inow=pics_lis.length-1;
40      }
41          show(inow);                        //展示
42      }
43     pics_next.onclick=function (){          //下一个按钮被点击
44      if (inow<pics_lis.length-1)            //更改索引变量的值
45      {
46          inow+=1;
47      }else{
48          inow=0;
49      }
50          show(inow);                        //展示
51      }
52      function show(inow){                          //展示函数
53          var l=pics_lis[inow].offsetLeft;    //获取需要展示的图片的偏移量
54          move(pics_ul,{left:-l});                  //偏移量作为运动中的 left 值
55          for (var i=0;i<pics_lis.length ;i++ )
56          {
57              list_li[i].style.background='#FFFFFF';//将所有小圆点的背景色变
为白色
58          }
59          list_li[inow].style.background='#EE7600';//将当前小圆点的颜色改变
60      }
61      pics.onmouseover=function(){                        //鼠标悬停在图片上方
62          pics_pre.style.display="block";                 //展示按钮与小圆点
63          pics_next.style.display="block";
64          pics_list.style.display='block';
65          clearInterval(timer);                           //暂停播放
66      }
67      pics.onmouseout=function(){                         //鼠标移开图片
```

```
68            pics_pre.style.display="none";        //将按钮与小圆点隐藏
69            pics_next.style.display="none";
70            pics_list.style.display="none";
71        timer=setInterval(function (){             //重开定时器，展示第 inow 张图片
72            if (inow<pics_lis.length)
73            {
74                show(inow);
75                inow++;
76            }else{
77                inow=0;
78            }
79            },3000);
80        }
81    }
82    </script>
```

使用 top 值实现上下切换时，仅需在以上代码中稍作修改即可。在 CSS 中去掉图片 ul 的大小设置，定位的 top 值设为 0，同时在 JavaScript 中将 offsetLeft 改为 offsetTop、将 left 改为 top 即可，部分代码修改如下：

```
//CSS 代码
01    .pics{position:relative;top:0;}
//JavaScript 代码
01    function show(inow){
02    var l=pics_lis[inow].offsetTop;
03    move(pics_ul,{top:-l});
```

2. 使用透明度实现

在代码上，使用透明度实现与使用定位实现很相似，稍微修改代码即可。与定位不同的是使用透明度实现的是淡入淡出的效果。原理是在 CSS 中对所有的 li 绝对定位，使其脱离文档流重叠在一起，并全部设置为透明，通过改变 CSS 透明度属性使对应的图片显示出来。在显示图片前，遍历所有的图片并全部隐藏，再让需要显示的图片显示出来。与定位不同的代码如下：

```
//CSS 代码
01    .pics>li{position:absolute;opacity:0;filter:alpha(opcity:0);}
//JavaScript 代码
01    function show(inow){                                  //展示函数
02    for (var i=0;i<pics_lis.length ;i++ )
03    {
04        move(pics_lis[i],{opacity:0});
05        list_li[i].style.background='#FFFFFF';
06    }
07    move(pics_lis[inow],{opacity:100});
```

```
08    list_li[inow].style.background='#EE7600';
09    }
```

3. 无缝切换

无缝切换效果是对定位效果的优化，在定位效果中，在第一张图片与最后一张图片之间切换时，由于 left 值的变化很大，因此导致元素的运动幅度很大，给用户一种晃眼的感觉。无缝切换效果解决的就是这一问题，在无缝切换中，第一张图片与最后一张图片切换时移动的只是一张图片的距离，而不是定位切换中移动多张图片的距离。由于是定位效果的优化，因此在原理上二者有些相似，原理图如图 18.31 所示。

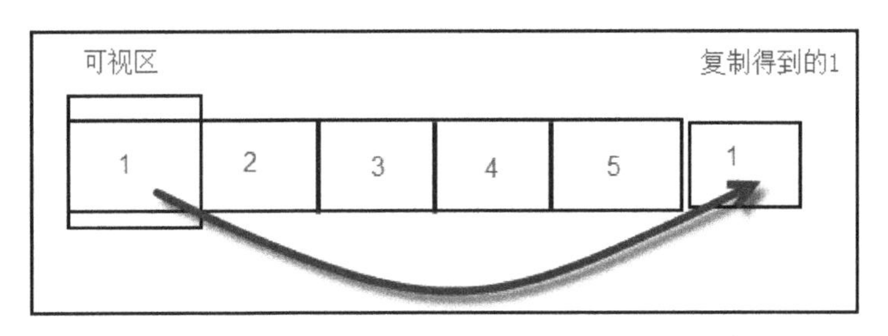

图 18.31　无缝切换原理图 1

以图 18.31 中切换到下一张图片为例，当点击下一张按钮时，首先复制位于列表最左端的图片 1，添加在 ul 的最右端，然后使整个 ul 向左运动一张图片的距离，这时图片 2 将位于可视区中，左边的图 1 位于可视区的左边，如图 18.32 所示。

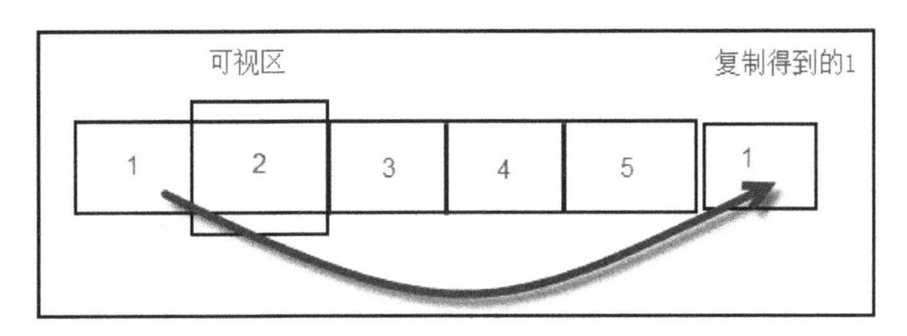

图 18.32　无缝切换原理图 2

这时把最左边的图片 1 删除，会得到如图 18.33 所示的效果，这并不是期望的结果，需要重新将 ul 的 left 值设为 0 以达到如图 18.34 所示的效果。

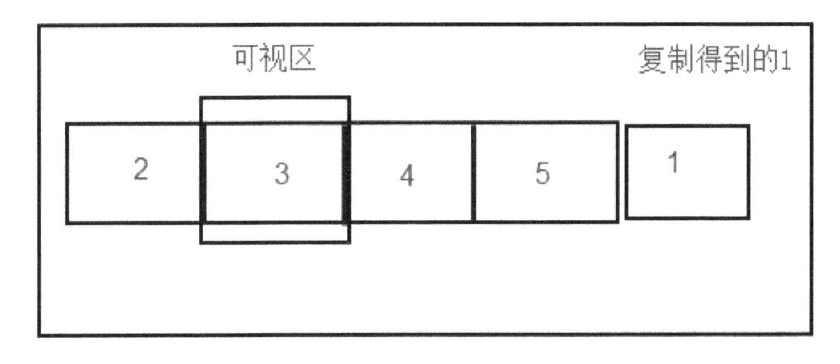

图 18.33　无缝切换原理图 3

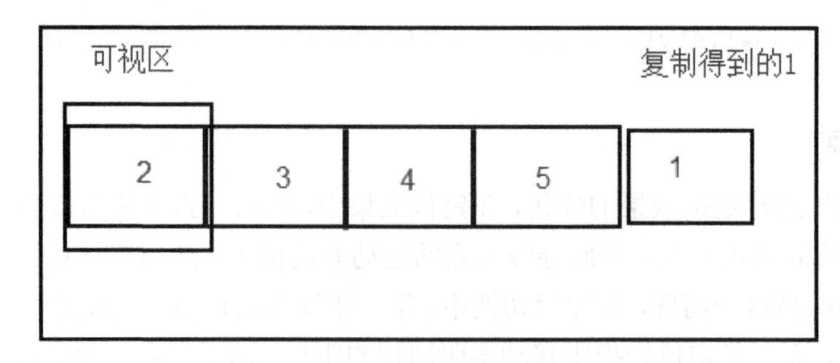

图 18.34 无缝切换原理图 4

同理，再次切换下一张时，显然图片 5 和图片 1 是紧挨着的，于是切换时仅运动一张图片的距离。

与定位轮播图相比，在实例中仅需加宽 ul 的宽度（事实上 ul 的宽度应该由 JavaScript 部分动态计算得到）。JavaScript 部分改动较多，一种解决方案如下（代码中保留了 show 方法以便在点击小圆点时仍然可以切换，添加了展示上一张和展示下一张的函数）：

```
01  <script type="text/javascript" src="js/zQuery.js"></script>
02  <script type="text/javascript">
03  window.onload=function(){
04  var pics=document.getElementById('pics');           //获取外层 div
05  var pics_pre=getbyclass(pics,'pics_pre')[0];         //获取上一个按钮
06  var pics_next=getbyclass(pics,'pics_next')[0];       //获取下一个按钮
07  var pics_list=getbyclass(pics,'pics_list')[0];       //获取圆点 ul
08  var pics_ul=pics.getElementsByTagName('ul')[0];      //获取图片 ul
09  var pics_lis=pics_ul.getElementsByTagName('li');     //获取图片 li
10  var n=pics_lis.length;                         //图片数量
11  var inow=0;                                    //当前图片索引变量
12  var btn=true;                                  //开关，解决连续点击时删除元素的问题
13  for (var i=0;i<pics_lis.length ;i++ )
14  {
15      var list=document.createElement('li');
16      pics_list.appendChild(list);               //为圆点 ul 添加所有的小圆点
17  }
18  var list_li=pics_list.getElementsByTagName('li');  //获取所有小圆点
19  for (var i=0; i<list_li.length;i++ )
20      {
21          list_li[i].onclick=function (){          //为每个小圆点加载点击事件
22          inow=index(this,list_li);                //获取当前圆点的索引值
23          show(inow);                            //展示相应的图片
24          }
25      }
26      show(0);                                     //页面加载完成显示第一张
27      var timer=setInterval(function (){           //定时器自动播放
```

```
28          if (inow<n-1)
29          {
30              inow++;      //页面加载完成后将从第二张开始，解决定时器等待的问题
31          }else{
32          inow=0;
33          }
34          show_next();                        //展示下一张
35      },3000);
36      pics_pre.onclick=function (){        //上一个按钮被点击
37          show_pre();                        //展示上一张
38      }
39     pics_next.onclick=function (){        //下一个按钮被点击
40      show_next();                           //展示下一张
41      }
42  function show_pre(){                       //展示上一张函数
43      if (btn)
44      {
45          btn=false;                   //将开关关闭，直到下次打开之前点击按钮将无效
46          var newli=pics_lis[n-1].cloneNode(true);//复制最后一张
47          pics_ul.insertBefore(newli,pics_lis[0]);//添加到第一张之前成为第一张
48          pics_ul.style.left=-pics_lis[1].offsetLeft+'px';//拉到第二张的位置
49          move(pics_ul,{left:0},'buffer',function(){//从第二张图切换到第一张图
50              pics_ul.removeChild(pics_lis[n]);  //移除最后一张图
51              btn=true;                          //删除完毕后打开开关
52          });
53          if(inow>0){                            //更改索引值
54          inow--;
55          }else{
56          inow=4;
57          }
58          for (var i=0;i<n ;i++ )
59          {
60              list_li[i].style.background='#FFFFFF'; //将所有小圆点的背景色变
为白色
61          }
62          list_li[inow].style.background='#EE7600';  //将对应小圆点的颜色改变
63      }
64  }
65  function show_next(){
66      if (btn)
67      {
68          btn=false;             //将开关关闭，直到下次打开之前点击按钮将无效
69          var newli=pics_lis[0].cloneNode(true); //复制第一张
```

```
70          pics_ul.appendChild(newli);                    //添加到 ul 最后
71          var l=pics_lis[1].offsetWidth;
72          move(pics_ul,{left:-l},'buffer',function(){      //切换至第二张图
73              pics_ul.removeChild(pics_lis[0]);  //移除第一张图
74              pics_ul.style.left=0;                       //重设 left 为 0
75              btn=true;                                   //打开开关
76          });
77          if(inow<n-1){                                   //更改索引值
78          inow++;
79          }else{
80          inow=0;
81          }
82          for (var i=0;i<n ;i++ )
83          {
84              list_li[i].style.background='#FFFFFF'; //将所有小圆点的背景色变
为白色
85          }
86          list_li[inow].style.background='#EE7600';  //将对应小圆点的颜色改变
87      }
88  }
89  function show(inow){                                    //展示函数
90  var l=pics_lis[inow].offsetLeft;                        //获取需要展示的图片的偏移量
91  for (var i=0;i<n ;i++ )
92  {
93  list_li[i].style.background='#FFFFFF';                  //将所有小圆点的背景色变为白色
94  }
95  list_li[inow].style.background='#EE7600';               //将当前小圆点的颜色改变
96  move(pics_ul,{left:-l},'buffer');                       //偏移量作为运动中的 left 值
97  }
98  pics.onmouseover=function(){                            //鼠标悬停在图片上方
99  pics_pre.style.display="block";                         //展示按钮与小圆点
100 pics_next.style.display="block";
101 pics_list.style.display='block';
102 clearInterval(timer);                                   //暂停播放
103 }
104 pics.onmouseout=function(){                             //鼠标移开图片
105 pics_pre.style.display="none";                          //将按钮与小圆点隐藏
106 pics_next.style.display="none";
107 pics_list.style.display="none";
108 timer=setInterval(function (){                          //重开定时器
109         if (inow<pics_lis.length)
110         {
111             show_next();
```

```
112                 inow++;
113             }else{
114             inow=0;
115             }
116         },3000);
117     }
118 }
119 </script>
```

18.14 幻灯片

这一节将介绍一种图片展现方式——幻灯片效果。幻灯片效果与焦点图效果有相同之处，通常来说，图片滚动的原理是相同的。本节实例的原型为腾讯视频首页的幻灯片效果，代码上采用 CSS 布局+jQuery 实现，效果如图 18.35 所示。

图 18.35　幻灯片

在效果上，大图为核心，并采用淡入淡出效果展示。大图的下方有视频的文字说明、前一个和后一个按钮以及可以横向滚动的小图集合。整体可以自动播放，鼠标在幻灯片上悬浮时可以暂停播放。HTML 部分的代码结构如下：

```
01  <div class="powerpoint">
02  <div class="powerpoint_big_pic">
03  大图 ul，ul 中有多个 li
04  </div>
05  <div class="powerpoint_textlist">
06  文字说明 ul，ul 中有多个 li
07  </div>
08  <div class="powerpoint_pre"><</div>
09  <div class="powerpoint_small_pic">
10  小图 ul，ul 中有多个 li
11  </div>
12  <div class="powerpoint_next">></div>
```

```
13   </div>
```

CSS 布局部分的主要工作为定位各部分的位置。大图的 li 和文本说明的 li 使用绝对定位使所有元素重合，小图 ul 则需使用相对定位。

```
01   *{margin:0;padding:0;list-style:none;}
02   .powerpoint{
03       position:absolute;
04       width:100%; height:460px;
05       background:black;
06       overflow:hidden;
07   }
08   .powerpoint_big_pic>ul>li{
09       position:absolute;top:0;left:-200px;     /*图片宽度大于屏幕宽度,大图居中*/
10       width:100%;height:100%;
11       opacity:0;
12   }
13   .powerpoint_textlist{
14       position:absolute;top:78%;left:10%;
15       width:20%;height:15%;
16       background:#7A7A7A;
17       font-size:20px;
18       color:#FFFFFF;
19   }
20   .powerpoint_textlist>ul>li{
21       position:absolute;
22       opacity:0;                            /*文字的原理同大图的原理*/
23   }
24   .powerpoint_small_pic{
25       position:relative;top:78%;left:35%;
26       width:51%;height:15%;
27       background:#7A7A7A;
28       overflow:hidden;
29   }
30   .powerpoint_small_pic>ul{
31       position:relative;
32       width:1500px;                         /*设为大数以便 li 排成一排*/
33   }
34   .powerpoint_small_pic>ul>li{
35   margin:5px;
36   float:left;                               /*左浮动*/
37   }
38   .powerpoint_pre,.powerpoint_next{
39       position:absolute;top:81%;
```

```
40        width:37px;height:38px;
41        background:#303030;
42        font-size:40px;
43        color:#FFFFFF;
44        border-radius:20px;
45        cursor:pointer;
46    }
47    .powerpoint_pre{left:31%;}
48    .powerpoint_next{left:87%;}
```

应用上面的 CSS 代码即可得到布局效果，通过手动在第 31 行上添加 left 值可改变小图整体的位置，从而达到小图滚动的效果，这与使用定位法制作轮播图的原理相同。而在第 11 行和第 22 行，所有的元素都是透明的，当其中某个元素不透明时，反映在效果上就是图片展现。

在 JavaScript 部分需要实现以下几点：

（1）单击小图，对应的小图上出现橙色边框，同时当前大图淡出，对应的大图淡入，对应文字说明同理。

（2）单击按钮，小图切换（小图切换时需要考虑 left 取值的限制），同时带动大图切换。

（3）实现图片自动播放，鼠标悬停在幻灯片上暂停播放。

为了明确地表明 JavaScript 的实现过程，本实例采用 jQuery，因为淡入淡出、缓慢切换的效果都可由 jQuery 中的 animate 来实现。如果在某些场合下不允许使用 jQuery，那么使用原生 JavaScript 实现以上的功能即可。下面是一种可行的 jQuery 方案，每一行语句都有注释说明，主流浏览器均可通过。

```
01    <script type="text/javascript" src="js/jq.js"></script>
02    <script type="text/javascript">
03    $(function(){
04    var p=$(".powerpoint");                    //获取整体，自动播放与暂停播放时会用到
05    var pspu=$(".powerpoint_small_pic>ul");     //获取小图 ul
06    var psp=$(".powerpoint_small_pic>ul>li");   //获取小图 li
07    var  pbp=$(".powerpoint_big_pic>ul>li");    //获取大图 li
08    var  ptl=$(".powerpoint_textlist>ul>li");   //获取文字说明 li
09    var  pre=$(".powerpoint_pre");              //获取上一个按钮
10    var  next=$(".powerpoint_next");            //获取下一个按钮
11    var now=0;                       //记录当前被激活元素的变量，作为参数传入展示函数
12    showpic(0);                      //页面载入完成播放第一张
13    var t=setInterval(function (){play()},4000);    //自动播放
14    p.hover(function (){clearInterval(t)},            //鼠标悬停清空定时器，暂停
15                function (){t=setInterval(function (){play()},4000)});
 //鼠标移开继续播放
16    for (var i=0;i<psp.length ;i++ )                  //为每个小图写入点击事件
17    {
```

```
18      psp.eq(i).click(function (){
19      now=$(this).index();                          //将当前元素的索引存入变量
20      showpic(now);
21      });
22  }
23  pre.click(function(){                             //前一个按钮被点击
24      if(0==now){
25      now=psp.length;                               //范围限制
26      }
27      now=now-1;
28      showpic(now);
29      })
30  next.click(function(){                            //前一个按钮被点击
31      if(psp.length-1==now){
32      now=-1;                                       //范围限制
33      }
34      now=now+1;
35      showpic(now);
36      })
37      function play()                               //自动播放函数
38      {
39          showpic(now);
40          now++;
41          if(pbp.length==now)
42          {
43              now=0;
44          }
45      }
46  function showpic(inow){                           //展示图片函数
47  for (var j=0;j<pbp.length ;j++ )                  //去除所有元素的可见性
48  {
49      pbp.eq(j).stop(true,false).animate({opacity:"0"},"normal");
50      ptl.eq(j).css("opacity","0");
51      psp.eq(j).css("border","0");
52  }
53      if(inow<6)                                //范围限制
54      left=psp.eq(inow).offset().left-psp.eq(0).offset().left;//计算小图标
的左偏移值
55      else
56      left=psp.eq(6).offset().left-psp.eq(0).offset().left;  //计算小图标的
左偏移值
57      pbp.eq(inow).stop(true,false).animate({opacity:"1"},"normal");
58                                                //使编号为now元素可见
```

```
59        ptl.eq(inow).css("opacity","1");
60        psp.eq(inow).css("border","2px solid #FF7F00");
61        pspu.stop(true,false).animate({left:-left},"normal");//小图滚动（left
值改变）
62    }
63  });
64  </script>
```

18.15 手风琴效果

手风琴效果是图片的另一种展示方式，从效果上看，它与普通的图片轮播图有相似之处，JavaScript 部分的某些代码也是相似的。图 18.36 所示为效果图，标号 1~5 分别为不同的 5 张图片，在同一时期，5 张图片中只有 1 张图片可以完全显示出来，其余的 4 张图片为折叠状态。当鼠标不在图片上方时，5 张图片每隔一段时间便会自动切换，鼠标位于图片上方时停止切换，鼠标单击某张图片时会展示被单击的图片。

图 18.36　手风琴效果

与图片轮播图相比，手风琴的实现原理更加简单。在实例的 HTML 部分，5 张图片以列表呈现，每个列表项都左浮动排列在一起并且溢出隐藏，折叠的图片宽度较小，展示的图片宽度较大，列表自动撑开与左浮动的布局会使得所有的图片合理地排列在一起。纯 CSS 实现的手风琴效果如下：

```
01  *{margin:0;padding:0;}
02  li{
03      list-style:none;
04      float:left;
05      width:10px;                    /*左浮动排列在一起*/
06      overflow:hidden;
07      border:1px solid;
08      transition:all .1s;            /*CSS 3 transition 动画效果*/
```

```
09        -webkit-transition:all .1s;
10        -moz-transition:all .1s;
11        -o-transition:all .1s;
12        cursor:pointer;                 /*手型指针*/
13    }
14    .on{width:500px;}                   /*第一张图默认显示*/
15    ul:hover li{width:10px;}                /*鼠标指向将所有的 li 恢复 10 像素*/
16    ul li:hover{width:500px;}               /*鼠标指向的当前 li 变为 500 像素*/
```

重点是第 15 行和第 16 行，当鼠标指向某一项时，首先使所有的 li 变窄，然后使当前指向的 li 变宽，顺序一定不能弄反，否则不会得到想要的效果。第 08~12 行加入了 CSS 3 过渡效果，使动作圆滑切换。

纯 CSS 代码实现的功能存在局限性，不能自动播放，操作同样受限。使用 JavaScript 则可以实现，读者可学习完本书第 3 篇内容后自行完成。

18.16 图片自适应

图片自适应在响应式布局中颇有需求，所谓响应式布局，即在不同设备下布局自行调整以达到适合设备屏幕的效果。本节以一个自适应的 LOGO 说明图片自适应的实现。如图 18.37 所示，使用浏览器模拟不同设备屏幕大小时，LOGO 图片可以自适应大小。

图 18.37　图片自适应

该效果在 HTML 部分使用的是 h1 标签，其样式为：

```
01    .logo {
02        background-image: url('img/logo.jpg');
03        background-size: 100%;
04        width: 100%;
05        padding-top: 29.8%;
06        height: 0;
07        text-indent: -9999px;
08    }
```

第 03 行中指定背景图的大小为 100%，第 03 行设置 h1 的宽度为浏览器当前宽度的 100%，第 05 行为 LOGO 上方留下一块空间，第 07 行把 h1 标签中的文字移动到屏幕可见区域之外（隐藏）。

18.17 使用纯 CSS 绘制图像

CSS 3 的属性为更复杂的图像绘制提供了方便，如使用 CSS 3 制作一个弯曲的元素、旋转一个元素等。本节的实例以一个纯 CSS 代码绘制的天猫 LOGO 讲述如何使用纯 CSS 代码绘制图像。图 18.38 所示为纯 CSS 绘制的天猫 LOGO 效果图。

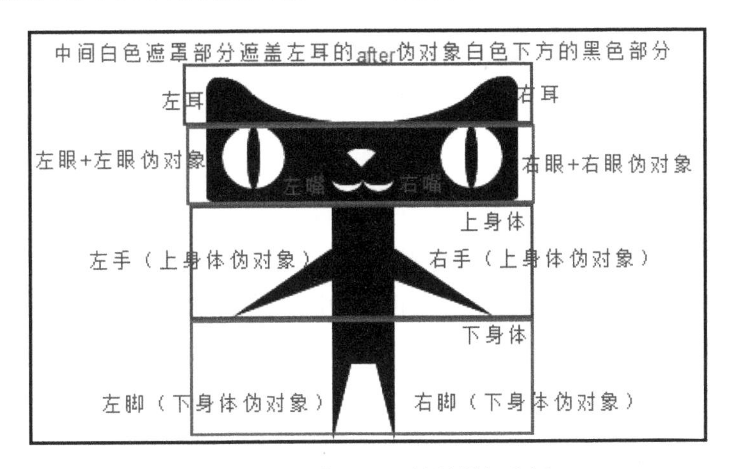

图 18.38　天猫 LOGO 效果图与分解

使用 CSS 绘制图像的关键在于 div 的变形、组合、定位以及伪对象的灵活使用。依据划分的结构在 HTML 部分建立可以设置大小的块级标签即可，本例中使用的是 div 和 span，HTML 5 中的 i 标签等也是可以的。在 CSS 部分对每部分依次进行设置，代码如下：

```
01  .ear{width:100%;height:15%;position:relative;}      /*耳朵容器*/
02  .earl{                                              /*左耳*/
03      width:18%;height:100%;position:relative;display:inline-block;
04      border-top-left-radius:20% 30%;                 /*耳朵弧度圆角实现*/
05      border-top-right-radius:80% 100%;
06      background:black;
07      z-index:0;
08  }
09  .earl:after{                                        /*左耳朵的伪对象*/
10      content:'';width:450%;height:72%;
11      position:absolute;left:84%;bottom:0;
12      background:black;                         /*一块黑色的区域供耳朵中间容器遮盖*/
13  }
14  .earr{                                        /*右耳*/
15      width:18%;height:100%;
16      position:absolute;display:inline-block;right:0;
17      border-top-right-radius:20% 30%;     /*耳朵弧度圆角实现*/
18      border-top-left-radius:80% 100%;
```

```
19        background:black;
20        z-index:0;
21    }
22    .earm{                                          /*耳朵中间的遮盖层*/
23        width:76%;height:100%;
24        position:absolute;display:inline-block;left:12%;bottom:3%;
25        border-bottom-left-radius:50% 100%;     /*设置弧度*/
26        border-bottom-right-radius:50% 100%;    /*遮盖不到的地方为左耳伪对象的黑
色部分*/
27        z-index:1;
28        background:#fff;
29        border-bottom:none;
30    }
```

因为耳朵部分的实现需要圆角的组合实现弧线，所以耳朵部分为实例中最难实现的部分。左耳、右耳使用圆角设置，中间使用另一个白色的圆角块遮盖住左耳的伪对象。通过调整使得圆弧与耳朵结合起来。

```
01    .face{width:100%;height:25%;                        /*脸部*/
02        position:relative;background:black;
03        border-bottom-left-radius:10% 10%;              /*下方圆角*/
04        border-bottom-right-radius:10% 10%;
05    }
06    .eyel{                                              /*左眼白眼球*/
07        width:20%;height:80%;
08        position:absolute;left:5%;
09        border-radius:100%;                             /*圆形*/
10        background:white;
11        z-index:1;
12    }
13    .eyel:after{                                        /*左眼黑眼球*/
14        content:'';
15        width:20%;height:100%;                          /*椭圆形*/
16        position:absolute;left:40%;
17        border-radius:100%;
18        background:black;
19        z-index:1;
20    }
21    .eyer{                                              /*右眼白眼球*/
22        width:20%;height:80%;
23        position:absolute;right:5%;
24        border-radius:100%;
25        background:white;
26        z-index:1;
```

```
27  }
28  .eyer:after{                                          /*右眼黑眼球*/
29      content:'';
30      width:20%;height:100%;
31      position:absolute;left:40%;
32      border-radius:100%;
33      background:black;
34      z-index:1;
35  }
```

眼睛部分创建一个白色的圆形作为白眼球，然后使用 after 伪类创建一个黑色的椭圆作为黑眼球，剩余部分为定位。

```
01  .face:after{                                              /*鼻子*/
02      content:'';
03      position:absolute;
04      border-top: 1em solid white;                          /*使用边框*/
05      border-bottom: 1em solid transparent;
06      border-left: 1em solid transparent;
07      border-right: 1em solid transparent;
08      border-radius:38%;                                    /*使用圆角*/
09      z-index:0;
10      left:46.5%;top:30%;
11  }
```

鼻子部分直接作为脸部的伪对象，利用边框创建三角形即可，使用圆角可以使三角形变得圆滑。

```
01  .mouthl{                                                  /*嘴的左部分*/
02      width:10%;height:25%;
03      position:absolute;left:40%;top: 50%;
04      border-radius:100%;                                   /*圆角*/
05      border-bottom: 0.4em solid white;                     /*只用下边框*/
06      z-index:1;
07  }
08  .mouthr{                                                  /*嘴的右部分*/
09      width:10%;height:25%;
10      position:absolute;left:50%;top: 50%;
11      border-radius:100%;
12      border-bottom: 0.4em solid white;
13      z-index:1;
14  }
```

嘴的实现直接使用一个圆角的下边框组合起来。而身体、手与腿部的实现使用带有伪对象的长方形实现，伪对象为使用边框创建的三角形，代码如下：

```
01  .bodytop{width:20%;height:25%;position:relative;left:40%;background:
black;}/*身体上方*/
02  .bodybottom{width:20%;height:25%;position:relative;left:40%;background:
black;}/*身体下方*/
03  .bodytop:before{                                        /*左手*/
04      position: absolute;right: 42%;top: 73%;
05      width: 50%;
06      content: '';
07      border-top: 0 solid transparent;                    /*边框创建三角形*/
08      border-bottom: 1.5em solid black;
09      border-left: 6em solid transparent;
10      border-right: 0 solid transparent;
11      -webkit-transform: rotate(-20deg);                  /*旋转三角形*/
12      -moz-transform: rotate(-20deg);
13      -o-transform:rotate(-20deg);
14      -ms-transform:rotate(-20deg);
15      transform:rotate(-20deg);
16  }
17  .bodytop:after{                                         /*右手*/
18      position: absolute;left:42%;top:73%;
19      width: 50%;
20      content: '';
21      border-top: 0 solid transparent;
22      border-bottom: 1.5em solid black;
23      border-left: 0 solid transparent;
24      border-right: 6em solid transparent;
25      -webkit-transform: rotate(20deg);
26      -moz-transform: rotate(20deg);
27      -o-transform:rotate(20deg);
28      -ms-transform:rotate(20deg);
29      transform:rotate(20deg);
30  }
31  .bodybottom:before{                                  /*左腿*/
32      position:absolute;left:0;top:100%;
33      width:50%;
34      content:'';
35      border-top: 0;                                   /*使用边框创建三角形*/
36      border-bottom: 4em solid transparent;
37      border-left: 1em solid black;
38      border-right: 0;
39  }
40  .bodybottom:after{                                   /*右腿*/
41      position:absolute;right:0;top:100%;
```

```
42        width:50%;
43        content:'';
44        border-top: 0;
45        border-bottom: 4em solid transparent;
46        border-right: 1em solid black;
47        border-left: 0;
48    }
```

看上去本节似乎不实用，因为天猫的图标是阿里巴巴公司的，其他网站用不上。实际上，本节的重点在于说明使用纯 CSS 代码描绘图形的方法。腾讯公司的 ISUX 官方网站上有一个腾讯企鹅图标的实现，而企鹅图标也是使用多块的组合来实现的。在 CSS 3 公布后不久，就有人专门研究使用 div 制作图标，比较有名的是 One Div，在网页中使用图标仅需一个 div 和一套 CSS 样式即可替代图片。目前越来越多的网站使用图标文字或单纯的 CSS 代码代替图片，能够加快网站的响应。

18.18 图片原地放大

本节的实例效果图如图 18.39 所示，当鼠标移动到某一张图片上时，该图片就会从中间原地放大显示。

图 18.39　图片原地放大效果图

初步看效果图可以知道，每张图片的定位方式都是绝对定位，也就是 absolute。直接使用绝对定位必然导致所有的图片重叠在一起，而对每一张图片制定 left 和 top 的方式不仅烦琐、效率低下，更重要的一点是，分别指定属性值的方式无法使任意数量的图片自适应，虽然 JavaScript 可以实现动态赋值，但是实现过程必定烦琐，灵活性差。实例中采用了一种快捷的方法解决这一问题，这种方法叫作布局转换。

布局转换首先在 CSS 部分使得所有的图片块左浮动在一起实现自适应，接着使用 JavaScript 遍历每张图片的 offsetLeft 和 offsetWidth 值并将其赋值给图片的 left 和 width 属性值，随后遍历每张图片并把图片设置为绝对定位（由于前一步已经设置好了定位值，这一步之后图片并不会堆叠在一起）。CSS 部分的代码如下：

```
01  .block{                                              /*图片外层容器*/
02      width:350px ;height:350px ;
03      border:1px solid;margin:150px auto;
04      position:relative;                               /*为图片的定位做准备*/
05  }
06  .b{                                                  /*图片*/
07      width:100px ;height:100px ;
08      border:1px solid;margin:5px;
09      float:left;                                      /*左浮动自适应*/
10      list-style:none;overflow:hidden;
11  }
12  img{width:100px ;height:100px;}                      /*图片适应容器尺寸*/
```

使用 JavaScript 实现布局转换，代码如下：

```
01  window.onload =function (){
02  var block=document.getElementsByTagName('ul')[0]; //图片外层容器
03  var lis=block.getElementsByTagName('li');        //图片
04  for (var i=0;i<lis.length;i++){
05  lis[i].style.left=lis[i].offsetLeft+'px';
06  lis[i].style.top=lis[i].offsetTop+'px';
07  }
08  for (var i=0;i<lis.length;i++){
09  lis[i].style.position='absolute';
10  lis[i].style.margin=0;
```

为每张图片添加鼠标移入和鼠标移出事件（不支持移动设备），图片原地缩放的实现思路为尺寸值、左 margin 和上 margin 同时改变，这种方式比直接改变图片的 left 和 top 值更加快捷，因其不需要获取当前的 left 和 top 值，工作效率更高。

```
01  var izindex=1;                                   //zindex 存放变量
02  for (var i=0;i<lis.length;i++){
03  lis[i].onmouseover=function (){
04      this.style.zIndex=izindex++;                 //使得当前的图片保持最前端显示
05      var oimg=this.getElementsByTagName("img")[0];  //获取 li 中的 img
06      move(this,{marginLeft:[-50],marginTop:[-50],width:[200],height:
[200]});//改变图片容器 li
07      move(oimg,{width:[200],height:[200]});//改变图片，同 jQuery 中的 animate
08  }
09  lis[i].onmouseout=function (){                             //鼠标移开还原属性值
```

```
10        var oimg=this.getElementsByTagName("img")[0];
11        move(this,{marginLeft:[0],marginTop:[0],width:[100],height:[100]});
12        move(oimg,{width:[100],height:[100]});
13        }
14    }
```

使用 CSS 3 中的 transition 属性可以方便地实现属性之间的平滑过渡，是 JavaScript 之外的另一种实现方式。

18.19 图片翻转

使用 CSS 3 可以实现不借助其他的工具（JavaScript、Photoshop 等）轻松实现图片翻转的功能，尽可能提高效率和图片的重复利用率。如图 18.40 所示，左右两张图片使用的是同一张图片素材，右边的图片使用 CSS 实现了图片翻转效果。

图 18.40 图片翻转

图片的翻转原理是使用 CSS 3 中变形属性中的 scale，当 scale 取值为-1 时，水平方向和竖直方向会同时得到翻转的效果。图 18.40 中只是绕竖直方向翻转，所以只使用了 scaleX，代码如下：

```
01  .turn{
02      -moz-transform: scaleX(-1);
03      -o-transform: scaleX(-1);
04      -webkit-transform: scaleX(-1);
05      -ms-transform: scaleX(-1);
06      transform: scaleX(-1);
07      filter: FlipH;                    /*使用滤镜做兼容*/
08      -ms-filter: "FlipH";
09  }
```

由于代码单一使用 CSS 3 变形 transform 属性的方法，因此不再解释，如有疑问可跳至第 21 章查看基本用法。

第 19 章

◂ 按钮和链接 ▸

在网站上与访客的交互很大一部分是通过按钮和链接来实现的，好的按钮和链接样式能给访客赏心悦目的感受。在 CSS 2 时代，一些好看的网页效果通常是由一些 Photoshop 处理过的图片组合出来的，而在 CSS 3 时代，新的特性使网页效果轻松实现，网页的体积更小、响应速度更快，却一样有着非凡的视觉体验。本章将重点讲述如何使用 CSS 对按钮和链接进行处理。

本章涉及的知识点有：

- 圆角按钮
- 导航栏
- 各种菜单
- 标签云
- 选中文字分享
- 链接百叶窗效果
- iPhone 开关
- 按钮式单选框与复选框
- 文字变链接
- 根据文件格式设置链接图标

19.1 圆角按钮

按钮在网页上经常出现，通常按钮有圆角、直角、平面、立体等。这些按钮有的直接是<input type="button"/>的标签，有的则是某些 a 标签改造的。本节使用 CSS 3 分别基于 input 标签和 a 标签创造圆角立体按钮，效果如图 19.1 所示。由图像可以看出，input 标签和 a 标签通过 CSS 格式化之后显示效果并无明显区别，事实上，许多网页上的按钮是很难区分其本质的。

```
//HTML 部分
```

```
01  <input type="button" value="注册" class="round_button green"/>
02  <a href="#" class="round_button blue">登录</a>
```

在没有应用任何 CSS 之前，代码的执行效果如图 19.2 所示。

```
//CSS 部分
01  .round_button {
02      border: 1px solid;
03      display:block;
04      font: bold 12px/25px Arial, sans-serif;
05      font-size:1em;
06      text-decoration:none;                          /*文本无装饰*/
07      text-align:center;                             /*文本水平居中*/
08      line-height:50px;                              /*文本竖直方向居中*/
09      width:100px;
10      height:50px;
11      margin:10px;
12  }
```

上述代码对两个元素做初步设置：第 01 行设置边框线为实线以便 CSS 编写过程中的定位（通常 border 属性会在 CSS 编写结束时删除），第 02 行把 a 标签设为块展示，第 04~05 行设置字体，第 06 行把 a 标签的下画线去掉，第 07~08 行使 a 标签的字体居中显示，最后第 09~11 行设定块的宽度、高度和边距。执行上述 CSS 之后的效果如图 19.3 所示。

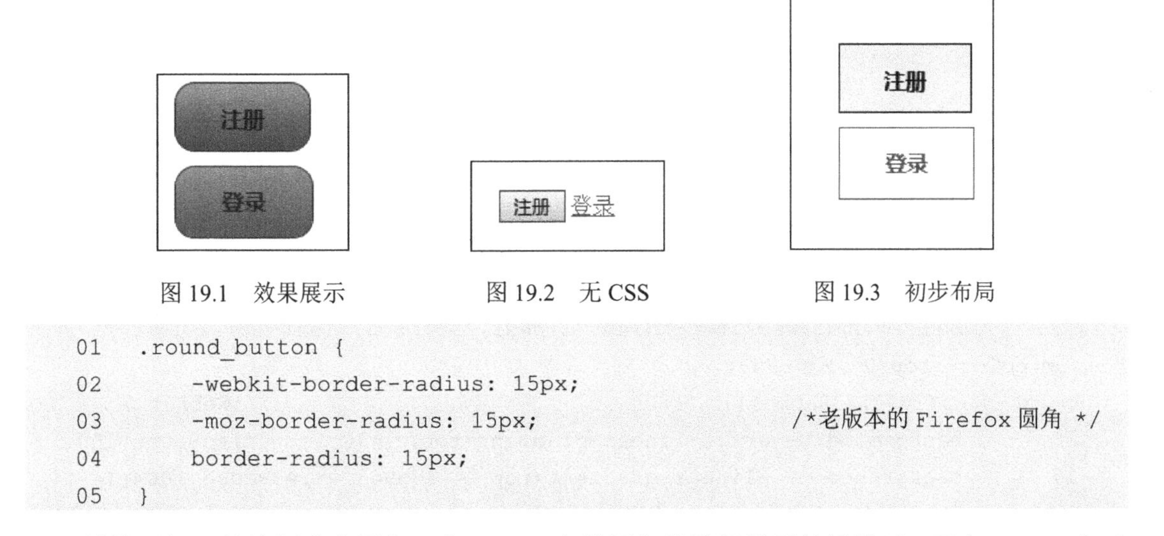

图 19.1　效果展示　　图 19.2　无 CSS　　图 19.3　初步布局

```
01  .round_button {
02      -webkit-border-radius: 15px;
03      -moz-border-radius: 15px;                      /*老版本的 Firefox 圆角 */
04      border-radius: 15px;
05  }
```

继续添加，使边框成为圆角，在 CSS 2 中做圆角的效果需要使用技巧，而在 CSS 3 中可以用 border-radius 轻松创建。border-radius 可以被 IE9+、Chrome 和 Opera 浏览器识别，-webkit-前缀使 Safari 浏览器可以识别，-moz-前缀使老版本的 Firefox 浏览器可以识别。执行上述代码后的效果如图 19.4 所示。

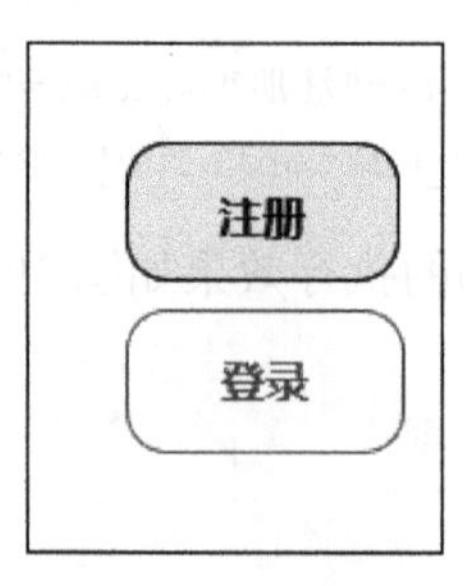

图 19.4　添加圆角

```
01  .green {
02      color: #3e5706;
03      background: #a5cd4e;                                    /*纯色背景*/
04      background: -moz-linear-gradient(top,  #a5cd4e 0%, #6b8f1a 100%);
 /*FF19.6+*/
05      background: -webkit-gradient(linear, left top, left bottom,
color-stop(0%,#a5cd4e),
   color-stop(100%,#6b8f1a));
 /*Webkit*/
06      background:-webkit-linear-gradient(top,#a5cd4e 0%,#6b8f1a 100%);
 /*Chrome10+,Safari5.1+*/
07      background: -o-linear-gradient(top,  #a5cd4e 0%,#6b8f1a 100%);
 /*Opera*/
08      background: -ms-linear-gradient(top,  #a5cd4e 0%,#6b8f1a 100%);
 /*IE10+*/
09      background: linear-gradient(top,  #a5cd4e 0%,#6b8f1a 100%);
 /*W3C*/
10  }
11  .blue {
12      color: #19667d;
13      background: #70c9e3;                                    /*纯色背景*/
14      background: -moz-linear-gradient(top,  #70c9e3 0%, #39a0be 100%);
 /* FF19.6+ */
15      background:-webkit-gradient(linear,left top, left
bottom,color-stop(0%,#70c9e3),
   color-stop(100%,#39a0be));                               /*Webkit*/
16      background: -webkit-linear-gradient(top,  #70c9e3 0%,#39a0be 100%);
17      background: -o-linear-gradient(top,  #70c9e3 0%,#39a0be 100%);
 /*Opera */
18      background: -ms-linear-gradient(top,  #70c9e3 0%,#39a0be 100%);
 /* IE10+ */
19      background: linear-gradient(top,  #70c9e3 0%,#39a0be 100%);
 /* W3C */
20  }
```

大体的框架出现后，设置元素的颜色，为了让颜色不单一并且增强立体感，对颜色的设置使用了 gradient 渐变。linear 渐变是线性渐变，在 Chrome 浏览器和 Safari 浏览器中，是-webkit-gradient（渐变类型格式为：起始位置，结束位置，color-stop（特定点位置 1，位置 1 颜色），color-stop（特定点位置 2，位置 2 颜色））；在其他浏览器中，格式为：前缀-linear-gradient（起始位置，特定点位置 1、位置 1 颜色，特定点位置 2、位置 2 颜色）。上述代码的 0%和 100%也就是顶部和底部的位置（渐变更详细的要点在第 20 章的基础章节）。渐变做好后的效果如图 19.5 所示。

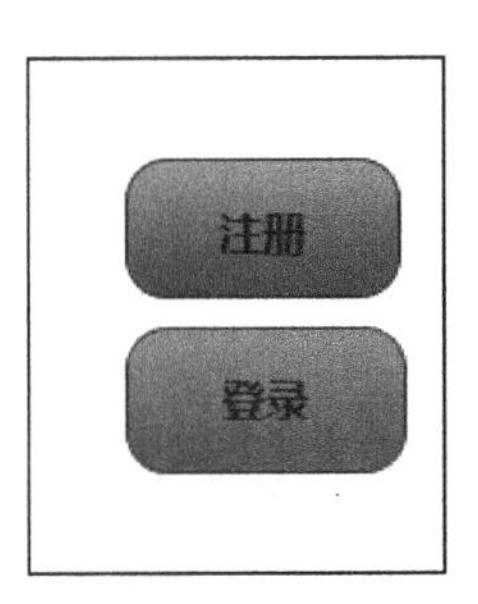

图 19.5　设置渐变

```
01   .round_button:hover {
02        -webkit-box-shadow: 1px 1px 1px rgba(0,0,0,.3), inset 0px 0px 2px
rgba(0,0,0, .5);
03        -moz-box-shadow: 1px 1px 1px rgba(0,0,0,.3), inset 0px 0px 2px
rgba(0,0,0, .5);
04        box-shadow: 1px 1px 1px rgba(0,0,0,.3), inset 0px 0px 2px
rgba(0,0,0, .5);
05   }
06   .round_button:active {
07        -webkit-box-shadow: inset 0px 0px 3px rgba(0,0,0, .7);
 /*内阴影*/
08        -moz-box-shadow: inset 0px 0px 3px rgba(0,0,0, .7);
09        box-shadow: inset 0px 0px 3px rgba(0,0,0, .7);
10   }
```

大体的样式做好之后，通过给按钮添加鼠标悬浮（:hover）和鼠标单击（:active）的伪类、给边框添加内阴影（box-shadow、inset）的样式可以增强按钮的立体效果。第 02~04 行，当鼠标悬浮时，内边框阴影偏移 2 像素。第 07~09 行，当鼠标单击时，内边框阴影偏移 3 像素。box-shadow 的格式是：水平偏移、竖直偏移、阴影宽度、阴影颜色，inset 属性设置的是内边框阴影。与其他属性一样，box-shadow 也需要添加前缀使浏览器能够识别。

```
01   .round_button {
02        -webkit-transition: all 0.15s ease;
 /*CSS 过渡*/
03        -moz-transition: all 0.15s ease;
```

```
04        -o-transition: all 0.15s ease;
05        -ms-transition: all 0.15s ease;
06        transition: all 0.15s ease;
07    }
```

最后使用 transition 属性圆滑地过渡悬浮和单击事件改变的 CSS 属性。CSS 的 transition 允许 CSS 的属性值在一定的时间区间内平滑地过渡。这种效果可以在鼠标单击、获得焦点、元素被点击或对元素有任何改变时触发，并圆滑地以动画效果改变 CSS 的属性值。-webkit-transition: all 0.15s ease 使得所有 CSS 属性在 0.15s 内越来越慢地转变并且不设置延迟。执行上述两段代码之后的效果如图 19.6 所示，这种效果在图片上不太明显，实际操作网页时可以看到明显效果。

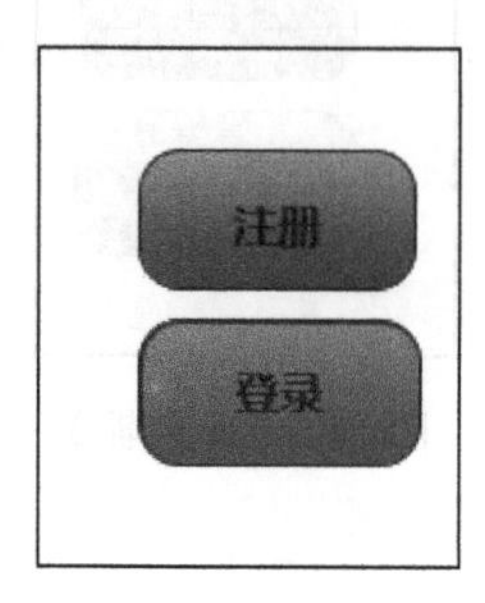

图 19.6　最终效果

CSS 3 各种属性的使用方法穿插在各章节中，如 CSS 3 渐变出现在第 20 章，CSS 动画出现在第 21 章，阴影出现在第 18 章，等等。在学习时可以转到这些章节加以辅助理解。

19.2 简单导航栏

导航栏多见于网页的头部区域，是一个链接集合的区块，使访客可以快捷地跳转到不同的模块。通常来说，在一个网页里三级导航已经足够使用，三级以上的导航栏不常见。经常使用的是一级导航和二级导航。由于导航栏的实现方法多种多样，因此导航栏按实现方法和效果分类会在不同的章节中介绍。本节是一级导航的实现，效果如图 19.7 所示。

主页　音乐　视频　新闻　关于

图 19.7　一级导航栏

纯 CSS 代码方法的原理是利用一个无序列表的 CSS 定位和 CSS 伪类操作，代码如下：

```
01  <div class="nav_1">
02  <ul>
```

```
03        <li><a href="#">主页</a></li>
04        <li><a href="#">音乐</a></li>
05        <li><a href="#">视频</a></li>
06        <li><a href="#">新闻</a></li>
07        <li><a href="#">关于</a></li>
08    </ul>
09    </div>
```

上面无任何 CSS 的 HTML 代码，执行效果如图 19.8 所示。

```
//css 代码
01    .nav_1{
02      margin:50px auto;
03      background-color:#666;
04      border-top:2px solid #000;                /*只设置上边框和下边框*/
05      border-bottom:2px solid #000;
06    }
07    .nav_1>ul{
08      margin:0 auto;
09      list-style:none;                          /*去除列表符号*/
10      position:relative;
11      width:960px;
12    }
13    .nav_1>ul>li>a{
14      display:block;
15      width:100px;
16      color:#FFFFFF;
17      text-align:center;
18      text-decoration:none;
19    }
```

首先是对导航栏整体的大小、背景等基本属性的设置。第 02 行和第 08 行是整体居中的实现。第 04~05 行设置导航栏上下的边框为 2 像素。第 09 行把无序列表的项目符号去掉。第 14 行使链接作为块级元素显示，第 17 行使链接文本居中显示，第 18 行把链接的下画线去掉。代码运行后的结果如图 19.9 所示。

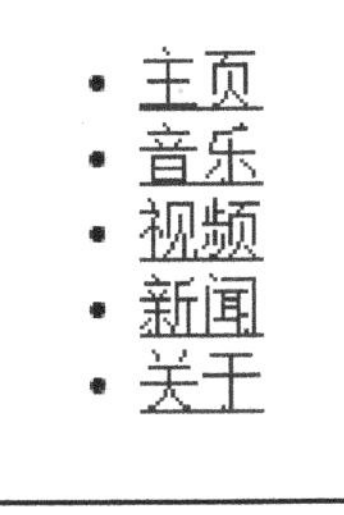

图 19.8 一级导航初始效果

图 19.9 初步设置

可以看到这一步一个竖直方向的导航栏已经做好了。本节我们需要的是一个水平导航栏，所以还需要把链接放在同一行显示。在 CSS 中加入以下代码：

```
01    .nav_1>ul>li{
02      display:inline-block;
03    }
```

再次运行代码，即可得到最终的效果。

19.3 二级导航栏

二级导航的效果如图 19.10 所示，当鼠标指向某一区块时，就会显示二级菜单。

图 19.10　二级导航

下面是二级导航的 HTML 代码结构，在做二级导航时，需要在一级导航列表中定义子列表：

```
//二级导航 HTML 结构
01    <div class="nav_2">
02         <ul>
03              <li><a href="#">主页</a>
04              <ul>
05                   <li><a href="#">二级栏目</a></li>
06              </ul>
07              </li>
08         </ul>
09    </div>
```

这种结构的代码运行效果如图 19.11 所示。同一级导航的原理，使用以下 CSS 代码对其进行初步设置，处理后的效果如图 19.12 所示。

```
01    .nav_2{
02      margin:50px auto;
03      height:20px;
04      background-color:#666;
05      border-top:2px solid #000;                    /*只设置上边框和下边框*/
06      border-bottom:2px solid #000;
07    }
08    .nav_2>ul{
09      margin:0 auto;
```

```
10    list-style:none;                     /*去除列表符号*/
11    position:relative;                   /*保留在文档流中，供二级导航绝对定位*/
12    width:960px;
13  }
14  .nav_2>ul>li{
15    float:left;                          /*列表项目左浮动排列*/
16    line-height:20px;
17  }
18  .nav_2>ul>li>a{
19    display:block;
20    width:105px;
21    color:#FFFFFF;
22    text-align:center;
23    text-decoration:none;
24  }
25  .nav_2>ul>li>ul{                       /*二级 ul*/
26    list-style:none;
27  }
28  .nav_2>ul>li>ul>li{
29    display:block;
30    background-color:#666;
31    line-height:25px;
32    border-left:2px solid #000;
33    border-right:2px solid #000;
34  }
35  .nav_2>ul>li>ul>li>a{
36    display:block;
37    width:100px;
38    color:#FFFFFF;
39    text-align:center;
40    text-decoration:none;
41  }
```

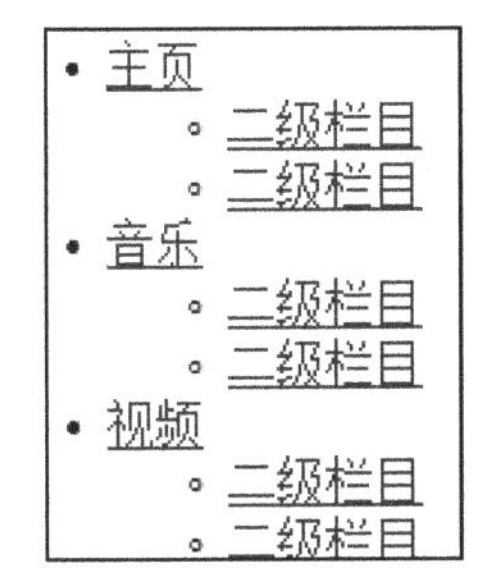

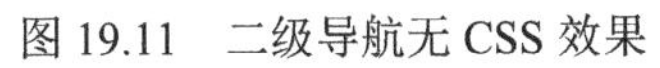
图 19.11　二级导航无 CSS 效果

图 19.12　二级导航初步设置效果

下面还需要让二级栏目的内容默认不显示，当鼠标移动到一级栏目上的时候显示对应的二级栏目内容，需要添加以下 CSS 代码：

```
01  .nav_2>ul>li>ul{
02    display:none;
03  }
04  .nav_2>ul>li:hover >ul{            /*鼠标指向时显示二级列表*/
05    display:block;
06  }
```

再次运行代码即可得到所需的效果。

19.4 三级导航栏

有了一级导航和二级导航之后，做三级导航就容易了，原理是相同的。HTML 结构是在二级导航的列表下再增加一次无序列表。HTML 结构如下，效果如图 19.13 所示。

```
01  <div class="nav_3">
02      <ul>
03          <li><a href="#">主页</a>
04          <ul>
05              <li><a href="#">二级栏目></a>
06              <ul>
07              <li><a href="#">三级栏目</a></li>
08              </ul>
09              </li>
10          </ul>
11      </ul>
12  </div>
```

使用以下 CSS 代码对三级导航进行初步设置，为了节约篇幅，其中与一级导航和二级导航同理的代码已经省略。

```
01  .nav_3>ul>li>ul>li>ul{
02    list-style:none;
03    border-top:2px solid #000;
04    border-right:2px solid #000;
05    border-bottom:2px solid #000;
06    background-color:#666;
07    position:absolute;                              /*相对父级元素依然是绝对定位的*/
08    left:103px;
09    top:0;
10  }
11  .nav_3>ul>li>ul>li>ul>li>a{                       /*三级列表链接设置*/
```

```
12      display:block;
13      width:100px;
14      color:#FFFFFF;
15      text-align:center;
16      text-decoration:none;
17    }
```

注意第 07 行，这里是三级导航与一二级导航不同的地方，在对三级导航做 position 定位时，由于 absolute 使该块内容脱离文件流而相对于父容器定位，如果不将二级无序列表的 li 项定位为 relative 定位，三级导航就不会相对于二级导航来定位，而是相对于一级导航来定位。运行上面的代码，可以看到初步设置后的效果如图 19.14 所示。

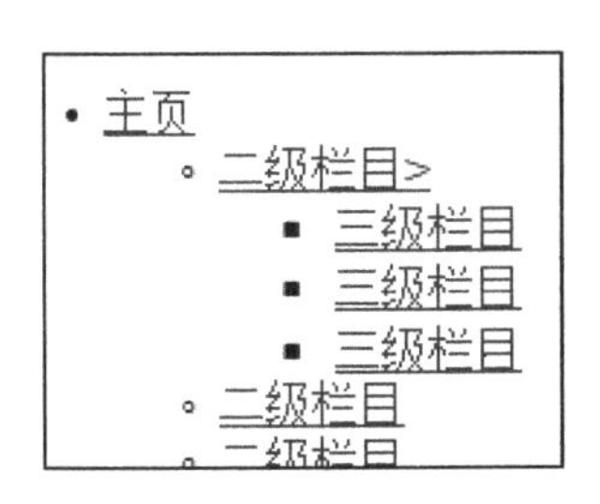

图 19.13　三级导航无 CSS 效果

图 19.14　初步设置后的效果

这时还达不到所需的效果，还需要使二级以上的导航默认不显示，鼠标移动到上一级列表项时触发显示，所以需要以下代码：

```
01    .nav_3>ul>li>ul{
02      display:none;
03    }
04    .nav_3>ul>li>ul>li>ul{
05      display:none;
06    }
07    .nav_3>ul>li:hover >ul{                    /*显示二级列表*/
08      display:block;
09    }
10      .nav_3>ul>li:hover >ul>li:hover >ul{     /*显示三级列表*/
11      display:block;
12    }
```

再次运行代码，即可得到所需的效果，如图 19.15 所示。

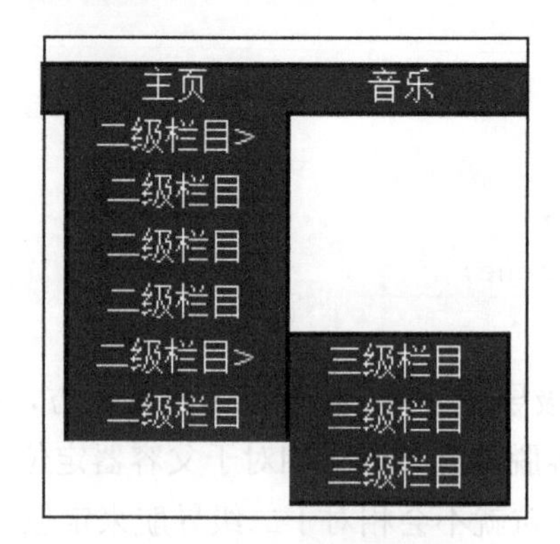

图 19.15 最终效果

本节只是用 CSS 代码来实现导航栏，这种方法的关键在于对元素的定位以及对 CSS 伪类的使用，实例偏重原理实现，通常与 JavaScript 或者 jQuery 配合使用制作更加强大的菜单导航，因为 JavaScript 可以更方便快捷地控制网页效果。

19.5 滑动菜单

滑动菜单能够使简单的导航菜单变得生动，图 19.16 所示为滑动菜单的效果图，当鼠标指向导航栏的某一链接时，链接下方的小块就会移动到鼠标所指的链接下方，并且颜色会随机改变。在本节的实例中，样式能够随链接的数量自适应达到最好的效果。

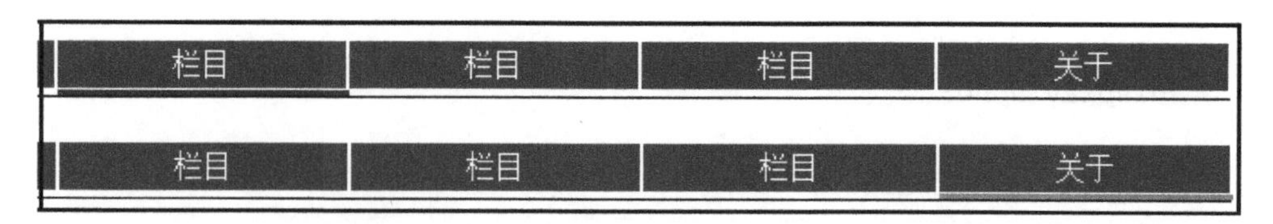

图 19.16 滑动菜单

本实例的效果主要运用元素定位和元素运动实现，最外层为一个 div 容器，内层是一个包含 li 的 ul，li 中为 a 标签。CSS 部分的代码如下：

```
01  *{margin:0;padding:0;}
02  #ani_links{
03    width:800px;height:30px;
04    position:absolute;top:100px;left:200px;
05    border-bottom:1px solid;                              /*下方横线*/
06  }
07  .ani_links {
08    width:100%;height:100%;
```

```
09    list-style:none;                                   /*列表基本设置*/
10    position:absolute;
11    color:#FFFFFF;
12  }
13  .ani_links>li{text-align:center;float:left;background:#808080;}    /*同
排展示*/
14  .ani_links>li>a{text-decoration:none;font-size:16px;display:block;
color:#FFFFFF;}
```

代码第 03~04 行在 CSS 中指定外层 div 的大小及位置，通过整体的大小使用 JavaScript 动态确定每个 li 最合适的大小。除了最后一个 li 使用绝对定位（将在 JavaScript 中改变定位方式）外，其余的 li 元素按照左浮动的方式定位（见第 13 行）。JavaScript 部分通过改变最后一个 li 的 left 值而改变它的位置。JavaScript 的实现原理如下：

```
01  <script type="text/javascript" src="move.js"></script>      //加载运动框架
02  <script type="text/javascript">
03  function getbyclass(parent,classname){                 //通过类名获取元素
04  var result=new Array();
05  var allclass=parent.getElementsByTagName('*');
06  for (var i=0; i<allclass.length;i++ )
07  {
08  if(classname==allclass[i].className)
09    result.push(allclass[i]);
10  }
11  return result;
12  }
13  function color(){                                     //随机生成颜色
14  var r=parseInt(Math.random()*255);
15  var g=parseInt(Math.random()*255);
16  var b=parseInt(Math.random()*255);
17  var newcolor="rgb("+r+","+g+","+b+")";
18  return newcolor;
19  }
20  window.onload=function (){                            //页面加载完成
21  var ani_links=document.getElementById('ani_links');    //获取最外层 div
22  var ani_links_ul=getbyclass(ani_links,'ani_links')[0];       //获取 ul
23  var ani_links_ul_width=ani_links_ul.offsetWidth;             //获取 ul 宽度
24  var ani_links_ul_height=ani_links_ul.offsetHeight;           //获取 ul 高度
25  var ani_links_lis=ani_links_ul.getElementsByTagName('li'); //获取 li
26  var ani_links_li_border=1;var bottom=3;var bottom_left=0;
27                          //li 的边框、下方可滑动控件的高度、可滑动控件的 left 值变量
28  var n=ani_links_lis.length;                            //获取 li 的数量
29  var ani_links_li_width=Math.floor(ani_links_ul_width/(n-1)); //计算每个
li 所占空间的平均宽度
```

```
30  for (var i=0;i<n-1;i++ )
31  {
32     ani_links_lis[i].style.width=ani_links_li_width-ani_links_li_border*
2+"px";//li 元素的宽
33     ani_links_lis[i].style.height=ani_links_ul_height-ani_links_li_
border*2-bottom+"px";  //li 高
34     ani_links_lis[i].style.lineHeight=ani_links_ul_height-ani_links_li_
border*2-bottom+"px";
35     ani_links_lis[i].style.border=ani_links_li_border+"px solid";
 //设置 li 的边框
36     ani_links_lis[i].onmouseover=function (){    //鼠标指向链接
37     bottom_left=this.offsetLeft;             //获取当前元素相对于父元素的左偏移量
38     var c=color();                           //随机生成一种颜色
39     move(ani_links_lis[n-1],{left:bottom_left},"flex");
40  //改变可滑动控件位置，move 函数为 move.js 中的函数，本行可使元素按照弹性运动方式运动
41     ani_links_lis[n-1].style.backgroundColor=c; //设置颜色
42     }
43  }
44  ani_links_lis[n-1].style.position="absolute";  //初始化滑动控件
45  ani_links_lis[n-1].style.bottom=0;
46  ani_links_lis[n-1].style.left=0;
47  ani_links_lis[n-1].style.width=ani_links_li_width+"px";
48  ani_links_lis[n-1].style.height=bottom+"px";
49  ani_links_lis[n-1].style.background="red";
50  }
51  </script>
```

第 39 行中的 move 函数为运动框架中的内容，作用与 jQuery 中的 animate 方法相似，函数的使用可以查看实例代码中的 move.js，这里不进行解释。本例使用了 JS 的 onmouseover 鼠标事件，不支持移动设备。

19.6 网页右键菜单

网页右键菜单在网络上应用得并不普遍，这种效果可以被应用在 Web App 上，比如腾讯的 Web QQ，当在网页上右击时，可以弹出漂亮的菜单。由于多数网站并不偏向于 Web App，有的网站使用 Flash 实现，因此并不会经常见到。本节的右键菜单在样式上略微逊色，重在 CSS 实现与 JavaScript 实现的过程，效果如图 19.17 所示。

因为移动设备上没有右键操作，所以本例在移动设备端无法测试。

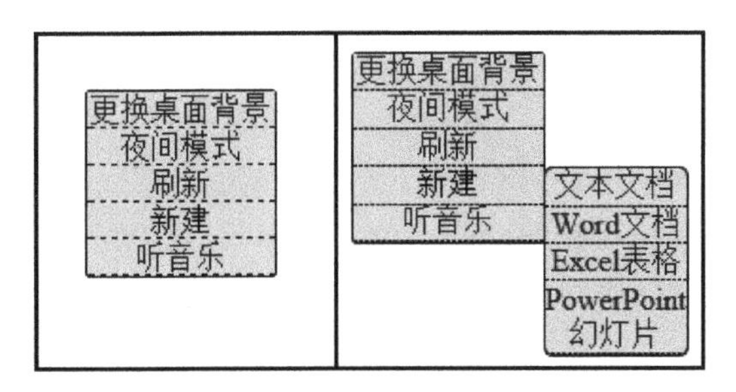

图 19.17　网页右键菜单

网页菜单的原型为链接导航栏，从图 19.17 中的效果来看，这就是一种竖直方向的导航菜单。将导航菜单的展示与右击结合起来，就会变成右键菜单。首先介绍 HTML 部分的结构，在 a 标签里，既可以指向某一页面，又可以指向某一 JavaScript 功能，对应在页面上，一种是链接；另一种是按钮。

```
01  <div id="right_button_menu">
02  <ul>
03      <li><a href="">更换桌面背景</a></li>
04      <li><a href="">夜间模式</a></li>
05      <li><a href="">刷新</a></li>
06      <li>
07      <ul>
08          <li><a href="">文本文档</a></li>
09          <li><a href="">Word 文档</a></li>
10          <li><a href="">Excel 表格</a></li>
11          <li><a href="">PowerPoint 幻灯片</a></li>
12      </ul>新建
13      </li>
14      <li><a href="javascript:show('player');">听音乐</a></li>
15      </ul>
16  </div>
```

第 07~12 行为二级菜单，考虑到定位，该二级菜单的上级名称写在该二级 ul 的后面，这样 CSS 代码将会变得简单。外层的 ul 为一级菜单，每个 li 为一个一级栏目，对于菜单来说，二级菜单已经足够使用。CSS 布局如下：

```
01  *{margin:0;padding:0;}
02  #right_button_menu{                                          /*菜单*/
03      width:100px;height:auto;border:1px solid;border-radius:3px;
04      position:absolute;display:none; z-index:100;             /*默认不显示*/
05  }
06  #right_button_menu>ul{                                       /*列表*/
```

```
07        position:relative;background:hsl(134,70%,80%);
08    }
09    #right_button_menu>ul>li{                                    /*同导航栏的实现*/
10        border-bottom:1px dashed;position:relative;
11        text-align:center;list-style:none;cursor:pointer;
12    }
13    #right_button_menu>ul>li>a{
14        text-decoration:none;
15    }
16    #right_button_menu>ul>li>ul{
17        position:absolute;left:100px;
18        border:1px solid;border-radius:5px ;
19        display:none;background:hsl(134,70%,80%);
20    }
21    #right_button_menu>ul>li>ul>li{
22        border-bottom:1px dashed;
23        text-align:center;list-style:none;
24    }
25    #right_button_menu>ul>li>ul>li>a{
26        text-decoration:none;
27    }
28    #right_button_menu>ul>li:hover>ul{                       /*展示菜单的内容*/
29        display:block;
30    }
```

在本实例中，使用 hover 伪类制作二级菜单的弹出效果，JavaScript 只管右键菜单的整体位置。默认状态下菜单是不可见的，所以在第 04 行隐藏此元素，当右击时，菜单出现在鼠标的位置处，所以它使用绝对定位并且弹出时应该处于网页的最上层。对于每个一级项目设置为相对定位（见第 10 行），以便二级 ul 能以它们为父元素进行绝对定位（见第 17 行），定位的 left 值为一级项目的宽度。二级菜单也是不展示的，只有当鼠标停留在一级项目上方时才展示出来（见第 19 行和第 29 行）。这样一个位置固定的菜单就完成了，其余工作交给 JavaScript 来做。

JavaScript 的主要工作：禁用网页默认的鼠标右键菜单、当右击时获取当前鼠标的位置并把菜单展示在此处、再次单击时隐藏菜单或者执行菜单的功能、再次右击时重新调整菜单到当前的位置。

```
01      window.onload =function (){
02        var menu=document.getElementById('right_button_menu'); //获取菜单
03        document.oncontextmenu=function(e){return false;}//禁止 Firefox、IE、
Safari 右键菜单弹出
```

```
04      function click(e) {                                    //单击处理函数
05          var e=e||event;                                    //为了兼容
06          if (e.which==2||e.button==4) {                     //中键
07              hide_menu(menu);                               //隐藏菜单
08              return false;
09          }
10          else if(e.which==3||e.button==2){                  //右键
11              x=e.clientX;y=e.clientY;                       //获取鼠标的位置
12              var l=document.body.scrollLeft>0?document.body.scrollLeft:
13                  document.documentElement.scrollLeft;//获取鼠标位置的左偏移
14              var t=document.body.scrollTop>0?document.body.scrollTop:
15                  document.documentElement.scrollTop;//获取鼠标位置的上偏移
16              document.title="X 坐标:"+(x+l)+",Y 坐标:"+(y+t);//在标题上显示
left 和 top
17              show_menu(menu,x +l,y+t);                      //展示菜单
18          }
19          else if(e.which==1||e.button==1){                  //左键
20          setTimeout(function (){hide_menu(menu);},100);
21   //隐藏菜单，如果单击菜单内容，就设置一个延迟让菜单的功能实现，否则在 IE 下来不及实现
22          }
23          }
24      document.onmousedown=click;                        //鼠标按下后进行的处理
25      function show_menu(obj,left,top){                  //展示函数
26      obj.style.left=left+'px';
27      obj.style.top=top+'px';
28      obj.style.display='block';
29      }
30      function hide_menu(obj){                           //隐藏函数
31      obj.style.display='none';
32      }
33    }
```

原生 JavaScript 实现时，要想获得绚丽的动画效果，需要在使用元素运动的相关操作，使用 jQuery 可以方便快捷地制作淡入淡出、缓慢下拉、缓慢收起等效果。实现的过程同上述的介绍，在随书源代码中附带 jQuery 实现的动态右键菜单，此处不再赘述。

19.7 下拉菜单

之前的章节分别从纯 CSS 方面和与 JavaScript 结合的方面制作了导航栏和菜单。CSS 3 能

使网页效果更加丰富，本节使用 CSS 3 对一个 div 和一个 ul 的下拉菜单美化进行，使其拥有 CSS 3 的优点——对 JavaScript 的依赖性减弱。图 19.18 所示是一个简洁的下拉菜单，可以此为基础扩展出更多的展示效果。

图 19.18　下拉菜单

HTML 部分的实例没有选择 select，结构如下：

```
01  <div class="fleft" id="menu">
02      <div class="cd-dropdown"><span>将此内容分享到</span>
03      <ul>
04          <li><span class="icon-google-plus">Google Plus</span></li>
05          <li><span class="icon-facebook">Facebook</span></li>
06          <li><span class="icon-twitter">Twitter</span></li>
07          <li><span class="icon-github">GitHub</span></li>
08      </ul></div>
09  </div>
```

对整体和第一个选项卡进行设置，包括第一个选项卡的尺寸、阴影和字体设置，代码如下：

```
01  *{margin:0;padding:0;}
02  body{background:url("img/bg.jpg");}
03  .fleft{width:200px;margin:10px auto;position:relative;}
04  .cd-dropdown{
05    width:300px;height:30px;background:#fff;
06    box-shadow:1px 1px 1px 2px #ccc;
07    margin:10px;padding:10px;line-height:30px;text-align:center;
08    font-size:20px;font-weight: bold;color:hsla(223,50%,45%,0.7);
09    cursor:pointer;
10  }
```

使用 after 伪对象和 border 在第一个选项卡上生成一个三角，代码如下：

```
01  .cd-dropdown:after{
02    content:"";
03    top:20px;right:-100px;position:absolute;
04    border-top:5px solid black;
05    border-left:5px solid transparent;
```

```
06    border-right:5px solid transparent;
07    border-bottom:5px solid transparent;
08  }
```

对弹出的选项卡进行设置，其中第 08~12 行指定旋转变换的基点（绕该点旋转），第 11~17 行指定过渡效果（可参照第 21 章），代码如下：

```
01  .cd-dropdown ul{position:absolute;left:0;margin-top:10px;}
02  .cd-dropdown li{
03      width:300px;height:30px;background:#fff;
04      position:absolute;top:-30px;opacity:0;
05      box-shadow:1px 1px 1px 2px #ccc;
06      margin:10px;padding:10px;line-height:30px;text-align:center;
07      list-style:none;cursor:pointer;
08      transform-origin:10% 50%;              /*变换基点的设置，第 21 章会详细介绍*/
09      -ms-transform-origin:10% 50%;
10      -webkit-transform-origin:10% 50%;
11      -o-transform-origin:10% 50%;
12      -moz-transform-origin:10% 50%;
13      -webkit-transition: all 0.2s linear 0s;          /*CSS 过渡，平滑切换，第
21 章会详细介绍*/
14      -moz-transition: all 0.2s linear 0s;
15      -ms-transition: all 0.2s linear 0s;
16      -o-transition: all 0.2s linear 0s;
17      transition: all 0.2s linear 0s;
18  }
19  .cd-dropdown li:hover{background:hsla(153,50%,45%,0.7);}/*改变背景颜色*/
```

通过 before 伪对象在选项卡上生成图标，使用文字作为图标有很大的优越性。其代码如下：

```
01  @font-face{                /*使用文字取代图标*/
02    font-family:icon;
03    src:url("css/fonts/icon.eot"),url("css/fonts/icon.svg"),
04        url("css/fonts/icon.ttf"),url("css/fonts/icon.woff");
05  }                          /*图像代码与字体文件有关，参考下方 content 的属性值*/
06  .icon-google-plus:before{font-family:icon;content:
"\21";font-size:40px;}
07  .icon-facebook:before {font-family:icon;content: "\22";font-size:40px;}
08  .icon-twitter:before {font-family:icon;content: "\23";font-size:40px;}
09  .icon-github:before {font-family:icon;content: "\24";font-size:40px;}
```

至此，布局就完成了。应用 CSS 3 过渡效果可以使 JavaScript 部分的代码只关注最终的值，而渐变的动画会由 CSS 3 自动完成。JavaScript 需要做的工作主要有：获取第一个选项卡并为

其添加鼠标点击事件，使用模运算判断点击后的折叠或展开行为，随机生成选项卡的旋转角度，等等。JavaScript 代码如下：

```
01  window.onload =function (){
02  var all=document.getElementById('menu');                              //整体
03  var button=all.getElementsByTagName('div')[0].getElementsByTagName
('span')[0];    //按钮
04  var oul=all.getElementsByTagName('ul')[0];                            //列表
05 var lis=oul.getElementsByTagName('li');                                //选项卡
06  var click=0;                                                          //点击计数器
07  button.onclick=function (){
08      click++;                                                          //计数器+1
09      if (click%2)                                                      //判断点击
10      {
11      for (var i=0;i<lis.length ;i++ )
12      {
13          lis[i].style.top=i*(lis[i].offsetHeight+10)+"px";  //定位高度
14          lis[i].style.opacity=1;                                       //透明度
15          lis[i].style.transform="rotate("+Math.floor(Math.random()
*5)+"deg)";
16                                          //随机生成 5 度以内的数字并应用在旋转中
17      }
18      }else{
19      for (var i=0;i<lis.length ;i++ )
20      {
21      lis[i].style.top=0+"px";                                          //恢复初始值
22      lis[i].style.opacity=0;
23      lis[i].style.transform="rotate("+0+"deg)";
24      }
25  }
26  };
27  }
```

CSS 本身就是一种堆叠性的语言，一个好的网站往往是在创意上取胜的。本实例仅起抛砖引玉的作用，可由本实例扩展更多的展示效果，丰富的创意才能在设计中更胜一筹。

19.8 CSS 3 圆形导航菜单

本节使用 CSS 3 2D 转换 transform 中的 translate 属性制作圆形导航菜单，该效果应用在页面的左下角，当点击左下角的加号图标时，加号右上方的 5 个图标将会依次弹出，并在做完弹性运动后停留在图 19.19 所示的位置。当再次点击加号图标时，5 个图标将同时回到加号图标的下方，动画效果十分华丽。本实例重在说明实现原理，在大小合适的范围内，最多能够容纳的图标总数一定（图标特别多的情况下不能很好地适应，直接使用时需要控制图标的数量，也可根据原理和实际情况量身定做）。

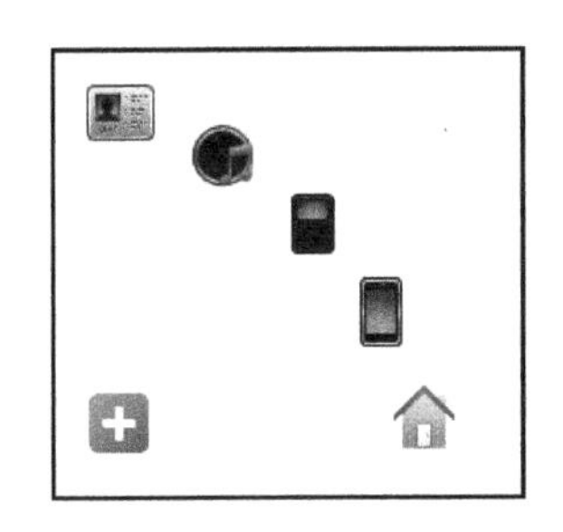

图 19.19　CSS 3 圆形导航菜单

在 CSS 布局上，使用到 CSS 3 transform 属性中的 translate 平移变换。translate 变换与 position 定位的本质不同，CSS 3 中的 2D、3D 转换的原理为矩阵变换，更加适应动画的需求，而 position 定位只是为了解决布局的需求。两者相比，CSS 3 中的变换更加优秀。

translate 的语法如下（详情可在 21.1 节查看）：

```
transform:translate(x,y);
```

参数 x 为横轴 x 轴的偏移量，参数 y 为纵轴 y 轴的偏移量，偏移量单位 px 需一同写入参数中。在 IE10+以外的浏览器下，需要加前缀才有效果，如-webkit-、-o-、-moz-，IE9 需加-ms-前缀。对应的脚本特性为 transform，如 object.style.transform=translate('10px 10px')，在需要前缀的浏览器下，对应的脚本特性为 webkitTransform、OTransform、MozTransform 和 msTransform。也就是说，通过 JavaScript 可以改变 CSS 属性，由于 translate 使用的参数与数值有关，因此为元素的运动提供了可能。本实例中的 translate 运动的实现函数在运动框架中，是本例在运动方面的基础函数，但由于取值与实现烦琐（且使用 translate 在实现原理上的矩阵变换 matrix 的本质），因此这里不对运动框架中的函数进行解释，但可以通过查看实例代码理解。在 JavaScript 中遇到 move 函数时，仅需知道 move 函数为运动函数即可。

实例的 HTML 代码和 CSS 代码如下：

```
//HTML 代码
01   <div id="round_nav">
02   <ul class="round_nav">
03     6 个 li
//CSS 代码
01   *{margin:0;padding:0;}
02   #round_nav{
03        width:200px;height:200px;
04        position:absolute;left:50px;bottom:30px;
05   }
06   .round_nav{
```

```
07        list-style:none;
08        position:relative;
09    }
10    .round_nav>li{
11        width:50px;height:50px;
12        position:absolute;
13        -webkit-transform:translate(50px,150px);              /*CSS 平移属性*/
14        -moz-transform:translate(50px,150px);
15        -o-transform:translate(50px,150px);
16        -ms-transform:translate(50px,150px);
17        transform:translate(50px,150px);
18    }
```

在 CSS 中，第 13~17 行将所有的 li 位置移动到外层 div 的左下角位置，并为 JavaScript 中属性值的改变做准备。其余的工作则通过 JavaScript 动态完成：

```
01    <script type="text/javascript" src="zQuery.js"></script>   //引入运动框架
02    <script type="text/javascript">
03    window.onload=function(){
04    var round_links=document.getElementById('round_nav');  //获取最外层 div
05    var round_links_ul=getbyclass(round_links,"round_nav")[0];      //获取 ul
06    var round_links_lis=round_links_ul.getElementsByTagName('li');//获取 li
07    var n=round_links_lis.length;                          //获取 li 的个数
08    var r1=round_links.offsetWidth;var r2=round_links_lis[0].offsetWidth;
 //外层的宽及 li 的宽
09    round_links_ul.style.left=-r2+"px";                 //修正 ul 的相对定位
10    var adeg=90/n;                                      //计算右上角两个元素之间的度数
11    for (var i=0;i<n ;i++ )
12    {
13        round_links_lis[i].style.background="url(img/"+(i+1)+".png)
no-repeat"; //设置背景图片
14    }
15    move(round_links_lis[0],{translate:[r2,r1-r2]},"flex");//移动第一个元素
16    round_links_lis[0].style.zIndex=5;                       //设置 z-index
17    var click=1;                                             //单击次数存放变量
18    round_links_ul.onclick=function (){
19    if(click%2){                                             //单击奇数次，展开菜单
20        round_links_click();click++;
21    }else{                                                   //单击偶数次，收回菜单
22        round_links_dbclick();click++;
23     }
24    }
25    function round_links_click(){                            //展开菜单函数
26        var i=1;
```

```
27        var t=setInterval(function (){                          //定时器依次弹出每个元素
28            var deg=adeg*i/180*Math.PI;                         //计算元素与竖直方向的角度
29            var h=r1-r1*Math.sin(deg);var w=r1*Math.cos(deg);  //通过角度计算
参数值
30            //将当前元素通过"flex"弹性运动的方式运动至 translate 值为[w,h]处
31            move(round_links_lis[i],{translate:[w,h]},"flex");
32            i++;
33            if(i==n){                                           //所有元素弹出完毕
34                i=1;
35                clearInterval(t);
36            }
37        },150);
38    }
39    function round_links_dbclick(){                                 //收回菜单函数
40        for (var i=1;i<n;i++ )
41        {
42            move(round_links_lis[i],{translate:[r2,r1-r2]},"flex");    //将
元素运动回左下角
43        }
44      }
45    }
46    </script>
```

在理解 JavaScript 第 31 行的参数计算时可以参照图 19.20。通过图中的长度值及三角函数值即可计算出 translate 所需的参数值。

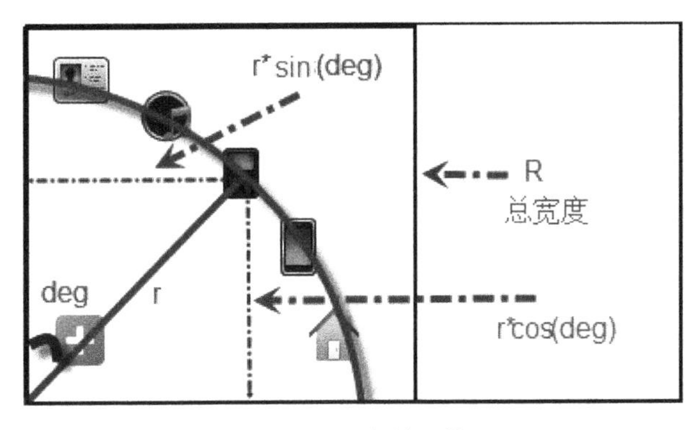

图 19.20　参数计算

在一步一步地设计时，最好先让各元素的边框可见，便于查看定位效果。定位完成之后再去掉边框。

本实例的效果也可以单纯地使用定位实现，实现的原理大致相同，但需计算各元素的定位属性值。虽然在 li 数目固定时较为快速，但当 li 数目不固定时，在 JavaScript 动态计算方面的

实现存在不足。同时，因为本书偏重新版本的 CSS 应用，所以单纯定位的代码不再实现。

19.9 标签云

标签云多用在个人博客上，较为常见的是 WordPress 上的应用。平面标签云的实现较为简单，是链接中常用的一种形式，在本节进行简单的介绍。标签云的效果如图 19.21 所示，主要使用随机的文字大小和字体颜色对不同的链接设置不同的样式。

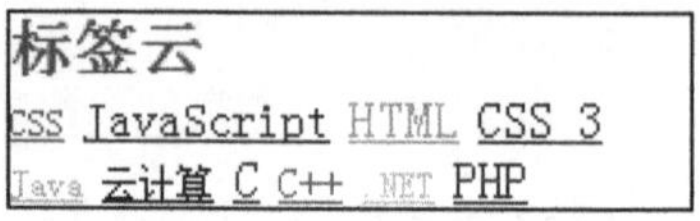

标签云

CSS JavaScript HTML CSS 3

Java 云计算 C C++ .NET PHP

图 19.21　标签云

CSS 和 JavaScript 所有代码如下：

```
//CSS 代码
01  #tagcloud{width:200px;border:1px solid;margin:0;padding:0;}
02  #tagcloud
p{font-size:18px;margin:0;padding:0;font-weight:bold;color:#ed5412}
//JavaScript 代码
01  window.onload =function (){
02  var tagcloud=document.getElementById('tagcloud');
03  var oa=tagcloud.getElementsByTagName('a');
04  for (var i=0;i<oa.length ;i++ )
05  {
06      oa[i].style.fontSize=(Math.random()+0.8)+'em';
07      oa[i].style.color="rgb("+parseInt(Math.random()*255)+","
08                  +parseInt(Math.random()*255)+
09                  ","+parseInt(Math.random()*255)+")";}}
```

19.10 TAB 标签页

与图片轮播相似，因为可以最大程度地扩展页面的可用空间，所以 TAB 标签页应用得比较广泛。TAB 标签页一般是使用 z-index 来实现的，也可以使用左右滑动的效果。标签页的样式虽多，但实现过程很简单。在 CSS 3 之前，制作标签页大多是通过 JavaScript 控制 z-index 实现的，除了这种方法外，还可以使用 CSS 3 中的 target 伪类来实现。图 19.22 所示为简洁的 TAB 标签页效果图。

使用JavaScript的tab标签页　　使用CSS 3 target伪类

标签一	标签二	标签三
这里是标签一的内容		

标签一	标签二	标签三
这里是标签一的内容		

图 19.22　TAB 标签页

在本节的实例中，使用 JavaScript 实现与使用伪类实现在 CSS 布局上是一致的。整个标签页是一个整体，包含 3 个左浮动 a 标签和 3 个绝对定位重叠在一起的 div。当上方的标签被单击时，就把下方对应的 div 调整到最上层。CSS 部分的代码如下（其中两种不同实现的 div 有着相同的布局）：

```
01  #tab,#tab2{
02    width:310px;height:130px;
03    margin:10px;position:relative;/*absolute 也可，下级 div 根据父元素绝对定位*/
04  }
05  a{
06    width:100px ;height:30px ;
07    border:1px solid;
08    display:block;cursor:pointer;float:left;  /*标签左浮动*/
09    text-decoration:none;text-align:center;line-height:30px;
10  }
11  #tab>div,#tab2>div{
12    border:1px solid;border-top:none;
13    width:304px ;height:100px;
14    position:absolute;top:32px;     /*脱离文档流后不能被标签盖住*/
15    background:#FFFFFF;             /*背景要指定，否则 div 中的内容会叠加在一起*/
16  }
```

1. 使用 JavaScript

在上方标签被单击时，要通过 JavaScript 判断是第几个标签被单击，然后把下方的第几个 div 通过 zIndex 调整到上方。这一数字必然与 index 值相等，JavaScript 并没有获取元素索引值的函数，需要自行设计。JavaScript 部分的代码如下：

```
01  function index(current, obj)    //获取元素索引值，参数一般为 this，表示元素所在
的集合元素
02  {
03      for (var i = 0; i < obj.length; i++)
04      {
05          if (obj[i] == current)return i;
06      }
07  }
```

```
08    window.onload=function(){
09        var tab=document.getElementById('tab');
10        var tab_a=tab.getElementsByTagName('a');
11        var tab_content=tab.getElementsByTagName('div');
12        for (var i=0;i<tab_a.length ;i++ )
13        {
14            tab_a[i].onclick =function
(){show_tab_content(index(this,tab_a))}
15        }
16        function show_tab_content(i){                    //展示 div
17            for (var j=0;j< tab_content.length ;j++ )
18            {
19                tab_a[j].style.borderBottom="1px solid";//所有标签的下边框显示
20                tab_content[j].style.zIndex=0;      //所有 div 的 z-index 值为 0
21            }
22            tab_a[i].style.borderBottom='0';         //当前的标签下边框为 0
23            tab_content[i].style.zIndex=2;           //当前的 div 的 z-index 值为 2
24        }
25    }
```

2. 使用 CSS target 伪类

与 JavaScript 相比，target 伪类实现起来更加简单。target 为目标伪类，它的语法是 E:target{描述}，作用是匹配 url 中指向的 E 元素，并把 CSS 代码应用到 E 元素上。例如 #test:target{background:red}，当在当前网址的后面输入#test 时，浏览器就会查找该页面上 id 为 test 的元素，并把该元素的背景设置为红色。对于 TAB 页上的多个重叠的 div，将其用 target 伪类匹配并应用 z-index:2，即可把该 div 调整到最上层。因为用户不会主动地在地址栏输入#id，所以该工作交给 a 标签，如<a href="#div1">。所以在实例中，HTML 部分代码如下：

```
01    <div id="tab2">
02    <a href="#div1">标签一</a><a href="#div2">标签二</a><a href="#div3">标签三
</a>
03    <div id="div1">内容一</div><div id="div2">内容二</div><div id="div3">内容
三</div>
04    </div>
```

而在 CSS 部分，除了相同的布局方式之外，还需要添加 target 伪类的代码（代码非常简洁，并且完全不需要借助 JavaScript）：

```
#div1:target,#div2:target,#div3:target{z-index:2;}
```

除此之外，与图片轮播图、滑动链接等实例联系起来，可以做出很多具有动画效果的 TAB 标签页切换效果。

19.11 选中文字分享

在浏览网页时，许多人都有看到一段文字想分享到朋友圈的经历。考虑到这一问题，本节的实例可以在网页制作中派上用场。图 19.23 所示为本节的效果展示，实例是以新浪微博的分享功能展开的（分享的 HTTP 请求是新浪微博，修改网址即可），虚线的左边为选中文字，右边为跳转到的微博页面。

图 19.23　选中文字分享

该实例的直接 CSS 都体现在 JavaScript 中，JavaScript 部分还包括获取选中的文字、在当前鼠标的位置显示隐藏按钮、跳转页面等。

```
01  window.onload=function(){
02  function select(){                                          //获取选中的文字函数
03    return document.selection?
04      document.selection.createRange().text:window.getSelection().toString();
  //IE 与标准
05    }
06  var text=document.getElementById('share');
07  var sharebutton=document.getElementById('share_button');
08  text.onmouseup=function (){
09  var ev=ev||window.event;
10  var l=document.body.scrollLeft>0?
11      document.body.scrollLeft:document.documentElement.scrollLeft;
12  var t=document.body.scrollTop>0?
13      document.body.scrollTop:document.documentElement.scrollTop;
14  l+=ev.clientX;                                    //计算分享按钮的 left 值
15  t+=ev.clientY;                                    //计算分享按钮的 top 值
16  if(select().length>10){
17      setTimeout(function (){                       //解决 IE 下文本选中不正确的问题
18          share_button.style.display='block';
19          share_button.style.left=l+'px';
```

```
20            share_button.style.top=t+'px';
21        },100);
22    }else{
23    share_button.style.display='none';                   //小于 10 个字不分享
24    }
25    document.onclick=function (){                       //单击页面
26    share_button.style.display='none';                   //分享按钮消失
27    }
28    text.onclick=function (){                           //单击文本时阻止
document.onclick
29    var ev=ev||window.event;
30    ev.cacelBubble=true;
31    }
32    share_button.onclick=function (){                   //http 请求分享到新浪微博
33    window.location.href="http://service.weibo.com/share/share.php?title="+
34        select()+"&url="+window.location.href;}}}
```

随着社交网络的不断完善，目前已有很多集成式分享的解决方案，如 bshare、jiathis 等。在使用时只需向页面引入一行 JavaScript 代码即可，非常方便。本例目前不支持移动端，所以建议在进行集成式分享时采取分享工具的方案。

本节的实例可以拓展到划词翻译。在代码方面，划词翻译与选中分享大致相同，只是在 JavaScript 方面可通过 Ajax 请求数据，然后加载至悬浮层，这部分代码有所不同。

19.12 链接百叶窗效果

链接百叶窗效果如图 19.24 所示，左图和右图是链接的两种状态，这两种状态可以像百叶窗一般切换，中图是切换过程中的截图。使用该效果既可以丰富网页的效果，又可以在一定的区域内展示更多的链接，是链接布局的不错选择。

百叶窗效果第一行　　百叶窗效果第二行　　百叶窗效果第二行
百叶窗效果第三行　　百叶窗效果第四行　　百叶窗效果第四行
百叶窗效果第五行　　百叶窗效果第五行　　百叶窗效果第六行
百叶窗效果第七行　　百叶窗效果第七行　　百叶窗效果第八行
百叶窗效果第九行　　百叶窗效果第九行　　百叶窗效果第十行

图 19.24　链接百叶窗

HTML 部分的代码结构为：ul>li>div>a，“>”符号为包含关系。在 CSS 布局方面，每个

li 的大小固定、溢出隐藏，采用相对定位的方式。而 li 中的 div 绝对定位，高度为 li 的两倍，这导致 div 只有一部分显示出来。通过改变 div 的 top 值可以改变 li 中可以看到的内容。对每个 li 中的 div 可以采用元素运动的方式平滑地切换 top 属性，同时让每个 div 按从上到下的顺序依次运动，就能得到平滑的、有错落感的百叶窗动画效果。CSS 部分的代码如下：

```
01  *{margin:0;padding:0;}
02  #blinds{width:300px;height:auto;border:1px solid;margin:20px auto;}
03  #blinds>li{
04      list-style:none;width:100%;height:30px;overflow:hidden;
05      position:relative;border-bottom:1px dashed;line-height:30px;}
06  #blinds>li>div{position:absolute;top:-30px;}
07  #blinds>li>div>a{height:30px;}
```

JavaScript 部分是通过改变 CSS 第 06 行中的 top 值实现动画的。下面的这段 JavaScript 代码是实现此效果的一种方案，其中运用运动框架使元素达到运动的效果。代码中总共有两个定时器，外层定时器控制链接切换的频率，内层定时器控制切换的次序，从而产生错落感。

```
01  <script type="text/javascript" src="zQuery.js"></script>
02  <script type="text/javascript">
03  window.onload =function (){
04      var blinds=document.getElementById("blinds");  //获取 ul
05      var btn=true;                                 //定时器，切换判断变量
06      show(blinds);
07      function show(obj){                           //展示切换函数
08          var timer=setInterval(function(){
09          var i=0;
10          var blinds_div=obj.getElementsByTagName('div');    //获取 div
11          var t=setInterval(function (){                  //内层定时器
12          if (i<blinds_div.length)                        //按次序切换过程
13          {
14              console.log(i);
15              //运动函数，通过切换判断变量决定向上/向下切换
16              move(blinds_div[i],{top:btn?0:-30});
17              i++;                                  //准备切换下一个元素
18          }else{                                    //本次切换完成
19              btn=!btn;         //切换方向变量取反（如本次向下切换，下次会向上切换）
20          clearInterval(t);                         //清空当前的定时器
21          }
22      },80);
23  },4000);
24  }}
25  </script>
```

19.13 iPhone 开关

iPhone 界面模拟是 Web 应用开发中的一个分支。本节的实例是使用 CSS 创建 iPhone 开关的效果（见图 19.25），并不涉及 JavaScript 的内容，只是用 CSS 的过渡效果模拟动画的效果（例如点击开关切换在实例中只是用 hover 模拟样式的改变）。

图 19.25　iPhone 开关

文字的外层是一个无序列表，每一项都是一个列表项。开关分为两层，外层为轮廓（一个 span），第 2 层有一层是轮廓宽度两倍的 span 并使用 after 伪对象添加中部的圆形小块，第 2 层上方有两部分，分别是左边的开状态和右边的关状态（符号 1 和 0），具体结构如下：

```
01  <ul><p>设置</p>
02  <li>
03  <span class="iphoneButton"><span class="button  buttonOn">
04  <span class="on"></span><span class="off"></span>
05  </span></span>
06  飞行模式
07  </li>
```

对列表样式进行设置，主要是设置整体与各个列表项的布局关系，由于之后的按钮内层使用定位，故从结构的外层开始依次设置定位方式，避免混乱。

```
01  ul{width:230px;padding:0;
02      border:1px solid;border-radius:5px;                  /*外部圆角框*/
03      position:absolute;left:22px;top:100px;
04  }
05  ul p{font-size:15px;text-align:center;margin:5px;}       /*标题的设置*/
06  li{list-style:none;
07      width:90%;height:30px;line-height:30px;padding-left:10%;   /*行高设
置，使文字竖直居中*/
08      border:1px solid;border-bottom:none;
09      position:relative;
```

```
10  }
```

对按钮部分的外层进行设置，代码如下：

```
01  .iphoneButton{margin:2%;width:30%;height:65%;
02      border:1px solid;border-radius:15px 15px;
03      overflow:hidden;display:block;
04      position:absolute;right:0;
05  }
```

对按钮内层进行设置，并在内层的中部使用 after 创建一个圆圈伪对象。由于背景有两种颜色，前半部分为蓝色，后半部分为灰色，因此背景颜色使用渐变来设置（渐变为 W3C 标准）。第 08~09 行设置 CSS 3 的过渡效果，使得开关的切换缓缓进行。

```
01  .button{width:180%;height:100%;padding:0;
02      position:absolute;
03      line-height:100%;
04      font-weight:bold;
05      background:linear-gradient(to right,#1E90FF 0%,#1E90FF 50%,
06          #EDEDED 50%,#EDEDED 100%);      /*使用渐变可以减少一个按钮*/
07      border-radius:15px 15px;
08      transition:all .5s ease;
09      -webkit-transition:all .5s ease;
10      }
11  .button:after{content:'';
12      width:15%;height:96%;
13      border:1px solid;border-radius:100%;/*开关中央的圆形可以使用伪对象实现*/
14      position:absolute;left:40%;
15      background:#FFFFFF;
16  }
```

设置 1 和 0，分别使用两个定位的 span 实现，前者使用只有边框的 span，后者使用完全圆角的 span 制作圆形，代码如下：

```
01  .on{width:0;height:50%;margin-top:3%;margin-left:22%;
02    border:1px solid #FFFFFF;
03    position:absolute;
04  }
05  .off{width:8%;height:50%;margin-top:2%;margin-left:72%;
06    border:2px solid #A1A1A1;border-radius:100%;
07    position:absolute;
08  }
```

最后设置开关的打开状态、关闭状态以及鼠标悬浮切换，代码如下：

```
01  .button:hover{left:-73%;}
02  .buttonOn{left:-73%;}
```

```
03    .buttonOff{left:0;}
```

19.14 按钮式单选框与复选框

因为用户使用鼠标比使用键盘更加普遍，所以网页设计中经常使用单选框与复选框方便用户选择，在 HTML 中通过 radio 和 checkbox 两种类型的输入框实现。原生的单选框为小圆点样式，原生的复选框为√和小方块。本节自定义这些元素的样式，不使用原生的样式，同时不影响表单的正常填充，效果如图 19.26 所示。需要用到少量 JavaScript，本实例使用 jQuery 实现。

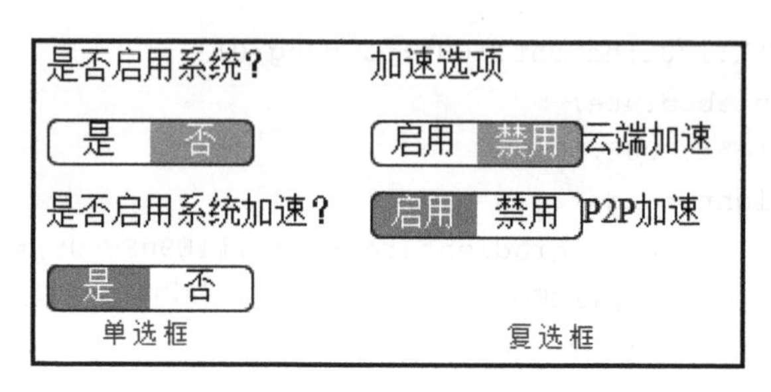

图 19.26　自定义选框

单选框的实现思路是在 HTML 部分添加两个 label 标签，分别指向两个单选项，在 CSS 部分设置 label 标签的开启和禁用两种样式，当用户切换点击 label 标签时会自动触发单选项的选中，在 JavaScript 中切换 label 标签的 class 实现样式的改变。最后把原生的输入框设置为不显示。

复选框的实现思路与单选框类似，同样是两个 label 标签在不同样式之间进行切换。不同之处是用户点击的同时，通过 JavaScript 改变复选框的 check 属性值，而不是自动触发复选框选中（由于单选框必选一项，不必考虑解除选中，而复选框可以不选择，自动触发容易，自动解除选中状态却无法实现）。

```
//单选框结构
<p>
    是否启用系统?
    <input type="radio" id="radio1" name="field"  checked />
    <input type="radio" id="radio2" name="field" />
    <div>
    <label for="radio1" class="radioEnable enable"><span>是</span></label>
    <label for="radio2" class="radioDisable "><span>否</span></label>
    </div>
</p>
//复选框结构
<p>
```

```
    <input type="checkbox" id="radio5"  checked/>
    <label class="radioEnable enable cbEn" ><span>启用</span></label>
    <label class="radioDisable  cbDis"><span>禁用</span></label>
    云端加速
</p>
```

对启用状态的按钮和禁用状态的按钮设置样式如下：

```
01  .radioEnable{                             /*开状态设置*/
02      width:50px;height:20px;
03      border-radius:5px 0 0 5px/5px 0 0 5px ;
04      float:left;text-align:center;
05      border-top:1px solid black;          /*开、关状态不同之处主要在边框上*/
06      border-left:1px solid black;
07      border-bottom:1px solid black;
08  }
09  .radioDisable{                            /*关状态设置*/
10      width:50px;height:20px;
11      border-radius:0 5px 5px 0/0 5px 5px 0 ;
12      float:left;text-align:center;
13      border-top:1px solid black;
14      border-right:1px solid black;
15      border-bottom:1px solid black;
16  }
```

对按钮选中时的颜色及样式进行设置，使得启用状态选中的颜色为绿色，禁用状态选中的颜色为灰色。

```
01  .radioEnable.enable{
02    background:#71C671;color:#fff;
03  }
04  .radioDisable.enable{
05    background:#C1C1C1;color:#fff;
06  }
```

最后把 input 标签默认设置为不显示。

```
01  input{display:none;}
```

CSS 部分的两种样式设置完成后，JavaScript 部分的 class 切换就简单了。当按钮被点击后，切换按钮的样式为选中的样式，将对立的状态转换为初始样式，同时将选项选中。为了使前面的讲述明确，附上一段 jQuery 解决方案以明确 class 的切换实现。

```
01  $(function(){
02  $(".radioEnable").click(function(){                    //单选启用按钮被点击
03  $(this).parent('div').children(".radioDisable").removeClass('enable');
//禁用按钮去除选中状态
```

```
04  $(this).addClass('enable');                    //启用按钮选中
05  });
06  $(".radioDisable").click(function(){           //单选禁用按钮被点击
07  $(this).parent('div').children(".radioEnable").removeClass('enable');
//启用按钮去除选中状态
08  $(this).addClass('enable');                  //禁用按钮选中
09  });
10  $(".cbEn").click(function(){                 //复选启用按钮被点击
11  $(this).parent('p').children(".radioDisable").removeClass('enable');
//禁用按钮去除选中状态
12  $(this).addClass('enable');                  //启用按钮选中
13  $(this).parent('p').children('input').prop('checked',true);
//input 属性值选中
14  });
15  $(".cbDis").click(function(){                //复选禁用按钮被点击
16  $(this).parent('p').children(".radioEnable").removeClass('enable');
//启用按钮去除选中状态
17  $(this).addClass('enable');                  //禁用按钮选中
18  $(this).parent('p').children('input').prop('checked',false);
//input 属性值去除选中
19  });
20  });
```

19.15 文字变链接

如果想在一篇文章中的某些关键字上添加超链接，同时不影响文章的原来面目，那么本节的效果非常有效，不过不支持移动设备。如图 19.27 所示，初始状态下的文字样式在鼠标指向时变为链接，从而可以让用户链接到相应的页面上。

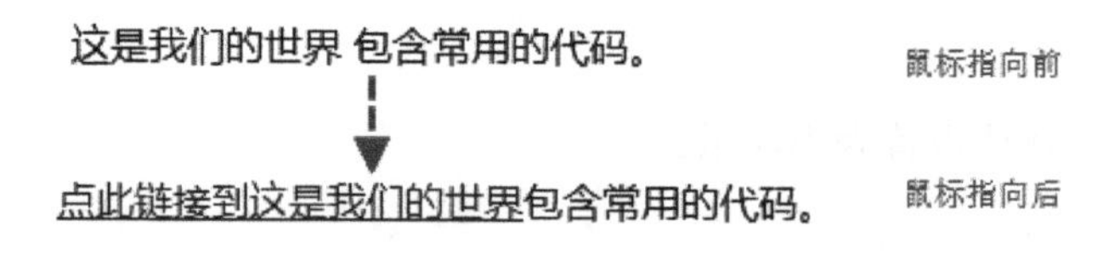
这是我们的世界 包含常用的代码。
鼠标指向前
点此链接到这是我们的世界包含常用的代码。
鼠标指向后

图 19.27 文字变链接

该效果可以使用简单的两行 CSS 代码完成，文字和链接在网页中实际都存在，只是在鼠标不指向文字时链接不显示，指向文字时文字隐藏，同时链接展示出来。HTML 和 CSS 代码如下：

```
//HTML 代码
01  <div>
02  <span>这是我们的世界</span>
```

```
03    <a href="">点此链接到这是我们的世界</a>包含常用的代码。
04    </div>
// CSS 代码
01    a, div:hover span { display: none; }                 //链接隐藏、文字显示
02    div:hover a { display: inline-block; }               //链接显示、文字隐藏
```

19.16 根据文件格式设置链接图标

a 标签在网页中是经常被使用的，CSS 可以实现筛选 a 标签属性，由此可以根据文件的格式设置不同的链接图标来增强用户体验，在每种格式对应一种图标之后，用户将对自己要访问或者下载的文件一目了然，如图 19.28 所示。

百度 给我发邮件 下载pdf文档 swf文件 统计表 幻灯片
记事本文档 压缩文件 视频 RSS 包含某些文字

图 19.28　链接不同图标效果图

以下实现有 3 种形式：第一种是匹配 href 属性以关键字开头的标签；第二种是匹配 href 属性以关键字（一般是文件格式）结束的标签；最后一种是匹配 href 属性中包含某关键词的标签。CSS 匹配标签后可以设置标签的背景图片作为链接的图标。

```
01   a[href^="http:"] {
02       display:inline-block;                                  /*图片显示方式*/
03       padding-left:20px;                                     /*设置左 padding*/
04       background:transparent url("img/url.gif") center left no-repeat;
/*图片居左显示*/
05   }
06   a[href$='.pdf'] {
07       display:inline-block;
08       padding-left:20px;
09       line-height:18px;                                      /*可以设置行高*/
10       background:transparent url("img/pdf.gif") center left no-repeat;
11   }
12   a[href *="username"] {
13       padding-left: 20px;
14       background: url("img/star.png") no-repeat left;
15   }
```

第 01 行的选择表达式可使 CSS 找到所有链接 href 属性以“http:”开头的链接；第 06 行的选择表达式可使 CSS 找到所有链接 href 属性以“pdf”结尾的链接；同理，第 12 行选择的是 href 属性包含“username”的所有链接，括号内的代码分别设置链接样式。

源代码中附带了常用的基本文件图标的集合，便于扩展使用。

第 20 章

◂ 背景和颜色 ▸

背景和颜色是为丰富效果而生的属性，在任何场合下都是不可或缺的。在网页设计中，背景和颜色通常是美化方面的主力，真正独立的实例不多。

本章主要涉及的知识点有：

- 颜色和渐变的基础与实例
- 高光效果
- 多背景、全屏背景
- 斑马线背景、棋盘背景
- 易拉罐效果、顶部阴影效果

20.1 颜色和渐变的基础

1. 颜色

在 CSS 1 和 CSS 2 中，颜色的值为部分颜色名称、十六进制和 RGB 色。CSS 3 新增了 RGBA、HSL 和 HSLA，融合了饱和度、透明度等概念，使得网页颜色更加丰富。

- RGBA

RGBA 在 RGB 的基础上增加了透明度（Alpha）。R、G、B 的取值与 RGB 相同，可以为数值 0~255 或百分比 0~100%，透明度的值与 CSS 3 中 opacity 的值相同，为 0~1 的数。

- HSL

HSL 色彩模式是工业界的一种颜色标准，是通过色调（H）、饱和度（S）、亮度（L）3 个颜色通道的变化以及它们的叠加来得到各式各样的颜色，这一标准几乎包括人类视力能力所能感知的所有颜色。HSL 的参数有 3 个，H 的值为 0~360，0~119（或 360）表示红色、120~239 表示绿色、240~359 表示蓝色。S 和 L 的值为 0~100%。

- HSLA

HSLA 即在 HSL 的基础上增加透明度。A 的取值为 0~1。

所有的颜色都建立在美学基础之上，CSS 中的参数与美学上的颜色参数是一致的。

2. 渐变简述

在本书的诸多实例中，有很多关于 CSS 3 渐变的应用，在实例中对渐变部分的实现并无详细的说明。CSS 3 渐变是一个很强大的功能，但是越强大的东西往往越复杂。从 Webkit 率先实现渐变到各大浏览器先后实现带有自己品牌（CSS 前缀）的渐变，再到现在各大主流浏览器向无前缀的 W3C 标准改进并得到良好的支持，这一路已走了很长时间。

由于国内浏览器的发展形势，尤其是性能差的低版本 IE 浏览器在国内的比重依然很大，为了考虑兼容性，国内的 CSS 3 一直没有快速地发展。每一个网站开发人员不得不考虑 IE 低版本、各种前缀以及 W3C 标准，这使得在国内应用 CSS 3 新特性变得困难且头痛。对于渐变来说，在国内没有大面积应用的时候，国外的这一技术却正在改进发展。这既是好的，因为国内的开发人员可以直接使用 W3C 标准开发，少走弯路；又是坏的，因为浏览器的市场占有率导致新旧交替的属性都要考虑。

由于上述问题，本书中很多实例没有详细讲述渐变的实现，但为了使读者更加了解渐变的使用，这里有必要单独列出一节来细致地讲解 CSS 3 渐变。本节的内容将更加青睐 W3C 标准和新旧交替。

渐变的语法有两种，一种是渐变类型写在参数内（如渐变（线性，参数））；另一种是渐变类型写在参数外（如径向渐变（参数））。本节采用后者，因为后者更加方便，不同浏览器之间也更加统一。IE 的 filter 滤镜在本节中没有涉及。

3. 带前缀的渐变

各大浏览器的前缀分别为-webkit-、-moz-、-o-以及-ms-。

（1）线性渐变

基本语法为：前缀-linear-gradient(渐变线起点位置或使用角度确定渐变线、开始颜色、[中间多个颜色[及位置]]、结束颜色)。“[]”代表可选。

渐变线的确定可以采用关键字或者角度。关键字有 top、bottom、left、right、top left、top right、bottom left 和 bottom right。使用关键字时，渐变线为从关键字开始到关键词的对面结束，如 top 的意义为渐变线从上到下。使用角度时，渐变线为指向右侧的渐变线沿逆时针方向旋转一定的度数。例如 30deg 的意义如图 20.1 所示。

颜色值多种多样，可以使用关键字、16 进制、RGBA 等，浏览器支持就好，还可以使用透明（Transparent）。中间颜色可选，作用是在开始颜色和结束颜色之间设置颜色停靠点（Color-Stop，色标）。例如：

```
-webkit-linear-gradient(top,red,yellow 25%,green 50%,blue 75%,purple);
```

代码的效果如图 20.2 所示。

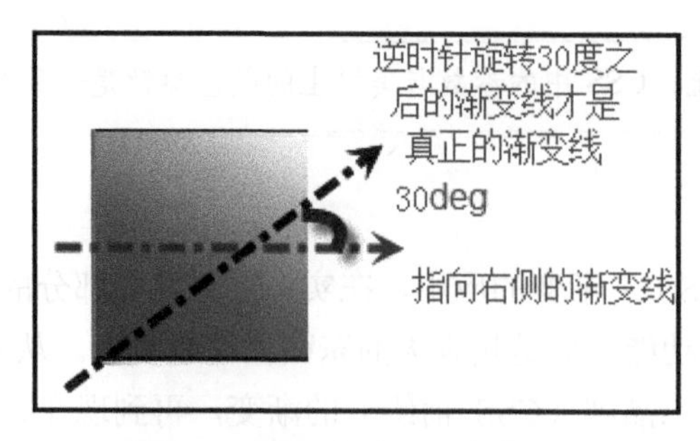

图 20.1 使用角度确定渐变线

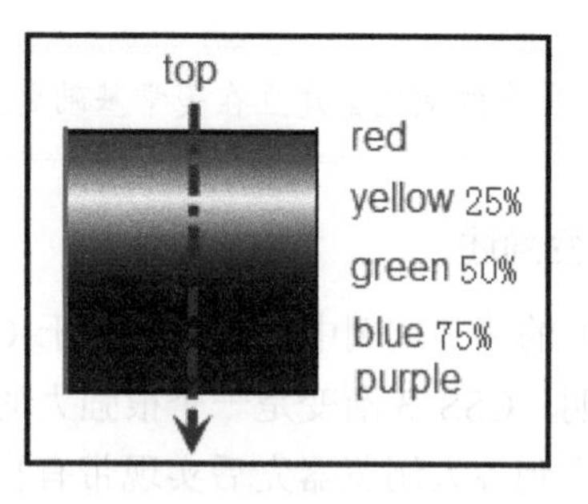

图 20.2 效果展示

（2）径向渐变

与线性渐变相比，径向渐变的参数更为复杂。基本语法为：前缀-radial-gradient([径向渐变的圆心位置],[渐变的形状][渐变的大小],开始颜色,[中间颜色],结束颜色)，“[]”表示参数可选。

径向渐变的圆心位置有 3 类值可以选择：一类是长度值，可为负值，如-ms-radial-gradient(-30px 60px,red,white)；一类是百分比，可为负值，如-ms-radial-gradient(30% -60%,red,white)；另一类为关键字，如-ms-radial-gradient(top,red,white)。此参数不写时浏览器使用默认参数 center。

径向渐变的形状有两个值可选：circle 为圆形，ellipse 为椭圆形，圆形是椭圆形的特殊情况（长轴与短轴相等）。该参数不写时，通过大小值确定形状，大小值也不写时，形状为椭圆形。

渐变的大小有 3 类值可以选择：一类是长度值，如-ms-radial-gradient(center,30px 30px,red,white)；一类是百分比，如-ms-radial-gradient(center,30% 30%,red,white)；另一类是关键字。closest-side：指定径向渐变的半径长度为从圆心到离圆心最近的边。closest-corner：指定径向渐变的半径长度为从圆心到离圆心最近的角。farthest-side：指定径向渐变的半径长度为从圆心到离圆心最远的边。farthest-corner：指定径向渐变的半径长度为从圆心到离圆心最远的角，默认值为 farthest-corner。使用 4 种关键字的代码如下，效果如图 20.3 所示。

```
    background-image:-ms-radial-gradient(30px 40px ,circle
closest-side ,red,white);
    background-image:-ms-radial-gradient(30px 40px ,circle
closest-corner ,red,white);
    background-image:-ms-radial-gradient(30px 40px ,circle
farthest-side ,red,white);
    background-image:-ms-radial-gradient(30px 40px ,circle
farthest-corner ,red,white);
```

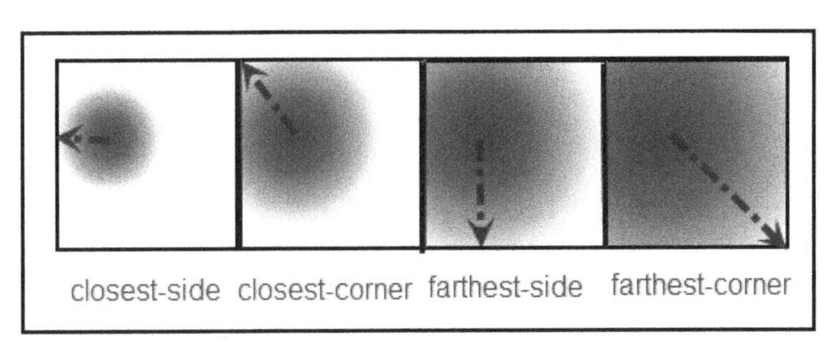

图 20.3　大小关键词

在确定形状和大小时，通常在不指定形状时使用长度值或百分比（如 30%、40%）确定水平半径和竖直半径，这时形状便会随之确定。或者使用形状与大小关键字的组合（如 circle closest-side 或 closest-side），使用前者能够更加灵活地控制渐变区域的大小。

颜色参数的设置及意义与线性渐变相同。

使用径向渐变可以轻易实现一个立体小球效果。

4. W3C 标准渐变（不带前缀）

各大主流浏览器均已支持 W3C 标准语法，标准语法与带前缀的语法有细微的不同。

（1）线性渐变

语法：linear-gradient(to 渐变线终点位置或使用角度确定渐变线、开始颜色、[中间多个颜色[及位置]]、结束颜色)。“[]”代表可选。使用角度时，渐变线为指向顶部的渐变线沿顺时针方向旋转一定的度数（更改后更加符合 SVG 的特点）。例如 30deg 的意义如图 20.4 所示。用法如下：

```
linear-gradient(to bottom,red,white);
linear-gradient(30deg,red,yellow,white);
```

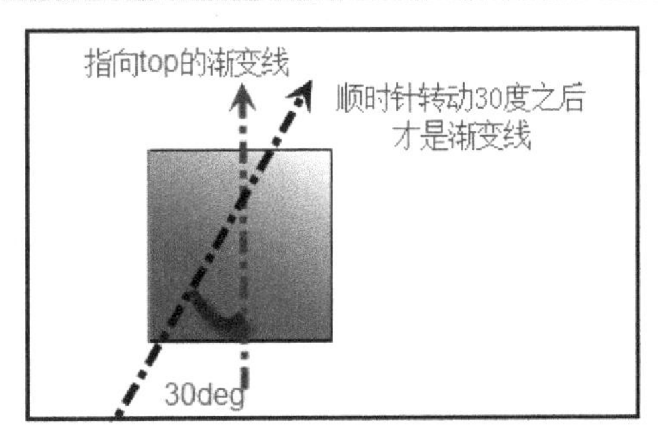

图 20.4　W3C 标准的渐变线确定

（2）径向渐变

语法：radial-gradient([渐变的形状][渐变的大小][at 径向渐变的圆心位置],开始颜色,[中间颜色],结束颜色)，“[]”表示参数可选。用法如下：

```
radial-gradient(30px 40px at 40px 40px ,red,white);
```

对于新手来说，简单地看过上述文字不一定能很好地理解 CSS 3 渐变的使用，建议新手把可能的各种组合自行列出查看效果，以便更快地理解渐变。

可以看到，W3C 标准与带前缀的版本并不是完全一致的，在不明确的的时候不能乱用前缀。为了使代码的兼容性更好，建议把前缀版本写在前面，W3C 标准写在后面，以适应各种浏览器的需要。

5. 重复渐变

在没有重复渐变之前，需要使用 background-size 和 background-repeat 制作重复渐变的效果。当然，对于渐变效果来讲，这是非常不方便的，好在 CSS 3 中补充了重复渐变的属性，通过 repeating-linear-gradient 和 repeating-radial-gradient 替换 linear-gradient 和 radial-gradient 就能实现重复渐变。

动画边框实例中不改变背景大小的另一种方式为这里介绍的重复渐变。

20.2 高光效果

在第 17 章和第 19 章曾经运用过高光效果，高光效果往往与阴影效果、渐变效果和描边效果同时使用以增强立体感。图 20.5 所示为高光效果的效果图。这种效果常常用在按钮的制作上。

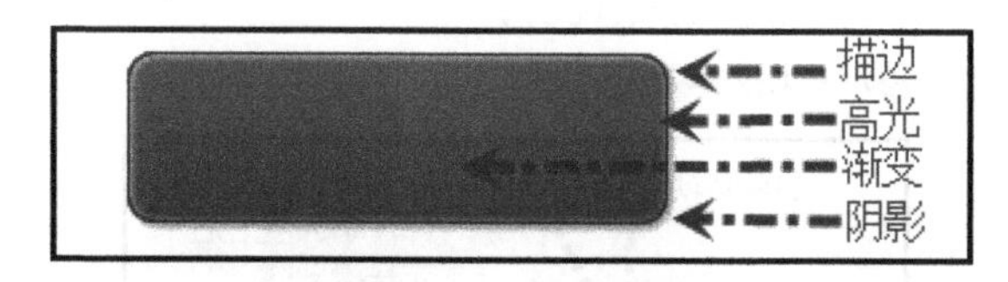

图 20.5 高光效果

图中 div 的描边和阴影效果为边框属性和外边框阴影，渐变则是颜色渐变的基础应用，高光效果为内阴影，该阴影为白色半透明。CSS 代码如下：

```
01  div{
02       width:200px;height:50px;margin:30px auto;padding-top:10px;
03       border:1px solid #0059ff;                          /*描边效果*/
04       border-radius:10px;                                /*圆角效果*/
05       background:-webkit-linear-gradient(top,#589dfd 0%,#488bf7
50%,#3a7af2 100%);
```

```
06        background:-moz-linear-gradient(top,#589dfd 0%,#488bf7 50%,#3a7af2
100%);
07        background:-o-linear-gradient(top,#589dfd 0%,#488bf7 50%,#3a7af2
100%);  /*渐变*/
08        background:-ms-linear-gradient(top,#589dfd 0%,#488bf7 50%,#3a7af2
100%);
09       background:linear-gradient(to bottom ,#589dfd 0%,#488bf7 50%,#3a7af2
100%),#0059ff;
10        box-shadow:0 0 5px rgba(255,255,255,0.7) inset,1px 1px 3px 1px #ccc;
11    }
```

其中，第 09 行使用了 CSS 3 对 background 的新增属性，通常把 background 属性的值取为背景图片和背景色，用逗号隔开，当背景图片不可用时，背景将使用纯色。

可以使用网络上的按钮生成工具方便快捷地生成效果，如果读者对 Photoshop 有所了解，就会发现效果的实现与 Photoshop 中的常见实现原理相同，网页很多应用均为多层的叠加效果。

20.3 多背景

CSS 3 中加强了背景的设置，其中多背景解决了以前只能使用一张图片作为背景的问题，可以使用多张图片拼接一张背景。图 20.6 所示为多背景实例效果。

代码为 CSS 2 的升级，第一行使用 background-image 指定背景图片，多个背景图片之间使用逗号隔开，同时第 03 行和第 04 行对背景重复属性和背景图片位置属性需要设置多次。

```
01   background-image:url("img/1.jpg"),url("img/2.jpg"),url("img/3.jpg"),
02                                url("img/20.gif"),url("img/5.jpg");
03   background-repeat:no-repeat,no-repeat,no-repeat,no-repeat,no-repeat;
04   background-position:top left,top right,bottom left,bottom right,center
center;
```

在不指定背景位置之前，所有的背景图片是重叠在一起的，根据这一点可以制作一个使用透明图片合成的背景图（利用图片的透明效果合成，不透明图片会互相覆盖，覆盖使得属性中的最后一张图片在最上层），如图 20.7 所示，最终效果为图片 1 和图片 2 合成得来的。

图 20.6　多背景

图 20.7　多图片合成

20.4 全屏背景

CSS 3 加强了对背景的控制，其中对背景大小的设置经常使用，在使用 CSS 控制背景大小时，可以使用具体的像素值，也可以使用百分比（占父元素的百分比），还可以使用 cover 和 contain 两个关键词，这提高了图片的重用率。cover 关键词的含义是图片的大小自动适应区域大小，而 contain 的含义为自动根据区域的大小适应图片的大小，所以使用 cover 关键词时图片有时不能完全显示在区域内（超出部分会覆盖掉），而使用 contain 时图片的所有细节都会显示出来。对于一个全屏背景来说，使用的关键词为 cover，代码如下：

```
01  html{                                              /*在整个 html 上加样式*/
02      background:url("img/1.jpg") no-repeat center center;
03      background-size:cover;
04      min-height:100%;                               /*设置 html 的最小高度*/
05      min-width:100%;
06      }
07  body{
08      min-height:100%;                               /*设置 body 的最小高度*/
09  }
```

在整个 HTML 上添加背景，这将比在 body 上设置背景更加有效。关键之处在于设置 HTML 的最小高度为 100%，之后使用 cover 关键词使得背景自适应 HTML 的大小。第 01 行中的 center 可使窗口很小的时候使用背景的中部部分（一般图片的重点在中部位置，视情况而定）。这段代码可以在窗口大小调整时自动调整背景，保持背景的全屏显示。

从实例的效果看，代码中的第 05~09 行不是必要的，但为了防止特殊情况的发生，可以将其写入代码中。

20.5 斑马线背景

有些网页设计人员在美化网页背景时喜欢设置成斑马线样式的背景。事实上在国内的诸多网页中，这一效果应用得并不广泛，这与个人品味有关，有的人喜欢这种背景，有的人却未必喜欢，然而这并不重要，之所以把本节内容呈现出来，是因为许多 CSS 效果与本节有联系，重点是呈现这种实现思路。

在 CSS 3 之前，背景通常是通过背景图片平铺的方式实现的。本节使用 CSS 3 中的渐变实现条纹，支持 IE10+、Chrome、Firefox、Opera 和 Safari 浏览器。在 IE 9 以下版本的浏览器上，就要通过背景图片或者 filter 滤镜来实现了。本节的效果图如图 20.8 所示。

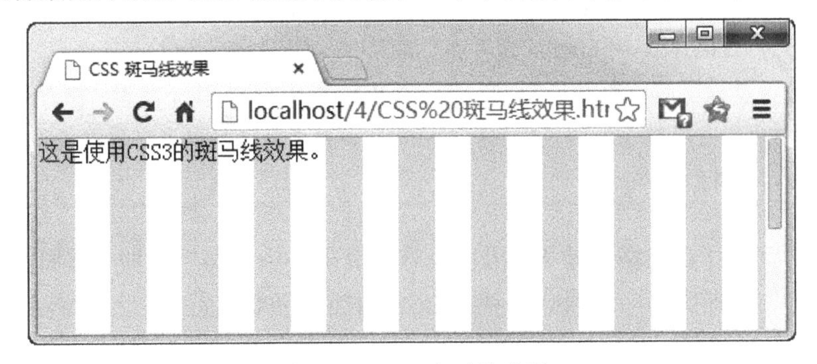

图 20.8　CSS 斑马线背景

在 HTML 文档里不需要写什么内容，但是必须保证 body 区域不为空，然后直接为 body 区域定义背景。CSS 代码如下：

```
01   *{margin:0;padding:0;}
02   body{
03     background-image:-webkit-linear-gradient(0deg,#E1DEB0 50%,transparent
04        50%,transparent);                                          /*渐变*/
05     background-image:-moz-linear-gradient(0deg,#E1DEB0 50%,transparent
06        50%,transparent);
07     background-image:-o-linear-gradient(0deg,#E1DEB0 50%,transparent
50%,transparent);
08     background-image:linear-gradient(90deg,#E1DEB0 50%,transparent
50%,transparent);
09     background-size:10% 100%;                                /*调整背景大小*/
10   }
```

实现的思路与第 18 章中的 CSS 动画边框一致。第 03~08 行使用 CSS 渐变制作如图 20.9 所示的背景，然后通过第 09 行将背景图设置得小一些，使之平铺即可实现图 20.8 所示的效果。

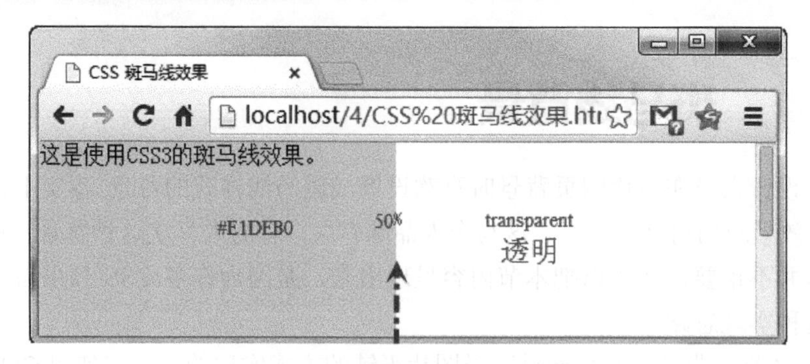

图 20.9 仅使用渐变时得到的效果

第 03 行属性影响 Chrome、Safari 和新版本的 Opera 浏览器(Opera 浏览器现已使用 Webkit 内核)，第 05 行影响 Firefox 浏览器，第 07 行兼容老版本的 Opera 浏览器，第 08 行影响 IE 10 及其以上版本的浏览器（IE 新版本废除了 IE 9 的 filter 滤镜，更加标准化）。当带前缀的代码与不带前缀的代码同时存在时，多数浏览器将以后出现的代码为准，在此处直接使用第 08 行代码。

还有一种情况是针对表格的效果，用户很难分清表格中的每一行时，添加以下代码可以使每一行的位置更加清晰明确，这段代码使用 CSS 伪类选择器设置奇数行（偶数行）的 CSS 样式。

```
01   tr:nth-child(odd) {background-color: #ccc;}                /*奇数行*/
02   tr:nth-child(even) {background-color: #ccc;}               /*偶数行*/
```

20.6 棋盘背景

棋盘背景似乎比斑马线更具实用性，本节实例的效果如图 20.10 所示。这里的棋盘背景是国际象棋的样式。

图 20.10 CSS 棋盘背景

在实现棋盘效果的过程中，最容易想到使用 CSS 斑马线背景合成（一横斑马线图和竖斑马线图合成），例如：

```
    background-image:-webkit-linear-gradient(0deg,#E1DEB0 50%,transparent
50%,transparent),
    -webkit-linear-gradient(90deg,#E1DEB0 50%,transparent 50%,transparent);
```

得到的效果如图 20.11 所示。这种情况并不是想要的最终结果，笔者暂且称其为一种 CSS 格子背景，如果在某种场景中可以用得上，那么尽管这么写。至于棋盘效果，只能另寻途径，比如 CSS 动画边框中的斜渐变，使用两幅图叠加。首先使用下面的 CSS 代码做一个斜渐变，然后使背景图变小平铺，得到图 20.12 所示的效果。

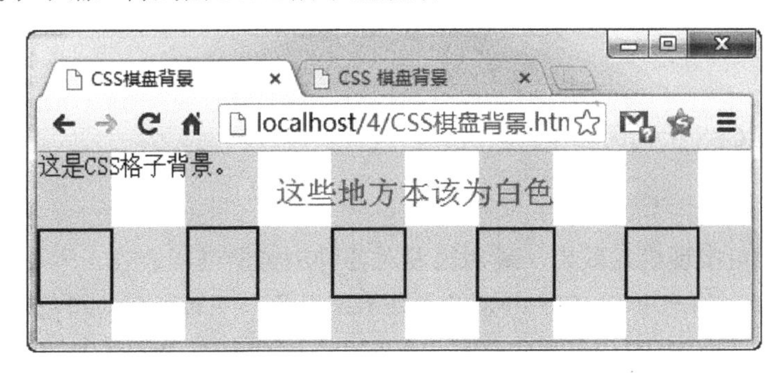

图 20.11　一种格子背景

```
01   body {
02       background-image: linear-gradient(45deg, #E1DEB0 25%, transparent 25%,
transparent 75%, #E1DEB0 75%, #E1DEB0),
03   linear-gradient(45deg, #E1DEB0 25%, transparent 25%, transparent 75%,
#E1DEB0 75%,#E1DEB0);
04   background-size: 100px 100px;
05   }
```

图 20.12　两幅重叠的图像

现在根本看不出这是两幅图像，因为两幅图像是完全一致的、接下来把其中的一幅图像向右下角偏移一段距离，目的是实现图 20.13 所示的操作，把标号 1 处的三角形移动到标号 2 的地方，使其与其他的三角形组成一个正方形。

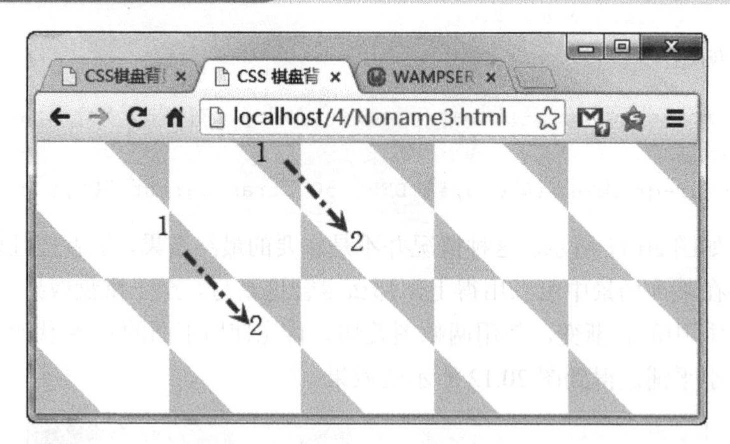

图 20.13　图像的偏移与组合过程

此过程体现在 CSS 上代码如下：

```
background-position: 0 0, 50px 50px;
```

运行完此句即可实现棋盘效果。最后需要对各种浏览器进行兼容。为了解决 IE 浏览器和 Firefox 浏览器下存在的严重 BUG——如果背景不是黑色，中间存在的黑色斜实线就严重影响美观（理论上不会出现 BUG，可能是浏览器的问题），所以在背景不是黑白相间时，最终的代码建议如下：

```
01  body {
02      background-image: linear-gradient(45deg, #E1DEB0 25%, transparent 25%,
03  transparent 75%, #E1DEB0 75%, #E1DEB0),      /*在出现 BUG 时，采用控制台寻找最
合适的百分比数值*/
04      linear-gradient(45deg, #E1DEB0 26%, transparent 26%, transparent 74%,
05  #E1DEB0 74%, #E1DEB0);
06      background-image: -webkit-linear-gradient(45deg, #E1DEB0 25%,
07  transparent 25%,transparent 75%, #E1DEB0 75%, #E1DEB0),
08      -webkit-linear-gradient(45deg, #E1DEB0 26%, transparent 26%,
09  transparent 74%,#E1DEB0 74%, #E1DEB0);
10      background-image: -moz-linear-gradient(45deg, #E1DEB0 24%,
11  transparent 24%,transparent 76%, #E1DEB0 76%, #E1DEB0),
12      -moz-linear-gradient(45deg, #E1DEB0 26%, transparent 26%, transparent
13  74%,#E1DEB0 74%, #E1DEB0);
14      background-image: -o-linear-gradient(45deg, #E1DEB0 25%, transparent
15  25%,transparent 75%, #E1DEB0 75%, #E1DEB0),
16      -o-linear-gradient(45deg, #E1DEB0 25%, transparent 25%, transparent
17  75%, #E1DEB0 75%, #E1DEB0);              /*各种浏览器支持的语法都列出*/
18      background-size: 100px 100px;
```

```
19        background-position: 0 0, 50px 50px;
20    }
```

可以观察到上述的代码只是参数有所不同，在多种参数的权衡之下实验出兼容各种浏览器的最佳方案。

在进行兼容时，浏览器下的调试模式是一个很好的工具。

20.7 易拉罐效果

使用纯 CSS 代码就可以创建一个使用滚动条控制的易拉罐立体效果，无须任何 JavaScript 代码，只使用 CSS 背景固定的属性，效果如图 20.14 所示。

图 20.14　纯 CSS 易拉罐效果

简单地说，该效果由两部分合成：一部分为固定（Fixed）的背景；另一部分为上方半透明的遮罩（易拉罐的外形）。内容部分比外层容器宽使得滚动条出现（因为有滚动条，不适宜在移动端调试）。当拖曳滚动条时，背景固定，而遮罩部分会随着文档移动，这时能够显示的背景区域就改变了。该实例使用的是易拉罐外包装平面图向立体效果转换的思路。为了使立体效果更加明显，而不是生硬地改变背景区域，易拉罐的遮罩部分采用一系列左浮动的 p 标签，通过改变每个 p 标签的背景位值（Background-Position）制作出立体的效果。

HTML 部分的代码如下：

```
01  <div class="coke_box">
02      <div class="coke_box_in">
03          <div id="appendHTML">
04              多个 p 标签
05          </div>
```

```
06            <img src="img/coke_can.png">
07        </div>
08    </div>
```

为了更清楚地展示 p 标签的布局情况，图 20.15 可以帮助理解。该图为 Firebug 下 CSS 样式的立体分析效果，图中的小长方体即为其中的一个 p 标签，可以看到所有的 p 标签宽度不一致，并列在一起组成遮罩层。

图 20.15　立体样式分析

根据上述原理得到如下 CSS 代码：

```
01    .coke_box{width:510px; height:400px; overflow:auto;}    /*外层容器*/
02    .coke_box_in{width:660px; padding-left:300px;}           /*内层文档*/
03    .coke_box_in p{width:1px; height:336px; background:url(img/coke_bg.jpg)
04                repeat-x fixed 0 0; float:left;}    /*遮罩层 p 标签，背景固定*/
05    .coke_box_in img{margin-top:10px; border:solid white;
06                margin-left:-172px; border-right-width:300px;} /*易拉罐外形图
（半透明）*/
07    /*以下部分为遮罩层 p 标签的背景位置设置，增强易拉罐边缘的立体感，具体数据需要测算*/
08    #x1{background-position:5px 30px;}
09    #x2{background-position:0px 30px;}
10    #x3{background-position:-3px 30px;}/*其余部分基本一致，在这里省略，见代码部分*/
```

只使用 CSS 的背景属性就可以做出这么炫的效果，本实例的取胜点不在于代码的复杂程度，而在于设计思路。实际上，许多吸引人眼球的作品都来源于好的设计，换句话说，CSS 是一种用来描述画面（网页样式）的语言，效果的好坏与设计者脑中的设计图有关。

20.8 页面顶部阴影

在网页的顶部设置一个阴影区域可以使得网页效果不单调。对 body 使用 before 伪类，向顶部增加阴影，增加美观度，如图 20.16 所示。

图 20.16　页面顶部阴影

CSS 代码如下：

```
01  body:before {
02      content: "";
03      position: fixed;top: -10px;left: 0;
04      width: 100%;height: 10px;
05      box-shadow: 0px 0px 10px rgba(0,0,0,.8);          /*使用阴影属性即可*/
06      z-index: 100;
07  }
```

第 21 章

◂ 变换与动画 ▸

随着多个浏览器的不断发展和进步，除去 IE6~IE8 和使用它们作为内核的浏览器之外，多数浏览器日益走向标准化之路，更加符合 W3C 标准。在这种情况下，网页设计由单纯的静态网页到使用 JavaScript 结合制作具有动态效果的网页，再到如今使用纯 CSS 3 代码实现动画效果的网页，CSS 3 逐渐流行起来。对于网页来说，适当地使用变换和动画使网页摆脱静态无疑是好的，伴随新的 CSS 3 的支持和 JavaScript 的增强，越来越多的网页向丰富动画效果的方向改进。

在多种技术的支持下，可以使用多样的方法实现变换与动画的效果。本章将分别使用 JavaScript 与 CSS 结合的方式和纯 CSS 方式举例说明变换与动画的实现，在第 18 章关于图片轮播图的动画效果本章不再赘述。

本章主要涉及的内容有：

- CSS 3 变换与动画的基础及实例
- 纸张边角动画
- 气泡式提示
- 对联广告
- 页面 loading 效果、进度条
- 苹果系统的 Stack 特效
- 扇形展开

21.1 CSS 3 变换与动画的基础

1. CSS 3 变形概述

CSS 变换是 CSS 3 中新增的属性，拥有 2D 变换和 3D 变换两方面。变换包括变形和转化两部分，变形的关键字为 transform，转化的关键词为 transition。在之前的拍立得效果框中已经用到过旋转变形，作为很多实例尤其是动画相关的实例的基础，有必要详解一下 CSS 3 中的新属性。本节重点对 CSS 3 transform 中的 2D 变形的属性进行应用。

目前主流浏览器对变换已经有了很好的支持，IE、Opera、Chrome、Safari 和 Firefox 浏览器均支持 transform，只是在 IE 9 上需要加-ms-前缀，旧版本的浏览器在 Firefox 浏览器上需要加-moz-前缀，在 Opera 浏览器上需要加-o-前缀，在 Chrome 和 Safari 浏览器上需要加-webkit-前缀。在最新版本的标准化浏览器上不需要加前缀。

2. CSS 3 变形语法详解及应用

在 2D 变形时首先要指定一个变形的基点，变形的过程将以该基点为基础进行改变，同样的代码在变形基点不同时得到的变换结果是不同的。比如一个正方形绕它的左上角旋转 30 度和绕它的右下角旋转 30 度得到的效果是不同的。实际上，这个变形基点是变换坐标系统的原点位置。在 CSS 中，制定变换基点的属性为 transform-orgin（注意前缀的使用，有些浏览器的 transform-orgin 不适用于 3D 转换），在不设置该属性时，将以元素的中心（50% 50% 0）为中心进行变换。其语法如下：

```
transform-orgin:x 轴参数 y 轴参数?z 轴参数;
```

2D 变换中不需要 z 轴参数。参数可选择 3 类：一类为关键词 left、center、right（x 轴）、top、center、bottom（y 轴）；一类为百分比，可以为负数；还有一类为长度值，可以为负数。z 轴的参数只可以使用长度值。

变形包含平移（Translate）、旋转（Rotate）、缩放（Scale）、错切（Skew）以及多种变换类型的组合（Matrix）。

- 平移

```
transform: translate(x,y);
```

x、y 的值为长度值，如 x=50px、y=50px，图形将从左侧移动 50 像素，从顶部移动 50 像素，变换的结果如图 21.1 所示。可以使用负数，对应有 translateX(x)、translateY(y)方法。

- 旋转

```
transform:rotate(deg);
```

deg 为旋转度数，如 deg=45，图形将绕基点位置顺时针旋转 45 度，如图 21.2 所示。可以使用负数，为负数时逆时针旋转。

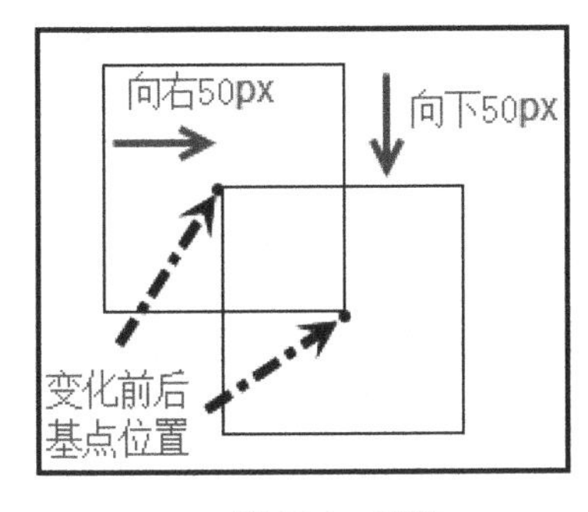

图 21.1　平移

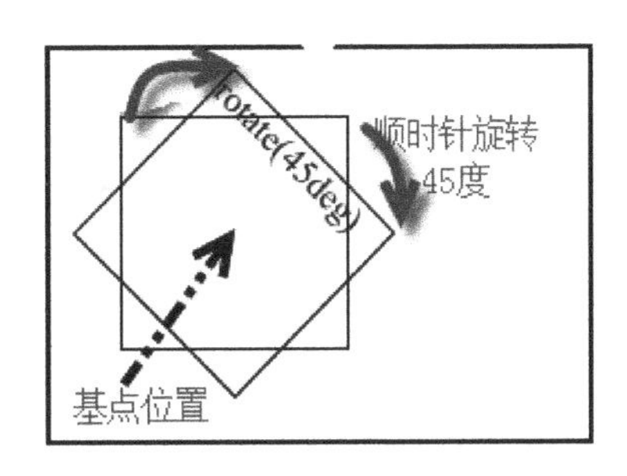

图 21.2　旋转

● 缩放

```
transform:scale(x,y);
```

x、y 为数值，y 省略时 y=x。变形的效果是在 x 轴方向上缩放 x 倍，在 y 轴方向上缩放 y 倍，如 x=1.5、y=1.2，效果如图 21.3 所示。可以使用负值，对应有 scaleX(x)、scaleY(y)方法。

● 错切

```
transform:skew(x,y);
```

错切又称扭曲、翻转，x 与 y 取角度值。得到元素在 x 轴方向（从底部向底部看逆时针）旋转 x 度、在 y 轴方向（从左向右看逆时针）旋转 y 度后的平面效果。例如 x=30deg、y=10deg 的效果如图 21.4 所示。可以使用负数，对应有 skewX(x)、skewY(y)方法。

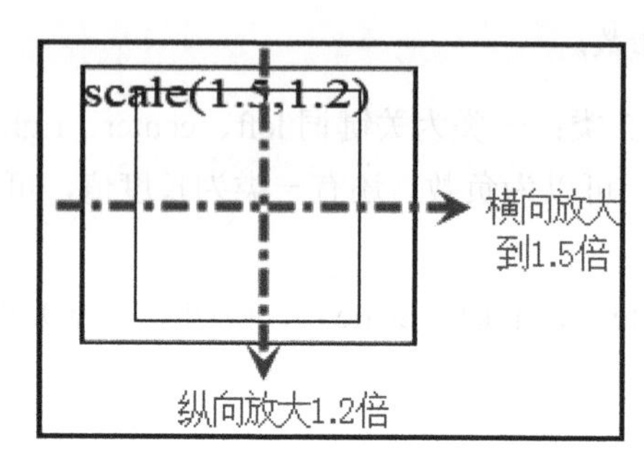

图 21.3 缩放

图 21.4 错切

● 混合变形

```
matrix(a,b,c,d,e,f);
```

对一个元素同时应用多个变形，可以使用上述 4 种语法的结合，如果要使用一句实现多种变换，那么只有 matrix 方法了。matrix 方法需要 6 个参数，比较复杂。事实上，网页对 CSS 变换的解释是通过矩阵的运算（矩阵乘法）来实现的，2D 变换是多个 3 乘 3 矩阵的运算，3D 变换是多个 4 乘 4 矩阵的运算。在配合 JavaScript 使用时，语言的组合实现起来有很多问题，经常遇到的是使用 JavaScript 改变部分属性值，覆盖所有的原始数值的问题，这些情况下使用语法组合就不如 matrix 方法快捷了，不过 matrix 方法也有数值计算复杂、数值难以控制（有小数）等问题。由于其复杂性，这里不说明 matrix 方法的使用，读者可参考其他资料。

3D 转换与 2D 转换大多思想是一致的，本质都是矩阵变换，2D 的理解可以扩展到 3D。

特别注意在浏览器中获取样式时，变形样式的返回值为 matrix(a,b,c,d,e,f)，并不是返回单一的属性值，但多数情况下，利用 CSS 转换和 JavaScript 设置并不影响实际使用。

3. CSS 3 转换概述

所谓 CSS 3 转换，是在不使用 Flash 动画或 JavaScript 的情况下，当元素从一种样式变换为另一种样式时为元素添加效果，该属性是 CSS 变换的一部分。CSS 3 转换是元素在 CSS 样式改变时获得平滑切换效果，也就是说让网页元素的 CSS 值变化变得平滑，看起来像动画一般。在 CSS3 中这一属性的关键词为 transition。

主流浏览器对转换属性已有很好的支持。IE 10、Firefox、Chrome 以及 Opera 已支持 transition 属性。Safari 需要前缀-webkit-，Chrome 25 以及更早的版本需要前缀 -webkit-，IE 9 以及更早的版本不支持 transition 属性。

在没有 CSS 3 转换之前，涉及样式平滑变换的方法为 JavaScript 制作的元素运动，如本书中经常使用的运动框架，通过在 JavaScript 中设置定时器一点一点地实现 CSS 属性值的改变，而应用 CSS 3 的新属性一切都变得很简单，不用担心 JavaScript 在数字处理上的复杂和不安全，并且可以使用数值控制样式之间切换的时间，没有理由不喜欢它。

4. CSS 3 转换语法详解

表 21.1 列出了 CSS 转换的所有属性及其参数情况。

表 21.1 转换属性

属性	属性描述
transition-property	要应用转换的 CSS 属性的名称
transition-duration	转换时间，单位为 s 或 ms
transition-timing-function	转换效果的时间曲线，默认值为 ease
transition-delay	有没有延迟，默认值为 0，单位为 s 或 ms
transition	用于以上 4 个属性的简写，即以上 4 个属性值的组合

- transition-property

```
transition-property: none|all|property;
```

当参数值为 none 时，没有任何样式会得到转换效果，当参数值为 all 时，元素的所有样式都会得到转换效果，当参数值为 CSS 样式（如 height、width 等）列表时，这些自定义的 CSS 属性将得到转换效果。多个属性用“,”隔开。

- transition-duration

```
transition-duration: time;
```

time 为转换时间，如 2s。

- transition-timing-function

```
transition-timing-function:
linear|ease|ease-in|ease-out|ease-in-out|cubic-bezier(n,n,n,n);
```

转换效果曲线影响着样式转换的动画效果。表 21.2 所示为参数的取值和效果列表，CSS 3 转换与 CSS 3 动画在很多地方是相似的。

表 21.2 CSS 3 转换效果曲线

取值	效果	与哪种贝塞尔曲线等价
linear	匀速	cubic-bezier(0,0,1,1)
ease	慢速开始，然后变快，最后慢速结束	cubic-bezier(0.25,0.1,0.25,1)
ease-in	慢速开始，后匀速结束	cubic-bezier(0.42,0,1,1)
ease-out	匀速开始，后慢速结束	cubic-bezier(0,0,0.58,1)
ease-in-out	慢速开始，中间匀速，后慢速结束	cubic-bezier(0.42,0,0.58,1)
cubic-bezier(n,n,n,n)	n 取 0~1 的值，贝塞尔函数的效果	本身

ease 的效果并不等同于 ease-in-out 的效果，虽然肉眼分辨困难，但根据 cubic-bezier 函数的取值可知两者不同。

- transition-delay

```
transition-delay: time;
```

time 为转换开始前的等待时间，如 2s。

- transition 简写属性

```
transition: property duration timing-function delay;
```

把以上属性按顺序结合起来即可，后两个参数可以按照默认设置，默认设置时使用的是默认值。但 transition-duration 属性必须设置，否则将不会得到任何效果。

5. CSS 3 转换具体实例

转换属性针对的是不同样式的转换，与动画不同，转换需要事件触发（如:hover），在想要应用转换的元素的样式中用上述语法声明该元素上的应用转换，并指明哪些 CSS 样式获得转换效果。在触发时重新定义 CSS 样式属性即可让已经声明过使用转换效果的元素从初始的 CSS 样式平滑地转换到触发时的样式。其代码如下：

```
01  div{
02    height:200px;
03    width:200px;
04    background:#3994C9;
05    transition:width 2s ease;
06  }
07  div:hover{
08    width:400px;
09  }
```

在第 05 行声明 div 在宽度上应用转换效果，若在第 08 行指定鼠标悬浮在 div 上方时的宽度为 400 像素，则 div 的宽度将由初始的 200 像素（第 03 行）缓慢地变化到 400 像素。

使用 CSS 3 转换可以不涉及 JavaScript 并且比 JavaScript 实现更为简单，还可以解决当前

JavaScript 和 jQuery 等对 CSS 3 中属性支持不完善的问题，可见 CSS 3 在动画方面、独立性方面和性能方面都做了很大的改进。

6. CSS 3 动画概述

CSS 3 动画指的是使用 CSS 代码使得网页中的元素运动起来形成动画。这可以在许多网页中取代动画图片、Flash 动画以及 JavaScript。从某种程度上讲，CSS 3 过渡效果也是动画，只不过这种动画只动了 1 次，而用 CSS 3 动画属性实现的效果是多次不同轨迹的组合，并且可以设置播放次数，还可以控制播放与暂停。

CSS 3 动画有两个关键词：一个是@keyframes，作用是创建一系列动画；另一个是 animation，作用是规定 HTML 中哪个元素使用哪种动画，即应用动画。

版本较高的浏览器对 CSS 3 动画已经有了很好的支持，需要特别说明的是，改用 Webkit 内核的 Opera 浏览器在 CSS 3 动画方面表现优异。下面是主流浏览器对 CSS 3 动画属性的支持情况。

- IE 10、Firefox、Chrome 以及 Opera 支持@keyframes 规则和 animation 属性。
- Firefox 支持替代的@-moz-keyframes 规则。
- Opera 支持替代的@-o-keyframes 规则。
- Safari 和 Chrome 支持替代的@-webkit-keyframes 和-webkit-animation 属性。
- IE 9 以及更早的版本不支持@keyframes 规则和 animation 属性。

为了取得很好的兼容性，建议带前缀的代码全部列在前面，无前缀的代码放在后面。

7. CSS 3 动画语法详解

CSS 3 动画属性见表 21.3。

表 21.3　CSS 3 动画属性

属性名称	属性作用
@keyframes	定义一个动画
animation-name	要应用到元素上的动画的名称
animation-duration	动画完成一个过程的时间
animation-timing-function	动画速度曲线，影响运动的类型。默认是 ease
animation-delay	动画开始的时间，即是否设置延迟
animation-iteration-count	动画被播放的次数。默认是 1
animation-direction	规定动画是否在下一周期逆向地播放。默认是 normal
animation-play-state	规定动画的运行或暂停。默认是 running
animation-fill-mode	规定对象动画时间之外的状态
Animation 简写属性	参数表列为上面除去@keyframes、animation-play-state、animation-fill-mode 之外的 6 个属性的值

表 21.3 所示为 CSS 3 动画里所有属性的列表，下面将一一说明表中属性的用法。

- @keyframes

```
@keyframes animationname {keyframes-selector {css-styles;}}
```

即：

```
@keyframes 定义动画的名称 {阶段1{CSS样式表列 1}[【可选】阶段2{CSS样式表列 2} ... ]}
```

每个阶段用百分比来表示，即 0%~100%，0%和 100%必须设置。如果仅有开始和结束两个阶段，那么可以写为 from 和 to，它们分别与 0%和 100%等价，例如：

```
01  @keyframes mymove
02  {
03    0% {top:0px;left:0px;transform:rotate(50deg);}
04    10% {top:100px;left:50px;transform:rotate(80deg);}
05    20% {top:300px;left:40px;transform:rotate(-50deg);}
06    30% {top:400px;left:200px;transform:rotate(150deg);}
07    40% {top:700px;left:300px;transform:rotate(350deg);}
08    100% {top:200px;left:50px;transform:rotate(160deg);}
09  }
```

或者：

```
01  @keyframes mymove
02  {
03    from {top:0px;left:0px;transform:rotate(50deg);}
04    to {top:100px;left:50px;transform:rotate(80deg);}
05  }
```

- animation-name

```
animation-name: keyframename|none;
```

当值为 none 时没有动画效果（可以用于覆盖来自于级联的动画），其他情况下可以直接使用@keyframes 定义过的动画的名称。

- animation-duration

```
animation-duration: time;
```

time 为执行一次动画所需的时间，单位为 s 或 ms。

- animation-timing-function

```
transition-timing-function:
linear|ease|ease-in|ease-out|ease-in-out|cubic-bezier(n,n,n,n);
```

运动曲线的参数取值及意义见表 21.4。

表 21.4 animation-timing-function 取值

取值	效果	与哪种贝塞尔曲线等价
linear	匀速	cubic-bezier(0,0,1,1)
ease	慢速开始，然后变快，最后慢速结束	cubic-bezier(0.25,0.1,0.25,1)
ease-in	慢速开始，后匀速结束	cubic-bezier(0.42,0,1,1)
ease-out	匀速开始，后慢速结束	cubic-bezier(0,0,0.58,1)
ease-in-out	慢速开始，中间匀速，后慢速结束	cubic-bezier(0.42,0,0.58,1)
cubic-bezier(n,n,n,n)	n 取 0~1 的值，贝塞尔函数的效果	本身

- animation-delay

```
animation-delay: time;
```

time 为开始动画之前的等待时间，也就是延迟，单位是 s 或 ms。

- animation-iteration-count

```
animation-iteration-count: n|infinite;
```

动画播放次数。当值为正整数时，播放次数为该数值；当值为 infinite 时，无限播放。

- animation-direction

```
animation-direction: normal|alternate;
```

当值为 normal 时，正常播放，也就是一次动画结束时回到动画开始的位置继续播放；当值为 alternate 时，逆向循环播放，也就是一次动画结束时，从结束位置逆向运动回到动画的开始位置，然后继续运动。

- animation-play-state

```
animation-play-state: paused|running;
```

当值为 paused 时，动画暂停，停在最后一刻的位置；当值为 running 时，从暂停的位置继续运动。

- animation-fill-mode

```
animation-fill-mode : none | forwards | backwards | both;
```

animation-fill-mode 属性规定动画在播放之前或之后，其动画效果是否可见。当值为 none 时，不改变默认的行为，动画完成之后，元素会回到最初的（动画之前的）CSS 样式；当值为 forwards 时，在动画完成之后，保持最后的 CSS 样式不变；当值为 backwards 时，在动画完成之后回到最初的（动画之前的）CSS 样式；当值为 both 时，向前和向后填充模式都被应用。

- animation

animation 属性是一个简写属性，用于按顺序依次构造 animation-name、animation-duration、 animation-timing-function、animation-delay、animation-iteration-count、animation-direction 这 6 个属性。

前两个属性一定要设置，否则不会出现效果。

8. 简单实例

```
01  div
02  {
03      -moz-animation: myfirst 5s linear 2s infinite alternate;      /*
Firefox: */
04      -webkit-animation: myfirst 5s linear 2s infinite alternate;
  /* Safari 和 Chrome: */
05      -o-animation: myfirst 5s linear 2s infinite alternate;        /*
Opera: */
06      animation: myfirst 5s linear 2s infinite alternate;
07  }
```

div 将在延迟 2s 之后以 5s 为一个周期，按照匀速的方式无限次地执行名称为 myfirst 的动画，并且连续的两次分别为正向播放和逆向播放。因动画效果无法使用图片说明，具体效果请在随书源代码中查看。

21.2 纸张边角动画效果

在网页设计中，特别突出纸张效果的网页多见于文字阅读类的新型网站，同时在某些网站中采取纸张的卷曲和边角翻起来加强视觉体验，常见的是 QQ 空间右上角的广告部分、新浪博客个人主页右上角的换肤功能以及维基百科上的纸张效果。静态的纸张页面通常通过 CSS 3 圆角与 CSS 3 渐变来实现，较为简单。本节的实例有两种：一种是纸张边角稍微卷起；另一种是边角翻折效果，目的是模仿前面提到的名站效果。

1. 纸张边角稍微卷起

使用 CSS 3 border-top-right-radius 属性和渐变效果，IE9+、Firefox 4+、Chrome、Safari 5+以及 Opera 都支持 border-top-right-radius 属性。IE 低版本无法直接使用 CSS 3 来实现。本实例的效果如图 21.5 所示。

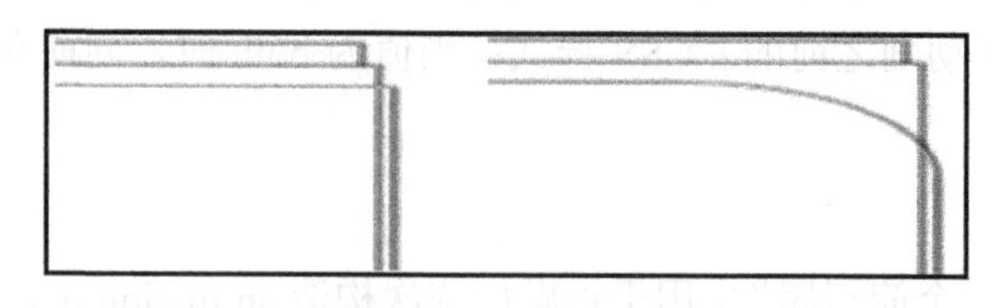

图 21.5　纸张微卷效果

HTML 部分定义一个 paper 类的 div，内含一个 content 类的 div，供以后使用。content 类的 div 里随意写网页内容。clear 类的 div 用来清除浮动。

```
01  <div class="paper">
02      <div class="content">
03       <h1>《背影》——朱自清</h1>
04            <p>
05            我与父亲不相见已二年余了，我最不能忘记的是他的背影。
06            </p>
07      </div>
08      <div class="clear"></div>
09  </div>
```

使用下面的 CSS 代码：

```
01  *{
02      margin:0;
03      padding:0;
04  }
05  .clear{
06      clear:both;                          /*防止浮动带来的混乱*/
07  }
08  .paper{
09      position:relative;
10      height:auto;
11      width:860px;
12      margin:30px auto;
13      padding:15px;
14      border:1px solid #CCC;               /*阴影效果*/
15      box-shadow:2px 1px 4px 2px rgba(0,0,0,0.3);
16      -webkit-transition:all 0.4s;         /* Safari 和 Chrome */
17      -moz-transition:all 0.4s;            /* 火狐 */
18      -ms-transition:all 0.4s;             /* IE */
19      -o-transition:all 0.4s;              /*其他支持的浏览器 */
20  }
21  .paper:hover{
22      border-top-right-radius:140px 50px;     /*纸张卷边实质上是圆角的效果*/
23  }
24  .content{
25      float:left;
26      width:100%;
27      height:auto;
28      min-height:760px;          /*设置纸张的最小高度，不是以文字的多少适配的*/
29  }
```

第 16~19 行使用不同的浏览器产生动画渐变效果，这种效果与 jQuery 中 animate 的作用相同，当鼠标悬浮事件被触发时，CSS 属性在 0.4s 内实现样式的变化，最终样式为 hover 伪类中的属性内容。如果没有这些，纸张卷边就非常突然。border-top-right-radius 向纸张元素的右上角添加圆角边框，加上设置的外阴影，产生一种立体感。这段代码执行之后的效果如图 21.6 所示，因为纸张仅有一张，立体感不是太强，为了增强整体的立体感，最好使用下面的 CSS 代码在 paper 类的 div 前后添加两张页面。

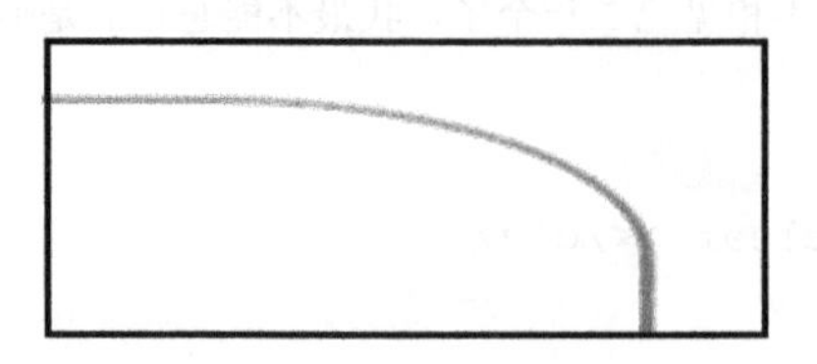

图 21.6　一张纸立体感不好

```
    01   .paper:before, .paper:after{
    02       content: "";
    03       background:-moz-linear-gradient(top,  #ffffff 0%, #e5e5e5 100%);
   /*线性渐变*/
    04       background:-webkit-gradient(linear, left top, left bottom,
color-stop(0%,#ffffff),
    05       color-stop(100%,#e5e5e5));                      /*webkit 老语法*/
    06       background:-webkit-linear-gradient(top, #ffffff 0%,#e5e5e5 100%);
   /*webkit*/
    07       background:-o-linear-gradient(top,  #ffffff 0%,#e5e5e5 100%);  /*
Opera 11.10+ */
    08       background:-ms-linear-gradient(top,  #ffffff 0%,#e5e5e5 100%);
   /* IE10+ */
    09       background:linear-gradient(top,  #ffffff 0%,#e5e5e5 100%);
   /* W3C */
    10       background:#FFF;
    11       border:1px solid #CCC;
    12       position: absolute;
    13       z-index: -1;                                          /*显示优先级*/
    14       box-shadow:2px 1px 4px 2px rgba(0,0,0,0.3);
    15   }
    16   .paper:before {
    17       height:96%;
    18       width:96%;                                            /*底部纸张的缩放*/
    19       top:-20px;
    20       left:20px;
    21   }
    22   .paper:after {
    23       height:96%;
    24       width:98%;
```

```
25      top:-10px;
26      left:10px;
27  }
```

前后添加的两张纸张是通过 before 和 after 伪类实现的。在上述代码的第 1~15 行，渐变效果设置的是纸面，与页面数量无关。

2. 边角翻折

鉴于边角稍微卷起在立体感方面表现不出色，使用边角翻折可以解决此问题。边角翻折的效果如图 21.7 所示，这一实例可以应用在右上角的换肤功能和右上角的小广告上。

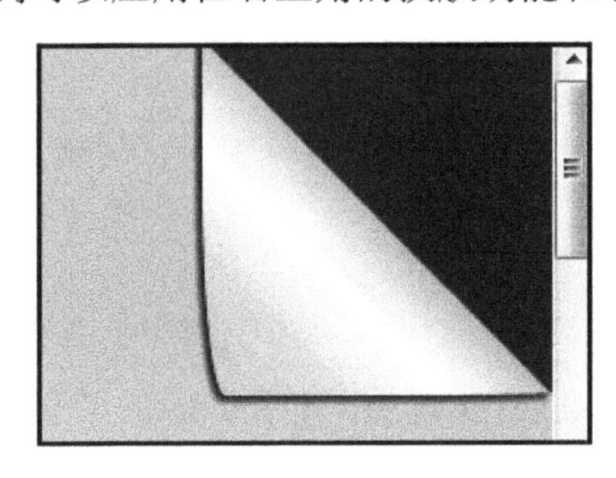

图 21.7　纸张翻折

本例是通过右上角附加一块 div 实现的。HTML、CSS 部分的代码如下：

```
//HTML
01  <div id="paper_top_right">
02  <div id="paper_top_right_animate"></div>
03  <!—广告图、连接、文本的放置区-->
04  </div>
//CSS
01  *{margin:0;padding:0;}
02  body{
03    background:#D9D9D9;
04  }
05  #paper_top_right{                          /*整体*/
06    position:absolute;
07    height:150px;
08    width:150px;
09    top:0;                                   /*右上角*/
10    right:0;
11  }
12  #paper_top_right_animate{
13    height:30px;
14    width:30px;
15    position:absolute;
16    background:linear-gradient(45deg,#D7D7D7,#E2E2E2 20%,#FFFFFF
```

```
35%,#D5D5D5
    17   50%,#555555 50%,#555555);
    18     background:-webkit-linear-gradient(45deg,#D7D7D7,#E2E2E2 20%,#FFFFFF
    19        35%,#D5D5D5 50%,#555555 50%,#555555 );
    20     background:-o-linear-gradient(45deg,#D7D7D7,#E2E2E2 20%,#FFFFFF
35%,#D5D5D5
    21        50%,#555555 50%,#555555);
    22     background:-moz-linear-gradient(45deg,#D7D7D7,#E2E2E2 20%,#FFFFFF
    23        35%,#D5D5D5 50%,#555555 50%,#555555 ); /*利用渐变做立体效果*/
    24     border-bottom-left-radius:10px 90px;
    25     border-bottom-right-radius:100px 1px;
    26     box-shadow:-3px 2px 5px #333333;            /*阴影*/
    27     top:0;                                    /*相对定位*/
    28     right:0;
    29     z-index:1;
    30   }
```

边角部分的效果是由第 16~23 行实现的，使用 CSS 的渐变属性沿 45 度渐近线方向，前半部分为边角，后半部分的黑色区域看起来像是纸张下面的背景。在边角部分，35%处的白色高亮部分是为增强立体感而设置的。在第 24~25 行，通过设置部分圆角使得边角有卷曲感。第 26 行设置外阴影增强立体感，因为边角部分在右上角，所以 box-shadow 的水平偏移为负值、垂直偏移为正直才符合要求。在定位时，div 的右上角固定在 body 区域的右上角，因为在做渐变时使用的是百分比，所以通过调整 paper_top_right_animate 的大小即可改变边角翻折的程度，如果把大小属性与 JavaScript 结合起来，就可以实现边角翻折的动画。下面的这段 jQuery 代码即可实现此功能。

```
    01   $(function (){
    02     $("#paper_top_right").hover(function(){show_top_right();},function(){
hide_top_right();});
    03   });
    04   function show_top_right(){                                  //animate展示
    05       $("#paper_top_right_animate").stop(true,false).animate
    06   ({height:"150px",width:"150px"},"slow");
    07   }
    08   function hide_top_right(){                                  //animate隐藏
    09       $("#paper_top_right_animate").stop(true,false).animate
    10   ({height:"30px",width:"30px"},"slow");
    11   }
```

在此段 jQuery 代码中请注意 stop 函数的使用，stop 函数可以解决鼠标频繁移动时的错误。

3. 更具立体感的边角翻折效果

如果以上两种方案都不满足立体感的要求，那么可以选择这种方案。此方案的效果如图 21.8 所示。

CSS 只提供了圆角的实现方式，但没有提供曲线的实现方式，对于图 21.8 中的曲线，可以通过分块的组合来实现，图 21.9 是这种组合的原型图。图 21.9 中带有标号部分的圆弧是通过部分圆角得来的。由于这张方案是组合，因此需要的 div 较多。

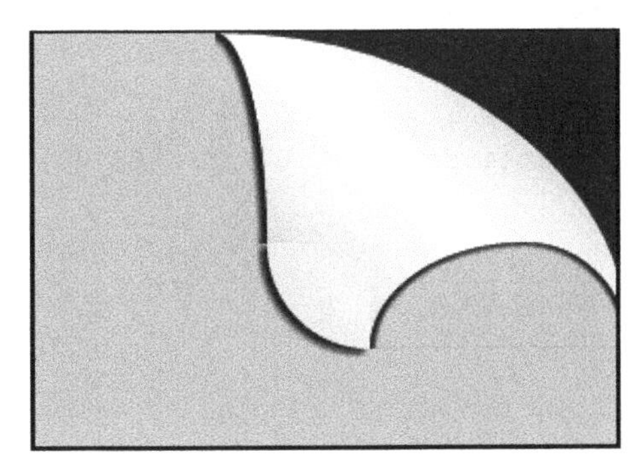

图 21.8　纸张边角翻折

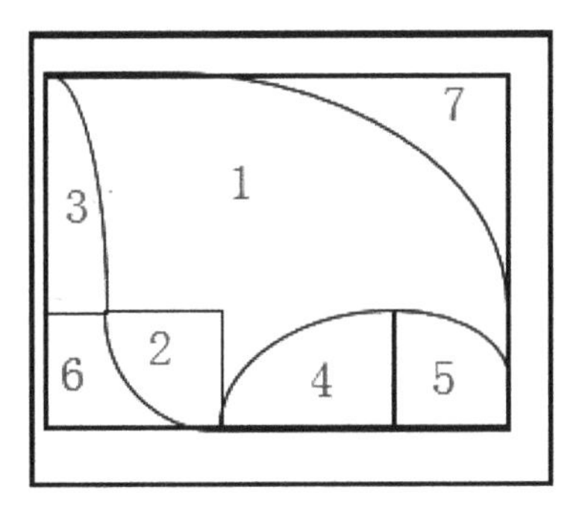

图 21.9　原型图

HTML 部分的代码如下：

```
01  <div id="top_right">
02  <div id="top_right_all">
03  <div id="top_left"></div>
04  <div id="bottom_left"><div id="bottom_left_right"></div></div>
05  <div id="bottom_middle"></div>
06  <div id="bottom_right"></div>
07  </div>
08  </div>
```

在 CSS 部分，需要做的关键设置是使用绝对定位确定每个小块的位置。在颜色的选择上，需要对 1、2 两处设置渐变色，3~6 处设置纸张的背景色，7 处设置纸张下面的背景色。颜色选择好以后，为了增强立体感，还需要设置边框阴影，有些 div 的边框阴影为外阴影，有些是内阴影，各部分阴影的参数也有不同，最终的目的是让它们组合成一个整体。在做完以上工作之后，把实线边框隐藏即可。所有工作的合集体现在 CSS 代码上是下面这样的：

```
01  body{
02    background:#D9D9D9;
03  }
04  #top_right{                              /*整体*/
05    width:200px;
06    height:150px;
07    background:#555555;
08    position:absolute;
09    top:0;
```

```
10    right:0;
11  }
12  #top_right_all{                          /*1 位置*/
13    width:200px;
14    height:150px;
15    border-top-right-radius:200px 150px;
16    position:absolute;
17    background:linear-gradient(45deg,#D7D7D7,#E2E2E2 20%,#FFFFFF
50%,#E2E2E2
18      75%,#E2E2E2);
19    background:-webkit-linear-gradient(45deg,#D7D7D7,#E2E2E2 20%,#FFFFFF
20      50%,#E2E2E2 75%,#E2E2E2);
21  }
22  #top_left{                          /*3 位置*/
23    width:25px;
24    height:100px;
25    position:absolute;
26    top:0;
27    left:0;
28    border-top-right-radius:25px 100px;
29    background:#D9D9D9;               /*注意与背景色相同*/
30    box-shadow:-3px 2px 2px #333333 inset;
31  }
32  #bottom_left{                       /*2、6 位置*/
33    width:75px;
34    height:50px;
35    position:absolute;
36    top:100px;
37    left:0;
38    background:#FFFFFF;
39    border:0;
40    background:#D9D9D9;               /*注意与背景色相同*/
41  }
42  #bottom_left_right{                 /*2 位置*/
43    width:50px;
44    height:50px;
45    position:absolute;
46    top:0;
47    left:25px;
48    border-bottom-left-radius:50px 50px;
49    background:linear-gradient(45deg,#E8E8E8,#F0F0F0);
50    background:-webkit-linear-gradient(45deg,#E8E8E8,#F0F0F0);
51    border-top-width:0;
```

```
52    box-shadow:-3px 3px 2px #333333 ;
53  }
54  #bottom_middle{                /*4 位置*/
55    width:75px;
56    height:50px;
57    position:absolute;
58    top:100px;
59    left:75px;
60    border-top-left-radius:75px 50px;
61    background:#FFFFFF;
62    box-shadow:2px 3px 2px #333333 inset;
63    background:#D9D9D9;              /*注意与背景色相同*/
64  }
65  #bottom_right{                 /*5 位置*/
66    width:50px;
67    height:50px;
68    position:absolute;
69    top:100px;
70    left:150px;
71    border-top-right-radius:50px 50px;
72    background:#FFFFFF;
73    box-shadow:-5px 3px 2px #333333 inset;
74    background:#D9D9D9;              /*注意与背景色相同*/
75  }
```

注意：

（1）在进行定位时，将边框全部展示以便于理解和进行定位布局。如果对定位方面不太熟悉或者定位较为复杂，那么建议使边框可见以帮助定位。

（2）在本例中，为了使读者便于理解各部分的拼接以及更简单地取值，实例中使用的是具体的数值，在移植向其他场景时需要修改的参数较多。如果需要加强代码的重用性，那么建议 CSS 部分不直接写，用 JavaScript 代码动态计算出合理的取值之后，使用 JavaScript 将 CSS 部分写入网页。

（3）本方案兼容各种主流浏览器之后，仍存在细节瑕疵之处，原因在于小块的数量太多。在很多场景下，尽可能地减少元素的数量是很有益的。

（4）整体分块，然后组合，还可应用于多种场景，例如纯 CSS 创建 Banner、图标，画出腾讯 QQ 企鹅或者天猫的 LOGO，等等。

21.3 气泡式提示

很多网页使用气泡式提示来提示用户更详细的内容，最新的 QQ 对话框也使用了气泡效果，气泡式提示的同义词有冒泡提示、对话气泡等。冒泡提示多使用 JavaScript 实现，使用纯 CSS 代码也可以实现。本节只用 CSS 代码实现，效果如图 21.10 所示。

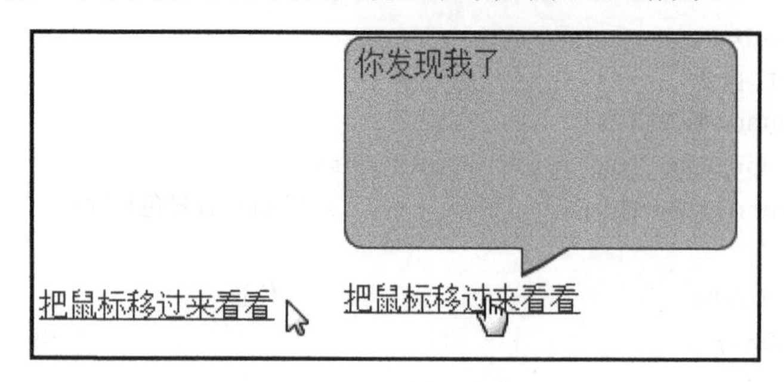

图 21.10　气泡式提示

由于纯 CSS 气泡式提示的原理较为简单，使用 CSS 中的:hover 把原本不显示的气泡展示出来即可，因此这里把本属于边框范畴的气泡实现融合入本节中。在第 18 章中，曾经使用过 border 属性制作各类三角形，图 21.10 中气泡下方的三角形就是用 border 制作的两个大小不一致的三角形重叠形成的。为了使用 hover 伪类，需将气泡 div 作为 a 标签的子元素。

```
<a href="#">把鼠标移过来看看<div id="tips">你发现我了</div></a>
```

在 CSS 部分，使用:before 和:after 伪对象属性在气泡框的上方和下方分别添加两个三角形，做好三角形的定位工作，使得所有部分的组合恰到好处。气泡默认不显示，只有当 hover 伪类选择器匹配到 a 标签才把 div 显示出来。

```
01  #tips{
02    width:200px;height:100px;padding:5px;
03    border:1px solid;border-radius:10px;
04    position:absolute;display:none;top:-130px;
05    background:#D3D3D3;
06  }
07  #tips:before{content:"";width:0;height:0;
08    border-top:10px solid ;border-bottom:5px solid transparent ;
09    border-left:10px solid ;border-right:16px solid transparent;
10    position:absolute;left:45%;top:101%;}
11  #tips:after{content:"";width:0;height:0;
12    border-top:9px solid #D3D3D3 ;border-bottom:4px solid transparent ;
13    border-left:9px solid #D3D3D3;border-right:15px solid transparent;
14    position:absolute;left:421.5%;top:100%;}
15  a{position:absolute;top:140px;}
16  a:hover>#tips{display:block;}
```

在第 07 行和第 11 行中，:before 与:after 需要与 content 配合使用，否则伪对象不可见。

可以使用类似的方法制作思考式气泡，如图 21.11 所示，其与气泡式提示的实现方式相同。

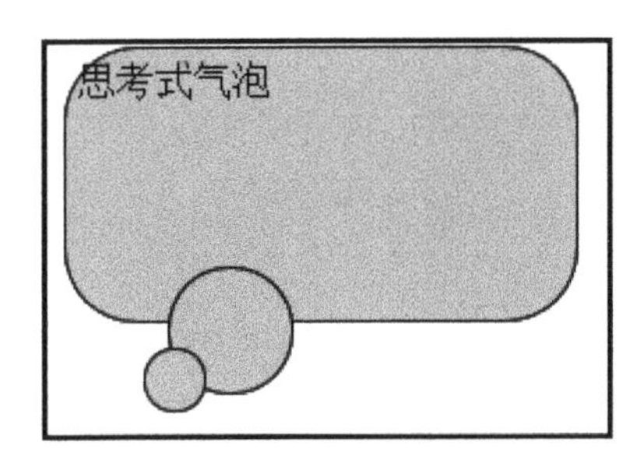

图 21.11　思考式气泡

气泡式提示的代码如下：

```
01  #tips2{
02    width:200px;height:100px;padding:5px;
03    border:1px solid;border-radius:30px;
04    position:absolute;display:block;left:150px;
05    background:#D3D3D3;
06  }
07  #tips2:before{content:"";width:50px;height:50px;background:#D3D3D3;
08    border:1px solid;border-radius:25px;
09    position:absolute;left:20%;top:80%;}
10  #tips2:after{content:"";width:24px;height:24px;background:#D3D3D3;
11    border:1px solid;border-radius:12px;
12    position:absolute;left:15%;top:110%;}
```

21.4 对联广告

很多网站收入的主要来源都在广告上，本节实现一种常见的对联广告，实例的效果与百度推广的对联广告效果相似。打开页面后，广告会自动到达窗口的中部位置，左右各一个，页面滚动结束时广告依然会保持在窗口的中部位置，如图 21.12 所示。当单击广告上的关闭按钮时，广告不再显示。当浏览器的窗口大小调整后，广告会重新调整到合适的位置。

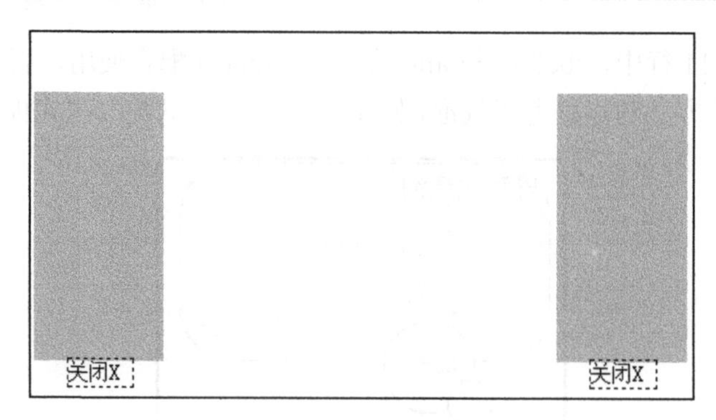

图 21.12　对联广告

在 HTML 中定义两个 div 作为广告容器，其中放置一个 span 作为关闭按钮，采用绝对定位将 span 调整到 div 的下方，同时将两个 div 分别放置在左边和右边，在 JavaScript 部分动态地计算 div 的 top 值即可。总体来讲，该实例主要是 JavaScript 代码：

```
01  <script type="text/javascript" src="js/zQuery.js"></script>
02  <script type="text/javascript">
03  window.onload=function (){
04  var ad1=document.getElementById('ad1');                    //获取广告一
05  var  ad2=document.getElementById('ad2');                   //获取广告二
06  var span=document.getElementsByTagName('span');            //获取关闭按钮
07  for (var i=0;i<span.length ;i++ )
08  {
09      span[i].onclick=function(){this.parentNode.style.display='none';}
10                                  //单击关闭按钮，找到该 span 的父元素 div，将其隐藏
11  }
12  var ad_height=ad1.offsetHeight;                          //获取广告宽度
13  var view_height=win('height');                           //获取窗口大小
14  var top_first=parseInt((view_height-ad_height)/2);         //计算 top
15  move(ad1,{top:[top_first]});
16  move(ad2,{top:[top_first]});                               //移动 div 到中间
17  window.onscroll=function (){                               //页面滚动
18  var offtop=win('scrollTop');                               //获取滚动的距离
19  var top=top_first+offtop;                                  //计算 top
20  move(ad1,{top:[top]});
21  move(ad2,{top:[top]});
22  }
23  window.onresize=function (){                               //窗口调整大小
24  var offtop=win('scrollTop');
25  view_height=win('height');
26  top_first=parseInt((view_height-ad_height)/2);
27  var top=top_first+offtop;
28  move(ad1,{top:[top]});
29  move(ad2,{top:[top]});}}
```

```
30  </script>
```

可扩展到客服窗口、漂浮元素、固定页脚等地方。

21.5 页面 loading 效果

由于国内的网速问题，在图片密集处或者页面较大时，常常需要设置一个正在加载的图标，如图 21.13 所示，用户会在图标旋转的时候等待内容加载完成。在 CSS 3 之前，这一功能一般由一张 GIF 动态图片来完成，在 CSS 3 定义了旋转属性之后，最直接的实现旋转的方式是使用一张静态图片使其旋转。事实上，旋转可以直接由 CSS 代码生成。

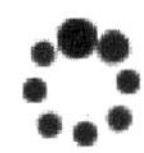

图 21.13　页面 loading 效果

在第 18 章 18.1 节中曾经讲到，box-shadow 可以用来设置阴影，并且可以设置多个阴影。图中小圆点的内部有一个小 div，它设置了圆角，是一个圆形。每个小黑点都是该 div 的投影，而黑点大小又可以通过阴影的参数来改变。最后配合 CSS 3 动画可以使这个 div 无限地旋转。CSS 代码如下：

```
01  div{
02    margin:100px auto;
03    width:4px;height:4px;border-radius:2px;
04    box-shadow:0 -12px 0 3px black ,                          /*圆点生成，上*/
05                          0 12px 0 1px #333,      /*下*/
06                          -12px 0 0 1px #333,     /*左*/
07                          12px 0 0 1px #333,      /*右*/
08                          -9px -9px 0 1px #333,   /*左上*/
09                          9px -9px 0 2px #333,    /*右上*/
10                          -9px 9px 0 1px #333,    /*左下*/
11                          9px 9px 0 1px #333      /*右下*/;
12    animation:loading 1.2s linear 0s infinite;                  /*无限匀速应用
动画，1.2s 一次*/
13    -webkit-animation:loading 1.2s linear 0s infinite;
14    -o-animation:loading 1.2s linear 0s infinite;
15    -moz-animation:loading 1.2s linear 0s infinite;
16  }
17  @keyframes loading                                    /*定义动画*/
18  {
```

```
19      from {transform:rotate(0deg);}                          /*旋转 div，从 0 度开始*/
20      to {transform:rotate(360deg);}                          /*旋转到 360 度*/
21    }
22    @-webkit-keyframes loading
23    {
24      from {-webkit-transform:rotate(0deg);}
25      to {-webkit-transform:rotate(360deg);}
26    }
27    @-o-keyframes loading
28    {
29      from {-o-transform:rotate(0deg);}
30      to {-o-transform:rotate(360deg);}
31    }
32    @-moz-keyframes loading
33    {
34      from {-moz-transform:rotate(0deg);}
35      to {-moz-transform:rotate(360deg);}
36    }
```

在第 04~11 行，在 div 的四周设置小黑点，在第 12~15 行对 div 设置动画，该动画是第 17~36 行对应的动画，注意其中针对不同浏览器设置的属性不同。

务必定义一个 GIF 图兼容低版本的浏览器。

21.6 进度条

进度条在一些网页游戏中常见，不过网页游戏中的进度条是 Flash 方面的应用。CSS 中的进度条可以应用在显示上传文件、显示下载文件进度、显示网页加载进度或者显示当前操作进度等场景。在 Web QQ（http://web.qq.com）页面打开时就应用了滚动条，在 QQ 邮箱上传附件时也应用了进度条。由于本书侧重于 CSS，因此本节将只模仿进度条的实现，而非真实的进度值。在网页应用中往往使用真实的进度信息，获取进度信息的方法有硬编码、Flash 和 Ajax 等。图 21.14 是进度条动态变化的效果。

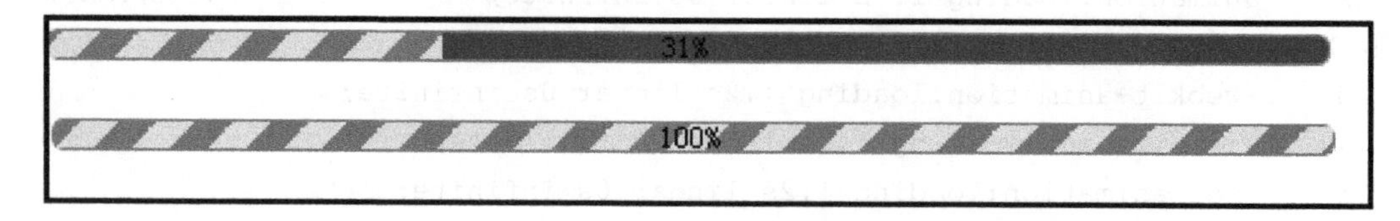

图 21.14　进度条动态变化效果

在 HTML 部分需定义两个 div：一个是外层容器；另一个是进度条，进度条与百分比数字并列写在外层容器中。HTML 代码如下：

```
01  <div id="progressbar">
02  <div id="progress"></div>
03  <p>20%</p>
04  </div>
```

然后进行 CSS 的初步设置，进度条的高度和宽度由外层 div 决定，进度条 div 的高度为 100%，宽度同样使用百分比数值，这样宽度的百分比数值与真正的百分比数字是吻合的。对进度条 div 进行绝对定位使之脱离文档流，然后把 z-index 值设为-1，避免盖住百分比数字。百分比数字设为居中显示。以下为初步设置的 CSS 代码，上述设置分别对应代码的第 07~08 行、第 18~19 行、第 16 行、第 22 行以及第 11 行。其执行后的效果如图 21.15 所示。

```
01  *{
02    margin:0;
03    padding:0;
04  }
05  #progressbar{                          /*外层容器*/
06    position:absolute;
07    height:10px;
08    width:200px;
09    border:1px solid #63B8FF;
10    border-radius:5px;
11    text-align:center;
12    line-height:10px;
13    font-size:0.8em;
14  }
15  #progress{                        /*内层进度容器*/
16    position:absolute;                        /*绝对定位到合适位置*/
17    border:1px solid;
18    height:100%;
19    width:60%;
20    background:#BFEFFF;
21    border-radius:5px;
22    z-index:-1;
23  }
```

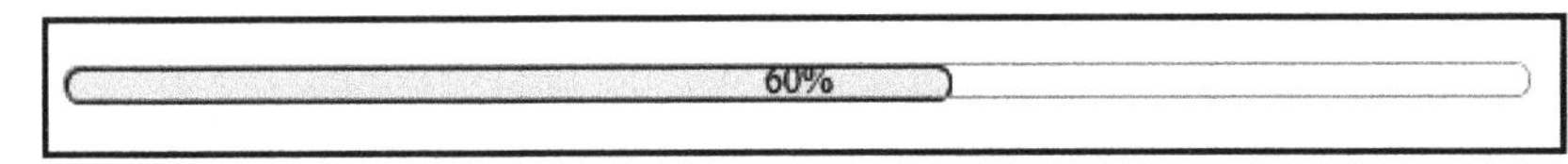

图 21.15　进度条的初步设置效果图

接下来考虑如何使进度条变化起来。需要改变的东西很明显有两处：一处是进度条的宽度；另一处是百分比数字。因为在布局 CSS 的时候使用的是百分比，所以在改变时会很简单。例如下面的这段 JavaScript 代码可以改变一次这两处的值（仅一次）：

```
01  <script type="text/javascript">
02  window.onload=function(){
03      var progressbar=document.getElementById("progressbar");
04      progressbar=progressbar.getElementsByTagName("p");
05      progressbar[0].innerHTML=cent+"%";
06      var progress=document.getElementById("progress");
07      progress.style.width=cent+"%";
08  }
09  </script>
```

通过这段 JavaScript 代码可以实现手动改变任意的值，然而自动改变才是期望的效果。这时需要一个 setInterval 计时器反复地执行这一功能，使之不停地改变。

```
01  window.onload=function(){
02  var now=0;
03  var timer=setInterval(function(){    /*设置定时器*/
04  if(now==100)                          /*进度完成后把所做的工作写入该循环体*/
05  {
06      clearInterval(timer);
07      window.location.href='#';
08  }
09  else
10  {
11      now+=1;                                /*模拟进度+1*/
12      progressfn(now);                       /*传入改变函数*/
13  }
14  },50);
15  }
16  function progressfn(cent)                  /*改变函数*/
17  {
18      var progressbar=document.getElementById("progressbar");
19      progressbar=progressbar.getElementsByTagName("p");
20      progressbar[0].innerHTML=cent+"%";              /*改变 HTML 文件中的文字*/
21      var progress=document.getElementById("progress");
22      progress.style.width=cent+"%";         /*改变进度条的宽度*/
23  }
```

第 04 行中首先定义一个为 0 的变量，第 05~16 行使用 setInterval 函数做一个反复执行的功能，当变量没有达到 100 之前，会反复调用改变进度条的函数 progressfn(cent)并使变量自增，当变量达到 100 时，进度条已经达到 100%，这时不再调用函数。progressfn(cent)函数的功能：变量的值通过形参 cent 传入函数，获取进度条对象和百分比数值对象，通过操作 CSS 使进度条当前的 width 属性值变为传进的 cent 数值，同时通过 innerHTML 使百分比数值变为传进的 cent 值（第 20 行）。

最后对进度条进行美化。有三种方案可选：一是使用静态图片沿着x轴方向平铺；二是使用同态GIF进度图片；三是使用CSS代码，原理同第18章中的CSS 3 动画边框。本例将采用第三种方案，但不对CSS进行解释。执行下面的CSS代码之后即可获得动态进度条效果，完整的代码可以参考实例文档。

```
01  #progress{                          /*对进度条应用渐变效果*/
02      background-size: 30px 30px;
03      background-image: -webkit-linear-gradient(-45deg, #63B8FF,#63B8FF
25%, #BFEFFF
04          25%,#BFEFFF 50%, #63B8FF 50%, #63B8FF 75%, #BFEFFF 75%, #BFEFFF);
05      background-image: -moz-linear-gradient(-45deg, #63B8FF,#63B8FF 25%,
#BFEFFF
06          25%,#BFEFFF 50%, #63B8FF 50%, #63B8FF 75%, #BFEFFF 75%, #BFEFFF);
07      background-image: linear-gradient(-45deg, #63B8FF,#63B8FF
25%,#BFEFFF
08          25%,#BFEFFF 50%, #63B8FF 50%, #63B8FF 75%, #BFEFFF 75%, #BFEFFF);
09      -webkit-animation: animate 1.5s linear infinite;
10      -moz-animation: animate 1.5s linear infinite;
11      animation: animate 1.5s linear infinite;
12  }
13  @-webkit-keyframes animate {
14  from {
15      background-position: 0 0;
16  }
17  to {
18      background-position: 60px 30px;
19  }
20  }
21  @-moz-keyframes animate {
22  from {
23      background-position: 0 0;
24      }
25  to {
26      background-position: 60px 30px;
27  }
28  }
29  @keyframes animate {
30  from {
31      background-position: 0 0;
32  }
33  to {
34      background-position: 60px 30px;
35  }
```

```
36  }
```

由于 CSS 3 动画属性对浏览器版本要求较高，如果想让低版本浏览器兼容，就需要使用动态 GIF 图片或者使用 JavaScript 按照动画的原理兼容。

在实际应用中，进度条的作用是改进用户在操作时的等待体验，在网页加载时应用进度条可以让用户安心地等待而不至于流失用户。一般用户的等待承受时间在 8 秒左右，用数值比简单的转圈效果更让用户觉得安心。在实际应用中，要使用真实的数据，否则进度条的效果华而不实。另外，进度条作为网页开始前的元素，效果也不错。

21.7 苹果系统的 Stack 特效

苹果公司的产品总是在用户体验上表现出色，不论是手机系统还是计算机系统，都以美观著称。在 iMac 上有两款吸引人眼球的应用：一款是底部的 DOCK 栏；另一款是本节实例中的 stack。在 iMac 上，Stack 是一个放置软件的抽屉，它有两个鲜明的特点：一是弹出效果，二是弯曲效果，如图 21.16 所示（由于篇幅原因，该图没有完全显示）。

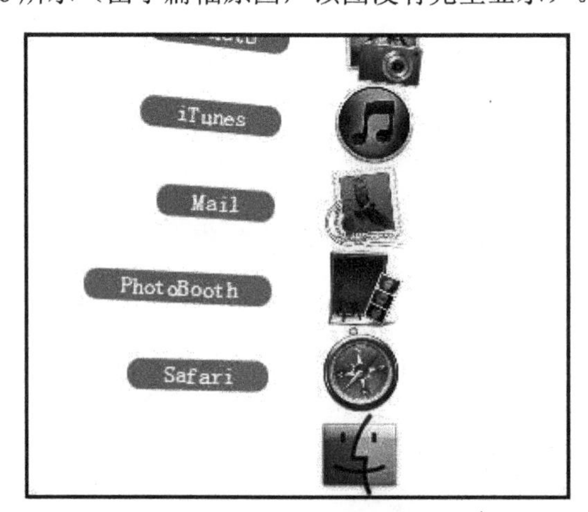

图 21.16　苹果系统 Stack

从代码上讲，CSS 3 2D 变换起到了重要的作用，因为 Stack 的两个特点正好对应 2D 变换中的平移和旋转。在 HTML 部分需要一个无序列表，它的结构是这样的：

```
<div id="stack">
<ul>
<li><img src="img/Appstore.png" alt="Appstore" /></li>
 //多个 li
```

使用 CSS 3 可以很轻易地用 transform 属性把有限个图标按照固定的数值平移一定的距离和旋转一定的度数，而对于数量不固定的图标来说并不是一件容易的事，这使得 CSS 3 动画难以开展，在本实例中最终选择使用 JavaScript 对图标进行平移与旋转变换，CSS 的主要工作是整体与部分的定位。

```
01  *{margin:0;padding:0;}
02  #stack{
03    position:absolute;left:150px;bottom:64px;//整体脱离文档流，Finder 图标位于
页面下部
04  }
05  #stack>ul>li{list-style:none;position:absolute;
06    -webkit-transform:rotate(0deg);   //这里只是为JavaScript改变属性的值做基础
07    -moz-transform:rotate(0deg);
08    -ms-transform:rotate(0deg);
09    -o-transform:rotate(0deg);
10    transform:rotate(0deg);}
11  #stack>ul>li>img{width:50px;height:50px;}        //图标的尺寸设置
12  #stack>ul>li>span{                   //通过 JavaScript 获取 alt 属性作为图标的说明
13      padding-left:20px;padding-right:20px;width:auto;border:1px solid
14    #9E9E9E;border-radius:8px;    //文字高度自适应、左右预留一部分空白更协调
15      background:#9E9E9E;color:#FFFFFF;
16      font-size:14px;text-align:center;              //文本居中
17      display:block;position:absolute;top:40%;right:80px;}//绝对定位使其位
于图标的左边
```

JavaScript 部分的代码看似很简单，只不过对于图标以缓冲方式运动到合理位置部分的工作写在了名为 zQuery 的运动框架中，实际上整体代码并不简单。JavaScript 部分的代码如下：

```
01  <script type="text/javascript" src="js/zQuery.js"></script>
02  <script type="text/javascript">
03  window.onload =function (){
04      var stack=document.getElementById('stack');                 //获取 stack
05      var stack_ul=stack.getElementsByTagName('ul')[0];          //获取 ul
06      var stack_ul_lis=stack_ul.getElementsByTagName('li'); //获取所有 li
07      var li_height=stack_ul_lis[0].offsetHeight;              //获取每个图标高度
08      var R=40*li_height;      //通过图标高度设置一个合理的圆半径，进行转换使用
09      for (var i=0;i<stack_ul_lis.length-1 ;i++ )          //遍历 li
10      {
11          var img=stack_ul_lis[i].getElementsByTagName('img')[0];     //获
取当前的 li
12          var text=document.createTextNode(img.getAttribute('alt'));
13                              //创建一个文本节点，该节点的值为图片的 alt 属性
14          var span=document.createElement('span');          //创建一个 span
15          span.appendChild(text);                       //将文本节点追加到 span
16          stack_ul_lis[i].appendChild(span);         //将 span 追加到当前的 li 中
17          stack_ul_lis[i].style.opacity='0';         //在初始状态下隐藏图标
```

```
18        }
19        var btn=false;                                      //判断单次点击与双次点击
20        stack_ul_lis[stack_ul_lis.length-1].onclick=function (){
21            btn=!btn;                                       //点击变量取反
22            btn?show_stack():hide_stack();                  //奇数次点击展开，偶数次隐藏
23        }
24        function show_stack(){                              //展示函数
25            for (var i=0;i<stack_ul_lis.length-1 ;i++ )            //遍历 li
26            {
27                var deg=1.3*(stack_ul_lis.length-i-1)/180*Math.PI; //根据设置
的半径对每个图标进行合适的转换
28                var tl=Math.ceil(R*(1-Math.cos(deg)));
29                var tt=Math.ceil(R*Math.sin(deg));          //translate 参数
30                var d1=Math.cos(deg);                       //角度参数
31                var d2=Math.sin(deg);
32                var d3=-Math.sin(deg);
33                var d4=Math.cos(deg);
34                move(stack_ul_lis[i],{transform:[d1,d2,d3,d4,tl,-tt],
opacity:[100]}); //使用 matrix 对图标进行转换
35            }
36        }
37        function hide_stack(){                                  //隐藏函数
38            for (var i=0;i<stack_ul_lis.length-1 ;i++ )                //遍历 li
39            {
40                move(stack_ul_lis[i],{transform:[1,0,0,1,0,0],opacity:
[0]});//透明度为 0，位置还原
41            }
42        }
43    }
44    </script>
```

在代码的第一行引入运动框架。在获取需要使用的元素后，在第 07~08 行通过设置一个半径便于对图标进行圆弧分布处理。在第 09~16 行中，通过 JavaScript HTML DOM 操作把每一个图标的 alt 属性提取出来放在新建的文本节点中，并把该节点放入文本说明 span 中，span 的样式已经在 CSS 中定义过了，同时把这些图标隐藏起来。

在第 19~23 行中，通过开关 btn 的控制实现奇数次点击展开，偶数次点击隐藏。

在第 24~38 行的展示函数中，通过 i 确定该图标旋转的合适角度，计算平移变换的合适参数，然后使用 move 函数将该图标转换到合理的位置，同时变为不透明。在该处的 move 函数中，使用的是 2D 混合变换的 matrix 函数，旋转和平移同时使用时需要 6 个参数，分别是角度的余弦值、角度的正弦值、角度正弦值的负数、角度的余弦值、平移到的 x 坐标和平移到的 y 坐标（实现的原理是矩阵变换，这里不解释）。在 move 函数里用到一些复杂的知识，如 Math 函数、正则表达式、多重循环等，这里不解释，只要会使用该函数即可。

在第39~46行的隐藏函数中，将所有的图标还原到未转换之前的状态并设置为透明。

在本实例的运动框架函数中，传入的参数是"buffer"（缓冲运动），使用最新的zQuery框架也可以实现"flex"（弹性运动）。

21.8 扇形展开

使用CSS 3做出的网页效果一定能给每个用户眼前一亮的感觉。本节使用CSS 3的新属性制作扇形展开效果，效果如图21.17所示（图中的竖直和箭头是为后文设定的，不属于效果本身）。主要功能：当页面加载完成后，所有的卡片就会按照图21.17所示的效果自动展开；当点击封面时，展开或折叠所有卡片；当点击封面之外的任何一张时，被点击的卡片会旋转到中部（整体旋转），并且这张卡片上的文字展示出来。

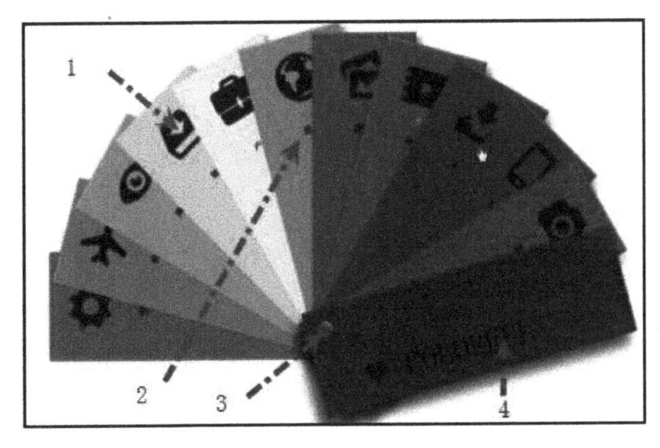

图21.17 扇形展开效果

本实例的功能看似简单，但是代码较为综合，使用到的属性较多，尤其是CSS 3中的属性。使用本实例可以对CSS 3的属性理解得更加深入。HTML部分的结构如下：

```
01  <div id="sb-container" class="sb-container">
02  <div> <span class="sb-icon icon-cog"></span>
03      <h4><span>设置</span></h4>
04  </div>
05  多个div
06  <div>
07      <h4><span>点击展开/折叠</span></h4>
08      <h5><span> &hearts; COLORFUL</span></h5>
09  </div>
10  </div>
```

第01行中的div对应整体，第02行的div对应一张卡片，此div中的第一个span对应图

21.17 中 1 处的图标（此处的图标并非图片，而是字体），第二个 span 对应卡片上的文字。第 08 行对应图 21.17 中 4 处的字体。在 CSS 部分，主要使用自定义字体、2D 转换、动画、阴影和渐变等 CSS 3 属性，运行代码需要标准化浏览器的支持。因为 CSS 部分代码较多，所以省略了某些对字体的设置，并且分为几部分说明。

对整体的设置如下，第 02 行的相对定位使得整体成为每张卡片的父元素。

```
01  .sb-container{                              /*外层容器*/
02      position:relative;
03      margin:30px auto;width:500px;
04      text-align: center;
05  }
```

对所有卡片进行通用设置，主要包括尺寸、定位、背景色、指针类型、第 05~09 行的旋转基点设置（使卡片绕图 21.17 中 3 处的位置旋转）以及第 10~13 行对卡片旋转指定动画效果，动画效果在 0.5s 内匀速完成。

```
01  .sb-container div{
02      width: 130px;height: 400px;
03      position: absolute;top:0;left:0;
04      background: #fff;cursor:pointer;
05      -webkit-transform-origin: 25% 90%;                   /*设置转换基点*/
06      -moz-transform-origin: 25% 90%;
07      -o-transform-origin: 25% 90%;
08      -ms-transform-origin: 25% 90%;
09      transform-origin: 25% 90%;
10      -webkit-transition:-webkit-transform .5s ease;          /*CSS 过渡*/
11      -moz-transition:-moz-transform .5s ease;
12      -o-transition:-o-transform .5s ease;
13      transition:transform .5s ease;
14  }
```

使用 nth-child 选择器对封面之外的卡片进行个性化设置，包括卡片颜色和卡片内外阴影。内阴影可以制作高光效果。如果把每张卡片的旋转属性都写在这里，就会造成代码非常多，但是用途不多，对于这部分相似的代码采用 JavaScript 生成即可。

```
01  .sb-container div:nth-child(1){
02      background-color: #ea2a29;                       /*颜色设置*/
03      box-shadow: -1px -1px 3px rgba(0,0,0,0.1), 1px 1px 1px rgba(0,0,0,0.1),
04                  inset 0 3px 0 rgba(255, 255, 255, 0.2);    /*阴影设置*/
05  }
06  .sb-container div:nth-child(2){
07      background-color: #f16729;                       /*因各部分不同，没有合并*/
08      box-shadow: -1px -1px 3px rgba(0,0,0,0.1), 2px 2px 1px rgba(0,0,0,0.1),
09                  inset 0 3px 0 rgba(255, 255, 255, 0.2);
```

```
10   }
11                                                          /*此处省略中间部分*/
12   .sb-container div:nth-child(11){
13       background-color: #ca0d86;
14       box-shadow: -1px -1px 3px rgba(0,0,0,0.1), 11px 11px 18px
rgba(0,0,0,0.4),
15                   inset 0 3px 0 rgba(255, 255, 255, 0.2);
16   }
```

对卡片的封面（也就是最后一张卡片）进行设置，第 02 行为封面设置背景图，第 03~06 行对其设置多个阴影。使用 after 在封面上生成一个装订按钮，该按钮为使用 border-radius 属性制作的圆形，在第 13~21 行使用线性渐变增强它的立体感。

```
01   .sb-container div:last-child{                            /*封面设置*/
02       background: #645b5c url(images/cover.jpg) repeat center center;
03       box-shadow:
04           -1px -1px 3px rgba(0,0,0,0.2),
05           12px 12px 20px rgba(0,0,0,0.6),
06           inset 2px 2px 0 rgba(255, 255, 255, 0.1);
07   }
08   .sb-container div:last-child:after{
09       content: '';
10       position: absolute;bottom: 15px;left: 15px;
11       width: 20px;height: 20px;border-radius: 50%;
12       background: #dddddd;
13       background: -moz-linear-gradient(-45deg, #dddddd 0%, #58535e 48%,
#889396 100%);
14       background: -webkit-gradient(linear, left top, right bottom,
  /*封面渐变设置*/
15       color-stop(0%,#dddddd), color-stop(48%,#58535e),
color-stop(100%,#889396));
16       background: -webkit-linear-gradient(-45deg, #dddddd 0%,#58535e
48%,#889396
17                                                            100%);
18       background: -o-linear-gradient(-45deg, #dddddd 0%,#58535e 48%,#889396
100%);
19       background: -ms-linear-gradient(-45deg, #dddddd 0%,#58535e
48%,#889396 100%);
20       background: linear-gradient(135deg, #dddddd 0%,#58535e 48%,#889396
100%);
21       filter: progid:DXImageTransform.Microsoft.gradient(
22               startColorstr='#dddddd',
endColorstr='#889396',GradientType=1 );
23       box-shadow: -1px -1px 1px rgba(0,0,0,0.5), 1px 1px 1px
```

```
rgba(255,255,255,0.1);
    24    }
    25    .sb-container div:last-child h5{
    26        font-size: 40px;
    27        white-space: nowrap;                                    /*文本不换行*/
    28        position: absolute; top: 0px;left: 0px;
    29        line-height: 40px;
    30        color: #111;
    31        text-shadow: -1px -1px 1px rgba(255,255,255,0.1);
    32       -webkit-transform: rotate(-90deg) translateX(-157%) translateY(73px);
/*2D 变换*/
    33        -moz-transform: rotate(-90deg) translateX(-157%) translateY(73px);
/*旋转文字*/
    34        -o-transform: rotate(-90deg) translateX(-157%) translateY(73px);
  /*移动文字*/
    35        -ms-transform: rotate(-90deg) translateX(-157%) translateY(73px);
    36        transform: rotate(-90deg) translateX(-157%) translateY(73px);
    37        -webkit-transform-origin: 0 0;                        /*变换基点设置*/
    38        -moz-transform-origin: 0 0;
    39        -o-transform-origin: 0 0;
    40        -ms-transform-origin: 0 0;
    41        transform-origin: 0 0;
    42        -webkit-touch-callout: none;                          /*不允许选中文本*/
    43        -webkit-user-select: none;
    44        -khtml-user-select: none;
    45        -moz-user-select: none;
    46        -ms-user-select: none;
    47        user-select: none;
    48    }
```

如果不使用第 27 行，4 处的文字会显示两行。第 31~36 行将文字旋转和平移到合适的位置，变换的基点由第 37~41 行的代码设置。第 42~47 行是 CSS 3 中一个不常见的属性，它使得用户不能选中文字以便保持最佳的展示效果。

接下来介绍图 21.17 中 1 位置的图标，这里使用的图标是自定义字体中的文字符号，既节省图片又节省代码，使用 before 伪对象实现，第 14~24 行 content 属性的值对应字体的编号。

```
    01    @font-face{
    02        font-family:'icon';
    03        src:url("font/icons.eot"),url("font/icons.svg"),url("font/icons.
ttf"),url("font/icons.woff");
    04    }
    05    span.sb-icon:before {
    06       font-family: 'icon';font-style: normal;font-weight: normal;font-size:
```

```
60px;
  07        display: block;
  08        text-decoration: inherit;text-align: center;
  09        text-shadow: 1px 1px 1px rgba(127, 127, 127, 0.3),0 0 1px #000;
  10        line-height: 64px;
  11        width: 100%;
  12        color: #000;
  13    }
  14    .icon-cog:before { content: '\35'; }                    /* '5' */
  15    .icon-flight:before { content: '\37'; }                 /* '7' */
  16    .icon-eye:before { content: '\34'; }                    /* '4' */
  17    .icon-install:before { content: '\39'; }                /* '9' */
  18    .icon-bag:before { content: '\36'; }                    /* '6' */
  19    .icon-globe:before { content: '\38'; }                  /* '8' */
  20    .icon-picture:before { content: '\32'; }                /* '2' */
  21    .icon-video:before { content: '\30'; }                  /* '0' */
  22    .icon-download:before { content: '\41'; }               /* 'A' */
  23    .icon-mobile:before { content: '\42'; }                 /* 'B' */
  24    .icon-camera:before { content: '\33'; }                 /* '3' */
```

由于动画工作由 CSS 3 中的 transition 属性完成，因此 JavaScript 部分比较简单，只需改变旋转度数即可，不需要在度数的渐变上考虑任何东西。关键在于各个卡片的旋转度数如何计算。下面的这段 JavaScript 代码是一种可以实现的解决方案，与 jQuery 相比，这段代码更加轻量：

```
  01    function index(current, obj){                                   //获取元素索引值
  02            for (var i = 0; i < obj.length; i++){
  03                if (obj[i] == current) {return i;} } }
  04    window.onload =function (){
  05    var container=document.getElementById('sb-container');      //获取整体
  06    var cards=container.getElementsByTagName('div');             //获取卡片
  07    var n=cards.length;var deg=180/n;var click=0;  //卡片数量、相邻卡片旋转度数
差、点击次数
  08    for (var i=0;i<n ;i++ )                                  //页面加载完成后展开卡片
  09    {
  10        var tdeg=(i<=n/2)?-(n/2-i)*deg:(i-n/2)*deg;      //分为两部分计算度数
  11        cards[i].style.webkitTransform="rotate(" + tdeg+ "deg)";   //旋转度数
  12        cards[i].style.msTransform="rotate(" + tdeg+ "deg)";
  13        cards[i].style.MozTransform="rotate(" +tdeg + "deg)";
  14        cards[i].style.OTransform="rotate(" + tdeg+ "deg)";
  15        cards[i].style.transform="rotate(" + tdeg + "deg)";
  16    }
  17    for (var i=0;i<n-1 ;i++ )
  18    {
  19        cards[i].onclick=function (){                                //卡片点击事件
```

```
20        change(index(this,cards));                              //更改卡片位置函数
21        };
22    }
23    cards[n-1].onclick=function (){
24    click++;                                                    //点击次数增加
25    for (var i=0;i<n ;i++ )
26    {
27    if (click%2)                                                //判断点击奇数次与偶数次
28    {
29        var tdeg=(i<=n/2)?-(n/2-i)*deg:(i-n/2)*deg;
30    }else{
31        var tdeg=0;
32    }
33    cards[i].style.webkitTransform="rotate(" + tdeg+ "deg)";
34    cards[i].style.msTransform="rotate(" + tdeg+ "deg)";
35    cards[i].style.MozTransform="rotate(" +tdeg + "deg)";
36    cards[i].style.OTransform="rotate(" + tdeg+ "deg)";
37    cards[i].style.transform="rotate(" + tdeg + "deg)";
38    }
39    }
40    function change(index) {                                    //改变位置函数
41    var tdeg;
42    for (var i=0;i<=index ; i++)                                //该卡片与之前的卡片
43    {
44        tdeg=-(index-i)*deg;
45        cards[i].style.webkitTransform="rotate(" + tdeg+ "deg)";
46        cards[i].style.msTransform="rotate(" + tdeg+ "deg)";
47        cards[i].style.MozTransform="rotate(" +tdeg + "deg)";
48        cards[i].style.OTransform="rotate(" + tdeg+ "deg)";
49        cards[i].style.transform="rotate(" + tdeg + "deg)";
50    }
51    for(var i=index+1;i<n;i++)
52    {                               //该卡片之后的卡片多旋转几度，便于该卡片文字的展示
53        tdeg=(i-index)*deg+5;
54        cards[i].style.webkitTransform="rotate(" + tdeg+ "deg)";
55        cards[i].style.msTransform="rotate(" + tdeg+ "deg)";
56        cards[i].style.MozTransform="rotate(" +tdeg + "deg)";
57        cards[i].style.OTransform="rotate(" + tdeg+ "deg)";
58        cards[i].style.transform="rotate(" + tdeg + "deg)";}}}
```

第 22 章

◀ 盒子与3D ▶

网页设计中的每个元素都是长方形的盒子。盒子模型规定元素盒子的宽度、高度、内边距、边框和外边距的显示方式。随着 CSS 3 的流行，过去只能通过图片、Flash、JavaScript 等实现的效果慢慢都用 CSS 技术来实现了，尤其是与 3D 相关的一些特效。本章将重点讲述如何使用 CSS 3 盒子模型和一些 3D 效果。

本章主要涉及的内容有：

- 内层 CSS 3 盒模型
- 外层 CSS 3 盒阴影
- 3D 文字
- 3D 图片
- 3D 下拉菜单
- 3D 旋转动画

22.1 CSS 3 盒模型

在网页设计中，每个 HTML 标记都可以看作是一个盒子，每个盒子都有外边界（margin)、边框（border）、填充（padding）、内容（content）4 个属性，每个属性又可以分别在上、右、下、左 4 个方向上设置属性，也可以同时设置属性。使用以下代码分别设置元素的盒模型属性：

CSS 代码如下：

```
#mydiv {
   margin-top: 10px;
   margin-right: 11px;
   margin-bottom: 12px;
   margin-left: 13px;
   padding-right: 10px;
   padding-left: 20px;
   padding-top: 5px;
   padding-bottom: 15px;
```

```
    border-top-width: 1px;
    border-left-width: 4px;
    border-right-width: 2px;
    border-bottom-width: 3px;
}
```

以上代码所设置的元素的盒模型如图 22.1 所示。对 4 个方向上的外边界（margin）、边框（border）、填充（padding）、内容（content）4 个属性分别设置了不同的值。

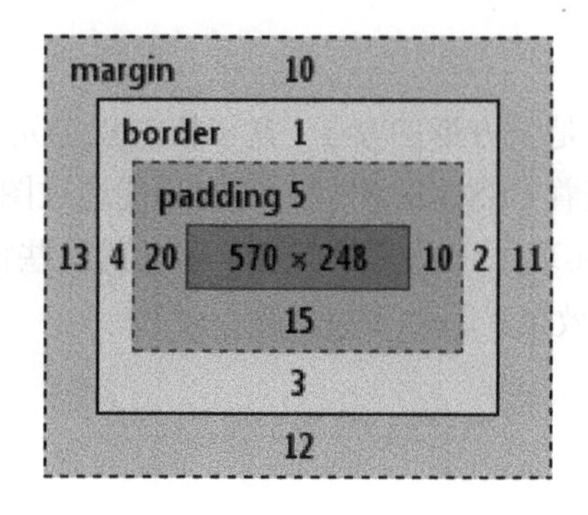

图 22.1　CSS 盒模型

CSS 3 引入了 box-flex 属性，可以定义弹性盒子模型。例如，通过以下代码可实现 CSS 3 的盒子模型布局。

CSS 代码如下：

```
01 container {
02     width: 1000px;
03    display: -webkit-box;
04    display: -moz-box;
05     -webkit-box-orient: horizontal;
06    -moz-box-orient: horizontal;
07 }
08 .blue {
09     background: #357c96;
10     font-weight: bold;
11     margin: 2px;
12     padding: 20px;
13     color: #fff;
14     font-family: Arial, sans-serif;
15 }
```

HTML 代码如下：

```
01   <div class="container">
02       <div class="blue"> 这就是</div>
```

```
03        <div class="blue"> 我们的世界 </div>
04        <div class="blue"> 这就是我们的世界</div>
05        <div class="blue"> 这就是我们的世界！ </div>
06    </div>
```

代码第 03~04 行为 container 容器定义 display 属性的值为盒子-webkit-box/-moz-box，在第 05~06 行设置了盒子方向为水平方向，其展示效果如图 22.2 所示。可以看出，使用 CSS 3 可通过简单的代码便捷地实现盒子布局，实现过去只能通过定位或浮动才能实现的效果。

另外，也可以设置 box-orient 属性值为 vertical（垂直方向）。

这就是
我们的世界
这就是我们的世界
这就是我们的世界！

图 22.2　CSS 3 弹性盒子模型

22.2 内层 CSS 3 盒阴影

盒阴影（Box Shadow）属性是 CSS 3 的另一个盒模型属性，几乎可以运用在任何元素上，并且可以设置内层盒阴影与外层盒阴影。盒阴影通过 CSS3 的 box-shadow 属性实现，语法如下：

```
box-shadow: h-shadow v-shadow blur spread color inset;
```

其中，h-shadow 为阴影水平方向偏移，v-shadow 为阴影垂直方向偏移，blur 为阴影模糊羽化距离，color 为阴影的颜色，spread 为阴影的尺寸，inset 将外部阴影设置为内部阴影。

下面这段代码可以实现内层阴影。

CSS 代码如下：

```
01 #mydiv {
02    width: 500px;
03    height: 200px;
04    margin-left: 50px;
05    -webkit-box-shadow: inset 2px 3px 4px 5px #000;
06    -moz-box-shadow: inset 2px 3px 4px 5px #000;
07    -o-box-shadow: inset 2px 3px 4px 5px #000;
08    box-shadow: inset 2px 3px 4px 5px #000;
09 }
```

HTML 代码如下：

```
01  <div id="mydiv">这就是我们的世界  这就是我们的世界</div>
```

第 05~08 行为不同的浏览器设置了盒阴影的兼容方案，设置内部阴影水平偏移 2px、垂直偏移 3px、羽化 4px、阴影尺寸为 5px、颜色为黑色。实例效果如图 22.3 所示。

图 22.3　内层 CSS 3 盒阴影

IE9+、Firefox 4、Chrome、Opera 以及 Safari 5.1.1 均支持 box-shadow 属性。

22.3 外层 CSS 3 盒阴影

下面介绍外层阴影代码设计。

CSS 代码如下：

```
01 #mydiv {
02     width:300px;
03     height:100px;
04     color: #fff;
05     padding: 20px;
06     background-color:#ff9900;
07     -weibkit-box-shadow: 10px 10px 5px #888;
08     -moz-box-shadow: 10px 10px 5px #888;
09     -o-box-shadow: 10px 10px 5px #888;
10     box-shadow: 10px 10px 5px #888888;
11 }
```

HTML 代码如下：

```
01   <div id="mydiv">这就是我们的世界   这就是我们的世界</div>
```

在代码第 07~10 行设置了盒子 mydiv 的外阴影，其水平与垂直偏移均为 10px，颜色值为 #888。实现效果如图 22.4 所示。

图 22.4　外层 CSS 3 盒阴影

22.4 3D 文字

本节介绍如何通过堆叠多层阴影来创建 3D 文字，并利用 CSS 3 的 transform 和 transition 属性来实现鼠标移过字体放大的效果。为了实现 3D 的文字效果，我们将使用 CSS 3 的 text-shadow 属性。下面介绍 text-shadow 的工作原理。

CSS 代码如下：

```
.text-class{
   text-shadow: [X offset] [Y offset] [Blur size] [Colour];
}
```

X 表示 x 轴上的位移，可为负值；Y 表示 y 轴上的位移，可为负值；Blur 表示投影的宽度，不能为负值；Color 为投影的颜色。

下面举例说明使用 text-shadow 实现 3D 的文字效果。

CSS 代码如下：

```
01 #demo1 {
02    padding: 100px;
03    background-color: #F0EFE5;
04 }
05 #demo2 {
06    padding: 10%;
07    background: #6280b7;
08 }
09 h2{
10    font-size: 80px;
11    color: #fff;
12    letter-spacing: 5px;
13    text-shadow:                  /* 设置 text-shadow 属性，多层阴影堆叠*/
14    1px 1px 0 #CCC,
15    2px 2px 0 #CCC,
16    /* end of 2 level deep grey shadow */
17    3px 3px 0 #444,
18    4px 4px 0 #444,
19    5px 5px 0 #444,
20    6px 6px 0 #444;
21    /* end of 4 level deep dark shadow */
22    /* CSS 3 Transition Effect */
23    -webkit-transition: all 0.12s ease-out;      /* Safari & Chrome */
24    -moz-transition: all 0.12s ease-out;        /* Firefox */
25    -o-transition: all 0.12s ease-out;         /* Opera */
```

```
26 }
27 h2:hover
28/ {
29     /* 设置 CSS 3 Transform 的放大效果*/
30     -webkit-transform: scale(1.2);          /* Safari & Chrome */
31     -moz-transform: scale(1.2);             /* Firefox */
32     -o-transform: scale(1.2);               /* Opera */
33 }
34 p{
35     letter-spacing: 4px;
36     text-shadow:                    /* 设置 text-shadow 属性 */
37     1px 0px #546a92,                /* 通过设置 X 与 Y 的不同偏移量来实现多层阴影堆叠 */
38     0px 1px #384762,
39     2px 1px #546a92,
40     1px 2px #384762,
41     3px 2px #546a92,
42     2px 3px #384762,
43     4px 3px #546a92,
44     3px 4px #384762,
45     5px 4px #546a92,
46     4px 5px #384762,
47     6px 5px #546a92,
48     5px 6px #384762,
49     7px 6px #546a92,
50     6px 7px #384762,
51     8px 7px #546a92,
52     7px 8px #384762,
53     8px 8px #546a92;
54 }
```

HTML 代码如下：

```
55  <div id="demo1">
56      <h2>这就是我们的世界</h2>
57  </div>
58  <div id="demo2">
59      <p>这就是我们的世界</p>
60  </div>
```

此段代码是通过堆叠多层投影实现 3D 效果的。代码第 14~20 行是#demo1 中文字 3D 效果的投影堆叠实现过程。文字颜色为白色，深灰色为投影颜色。第 30~32 行使用 transform 的 scale(1.2)来实现文字放大效果，并在 23~25 行设置放大的淡入淡出效果。#demo2 的 3D 文字使用更多的投影堆叠，其实现的 3D 效果更加明显，实现代码在第 34~54 行，这时使用的是 text-shadow 的 3D 文字。

本例效果如图 22.5 所示。

图 22.5　3D 文字

此 3D 文字效果是用纯 CSS 写的，没有使用 JavaScript，并且需要在支持 CSS 3 的浏览器中才能看出效果，如 Firefox、Chrome、Safari 和 Opera。

22.5 3D 图片

我们将会利用 CSS 3 的 transform-style 和 perspective 属性实现 3D 图片立体效果。

transform-style 属性规定如何在 3D 空间中呈现被嵌套的元素，其可选值有 flat 和 preserve-3d。当值为 flat 时，其子元素将不保留其 3D 位置；当值为 preserve-3d 时，其子元素将保留其 3D 位置。

perspective 属性为一个元素设置三维透视的距离，仅作用于元素的后代，而不是该元素本身。当 perspective 为 none/0;时，相当于没有设置 perspective 属性。例如，当建立一个小立方体时，长、宽、高均为 200px，若设置 perspective < 200px，相当于站在盒子里面看到的效果，若设置 perspective > 200px，相当于站在远离立方体位置看到的效果。当元素没有设置 perspective 时，所有后代元素在同一个二维平面上，不存在景深的效果；设置 perspective 后，可看到三维的效果。

3D 图片的立体效果正是利用了以上两个属性来设置景深的效果。

CSS 代码如下：

```
01 body {                              /* 设置背景颜色 */
02     background: #ddd;
03 }
04  .view {
05      width: 980px;
```

```
06     height: 400px;
07      margin-top: 20px;
08     float: left;
09     position: relative;
10     border: 8px solid #fff;
11    box-shadow: 1px 1px 2px rgba(0,0,0,0.05);
12     background: #333;
13     /* 设置 perspective 属性可实现景深 */
14     -webkit-perspective: 1000px;
15     -moz-perspective: 1000px;
16     -o-perspective: 1000px;
17     -ms-perspective: 1000px;
18     perspective: 1000px;
19 }
20 .view .slice{
21     width: 196px;
22     height: 100%;
23     z-index: 100;
24     /* 设置 preserve-3d */
25     -webkit-transform-style: preserve-3d;
26     -moz-transform-style: preserve-3d;
27     -o-transform-style: preserve-3d;
28     -ms-transform-style: preserve-3d;
29     transform-style: preserve-3d;
30     /* 设置旋转元素的基点位置 */
31     -webkit-transform-origin: left center;
32     -moz-transform-origin: left center;
33     -o-transform-origin: left center;
34     -ms-transform-origin: left center;
35     transform-origin: left center;
36     /* 设置变化效果 */
37     -webkit-transition: -webkit-transform 150ms ease-in-out;
38     -moz-transition: -moz-transform 150ms ease-in-out;
39     -o-transition: -o-transform 150ms ease-in-out;
40     -ms-transition: -ms-transform 150ms ease-in-out;
41     transition: transform 150ms ease-in-out;
42
43 }
44 /* 利用 translate3d 属性设置 x/y/z 这 3 个维度的移动 */
45 .view .s2,
46 .view .s3,
47 .view .s4,
48 .view .s5 {
```

```
49    -webkit-transform: translate3d(196px,0,0);
50    -moz-transform: translate3d(196px,0,0);
51    -o-transform: translate3d(196px,0,0);
52    -ms-transform: translate3d(196px,0,0);
53    transform: translate3d(196px,0,0);
54 }
55 /* 设置背景图片的位置 */
56 .view .s1 {
57    background-position: 0px 0px;
58 }
59 .view .s2 {
60    background-position: -196px 0px;
61 }
62 .view .s3 {
63    background-position: -392px 0px;
64 }
65 .view .s4 {
66    background-position: -588px 0px;
67 }
68 .view .s5 {
69    background-position: -784px 0px;
70 }
71 .view .overlay {
72    width: 196px;
73    height: 100%;
74    opacity: 0;              /* 默认情况下不呈现 3D 图 */
75    position: absolute;
76    -webkit-transition: opacity 150ms ease-in-out;
77    -moz-transition: opacity 150ms ease-in-out;
78    -o-transition: opacity 150ms ease-in-out;
79    -ms-transition: opacity 150ms ease-in-out;
80    transition: opacity 150ms ease-in-out;
81 }
82 .view:hover .overlay {
83    opacity: 1;              /* 当鼠标移动到图片上时呈现 3D 图效果 */
84 }
85 .view img {
86    position: absolute;
87    z-index: 0;
88    -webkit-transition: left 0.3s ease-in-out;
89    -o-transition: left 0.3s ease-in-out;
90    -moz-transition: left 0.3s ease-in-out;
91    -ms-transition: left 0.3s ease-in-out;
```

```
92    transition: left 0.3s ease-in-out;
93 }
94 /* 为 s2/s3/s4/s5 分别设置 3D 移动与旋转效果 */
95 .view:hover .s2{
96    -webkit-transform: translate3d(195px,0,0) rotate3d(0,1,0,-45deg);
97    -moz-transform: translate3d(195px,0,0) rotate3d(0,1,0,-45deg);
98    -o-transform: translate3d(195px,0,0) rotate3d(0,1,0,-45deg);
99    -ms-transform: translate3d(195px,0,0) rotate3d(0,1,0,-45deg);
100    transform: translate3d(195px,0,0) rotate3d(0,1,0,-45deg);
101 }
102 .view:hover .s3,
103 .view:hover .s5{
104    -webkit-transform: translate3d(195px,0,0) rotate3d(0,1,0,90deg);
105    -moz-transform: translate3d(195px,0,0) rotate3d(0,1,0,90deg);
106    -o-transform: translate3d(195px,0,0) rotate3d(0,1,0,90deg);
107    -ms-transform: translate3d(195px,0,0) rotate3d(0,1,0,90deg);
108    transform: translate3d(195px,0,0) rotate3d(0,1,0,90deg);
109 }
110 .view:hover .s4{
111    -webkit-transform: translate3d(195px,0,0) rotate3d(0,1,0,-90deg);
112    -moz-transform: translate3d(195px,0,0) rotate3d(0,1,0,-90deg);
113    -o-transform: translate3d(195px,0,0) rotate3d(0,1,0,-90deg);
114    -ms-transform: translate3d(195px,0,0) rotate3d(0,1,0,-90deg);
115    transform: translate3d(195px,0,0) rotate3d(0,1,0,-90deg);
116 }
117 /* 使用 linear-gradient 设置背景渐变 */
118 .view .s1 > .overlay {
119    background: -moz-linear-gradient(right, rgba(0,0,0,0.05) 0%,
rgba(0,0,0,0) 100%);
120    background: -webkit-linear-gradient(right, rgba(0,0,0,0.05)
0%,rgba(0,0,0,0) 100%);
121    background: -o-linear-gradient(right, rgba(0,0,0,0.05)
0%,rgba(0,0,0,0) 100%);
122    background: -ms-linear-gradient(right, rgba(0,0,0,0.05)
0%,rgba(0,0,0,0) 100%);
123    background: linear-gradient(right, rgba(0,0,0,0.05) 0%,rgba(0,0,0,0)
100%);
124 }
125 .view .s2 > .overlay {
126    background: -moz-linear-gradient(left, rgba(255,255,255,0) 0%,
rgba(255, 255, 255, 0.2) 100%);
127    background: -webkit-linear-gradient(left, rgba(255,255,255,0) 0%,
rgba(255, 255, 255, 0.2) 100%);
```

```
    128     background: -o-linear-gradient(left, rgba(255,255,255,0) 0%, rgba(255,
255, 255, 0.2) 100%);
    129     background: -ms-linear-gradient(left, rgba(255,255,255,0) 0%, rgba(255,
255, 255, 0.2) 100%);
    130     background: linear-gradient(left, rgba(255,255,255,0) 0%, rgba(255, 255,
255, 0.2) 100%);
    131 }
    132 .view .s3 > .overlay {
    133     background: -moz-linear-gradient(right, rgba(0,0,0,0.8) 0%,
rgba(0,0,0,0.2) 100%);
    134     background: -webkit-linear-gradient(right, rgba(0,0,0,0.8)
0%,rgba(0,0,0,0.2) 100%);
    135     background: -o-linear-gradient(right, rgba(0,0,0,0.8)
0%,rgba(0,0,0,0.2) 100%);
    136     background: -ms-linear-gradient(right, rgba(0,0,0,0.8)
0%,rgba(0,0,0,0.2) 100%);
    137     background: linear-gradient(right, rgba(0,0,0,0.8) 0%,rgba(0,0,0,0.2)
100%);
    138 }
    139 .view .s4 > .overlay {
    140     background: -moz-linear-gradient(left, rgba(0,0,0,0.8) 0%,
rgba(0,0,0,0) 100%);
    141     background: -webkit-linear-gradient(left, rgba(0,0,0,0.8)
0%,rgba(0,0,0,0) 100%);
    142     background: -o-linear-gradient(left, rgba(0,0,0,0.8) 0%,rgba(0,0,0,0)
100%);
    143     background: -ms-linear-gradient(left, rgba(0,0,0,0.8) 0%,rgba(0,0,0,0)
100%);
    144     background: linear-gradient(left, rgba(0,0,0,0.8) 0%,rgba(0,0,0,0)
100%);
    145 }
    146 .view .s5 > .overlay {
    147     background: -moz-linear-gradient(left, rgba(0,0,0,0.3) 0%,
rgba(0,0,0,0) 100%);
    148     background: -webkit-linear-gradient(left, rgba(0,0,0,0.3)
0%,rgba(0,0,0,0) 100%);
    149    background: -o-linear-gradient(left, rgba(0,0,0,0.3) 0%,rgba(0,0,0,0)
100%);
    150     background: -ms-linear-gradient(left, rgba(0,0,0,0.3) 0%,rgba(0,0,0,0)
100%);
    151     background: linear-gradient(left, rgba(0,0,0,0.3) 0%,rgba(0,0,0,0)
100%);
    152 }
```

HTML 代码如下：

```
153 <div class="view">
154     <div class="slice s1" style="background-image: url(./8.jpg);">
155         <span class="overlay"></span>
156         <div class="slice s2" style="background-image: url(./8.jpg);">
157             <span class="overlay"></span>
158             <div class="slice s3" style="background-image: url(./8.jpg);">
159                 <span class="overlay"></span>
160                 <div class="slice s4" style="background-image:
url(./8.jpg);">
161                     <span class="overlay"></span>
162                     <div class="slice s5" style="background-image:
url(./8.jpg);">
163                         <span class="overlay"></span>
164                     </div>
165                 </div>
166             </div>
167         </div>
168     </div>
169 </div>
```

本实例为了呈现 3D 立体效果，通过 s1 元素包含的 s2/s3/s4/s5 这 4 个后代元素来实现图片的层叠，以实现 3D 立体效果。在代码第 14~18 行，在包裹器 view 上设置 perspective，同时在代码第 25~29 行设置 transform-style 为 preserve-3d，这两个属性在实现立体效果时必须同时设置。在第 45~54 行设置后代元素 s2/s3/s4/s5 的 3D 效果。使用 translate3d(x,y,z)使元素 x/y/z 在这 3 个纬度中移动，也可以分开写这 3 个纬度，如 translateX(length)、translateY(length)、translateZ(length)。注意 z 轴的值只能为 px。同理，使用 scale3d(number,number,number) 使得元素在这 x/y/z 3 个纬度中缩放，也可以分开写，如 scaleX()、scaleY()、scaleY()。

代码第 95~116 行设置 translate3d 与 rotate3d 的不同值，使得图片呈现折叠效果。该 3D 图片呈现前后的具体效果如图 22.6 所示。

图 22.6　3D 图片

图 22.6　3D 图片（续）

22.6 3D 下拉菜单

与传统的下拉菜单不同，3D 下拉菜单的子菜单呈现垂直卷帘效果。为了实现此 3D 下拉菜单，需要使用 transition 的 translateZ 属性。

CSS 代码如下：

```
01 a {
02     /* 贝叶斯曲线 */
03     -webkit-transition: all 250ms cubic-bezier(0.230, 1.000, 0.320, 1.000);
04     -moz-transition: all 250ms cubic-bezier(0.230, 1.000, 0.320, 1.000);
05     -ms-transition: all 250ms cubic-bezier(0.230, 1.000, 0.320, 1.000);
06     -o-transition: all 250ms cubic-bezier(0.230, 1.000, 0.320, 1.000);
07     transition: all 250ms cubic-bezier(0.230, 1.000, 0.320, 1.000);
08     text-decoration: none;
09 }
10 .header {
11     text-align: center;
12     position: absolute;
13     z-index: 1;
14     color: #333;
15     width: 100%;
16     top: 5%;
17 }
18 .header h1 {
19     letter-spacing: -1px;
20     text-shadow: -2px -1px 1px #fff, 1px 2px 2px rgba(0, 0, 0, 0.2);
21     font-weight: 300;
22     font-size: 36px;
23     margin: 0;
24 }
25 .header h2 {
26     text-transform: uppercase;          /* 设置文本为大写 */
```

```
27    text-shadow: -2px -1px 1px #fff, 1px 1px 1px rgba(0, 0, 0, 0.15);/* 设
置文本投影 */
28    font-weight: 300;
29    font-size: 12px;
30    color: rgba(0,0,0,0.7);
31    margin: 0;
32 }
33 .demo:after {
34    box-shadow: 0 1px 16px rgba(0,0,0,0.15);
35    background: #1b1b1b;
36    position: absolute;
37    content: '';
38    height: 10px;
39    width: 100%;
40    top: 0;
41 }
42 /* 菜单列表样式 */
43 .list {
44    -webkit-transform-style: preserve-3d;
45    -moz-transform-stle: preserve-3d;
46    -ms-transform-style: preserve-3d;
47    -o-transform-style: preserve-3d;
48    transform-style: preserve-3d;
49    text-transform: uppercase;
50    position: absolute;
51    margin-left: -140px;
52    top: 20%;
53 }
54 .list a {
55    display: block;
56    color: #fff;
57 }
58 .list a:hover {
59    text-indent: 20px;
60 }
61 .list dt, .list dd {
62 
63    text-indent: 10px;
64    line-height: 55px;
65    background: #E0FBAC;
66    margin: 0;
67    height: 55px;
68    width: 270px;
69    color: #fff;
70 }
71 .list dt {
72    /* 3D特效 */
73    -webkit-transform: translateZ(0.3px);
74    -moz-transform: translateZ(0.3px);
75    -ms-transform: translateZ(0.3px);
76    -o-transform: translateZ(0.3px);
```

```
77    transform: translateZ(0.3px);
78    text-shadow: 1px 1px 2px rgba(0, 0, 0, 0.2);
79    font-size: 15px;
80 }
81
82 .list dd {
83    border-top: 1px dashed rgba(255,255,255,0.3);
84   line-height: 35px;
85    font-size: 11px;
86    height: 35px;
87    margin: 0;
88 }
89 /* 个性化颜色设置 */
90 .sashimi dt, .sashimi dd, .sashimi a { background: #73C8A9; }
91 .nigiri dt, .nigiri dd, .nigiri a { background: #E32551; }
92 .maki dt, .maki dd, .maki a { background: #FFC219; }
93 .sashimi a:hover { background: #61c19e; }
94 .nigiri a:hover { background: #d31b46; }
95 .maki a:hover { background: #ffbb00; }
96 .nigiri {
97    -webkit-transform: perspective(1200px) rotateY(40deg) !important;
98    -moz-transform: perspective(1200px) rotateY(40deg) !important;
99    -ms-transform: perspective(1200px) rotateY(40deg) !important;
100    -o-transform: perspective(1200px) rotateY(40deg) !important;
101    transform: perspective(1200px) rotateY(40deg) !important;
102
103   -webkit-transform-origin: 110% 25%;
104    -moz-transform-origin: 110% 25%;
105    -ms-transform-origin: 110% 25%;
106    -o-transform-origin: 110% 25%;
107    transform-origin: 110% 25%;
108
109    left: 20%;
110 }
111 .maki {
112    -webkit-transform: perspective(600px) translateZ(1px) !important;
113    -moz-transform: perspective(600px) translateZ(1px) !important;
114    -ms-transform: perspective(600px) translateZ(1px) !important;
115    -o-transform: perspective(600px) translateZ(1px) !important;
116    transform: perspective(600px) translateZ(1px) !important;
117
118    left: 50%;
119 }
120 .sashimi {
121    -webkit-transform: perspective(1200px) rotateY(-40deg) !important;
122    -moz-transform: perspective(1200px) rotateY(-40deg) !important;
123    -ms-transform: perspective(1200px) rotateY(-40deg) !important;
124    -o-transform: perspective(1200px) rotateY(-40deg) !important;
125    transform: perspective(1200px) rotateY(-40deg) !important;
126
127    -webkit-transform-origin: -10% 25%;
```

```
128     -moz-transform-origin: -10% 25%;
129     -ms-transform-origin: -10% 25%;
130     -o-transform-origin: -10% 25%;
131     transform-origin: -10% 25%;
132
133     left: 80%;
134 }
```

HTML 代码如下：

```
135 <section class="demo">
136     <dl class="list nigiri">
137         <dt>首页</dt>
138         <dd><a href="#">国内机票</a></dd>
139         <dd><a href="#">国际机票</a></dd>
140         <dd><a href="#">酒店</a></dd>
141         <dd><a href="#">客栈</a></dd>
142         <dd><a href="#">签证</a></dd>
143         <dd><a href="#">门票</a></dd>
144         <dd><a href="#">旅游度假</a></dd>
145         <dd><a href="#">手机版</a></dd>
146         <dd><a href="#">每日特惠</a></dd>
147         <dd><a href="#">发现航线</a></dd>
148     </dl>
149     <dl class="list maki">
150         <dt>机票</dt>
151         <dd><a href="#">我的机票</a></dd>
152         <dd><a href="#">查看机票</a></dd>
153         <dd><a href="#">机票预约</a></dd>
154         <dd><a href="#">票价历史</a></dd>
155         <dd><a href="#">航空保险</a></dd>
156         <dd><a href="#">明星商家</a></dd>
157         <dd><a href="#">往返航线</a></dd>
158         <dd><a href="#">单程航线</a></dd>
159         <dd><a href="#">国内低价</a></dd>
160         <dd><a href="#">航记攻略</a></dd>
161     </dl>
162     <dl class="list sashimi">
163         <dt>酒店</dt>
164         <dd><a href="#">国内酒店</a></dd>
165         <dd><a href="#">海外酒店</a></dd>
166         <dd><a href="#">海南</a></dd>
167         <dd><a href="#">品牌特价</a></dd>
168         <dd><a href="#">特价推荐</a></dd>
169         <dd><a href="#">国内酒店</a></dd>
170         <dd><a href="#">海外酒店</a></dd>
171         <dd><a href="#">游记攻略</a></dd>
172         <dd><a href="#">品牌商家</a></dd>
173         <dd><a href="#">消费者保障</a></dd>
174     </dl>
175 </section>
```

代码第 01~09 行，设置 transition 的 timing-function 属性值为 cubic-bezier，即设置过渡效果的特效为贝叶斯曲线，cubic-bezier 即为贝叶斯曲线中的绘制方法。timing-function 预留的几个特效也可由 cubic-bezier 设置，具体如下：

```
//CSS 代码
ease: cubic-bezier(0.25, 0.1, 0.25, 1.0)
linear: cubic-bezier(0.0, 0.0, 1.0, 1.0)
ease-in: cubic-bezier(0.42, 0, 1.0, 1.0)
ease-out: cubic-bezier(0, 0, 0.58, 1.0)
ease-in-out: cubic-bezier(0.42, 0, 0.58, 1.0)
```

list 为菜单，dt 为菜单标题，dd 为菜单列表。设置 list 的 preserve-3d，子元素将保留其 3D 位置。在个性化设置的样式表中，即分别设置 class 为 nigiri、maki、sashimi 的样式中，设置 perspective 和 rotateY，实现卷帘效果。

该 3D 下拉菜单的卷帘效果如图 22.7 所示，最终展示如图 22.8 所示。

图 22.7　3D 下拉菜单的卷帘效果

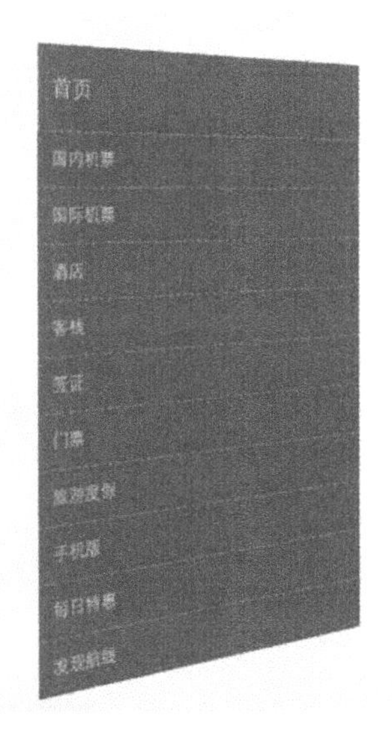

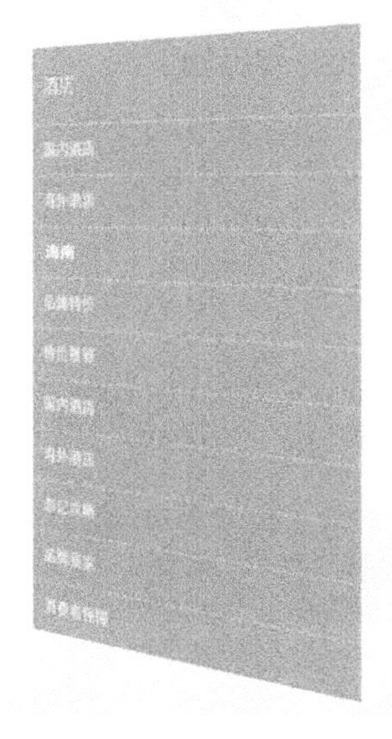

图 22.8　3D 下拉菜单

22.7 3D 旋转动画

动画是使元素从一种样式逐渐变化为另一种样式的过程。在 CSS 3 中可以通过 animation 属性来实现动画。本节将介绍一种基于 HTML 5 的网页文字 3D 旋转动画效果，支持中文和英文字符，观看效果请注意要使用支持 CSS 3 技术的浏览器，技术主要是结合 transition 和 animation 来实现。

使用 animation 能够创建动画，这可以在许多网页制作中取代动画图片、Flash 动画以及 JavaScript。在 CSS 3 中创建动画需要了解@keyframes 规则，第 21 章已经介绍过动画的一些技术，这里只是简单回顾一下。@keyframes 规则用于创建动画时规定某项 CSS 属性的样式，这样就能创建由当前样式逐渐改为新样式的动画效果。在@keyframes 中创建动画时，需将其绑定到某个选择器，否则不会产生动画效果。通过规定动画的名称和动画时长这两项 CSS 3 动画属性，即可将动画绑定到选择器。

CSS 代码如下：

```
div {
    animation: myfirst 5s;
    -moz-animation: myfirst 5s;     /* Firefox */
    -webkit-animation: myfirst 5s;   /* Safari 和 Chrome */
    -o-animation: myfirst 5s;       /* Opera */
}
```

动画的名称和时长是必选项，如果未设置动画时长，动画的默认值就是 0，不会出现动画效果。此外，还可以规定改变任意多的样式任意多的次数，通过百分比来规定变化发生的时间，或用关键词“from”和“to”，等同于 0%和 100%，0%是动画的开始，100% 是动画的完成。为了得到最佳的浏览器支持，需始终定义 0%和 100%选择器。

下面给出实现 3D 旋转动画的实例代码。

CSS 代码如下：

```
01  .out_box {
02      width: 500px;
03      height: 300px;
04      margin: 100px auto 0;
05      overflow: hidden;
06  }
07  .out_box img {
08      float: left;
09  }
10  /* 设置 3D 动画参数 */
11  #animate_3d{
12      -webkit-perspective:600;
13      -webkit-transform-style:preserve-3d;
14      -webkit-animation-name:x-spin;
15      -webkit-animation-duration:7s;
16      -webkit-animation-iteration-count:infinite;
```

```
17      -webkit-animation-timing-function:linear;
18   }
19   .img_3d,.line_3d{
20      -webkit-transform-style:preserve-3d;
21      -webkit-animation-iteration-count:infinite;
22      -webkit-animation-timing-function:linear;
23   }
24   #animate_line_1{
25      -webkit-animation-name:y-spin;
26      -webkit-animation-duration:5s;
27   }
28   #animate_line_2{
29      -webkit-animation-name:back-y-spin;
30      -webkit-animation-duration:4s;
31   }
32   #animate_line_3{
33      -webkit-animation-name:y-spin;
34      -webkit-animation-duration:3s;
35   }
36   /* 设置@keyframes 参数规则 */
37   @-webkit-keyframes x-spin {
38      0%    { -webkit-transform:rotateX(0deg); }
39      50%   { -webkit-transform:rotateX(180deg); }
40      100%  { -webkit-transform:rotateX(360deg); }
41   }
42   @-webkit-keyframes y-spin {
43      0%    { -webkit-transform:rotateY(0deg); }
44      50%   { -webkit-transform:rotateY(180deg); }
45      100%  { -webkit-transform:rotateY(360deg); }
46   }
47
48   @-webkit-keyframes back-y-spin {
49      0%    { -webkit-transform:rotateY(360deg); }
50      50%   { -webkit-transform:rotateY(180deg); }
51      100%  { -webkit-transform:rotateY(0deg); }
52   }
```

HTML 代码如下：

```
53   <div id="animate_3d" class="out_box">
54      <div id="animate_line_1" class="line_3d">
55         <img class="img_3d" src="./images/ps1.jpg" />
56         <img class="img_3d" src="./images/ps2.jpg" />
57         <img class="img_3d" src="./images/ps3.jpg" />
58         <img class="img_3d" src="./images/ps4.jpg" />
59         <img class="img_3d" src="./images/ps5.jpg" />
60      </div>
61      <div id="animate_line_2" class="line_3d">
62         <img class="img_3d" src="./images/ps6.jpg" />
63         <img class="img_3d" src="./images/ps7.jpg" />
64         <img class="img_3d" src="./images/ps8.jpg" />
```

```
65              <img class="img_3d" src="./images/ps22.jpg" />
66              <img class="img_3d" src="./images/ps10.jpg" />
67          </div>
68          <div id="animate_line_3" class="line_3d">
69              <img class="img_3d" src="./images/ps11.jpg" />
70              <img class="img_3d" src="./images/ps12.jpg" />
71              <img class="img_3d" src="./images/ps13.jpg" />
72              <img class="img_3d" src="./images/ps14.jpg" />
73              <img class="img_3d" src="./images/ps15.jpg" />
74          </div>
75      </div>
```

-webkit-perspective 表示透视范围大小。-webkit-transform-style 表示变换类型。preserve-3d 用于设置 3D 效果。-webkit-animation-name 表示动画名称，例如 x 轴旋转(x-spin)，y 轴旋转(y-spin)。-webkit-animation-duration 为动画持续的时间，单位为秒。-webkit-animation-iteration-count 表示动画循环的次数，默认为一次，参数 infinite 表示无穷次，即一旦开始实现动画效果，就一直执行，还可以将动画循环次数设置为任意的正整数，例如 animation-iteration-count:3，动画循环 3 次。-webkit-animation-timing-function 即动画运动类型，参数有 ease、linear、ease-in、ease-out、ease-in-out、cubic-bezier，这些参数归根结底是贝赛尔曲线（Bezier）设置而来的。贝塞尔曲线是应用于二维图形应用程序的数学曲线。曲线的定义有 4 个点：起始点、终止点（也称锚点）以及两个相互分离的中间点。滑动两个中间点，贝塞尔曲线的形状会发生变化。

本例旋转之前的效果如图 22.9 所示，旋转时的效果如图 22.10 所示。

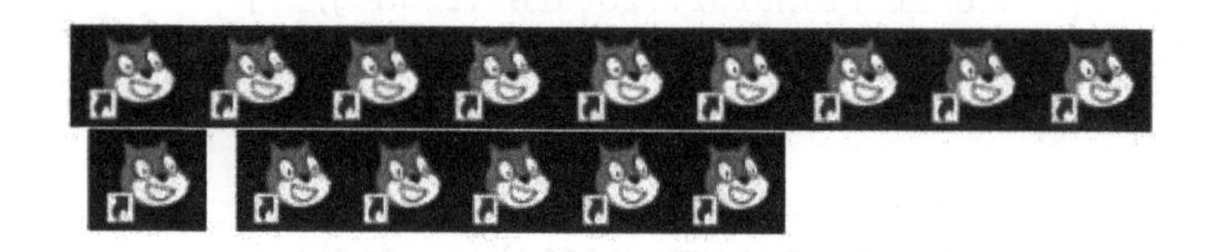

图 22.9　3D 旋转之前

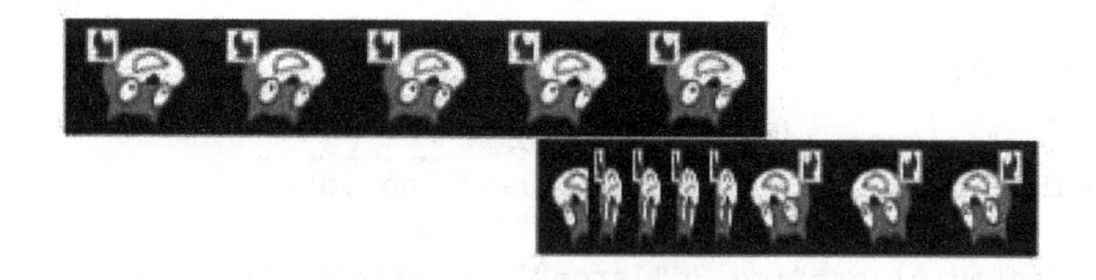

图 22.10　3D 旋转时

第三篇　JavaScript篇

第 23 章

◀ JavaScript入门必知 ▶

从 JavaScript 的最新发展趋势来看，如果仅仅认为它是传统 PC 端的脚本编程语言就显得有些过时了。目前，JavaScript 在移动端开发中得到了越来越多的重视，在很多场景下可以完美地替代传统重量级 App 的功能而存在，比如当下流行的微信小程序。JavaScript 所具有的轻量级、跨平台和多终端的优秀品质，除了在 Web 前端开发领域发挥着重要作用外，在虚拟现实（Virtual Reality，VR）、增强现实（Augmented Reality，AR）和混合现实（Mixed Reality，MR）这些人工智能领域也占有一席之地，确实是让设计人员怦然心动的脚本编程语言。

但是要想学会并熟练运用这门脚本编程语言绝不是一日之功。如何选用开发工具？怎样执行代码？如何调试代码？这些都是读者必须知道的 JavaScript 脚本语言编程基础，本章将讲解与此相关的内容。

本章主要涉及的知识点有：

- 调用 JavaScript 代码：JavaScript 标签特性、JavaScript 的引入方式、JavaScript 的引入位置
- JavaScript 的开发工具：目前主流 JavaScript IDE 的优缺点
- 调式 JavaScript 代码：使用 WebInspector 和 Firebug 调试 JavaScript 的方法
- JavaScript 在 PC 端和移动端的兼容开发

23.1 如何在 HTML 中调用 JavaScript 代码

JavaScript 刚推出时，Netscape 就面临一个亟待解决的问题：怎样在 Web 核心语言 HTML 中加入 JavaScript，既呈现其效果又不影响浏览器页面本身。为此，一个新的成员出现了——<script>，该标签用于定义客户端脚本语言。

23.1.1 <script>标签的定义

HTML 为<script>定义了 5 个属性。

- type：必需，表示脚本语言的 MIME 类型。可以理解为 language 的替代属性。MIME 类型由两部分组成：媒介类型/子类型，在 JavaScript 中使用“text/JavaScript”，在非

IE 中还可以使用“application/JavaScript”，为了保证最大兼容性，建议使用“text/JavaScript”。

- language：不赞成使用，用来规定脚本语言，目前受到非议。
- charset：可选，规定了引用外部文件的字符编码格式。如果外部文件与主文件中的编码不同，就会用到这个属性，默认字符编码是 ISO-8859-1。一般的浏览器会忽略这个属性，所以大多数开发人员不使用这个属性。
- src：可选，规定被包含的外部 URL 文件。
- defer：可选，规定脚本是否延迟到文档被完全载入或显示后再执行。

23.1.2　两种嵌入 JavaScript 代码的方式

使用<script>在网页中嵌入 JavaScript 代码有两种方式：

（1）嵌入式，即直接在页面中包含 JavaScript 代码。

```
<scripttype='text/JavaScript'>
    alert("我是 JavaScript 代码");
</script>
```

（2）外链式，即包含外部文件，通过定义 src 属性的 URL 引入文件。值得注意的是，src 还可以引用外部域的文件。这个强大的特性让人既爱又恨，备受争议。从架构的角度看，外部引用比较受欢迎——易维护、能缓存、适应未来的发展，代码如下：

```
<scripttype='text/JavaScript'src="demo.JavaScript"></script>
```

按照惯例，所有的<script>代码都应该放在<head>中。但是这样就带来了另一个问题，只有等所有的脚本加载完毕才能够呈现页面的内容（浏览器遇到<body>才会呈现内容）。从用户体验的角度来看，如果页面有多个脚本需要加载，就会出现让用户以为页面没内容或等待一会儿才展示内容的问题，代码如下：

```
<html>
    <head>
        <title>html 例子</title>
        <scripttype='text/JavaScript'src='demo1.JavaScript'></script>
        <scripttype='text/JavaScript'src='demo2.JavaScript'></script>
        </head>
    <body>
        <!--待渲染的内容-->
    </body>
</html>
```

为了解决上述问题，在现代的浏览器中，我们一般将外部脚本引用放在<body>元素最后面，或者增加 defer 属性（脚本延迟加载），但是 defer 属性在一些浏览器中并不支持。

23.1.3　XHTML 与 HTML 对 JavaScript 解析的不同之处

XHTML（可扩展超文本标记语言）的编写规范要比 HTML 严格得多。例如，以下代码就不能被 XHTML 解析：

```
<scripttype='text/JavaScript'>
    functiondemoJavaScript(x,y){
        if(x<y){
            alert("x 小于 y");
        }
    }
</script>
```

在 HTML 中，JavaScript 的一些特殊规则可以正确解析，但 XHTML 并不识别，按照 XHTML 的解析规则，“<”被认为是开始标记，后面不能跟空格。

解决方案之一是将“<”替换为“<”，但这只能解燃眉之急。另一种方案是利用特殊注解，“//<![CDATA[”与“//]]>”的组合，代码如下：

```
<scripttype='text/JavaScript'>
//<![CDATA[
    functiondemoJavaScript(x,y){
        if(x<y){
            alert("x 小于 y");
        }
    }
//]]>
</script>
```

23.1.4　<noscript>的使用

谈到<script>就不得不提及它的同胞兄弟<noscript>。<noscript>在浏览器不支持或禁用客户端脚本时很有用，代码如下：

```
<html>
    <head>
        <title>html 例子</title>
    </head>
<body>
    <!--待渲染的内容-->
    <scripttype='text/JavaScript'src='demo1.JavaScript'></script>
    <scripttype='text/JavaScript'src='demo2.JavaScript'></script>
    <noscript>
```

```
        <p>此页面不支持（禁用）JavaScript，请更换浏览器或启用对脚本的支持。</p>
    </noscript>
</body>
</html>
```

23.2 使用什么工具开发 JavaScript

目前流行的 JavaScript 开发工具有 Adobe Dreamweaver、SublimeText、WebStorm、AptanaStudio 等。下面分析这几款工具的优劣，具体选择哪种开发工具请读者自行决定。

23.2.1 Adobe Dreamweaver 软件，推荐指数：3

Adobe Dreamweaver 由美国的 Macromedia 公司开发，是一套针对网页设计师打造的视觉集成开发工具，可用于构建网页和移动应用程序。

【优点】

- 拥有最快的开发效率。
- 可以利用其多屏幕预览面板的实时特性快速检查工程在不同环境下呈现的效果。
- 强大的集成编码功能及代码导航器功能可以快速构建代码、部署项目。
- 项目的整体管理及控制。
- 实现了对 HTML、CSS、JavaScript 的智能提示，可以全方位地呈现设计与开发的完美协作。

【缺点】

- 难以把控代码。
- 效果不易统一。
- 由于代码的效果呈现是软件生成的，在一些严格要求精确效果的标准下就不太符合要求。
- 成本高，不开源。
- 商业行为，决定了产品的生命周期，可能会衰败。

Adobe Dreamweaver 官网：http://www.adobe.com/cn/products/dreamweaver.html。

23.2.2 Sublime Text，推荐指数：4

Sublime Text 是一款非常不错的商业代码编辑器，是基于 Python 的跨平台文字编辑器，也是一款将类 VIM 编辑器经过扩充、增强、改良的多功能软件，相对 VIM 的学习成本要低。Sublime Text 在软件工程师的美誉下被称为“神器”。

【优点】

- 强大的代码编辑支持。
- 简洁、性感的界面，令人眼前一亮。
- 小地图全文件预览特性，可以在代码文件中自由定位位置。
- 多种界面布局，全局免打扰模式，更具人性化的体验。
- 代码提醒、高亮、补全、折叠功能。
- 跨平台，可以在 Linux、Mac OS、Windows 平台上正常工作。
- 速度快，相对于其他拥有强大功能的编辑器，性能十分优越，一般不会造成假死、延迟现象。

【缺点】

- 中文支持不太好，GBK 支持不太好，默认支持 UTF8 编码。
- 成本高，不开源。
- 商业行为，决定了产品的生命周期，可能会衰败。

Sublime Text 官网：http://www.sublimetext.com/。

23.2.3 Aptana Studio，推荐指数：4

Aptana Studio 是基于 Eclipse 开发的集成式 Web 开发环境，也可以作为 Eclipse 的插件。它的最大特点是对 JavaScript 编辑与调试的超强支持，这也是本书推荐它的原因。

【优点】

- 代码编辑智能提示、自动补全功能，错误提示功能。
- 浏览器兼容性提示功能，方便开发人员跨浏览器开发。
- 类似 DOM 的文档树结构，帮助开发人员查看及分析文档结构。
- 融合了 JavaScript 调试器、PHP 开发环境。

【缺点】

- 对 HTML+CSS 支持有限。
- 默认不支持 GBK 编码。

Aptana Studio 官网：http://www.aptana.com/。

23.2.4 WebStorm，推荐指数： 5

WebStorm 是 JetBrains 公司开发的一款 JavaScript 开发工具。在国内，被 JavaScript 开发者誉为“Web 前端开发神器”“最强悍的 JavaScript IDE”等。它在 IntelliJ IDEA 原有的超强 JavaScript 功能的基础上扩展、强化了很多功能。

【优点】

- 智慧型编辑，为代码开发人员提供极限装备，无论是代码补全、代码检测还是批量代码分析、代码重构等功能，都是游刃有余。
- 支持 ECMAScript，支持 CoffeeScript，支持节点。
- 代码跟踪功能、联想查询也是亮点。
- 最新版本加入了对 HTML 5 的支持，在未来竞争中更具魅力。
- 代码质量分析，数百种特定语言代码检测工具，可以为代码提供质量检验并高亮提醒。
- 跨平台体验，在 Windows、Mac OS 或 Linux 平台上都可以使用。

【缺点】

- 商业弱点。
- 成本高，有产品生命周期。
- 不支持可视化与代码之间的转换。
- 体系庞大、复杂。

WebStorm 官网：http://www.jetbrains.com/webstorm/。

23.3 如何调试移动 JavaScript 代码

调试 JavaScript 原始的方法是使用 alert()函数，不过相信这种浏览器弹出框的方式会让大多数设计人员崩溃。而且，随着 JavaScript 在移动开发领域的日益成功，这种调试方法早已经过时了。目前，主流的开发工具和浏览器都带有调式功能，如元素查看器、网络查看器、性能分析和资源查看等工具一应俱全，而且同时能够满足传统 PC 端和移动端的调试。下面向读者介绍几种最具代表性的调试工具，一般只需掌握其中一种调试工具即可，其他的大同小异。

23.3.1 Web Inspector 调试工具

当今最流行的浏览器 Chrome 和 Safari 在调试时都使用 Web Inspector，当然还有其他浏览器也使用 Web Inspector。这些浏览器的调试界面稍有不同，本质都是一样的。Chrome 浏览器的开发者工具（调试界面）可以通过快捷键（F12）打开，图 23.1 展示的就是 PC 端的调试界面。

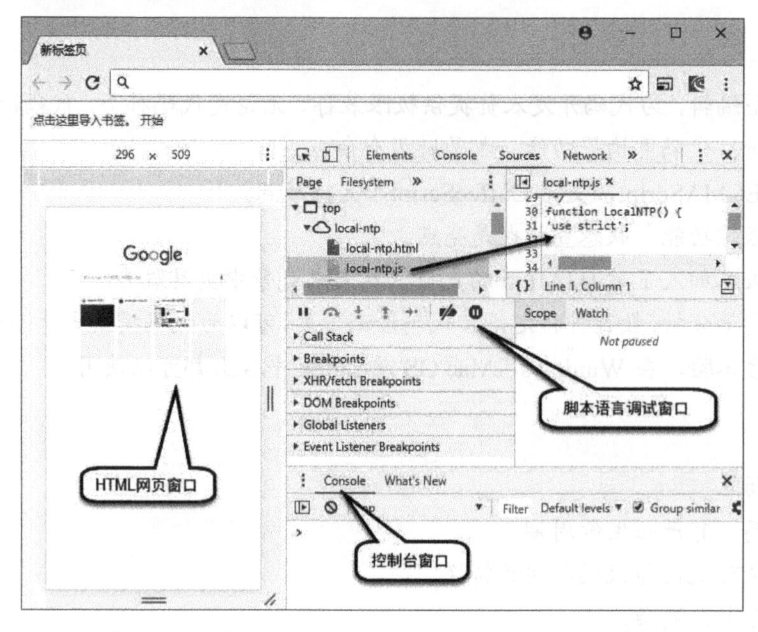

图 23.1 启用 Chrome 的 JavaScript 调试界面（PC 端）

如今，移动端 JavaScript 开发已经成为主流，Chrome 浏览器的开发者工具同样提供了移动端调试功能，图 23.2 展示的就是 PC 端的调试界面。

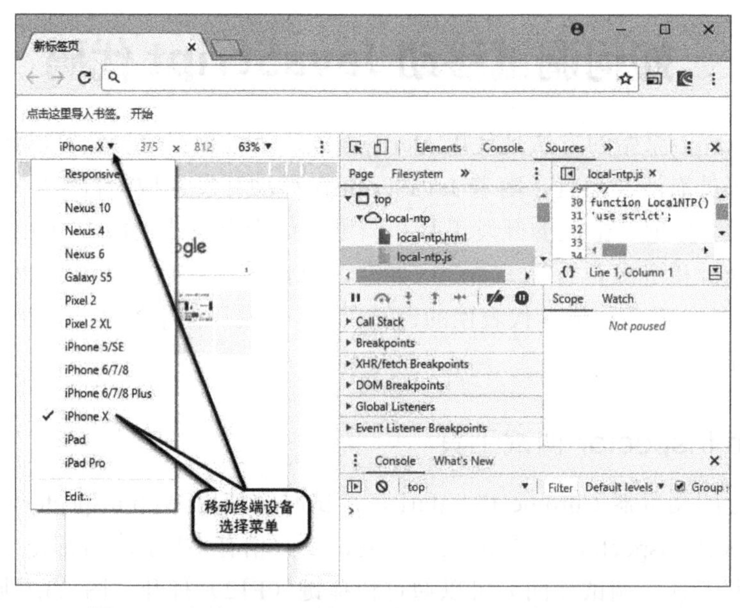

图 23.2 启用 Chrome 的 JavaScript 调试界面（移动端）

Safari 浏览器同样提供了完整的调试功能，在 Safari 中的激活方式是在右上角的“设置”里面选择“Preferences...”，然后在 Advanced 面板中选择“Show Develop menu in menu bar”启动调试器，如图 23.3 所示。

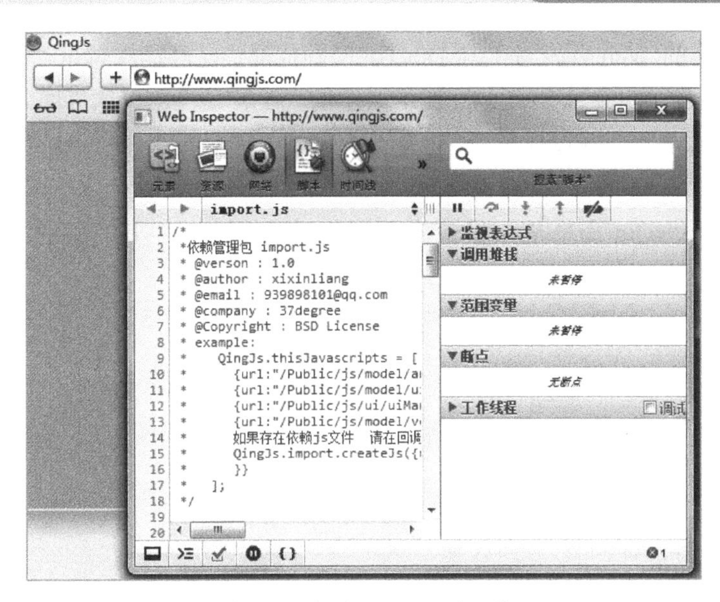

图 23.3　启用 Safari 调试工具

23.3.2　Web 开发者工具（DevTools）

目前，最新版的 Firefox Quantum 浏览器中提供了 Web 开发者工具 DevTools 作为 JavaScript 脚本语言的调试工具。同时，该工具取代了老版本 Firefox 浏览器中的调试工具 Firebug，其实 Firebug 只是 Firefox 浏览器的一款扩展插件。

在 Firefox 浏览器中可以通过快捷键（F12）或工具菜单项来开启调试界面，在 PC 端开启后的效果如图 23.4 所示。

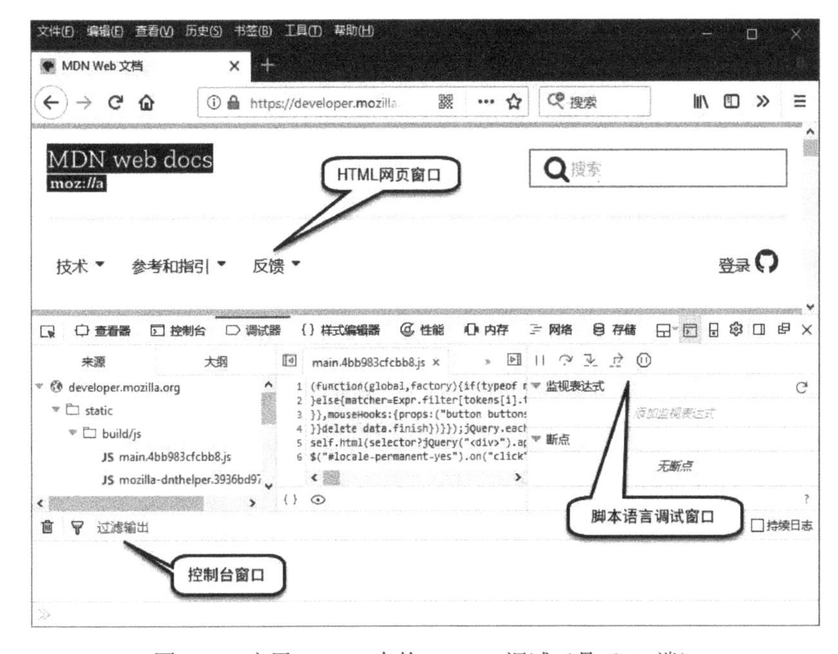

图 23.4　启用 Firefox 中的 Firebug 调试工具（PC 端）

Firefox 浏览器的 Web 开发者工具 DevTools 同样提供了移动端调试功能，具体通过选择“响应式设计模式”菜单项来开启，图 23.5 展示的就是移动端的调试界面。

如图 23.5 所示，“响应式设计模式”允许设计人员选择不同的移动终端设备进行 JavaScript 脚本调试，这与 Chrome 浏览器是类似的。

无论是 Web Inspector 还是 Web 开发者工具 DevTools，大体功能都是类似的。下面简要概括一下。

- 元素查看、监控。
- 源文件及所需资源。
- HTTP 网络。
- 脚本文件查看及调试。
- 性能分析。
- 代码和内存统计。

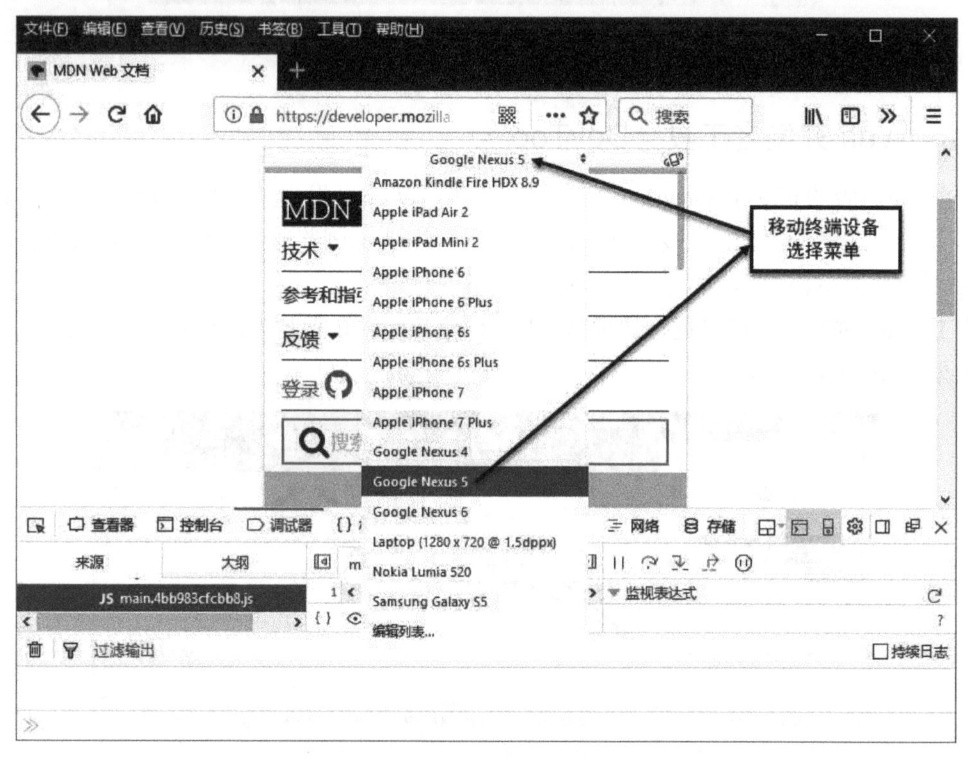

图 23.5　启用 Firefox 中的 Firebug 调试工具（移动端）

23.3.3　JavaScript 调试器

开发的过程中，调试器是必不可少的，也是最重要的。可以通过调试器来设置断点、监控变量、查看堆栈等。

设置断点有两种方法：

（1）单击 Sources 选项，再在想要设置的行单击一下即可，如图 23.6 所示。

（2）通过在代码中添加 debugger 来设置断点，代码如下：

```
functiondebuggerTest(){
    //代码略
    debugger
}
```

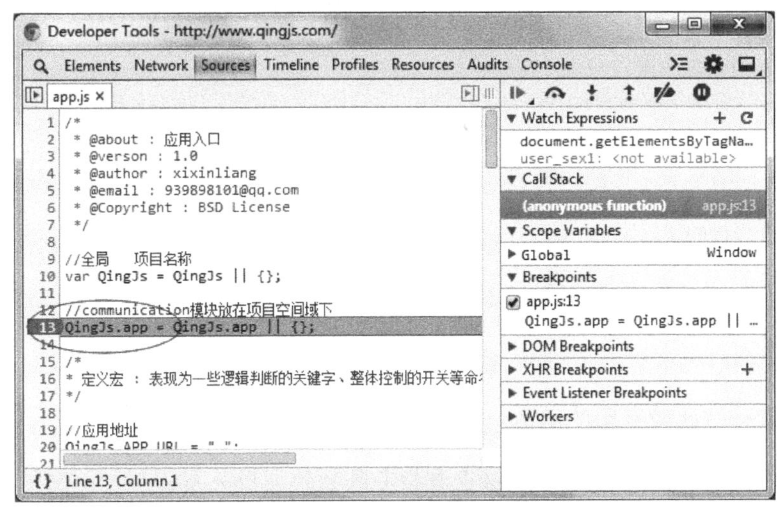

图 23.6 设置断点行

两种方法相比较，第一种方法更妥当，不会干扰代码环境。当代码执行到断点行时，就可以采取一定的操作，比如在调试面板的右上角执行播放、下一步、进入、跳出。

在调试器中，通过查看调用的堆栈 CallStack 可以看到函数的执行过程，如图 23.7 所示。

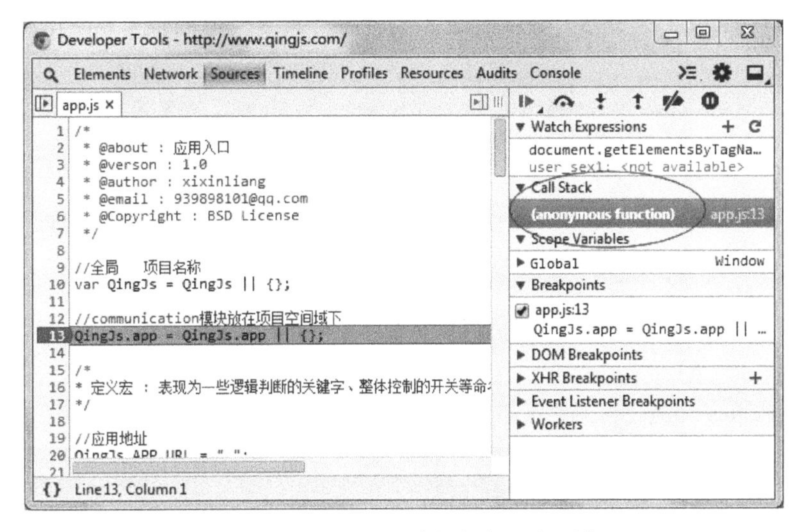

图 23.7 Chrome 右边的断点调试区域

23.3.4 控制台

控制台可以查看变量的值，也可以执行 JavaScript 代码。只要异步调用 console.log()就可以输出想要的日志，代码如下：

```
console.log("我是日志");
console.log(3,4,{1:"one"});
```

console.warn()和 console.error()是警示级别，代码如下：

```
console.warn("一个警告");
console.error("一个错误");
//也可以这样写
try{
    //或许会报错的代码块
}catch(e){
    console.error("错误",e);
}
```

控制台还有一些比较有用的函数：

- 堆栈函数 console.trace()，可以查看指定函数的调用关系。
- clear()函数，用来清除控制台中的 log。
- dir()函数，输出对象中的所有属性，例如:

```
dir({test:1,test2:2});
```

- values()函数，以数组的形式打印出对象中的所有属性值。
- keys()与 values()是一对，会以数组方式打印对象中所有的键（名字），如图 23.8 所示。

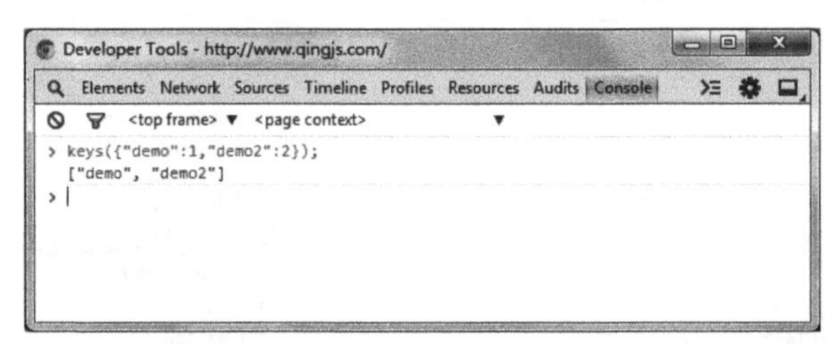

图 23.8 用 keys()打印一个对象

console.log()不是任何浏览器都支持的，如 IE 的低版本就不支持。

23.3.5 HTTP 分析

如果想知道 Web 在执行什么网络请求，就可以通过调试工具来查看，包括网络请求的时间、请求的方式、请求的地址等。蓝色代表 DOMContentLoaded 触发的时间，即 DOM 加载完成的时间。橙色（红色）代表 load 事件触发的时间。另外还有一条绿线，是页面首次渲染的线，在 Firebug 与 Web Inspector 中看不见，可以使用其他更底层的工具进行捕获，如图 23.9 所示。

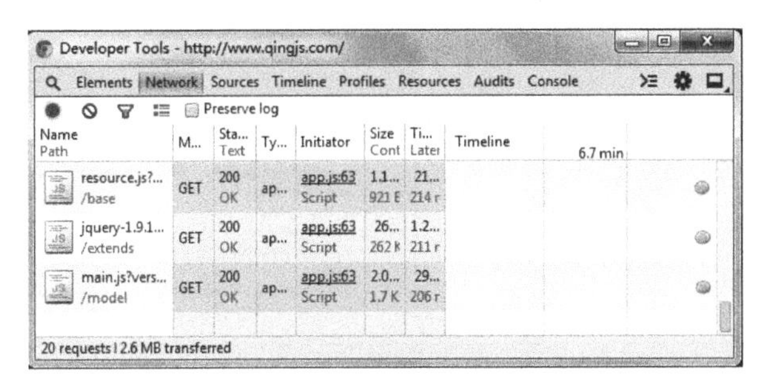

图 23.9　Chrome Network 面板

当单击某个请求时，会看到请求的详细信息，如图 23.10 所示。

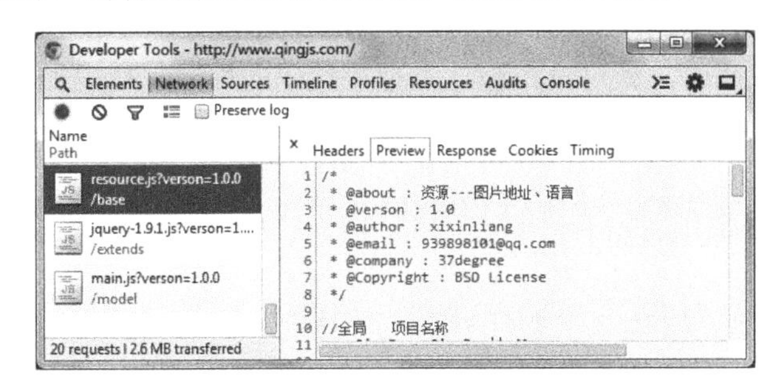

图 23.10　Chrome 中一条 Network 的详细信息

23.3.6　性能检测

大型的项目对性能的要求是很严格的，尤其是面对移动终端设备时。在调试工具中，Profile 可以精确地检测程序的性能。写法很简单，只要在想统计的代码外层添加 profile 代码即可，代码如下：

```
console.profile();
//要统计的代码
//……
console.profileEnd();
```

当浏览器遇到 profileEnd()时，就会将统计结果生成报表显示出来，或者在浏览器中使用 Profile 的 record 特性查看，如图 23.11 所示。

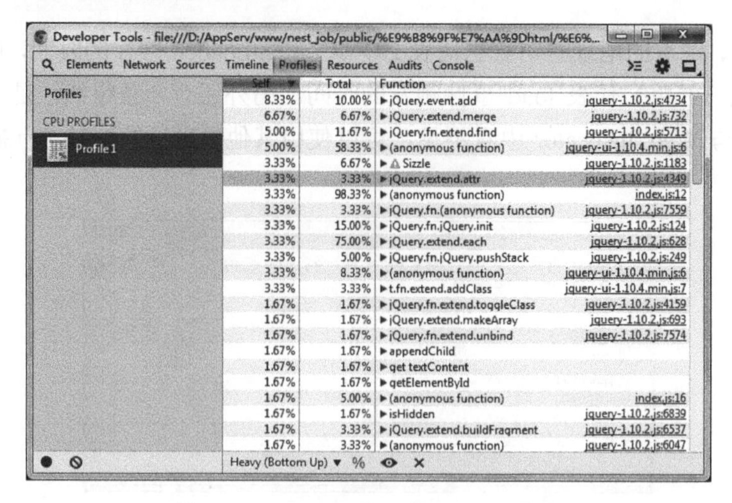

图 23.11 Chrome 的一条 Profile1 信息

使用控制台函数 console.time()与 console.timeEnd()也可以实现同样的效果，当执行到 console.timeEnd()时，后台把程序的执行时间（以毫秒为单位）发送到控制台，使用控制台的 API 将结果加入测试代码中，就可以在整体上把控代码的性能，代码如下：

```
console.time("times");
//代码段略
console.timeEnd("timesEnd");
```

23.4 PC 端鼠标操作与移动端触屏操作

JavaScript 脚本语言在 PC 端与移动端的设计上还是有区别的。本节我们通过 PC 端鼠标操作与移动端触屏操作简单介绍 JavaScript 在传统 PC 端和移动端的开发调试方法。

23.4.1 PC 端鼠标单击操作处理

在传统 PC 端浏览器中主要是通过鼠标来进行操作的，JavaScript 脚本语言可以处理多种鼠标事件，比如常用的鼠标单击（Click）事件。

下面来看基本的处理鼠标单击事件的 JavaScript 脚本代码：

```
01 <!doctype html>
02 <html lang="en">
03 <head>
04     <title>JavaScript Code Segments</title>
05 </head>
06 <body>
07     <div id="id-div-mouse-log"></div>
08     <script type="text/javascript">
```

```
09      var idMouseLog = document.getElementById("id-div-mouse-log");
10      document.addEventListener("click", on_click_event, false);
11      function on_click_event(e) {
12          var posX = e.clientX;
13          var posY = e.clientY;
14          var strLog = "Mouse click pos : [" + posX + "," +posY + "].";
15          console.log(strLog);
16          idMouseLog.innerHTML += strLog + "<br>";
17      }
18    </script>
19  </body>
20  </html>
```

第 09 行代码通过 document 对象的 getElementById()方法获取了对第 07 行代码定义的 HTML 层（<div id="id-div-mouse-log">）标签元素对象的引用。第 10 行代码通过 document 对象的 addEventListener()方法为整个文档（document）对象添加了鼠标单击事件处理方法（on_click_event）。第 11～17 行代码是对事件处理方法（on_click_event）的具体实现，主要是通过 Event 对象的 clientX 和 clientY 属性获取鼠标单击时的水平坐标和垂直坐标。

下面在 PC 端通过 FireFox 浏览器测试 HTML 页面（并通过工具菜单项开启控制台调试界面），效果如图 23.12 所示。

但是，代码所定义的 HTML 页面是无法在移动端测试出结果的。因为一般情况下移动端是不配备鼠标进行操作的（当然，大多数平板电脑支持通过扩展接口来使用鼠标和键盘），移动端设备主要是通过触摸来进行操作的。

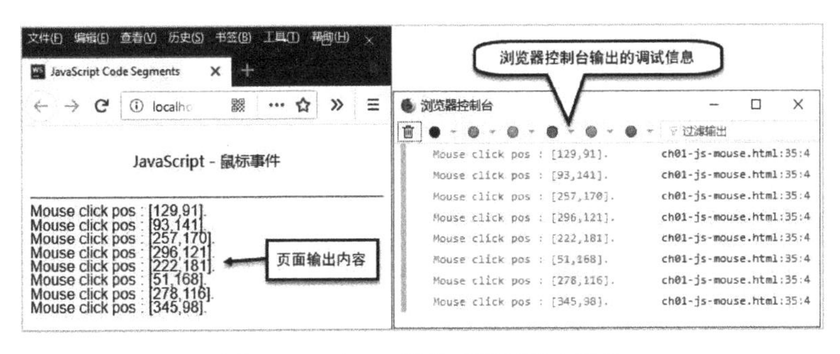

图 23.12　在 PC 端处理鼠标单击操作

那么，JavaScript 脚本语言在移动端如何使用呢？请读者继续往下阅读。

23.4.2　移动端触屏操作

在移动端设备中，浏览器主要是通过触摸屏幕来进行操作的。JavaScript 脚本语言同样可以处理多种触屏事件，比如常用的触屏开始（touchstart）事件。

下面来看基本的处理触屏开始事件的 JavaScript 脚本代码：

```
01  <!doctype html>
02  <html lang="en">
03  <head>
04      <title>JavaScript Code Segments</title>
05  </head>
06  <body>
07  <div id="id-touchstart-pos-log"></div>
08      <script type="text/javascript">
09          var idTouchstartPosLog =
document.getElementById("id-touchstart-pos-log");
10          document.addEventListener("touchstart", on_touchstart_pos_event,
false);
11          function on_touchstart_pos_event(e) {
12              var ev = e || window.event;
13              if(ev.type == "touchstart") {
14      var strLog = "Touched Pos (" + ev.touches[0].clientX + ", " +
ev.touches[0].clientY + ").";
15              console.log(strLog);
16              idTouchstartPosLog.innerHTML += strLog + "<br>";
17              }
18          }
19      </script>
20  </body>
21  </html>
```

第 09 行代码通过 document 对象的 getElementById()方法获取了对第 07 行代码定义的 HTML 层（<div id="id-touchstart-pos-log">）标签元素对象的引用。第 10 行代码通过 document 对象的 addEventListener()方法为整个文档（document）对象添加了触屏开始事件处理方法（on_touchstart_pos_event）。第 11～18 行代码是对事件处理方法（on_touchstart_pos_event）的具体实现，主要是通过 Event 对象的 clientX 和 clientY 属性获取触屏开始时的水平坐标和垂直坐标。注意此处使用 clientX 和 clientY 属性时与 PC 端 JavaScript 代码的区别，需要再使用 touches 数组来获取坐标属性值。

下面在移动端通过 FireFox 浏览器测试 HTML 页面(并通过工具菜单项开启控制台调试界面），效果如图 23.13 所示。

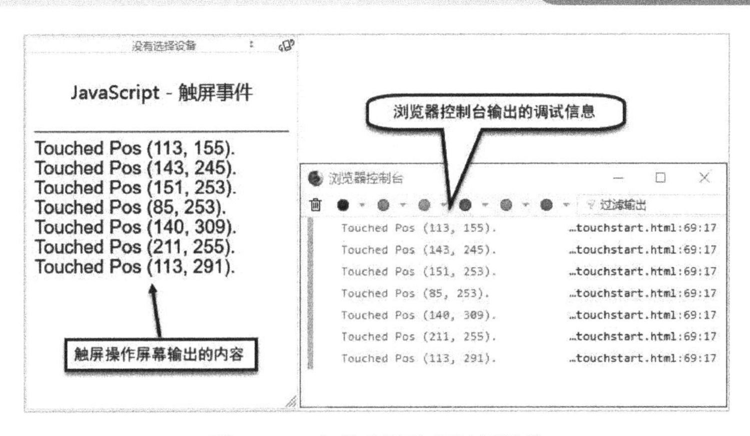

图 23.13　在移动端处理触屏操作

23.4.3　兼容 PC 端鼠标和移动端触屏事件处理

既然 JavaScript 脚本语言在 PC 端和移动端都可以使用（但是使用方法有所区别），那么能不能实现兼容 PC 端与移动端的编程呢？其实是完全可以的，这样的 JavaScript 代码可以完美地实现全终端跨平台的功能。

下面来看基本的兼容 PC 端与移动端编程的 JavaScript 脚本代码：

```
01 <!doctype html>
02 <html lang="en">
03 <head>
04     <title>JavaScript Code Segments</title>
05 </head>
06 <body>
07 <div id="id-pc-mobile-event-log"></div>
08 <script type="text/javascript">
09     function pc_mobile_event(el, pEvent, mEvent, callback) {
10         var on_mEvent = 'on' + mEvent;
11         var evType = on_mEvent in document ? mEvent : pEvent;
12         if (el.addEventListener) {
13             el.addEventListener(evType, function (e) {
14                 var target = e.target;
15                 var evTouch = on_mEvent in document ? e.touches[0] : e;
16                 callback(evType, target, evTouch);
17             }, false);
18         } else { // for ie8
19             el.attachEvent("on" + evType, function (e) {
20                 var target = e.srcElement;
21                 var evTouch = on_mEvent in document ? e.touches[0] : e;
22                 callback(evType, target, evTouch);
23             }, false);
```

```
24            }
25        }
26        window.addEventListener('load', function () {
27            pc_mobile_event(document, 'click', 'touchstart', function (e,
target, evTouch) {
28                var idEventLog =
document.getElementById("id-pc-mobile-event-log");
29                idEventLog.innerHTML += "Event : '" + e + "' is triggered." +
"<br>";
30            });
31        }, false);
32    </script>
33    </body>
34    </html>
```

第 09～25 行代码定义了一个函数方法（pc_mobile_event），是实现兼容 PC 端鼠标和移动端触屏事件处理的核心部分。第 11 行代码根据事件类型判断当前是 PC 端还是移动端环境。第 12～24 行代码通过 if 条件语句判断用户浏览器类型，其中的 addEventListener()事件监听方法适用于 Chrome、FireFox 和 Opera（非 IE 类）等主流浏览器，而 attachEvent()事件监听方法适用于 IE 系列浏览器。第 15 行代码通过条件表达式判断是 PC 端事件还是移动端事件，并依据判断结果获取正确的事件对象。第 26～31 行代码对 window 对象添加了 load 事件的监听处理方法，并调用前面定义的函数方法 pc_mobile_event，将用户操作的单击（click）事件和触屏（touchstart）事件在终端中进行显示输出。

下面通过 FireFox 浏览器分别模拟在 PC 端和移动端的运行环境，测试页面的运行效果，如图 23.14 所示。

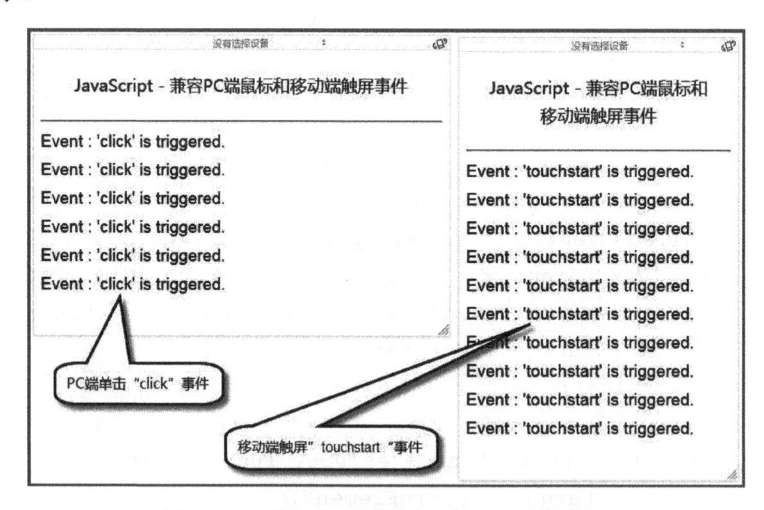

图 23.14　兼容 PC 端鼠标和移动端触屏事件

第 24 章

◀ 表单控制 ▶

表单是前端程序员经常接触的元素，无论是在 PC 端还是移动端都是网页中的一项基本内容。Web 应用中的大部分数据都是通过表单的方式进行收集的，因此表单的处理非常重要。一般的 JavaScript 程序只是实现一些简单的表单操作技术——获取表单的值、隐藏表单、修改样式等。其实，表单的操作技术不是只有这些，还有很多其他有趣的地方。

本章主要涉及的知识点有：

- 禁止输入、字符限制、去除空格
- 表单域和文件结合的实例
- 小写转大写、数字转字符
- 密码强度、常见验证规则
- 单选框选中、复选框全选

24.1 去除字符串左右两边的空格

在日常工作中，过滤表单中一些特殊的字符是很常见的功能。比如文本中要求输入单纯的数字，但用户有时会误输入一些多余的空格或其他字符混合的文本，这显然不符合输入要求。下面一起来学习怎样去除字符串左右两边的空格，详细 HTML 和 JavaScript 代码如下：

```
01  <!doctype html>
02  <html lang="en">
03  <head>
04      <title>去除字符串左右两边的空格</title>
05  </head>
06  <body>
07  <h2>测试去除字符串左右两边的空格</h2>
08  <input type='text' id='strs' value='          需要过滤空格 '>
09  <input type='button' id='rstrsBtn' value=' 过滤 '>
10  <script type="text/javascript">
```

```
 11      window.onload = function(){
 12          var _rstrsBtn = document.getElementById("rstrsBtn"), //获取过滤按钮
对象
 13              _strs = document.getElementById("strs");      //获取被过滤元素
 14          _rstrsBtn.onclick = function(){           //去除空格，使用正则表达式
 15              _strs.value =
_strs.value.replace( /^(\s|\u00A0)+|(\s|\u00A0)+$/g, "" );
 16          }
 17      };
 18  </script>
 19  </body>
 20  </html>
```

第 08～09 行代码创建两个 input 供读者测试代码。第 14～16 行代码是去除字符串左右空格的关键代码，其中第 15 行的 replace()是 JS 中的原生函数，此处使用 replace()替换一个与正则表达式匹配的子串，性能相对比较优越。而正则表达式“/^(\s|\u00A0)+|(\s|\u00A0)+$/g”是关键的部分，“\s”用来匹配任何空白字符。

运行效果如图 24.1 和图 24.2 所示。

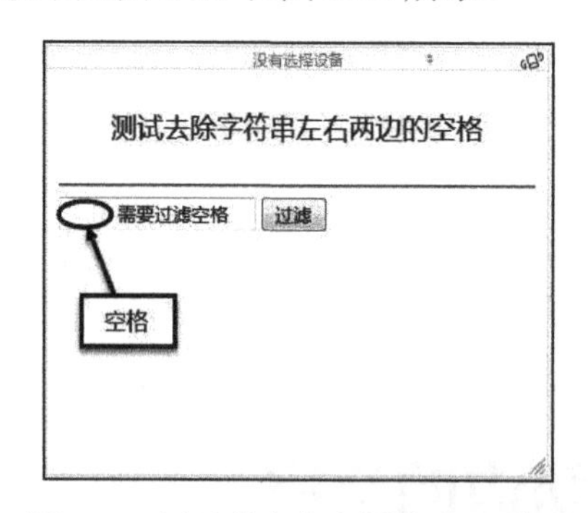

图 24.1　过滤前含有空格的 input 表单

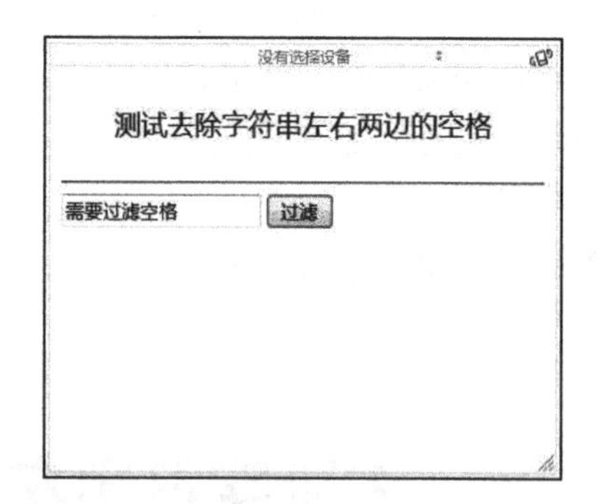

图 24.2　过滤后没有空格的 input 表单

24.2 验证用户是否输入

表单中经常有些必填项，如果用户没有输入，就不允许提交表单。例如，在注册用户时必须填写用户名才能提交注册信息。验证用户是否输入时，通常需要先过滤再验证（如果用户输入的都是空格，就相当于没有输入）。24.1 节已经讲解过怎样去除字符两边的空格了，现在我们增加验证用户是否输入的功能。

验证用户是否输入一般有两种写法。首先创建一个 isContent()函数，包含两种写法，参见下面的代码。第一种与第二种的风格比较相似，只是比较算法有些不同，第一种相对更简洁，性能更好。详细 HTML 和 JavaScript 代码如下：

```
01  <!doctype html>
02  <html lang="en">
03  <head>
04      <title>验证是否输入</title>
05  </head>
06  <body>
07  <h2>验证是否输入</h2>
08  <input type='text' id='strs' value='          需要过滤空格 '>
09  <input type='button' id='isContent' value='验证是否为空'><br>
10  <script type="text/javascript">
11      window.onload = function(){
12          var _isContent = document.getElementById("isContent"),
13                _strs = document.getElementById("strs");
14          _isContent.onclick = function(){
15              if(!_strs.value.replace( /^(\s|\u00A0)+|(\s|\u00A0)+$/g, "" )){
16                  console.log("您的输入为空！");
17              }else{
18                  console.log("您的输入不为空！");
19              }
20          }
21      };
22  </script>
23  </body>
24  </html>
```

第 14 行采用 isContent()函数中的第一种写法 “_strs.value” 验证是否为空。首先，利用 replace()与正则结合过滤空字符，然后用“!”符号判断是否为空，最后弹出对应的提示框。

运行效果如图 24.3 和图 24.4 所示。

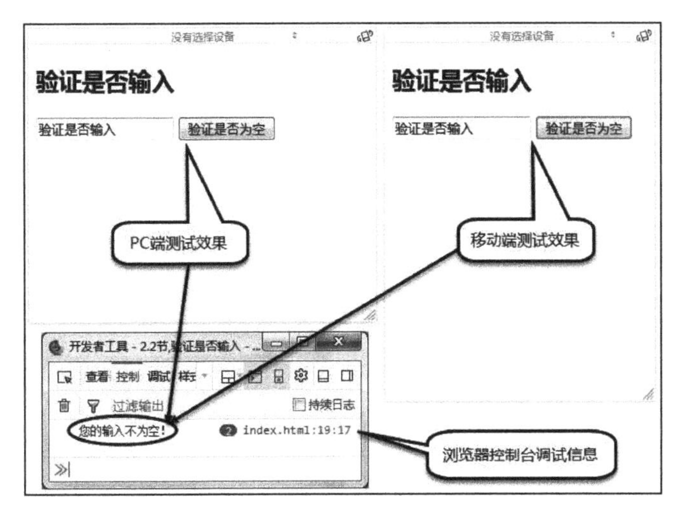

图 24.3　验证不为空的效果图

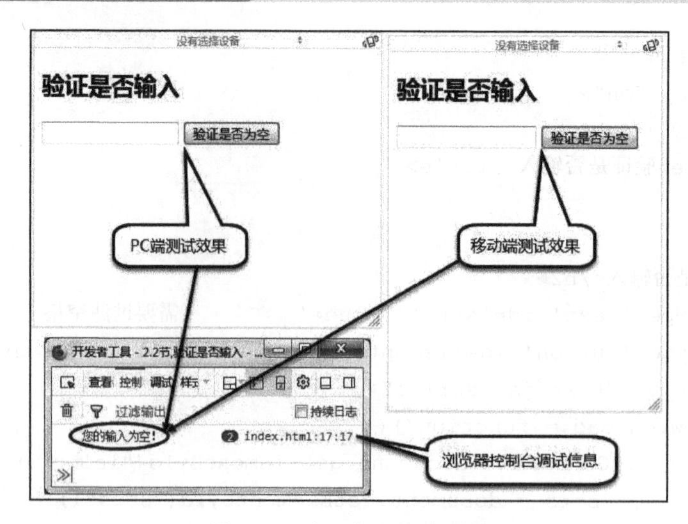

图 24.4　验证为空的效果图

24.3 禁止输入

我们知道验证码的存在就是为了防范恶意机器人重复注册或频繁登录，当网站后台程序判定当前注册是恶意操作时会禁止文本框输入。目前比较流行的禁止表单输入的方案不外乎两种：

- 通过浏览器对表单元素中特殊属性的支持来禁止输入。
- 通过 JavaScript 的控制来禁止输入。

详细 HTML 和 JavaScript 代码如下：

```
01 <!doctype html>
02 <html lang="en">
03 <head>
04     <title>禁止输入</title>
05 </head>
06 <body>
07 <h2>禁止输入</h2>
08 <div>JavaScript 控制<input type="text" value="禁止输入" id='inhibitingInput'
/></div>
09 <div>表单元素特殊属性 一<input type="text" value="没禁止输入" /> </div>
10 <div>表单元素特殊属性 二<input type="text" value="没禁止输入" /> </div>
11 <div>表单元素特殊属性 三<input type="text" value="没禁止输入"  readonly />
</div>
12 <div>表单元素特殊属性 一<input type="text" value="禁止输入"  disabled />
</div>
13 <div>表单元素特殊属性 二<input type="text" value="禁止输入"
```

```
disabled="disabled"/> </div>
    14  <div>表单元素特殊属性 三<input type="text" value="禁止输入"  readonly />
</div>
    15  <script type="text/javascript">
    16      window.onload = function(){
    17          var _inhibitingInput = document.getElementById("inhibitingInput");
    18          //第一种写法， 控制失去焦点
    19          _inhibitingInput.onfocus = function(){
    20            _inhibitingInput.blur();
    21          }
    22          //第二种写法，通过 keyup 与 blur 组合使用
    23          var noText = function (){
    24              _inhibitingInput.value = "";
    25          }
    26          _inhibitingInput.onkeyup =
    27          _inhibitingInput.onblur = noText;
    28      };
    29  </script>
    30  </body>
    31  </html>
```

说明如下：

1. 第一种方案：通过表单元素的特殊属性来控制输入

- disabled 属性规定禁用 input 元素，第 12 行和第 13 行是功能一样的两种不同写法。
- disabled 属性无法与<input type="hidden">一起使用。
- 被禁用的 input 元素既不可用，又不可单击。可以设置 disabled 属性，直到满足某些其他条件（比如选择了一个复选框等等），再通过 JavaScript 来删除 disabled 值，将 input 元素的值切换为可用。
- 代码第 14 行应用了 readonly。readonly 属性规定输入字段为只读，只读字段是不能修改的。不过，用户仍然可以使用 Tab 键切换到该字段，还可以选中或复制其中的文本。
- readonly 属性可与<input type="text">或<input type="password">配合使用。

下面通过 FireFox 浏览器测试运行效果（兼容 PC 端与移动端），具体如图 24.5 和图 24.6 所示。

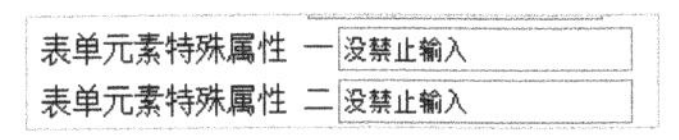

图 24.5　没有禁止的元素，区域白色，可输入

图 24.6　禁止后的元素，区域变灰，不可输入

2. 第二种方案：通过 JavaScript 控制输入的方式

通过 JavaScript 控制输入的方式有多种，目前比较流行的方式是通过事件来控制文本输入或控制焦点。

- 方法一，第 20 行通过让控制元素失去焦点的方式来禁止输入。这种写法是第一选择，简洁、高效。
- 方法二，第 26～27 行通过控制 keyup 事件与 blur 事件来清空文本。这种写法相较于第一种写法明显有很多不足之处：代码量多，无法直接阻止通过鼠标复制、粘贴来的文本，虽然失去焦点时可以清空内容，但是还是有一定的缺陷。

下面通过 FireFox 浏览器测试运行效果（兼容 PC 端与移动端），具体如图 24.7 和图 24.8 所示。

JavaScript控制 禁止输入

图 24.7　方法一，被禁止的元素，区域白色，但不可输入

JavaScript控制

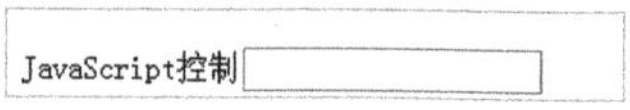

图 24.8　方法二，被禁止的元素，区域白色，但不可输入

读者要使用第二种方法测试时，可以把第一种方法注释掉，把第二种方法的注释取消。

24.4 关闭输入法

关闭表单元素中的输入法是很常见的需求，比如输入 Email、网址时使用的都是英文字母，此时可以关闭输入法防止用户输入错误。目前主要通过 JavaScript 的事件文本过滤技术来实现该方案。详细 HTML 和 JavaScript 代码如下：

```
01 <!doctype html>
02 <html lang="en">
03 <head>
04     <title>关闭输入法</title>
05 </head>
06 <body>
07 <h2>关闭输入法</h2>
08 <input type='text' banInputMethod='1' id='banInputMethod' value='支持主流
浏览器'><br>
09 <script type="text/javascript">
10     window.onload = function(){
```

```
11        var arr =[//创建节点数组
12                document.getElementById("banInputMethod")],
13             self = this;
14        for(var i= 0,arrLen = arr.length ;i<arrLen;i++){
15           var arrI = arr[i];
16           arrI.onfocus = function(){
17              this.style.imeMode='disabled';
18           }
19           var banInputMethod = arrI.getAttribute("banInputMethod");
20           if(banInputMethod) {
21              var clearChinese = function(_this){
22                 var _v = _this.value;
23                 _this.value = _v.replace(/[\u4e00-\u9fa5]/g,""); //正则
替换中文字符
24              }
25              arrI.onkeyup = function(){
26                 clearChinese(this);
27              }
28              arrI.onblur = function(){
29                 clearChinese(this);
30              }
31           }
32        }
33     };
34  </script>
35  </body>
36  </html>
```

第 19～20 行通过获取元素节点中的 banInputMethod 属性判断是否绑定了关闭输入法的开关。第 25～30 行绑定 blur 与 keyup 事件，检测是否含有中文字符。触发事件后，通过第 21～24 行的 clearChinese()函数清除中文字符。

运行效果如图 24.9 所示。

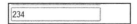

图 24.9　使用 JavaScript 事件模拟关闭输入法，清空文本内的中文

24.5 禁止复制与粘贴

复制与粘贴是网民日常的一些基本操作，但有些网站为了保护版权（如小说类网站、图片类网站），禁止用户执行这些操作，这样就可以防止用户将正在浏览的文本通过复制、粘贴的

方式随意传播。现在主流的浏览器都提供了一些新增的事件函数 API 来禁止复制与粘贴。详细 HTML 和 JavaScript 代码如下：

```
01  <!doctype html>
02  <html lang="en">
03  <head>
04      <title>禁止复制与粘贴</title>
05  </head>
06  <body>
07  <h2>禁止复制与粘贴</h2>
08  <input type="text" name="banCopyPaste"  id='banCopyPaste'/><br>
09  <script type="text/javascript">
10      var banCopyPaste = document.getElementById("banCopyPaste");
11      banCopyPaste.oncopy = function(){        //禁止复制事件
12          return false;
13      };
14      banCopyPaste.onpaste = function(){        //禁止粘贴
15          return false;
16      };
17  </script>
18  </body>
19  </html>
```

代码第 11～16 行利用 JavaScript 的 copy 与 paste 事件禁用复制与粘贴，速度相对比较快。本例的原理是为元素添加 copy 与 paste 事件，并在事件中返回 false。

24.6 限制只能输入数字

当我们在一些网站注册账号、填写信息时，有可能不小心将电话号码填写为汉字或其他英文字母，这显然是不正确的。为了帮助用户更好地纠正输入时的错误，在表单中填写信息时需要限制手机号、邮编、电话号码这类文本框不能输入其他字符，只能输入数字。

```
01  <!doctype html>
02  <html lang="en">
03  <head>
04      <title>限制只能输入数字</title>
05      <meta http-equiv="Content-Type" content="text/html; charset=utf-8">
06  </head>
07  <body>
08  <h2>限制只能输入数字</h2>
09  <input type="text" name="number"  value='只能输入数字' id='banNumber'/>
```

```
10 <script type="text/javascript">
11     window.onload = function(){
12         var banNumber = document.getElementById("banNumber"),
13                 clearNonumber = function(tThis){        //过滤数字
14                     var _v = tThis.value;
15                     tThis.value = _v.replace(/\D/g,"");
16                 };
17         banNumber.onfocus = function(){                  //绑定获取焦点事件
18             clearNonumber(this);
19         };
20         banNumber.onkeyup = function(){                  //绑定键盘事件
21             clearNonumber(this);
22         };
23         banNumber.onblur = function(){                   //失去焦点事件
24             clearNonumber(this);
25         };
26     };
27 </script>
28 </body>
29 </html>
```

利用 JavaScript 的事件处理来限制只能输入数字，可以使用“正则+事件”的方式。第 17～25 行为元素绑定 focus、blur、keyup 这 3 个事件，在用户触发这 3 个事件时，调用第 12~16 行的 clearNonumber()函数清除非数字字符。清除方法是使用 JavaScript 内置的 replace()，它使用正则替换不符合规范的字符。

当然，限制输入数字还有很多其他的解决方法，如数字匹配提取、遍历所有字符校检等。读者可以开动脑筋，自己动手编写一些新的替代方案。

24.7 限制只能输入中文

只能输入中文是国内常用的功能，例如有的网站需要实名认证（如百合网），对于中文的验证与限制就变得相当重要。限制中文与限制数字的实现方法类似，具体代码如下：

```
01 <!doctype html>
02 <html lang="en">
03 <head>
04     <title>限制只能输入中文</title>
05 </head>
06 <body>
07 <h2>限制只能输入中文</h2>
08 <input type="text" name="number"  value='只能输入中文' id='chineseStr'/>
```

```
09  <script type="text/javascript">
10      window.onload = function(){
11          var chineseStr = document.getElementById("chineseStr"),
12                clearNonumber = function(tThis){                    //过滤字符
13                    var _v = tThis.value;
14                    tThis.value = _v.replace(/[^\u4e00-\u9fa5]/g,"");   //正
则替换
15                };
16          chineseStr.onfocus = function(){                        //获取焦点事件
17              clearNonumber(this);
18          };
19          chineseStr.onkeyup = function(){                        //键盘事件
20              clearNonumber(this);
21          };
22          chineseStr.onblur = function(){                         //失去焦点事件
23              clearNonumber(this);
24          };
25      };
26  </script>
27  </body>
28  </html>
```

第 16～24 行为元素绑定 focus、blur、keyup 这 3 个事件，在用户触发这些事件时，调用第 11～15 行的 clearNonumber()函数清除非中文的字符。

24.8 限制字符串长度

在开发 Web 页面时，表单内的字符过长而超出规定长度会导致一些不必要的麻烦，比如用户注册时系统限制用户名只有 8 个英文字符，但是用户输入了 10 个甚至更多的字符，就可能造成昵称页面显示错行或者昵称被截断的问题。

```
01  <!doctype html>
02  <html lang="en">
03  <head>
04      <title>限制字符串的长度</title>
05  </head>
06  <body>
07  <h2>限制字符串的长度</h2>
08  通过“JavaScript 事件”限制：<input type="text" data-length='5'
id='limitLength' data-model='Ch' name="lname"/>
09  <script type="text/javascript">
```

```
10      window.onload = function(){
11          var limitLength = document.getElementById("limitLength"),
12              clearNonumber = function(tThis){
13                  var _v = tThis.value,
14                      _vLen = _v.length,
15                      dataLength = tThis.getAttribute("data-length"),
16                      dataModel = tThis.getAttribute("data-model"),
17                      subLen = dataLength;
18                      if(_vLen > dataLength)  tThis.value = _v.substr(0,
subLen);
19                      if(subLen){
20   self.showRemainingCharacters(!_vLen ? dataLength :(_vLen>dataLength ?
0 :dataLength - _vLen), subLen);
21                      }
22              };
23          limitLength.onfocus = function(){
24              clearNonumber(this);
25          };
26          limitLength.onkeyup = function(){
27              clearNonumber(this);
28          };
29          limitLength.onblur = function(){
30              clearNonumber(this);
31          };
32      };
33  </script>
34  </body>
35  </html>
```

在 id 为 limitLength 的 input 中增加属性绑定“data-length='5'”。获取指定的元素，计算元素的长度（不区分中英文）。第 15 行获取指定元素绑定的长度值 data-length，然后判断实际元素的长度是否超出范围，如果超出，就在第 18 行调用 substr()函数截断字符。JavaScript 中的 substr(start, length)函数可以截取从 start 到 length 指定长度的字符。

浏览器各个版本对 onpaste 事件支持的程度不一样 ，但是主流的浏览器基本都支持。

24.9 限制字符串长度（区分中英文）

微博有一个比较醒目的功能：最多输入 140 字，超出长度就禁止发布。这种限制是区分中英文的。本例在上一节的基础上增加对中英文的支持。首先创建一个区分中英文字符的函数，在区分的基础上计算中英文单个字符的占位数。

```
01  <!doctype html>
02  <html lang="en">
03  <head>
04      <title>限制字符串的长度</title>
05  </head>
06  <body>
07  <h2>符串长度限制（区分中英文）</h2>
08  <input type="text" id='remainingCharacters' data-model='Ch'
name="remainingCharacters"/>
09  <script type="text/javascript">
10      window.onload = function(){
11          var forElementArr = function(_elementArr, callBack){
12              var arr =_elementArr,
13                  self = this;
14              if(!(_elementArr instanceof Array)) {
15                  arr = [_elementArr];
16              }
17              for(var i= 0,arrLen = arr.length ;i<arrLen;i++){
18                  var arrI = arr[i];
19                  if(typeof arrI == "string"){
20                      arrI = document.getElementById(arrI);
21                  }
22                  callBack && callBack(i, arrI);
23              }},
24              showRemainingCharacters = function(_nums,
_remainingCharacters){
25                  if(_remainingCharacters.search(",") != -1){     //是否存在,
26                      remainingCharacters = _remainingCharacters.split(",");
27                  }
28                  forElementArr(_remainingCharacters, function(_index,
_this){
29                      _this.innerHTML = (_nums && _nums.toString()) || "0";
30                  });
31              },
32              remainingCharacters =
document.getElementById("remainingCharacters"),
33              clearNonumber = function(tThis){
34                  var _v = tThis.value,
35                      _vLen = _v.length,
36                      dataLength = tThis.getAttribute("data-length"),
```

```
 37                    remainingCharacters =
tThis.getAttribute("data-remainingCharacters");
 38                    var dataModel = tThis.getAttribute("data-model");
 39                    var subLen = dataLength;
 40                    if(dataModel == "Ch"){
 41                       _vLen = strLen(_v, dataModel);
 42                       var vv = _v.match(/[\u4e00-\u9fa5]/g);
 43                       subLen = dataLength - (!vv ? 0 : vv.length);
 44                    }
 45                    if(_vLen > dataLength)  tThis.value = _v.substr(0,
subLen);
 46                    if(remainingCharacters){
 47  showRemainingCharacters(!_vLen ? dataLength :(_vLen > dataLength ?
0 :dataLength - _vLen), remainingCharacters);
 48                    }
 49                 };
 50           remainingCharacters.onfocus = function(){
 51              clearNonumber(this);
 52           };
 53           remainingCharacters.onkeyup = function(){
 54              clearNonumber(this);
 55           };
 56           remainingCharacters.onblur = function(){
 57              clearNonumber(this);
 58           };
 59        };
 60        var strLen = (function() {
 61           var trim = function(chars){
 62              return (chars || "").replace( /^(\s|\u00A0)+|(\s|\u00A0)+$/g,
"" );
 63           };
 64           return function(_str, _model) {
 65              _str = trim(_str),
 66                 _model = _model || "Ch";              //默认是中文
 67              var _strLen = _str.length;               //获取字符长度
 68              if(_strLen == 0){                        //如果字符为 0 就直接返回
 69                 return 0;
 70              }
 71              else{
 72                 var chinese = _str.match(/[\u4e00-\u9fa5]/g);
 73                 return _strLen + (chinese && _model == "Ch" ? chinese.length:
0);
 74              }
```

```
75            };
76        })();
77    </script>
78    </body>
79    </html>
```

本例的总体思路是，利用正则表达式将中文的字符数目计算出来，然后加以统计，有两种模式可以切换，用于统计字符串的长度。“En”英文主计算模式，将每个中文算作1个字符；“Ch”中文主计算模式，将每个中文算作两个字符。

在第08行代码中，当元素绑定data-model且data-model = 'Ch'时才开启区分中英文的状态。换个角度，默认是“En”或不区分状态。第40行代码开启区分中英文状态之后，strLen()函数会计算中文状态中“_v”的真实占位字符个数，之后计算substr()要截取字符的长度subLen。第43行代码中，subLen的计算方式是，一个中文字符算作2，一个非中文字符算作1，以不超过HTML代码第1行中的data-length最大数字为上限。

用模块模式构建strLen()函数，第61～63行将trim()作为私有函数，与外界隔离。参数_str表示被统计的字符串，_model表示统计字符串的模式。第72行用match()函数过滤中文字符，计算有多少个中文字符。如果为“Ch”模式，就加上中文的“chinese”，如果为“En”模式，就不加。

在上面的代码中，当_vLen > dataLength时才截取字符。

24.10 实时提示可输入字符（区分中英文）

虽然发微博时系统限制了用户输入字符的个数，但用户并不知道自己当时输入了多少个字符，这样用户体验就会降低很多。因此，需要在页面中实时显示还可以输入多少个字符。本例具体代码如下：

```
01    <!doctype html>
02    <html lang="en">
03    <head>
04        <title>实时显示还可以输入多少字符（区分中英文）</title>
05    </head>
06    <body>
07    <h2>实时显示还可以输入多少字符（区分中英文）</h2>
08    <input type="text" data-length='5' id='remainingCharacters'
09            data-remainingCharacters="charActers1,charActers2"
10            data-model='Ch' name="remainingCharacters"/><br/>
11   <p>测试1:还可以输入<span class='remainingCharacters'
```

```
id="charActers1">5</span>字符</p>
   12 <p>测试 2:还可以输入<span class='remainingCharacters'
id="charActers2">5</span>字符</p>
   13 <script type="text/javascript">
   14     window.onload = function(){
   15         var forElementArr = function(_elementArr, callBack){
   16             var arr =_elementArr,
   17                 self = this;
   18             if(!(_elementArr instanceof Array)) {
   19                 arr = [_elementArr];
   20             };
   21             for(var i= 0,arrLen = arr.length ;i<arrLen;i++){
   22                 var arrI = arr[i];
   23                 if(typeof arrI == "string"){
   24                     arrI = document.getElementById(arrI);
   25                 }
   26                 callBack && callBack(i, arrI);
   27             }},
   28             showRemainingCharacters = function(_nums,
_remainingCharacters){
   29                 if(_remainingCharacters.search(",") != -1){
   30                     _remainingCharacters = _remainingCharacters.split(",");
   31                 }
   32                 forElementArr(_remainingCharacters, function(_index,
_this){
   33                     _this.innerHTML = (_nums && _nums.toString()) || "0";
   34                 });
   35             },
   36             strLen = (function() {
   37                 var trim = function(chars){
   38                     return (chars ||
"").replace( /^(\s|\u00A0)+|(\s|\u00A0)+$/g, "" );
   39                 };
   40                 return function(_str, _model) {
   41                     _str = trim(_str), _model = _model || "Ch";
   42                     var _strLen = _str.length;
   43                     if(_strLen == 0){
   44                         return 0;
   45                     }
   46                     else{
   47                         var chinese = _str.match(/[\u4e00-\u9fa5]/g);
   48                         return _strLen + (chinese && _model == "Ch" ?
chinese.length: 0);
```

```
49                  }
50               };
51            })(),
52            remainingCharacters =
document.getElementById("remainingCharacters"),
53            clearNonumber = function(tThis){
54               var _v = tThis.value,
55                  _vLen = _v.length,
56                  dataLength = tThis.getAttribute("data-length"),
57                  remainingCharacters =
tThis.getAttribute("data-remainingCharacters");
58               var dataModel = tThis.getAttribute("data-model");
59               var subLen = dataLength;
60               if(dataModel == "Ch"){
61                  _vLen = strLen(_v, dataModel);
62                  var vv = _v.match(/[\u4e00-\u9fa5]/g);
63                  subLen = dataLength - (!vv ? 0 : vv.length);
64               }
65               if(_vLen > dataLength)  tThis.value = _v.substr(0, subLen);
66               if(remainingCharacters){
67                  showRemainingCharacters(!_vLen ?
dataLength :(_vLen>dataLength ? 0 :dataLength-_vLen), remainingCharacters);
68               }
69            };
70         remainingCharacters.onfocus = function(){
71            clearNonumber(this);
72         };
73         remainingCharacters.onkeyup = function(){
74            clearNonumber(this);
75         };
76         remainingCharacters.onblur = function(){
77            clearNonumber(this);
78         };
79      };
80   </script>
81   </body>
82   </html>
```

第 08～10 行代码通过“id=remainingCharacters”的文本框来测试输入文本，代码中的 charActers1 与 charActers2 用来显示测试结果。第 09 行的 data-remainingCharacters=charActers1, charActers2 开启实时显示状态，并将显示结果绑定到指定的元素上。

第 70～78 行代码为文本绑定了响应事件。变量“_vLen”代表文本内的文字长度，第 60～65 行代码计算了“_vLen”的长度。第 52～68 行代码获取 data-remainingCharacters 属性，如果存在，就开启实时显示。

第 67 行代码判断“_vLen”的长度，如果为 0，就显示设定的字符长度 dataLength，然后判断_vLen 是否大于 dataLength，如果大于 dataLength，就显示 0，否则使用“dataLength-_vLen”计算还有多少字符。

为了支持“单输入多显示”，showRemainingCharacters() 函数的第 2 个参数 _remainingCharacters 表示获取待显示结果的元素 id 集合，本例有两个元素，id 分别为 charActers1 与 charActers2。

第 32～34 行用 forElementArr()函数遍历待显示结果的元素。

运行效果如图 24.10 所示。

单输入多显示是指“一个文本输入，多个元素显示”。

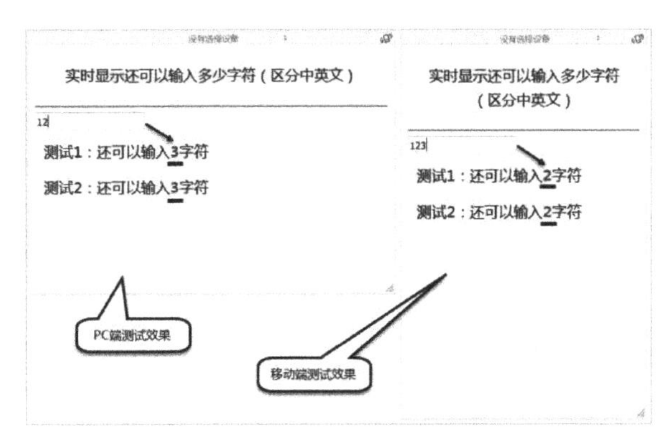

图 24.10　显示还可以输入多少个字符

24.11 密码强度实时验证

在网络服务中，为了保证用户的私密信息足够安全，会要求用户输入具有一定安全级别的密码，这样可以更好地防止他人盗用。比如注册一些游戏账号，输入的纯数字或纯英文字符低于 6 位时会提示“密码强度太低，请重新输入”。一般密码强度验证的方式都是计算字符的类型，然后分类加权累算。权重越高，相应的强度就越高。

```
01 <!doctype html>
02 <html lang="en">
03 <head>
04     <title>密码强度实时验证</title>
05 </head>
06 <body>
07 <h2>密码强度实时验证</h2>
08 <input id="passwordStrength" data-hint='请输入密码' type="password"><span
id= "showStrength"></span>
```

```
09 <script type="text/javascript">
10     window.onload = function(){
11         function setCss(_this, cssOption){
12             if ( !_this || _this.nodeType === 3 || _this.nodeType === 8
|| !_this.style ) {
13                 return;
14             }
15             for(var cs in cssOption){
16                 _this.style[cs] = cssOption[cs];
17             }
18             return _this;
19         }
20         function trim(chars){
21             return (chars || "").replace(/^(\s|\u00A0)+|(\s|\u00A0)+$/g,
"" );
22         }
23         function passwordStrength(passwordStrength, showStrength){
24             var self = this;
25             passwordStrength.onkeyup = function(){
26                 var _color = ["red", "yellow", "orange", "green"],
27                     msgs = ["密码太短","弱","中","强"],
28                     _strength= 0,
29                     _v = trim(passwordStrength.value),
30                 _vL = _v.length,
31                     i = 0;
32                 var charStrength = function(char){
33                     if (char>=48 && char <=57){
34                         return 1;
35                     }
36                     if (char>=97 && char <=122) {
37                         return 2;
38                     }else{
39                         return 3;
40                     }
41                 };
42                 if(_vL < 6){
43                     showStrength.innerText = msgs[0];
44                     setCss(showStrength, {
45                         "color": _color[0]
46                     })
47                 } else {
48                     for( ; i < _vL ; i++){
49
_strength+=charStrength(_v.toLocaleLowerCase().charCodeAt(i));
50                     }
51                     if(_strength < 10){
52                         showStrength.innerText = msgs[1];
53                         setCss(showStrength, {
54                             "color": _color[1]
55                         })
56                     }
57                     if(_strength >= 10 && _strength < 15){
58                         showStrength.innerText = msgs[2];
59                         setCss(showStrength, {
60                             "color":_color[2]
```

```
61                          })
62                      }
63                      if(_strength >= 15){
64                          showStrength.innerText = msgs[3];
65                          setCss(showStrength, {
66                              "color":_color[3]
67                          })
68                      }
69                  }
70              }
71          }
72      passwordStrength(
73          document.getElementById("passwordStrength"),
74          document.getElementById("showStrength"));
75      };
76  </script>
77  </body>
78  </html>
```

本例主要涉及两个元素：被绑定元素和显示元素。第 72～75 行代码调用 passwordStrength()实现两个元素之间的绑定。在 passwordStrength()函数中，第 32～41 行代码将单个字符占的比重定义为权重，权重越高相应的累加结果就越高，强度也就越高。

在 keyup 事件中，第 45～71 行代码首先判断字符长度，小于 6 为不符合规定的最小长度，显示“密码太短”，符合条件的字符采用遍历的方式，用 charCodeAt()返回字符的 Unicode 编码，根据编码范围返回对应权重，将字符的所有权重累加，计算最后的强度范围，显示对应的颜色及值，效果如图 24.11 所示。

图 24.11　密码强度验证

24.12 光标停留在文字最后

在文本框中，有一个一闪一闪的竖行“|”标志，这就是光标。在微博、QQ 空间中，选择要@的人之后，系统会让光标停留在被@人的名字后面，这样方便继续输入其他文本。目前，几乎所有的主流浏览器都提供了控制光标位置的 API。本例效果如图 24.12 所示。

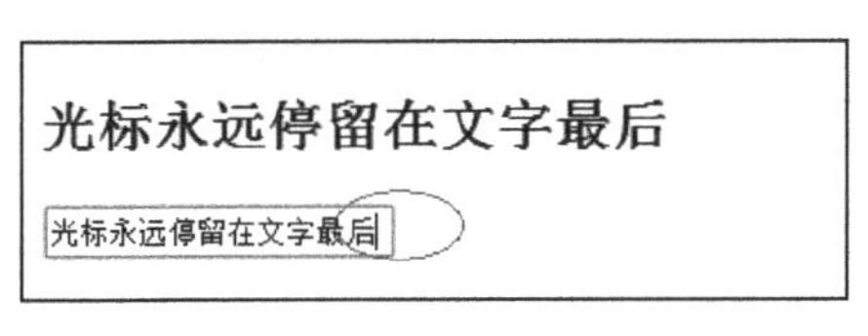

图 24.12　画圈部分为光标

```
01  <!doctype html>
02  <html lang="en">
03  <head>
04      <title>光标永远停留在文字最后</title>
05  </head>
06  <body>
07  <h2>光标永远停留在文字最后</h2>
08  <input type="text" id="cursorPos" value="光标永远停留在文字最后">
09  <script type="text/javascript">
10      window.onload = function(){
11          var cursorPos = document.getElementById("cursorPos");
12          cursorPos.onclick = cursorPos.onkeyup  = function(){
13              var _vLen = this.value.length;
14              if(this.setSelectionRange){//非 IE
15                  this.setSelectionRange(_vLen,_vLen);
16              }else{//IE 中
17                  var a =this.createTextRange();
18                  a.moveStart('character',_vLen);
19                  a.collapse(true);
20                  a.select();
21              }
22          };
23      };
24  </script>
25  </body>
26  </html>
```

有两种交互状态会触发光标的位置显示：第 1 种是获取焦点时；第 2 种是按键盘上的按键时。直接绑定 focus（获取焦点事件）会有浏览器的兼容性问题，所以第 12 行代码采用绑定 click 和 keyup 的方式，click 事件针对的是鼠标操作，keyup 事件针对的是键盘操作。

IE 浏览器支持一个不常用的对象 createTextRange，可用来设置光标的位置；在非 IE 浏览器中，通过对象的 setSelectionRange()也可以设置光标的位置。

24.13 自动选定文本内容

有时在网页上想让用户默认选中一些文本内容，方便用户操作，例如鸡汤类网站提供了“每日一句”，这句话可以复制或分享，如果让我们手动复制就太麻烦了，不用做任何操作就能直接选定内容岂不美哉。

```
01  <!doctype html>
02  <html lang="en">
03  <head>
04      <title>自动选定 TextArea 内容</title>
05  </head>
06  <body>
07  <h2>自动选定 TextArea 内容</h2>
08  <textarea id='autoSelected' rows="10" cols="50">
09      默认被选择的文本
10  </textarea>
11  <script type="text/javascript">
12      window.onload = function(){
13          document.getElementById("autoSelected").select();
14      };
15  </script>
16  </body>
17  </html>
```

第 13 行代码首先获取待处理的元素对象，然后调用 select()函数。目前所有主流浏览器都提供一个 select()函数，可以选取 textarea 中的文本。

24.14 获取和失去焦点时改变样式

随着大数据时代的到来，网站希望能保存用户更多的信息，所以一些表单上的各种输入框百花齐放。为了让用户能够清楚地知道现在输入的是哪一项，我们可以改变焦点所在的输入框的样式。本例具体代码如下：

```
01  <!doctype html>
02  <html lang="en">
03  <head>
04      <title>24.14 节,获取、失去焦点时改变样式</title>
05  </head>
06  <body>
07  <h2>获取、失去焦点的时候改变样式</h2>
08  <input type="text" value='修改样式'
09              data-fClass='fboder'
10              data-bClass='bboder'
11              data-fCss='{"color":"red"}'
12              data-bCss='{"color":"green"}'
13              id='autoUpdateCss' />
14  <script type="text/javascript">
```

```
15      window.onload = function() {
16          var strToJson = function(str) {
17          return typeof JSON == "object" ? JSON.parse(str) : (new
Function("return " + str))();
18          }, setCss = function(_this, cssOption){
19              if ( !_this || _this.nodeType === 3 || _this.nodeType === 8
|| !_this.style ) {
20                  return;
21              }
22              for(var cs in cssOption){
23                  _this.style[cs] = cssOption[cs];
24              }
25              return _this;
26          },
27          autoUpdateCss = document.getElementById("autoUpdateCss"),
28          fCss = autoUpdateCss.getAttribute("data-fCss"),
29          fClass = autoUpdateCss.getAttribute("data-fClass"),
30          bClass = autoUpdateCss.getAttribute("data-bClass"),
31          bCss = autoUpdateCss.getAttribute("data-bCss");
32          autoUpdateCss.onfocus = function() {
33              fCss && setCss(this, strToJson(fCss));
34              fClass && (this.className = fClass);
35          };
36          autoUpdateCss.onblur = function() {
37              bCss && setCss(this, strToJson(bCss));
38              bClass && (this.className = bClass);
39          };
40      };
41  </script>
42  </body>
43  </html>
```

第16～17行代码使用strToJson()将字符串转换为json对象，默认会检测浏览器是否支持JSON，如果支持就直接调用内置的转换函数，否则利用函数的特性转换。在响应元素上绑定数据，第27～31行代码的data-fCss表示获取焦点时的样式，data-bCss表示失去焦点时的样式；data-fClass表示获取焦点类，data-bClass表示失去焦点类。为元素绑定事件，当事件触发时直接修改className，调用setCss()修改行内样式。

24.15 常见的验证规则

所有的数据都会保存在服务器端，这些数据都有一定的规则，如姓名不能超过4个字、密码不能小于 6 位数等。用户在输入姓名后，我们需要判断用户的输入是否符合要求，如果能在用户输入完一个字段后给出提示，用户就可以及时修改。验证用户输入的工作一直以来都由 JavaScript 完成。本节开始探讨一些常见的验证规则，例如验证用户输入的是否为中文、数字、邮件等。

在验证领域，正则是非常重要的基础知识，JavaScript 为开发人员提供了一个强大的正则模式匹配对象 RegExp。创建正则的方式有两种，分别说明如下。

（1）直接表达式法，代码如下：

```
01    //样板：/模式/扩展属性
02    /\d*/g
```

（2）创建 RegExp，代码如下：

```
01    new RegExp("ab", "I");          //样板：new RgeExp(模式, 扩展属性)
```

正则的特殊符号不再一一讲解，读者可以参考其他学习资料。JavaScript 包含很多正则函数，其中 test()函数是本例用到的，用于检测字符串的匹配模式。

```
01 <!doctype html>
02 <html lang="en">
03 <head>
04     <title>常见的验证规则</title>
05 </head>
06 <body>
07 <h2>常见的验证规则</h2>
08 <p><input type="text" value='姓名验证'  data-reg='Chinese' data-smsg='通过
√' data-emsg='请输入中文' id='regUser' data-tmsg='msgU' /><span
id='msgU'></span></p>
09 <p><input type="text" value='邮箱验证'  data-reg='email' data-smsg='通过√'
data-emsg='请输入邮箱' id='regEmail' data-tmsg='msgE' /><span
id='msgE'></span></p>
10 <p><input type="text" value='电话验证'  data-reg='phone' data-smsg='通过√'
data-emsg='请输入电话' id='regPhone' data-tmsg='msgP' /><span
id='msgP'></span></p>
11 <p><input type="text" value='带小数位的数字验证'  data-reg='decimalNumber'
data-smsg='通过√' data-emsg='请输入小数数字' id='regNumber' data-tmsg='msgN'
/><span id='msgN'> </span></p>
12 <script type="text/javascript">
13     window.onload = function () {
14         var getRegular = function (rstr) {
15             var regData = {};                                  //正则数据存储域
16                 regData.rtrim = /^(\s|\u00A0)+|(\s|\u00A0)+$/g;    // 去除空
格的正则
17                 regData.Chinese = /[\u4e00-\u9fa5]/g;          //中文
```

```
18              regData.nonumber = /\D/g;                   //数字
19              regData.nochinese = /[^\u4e00-\u9fa5]/g;              //非中文
20   regData.email=/^\s*[a-zA-Z0-9]+(([\._\-]?)[a-zA-Z0-9]+)*@[a-zA-Z0-9]+
([_\-][a-zA-Z0-9]+)*(\.[a-zA-Z0-9]+([_\-][a-zA-Z0-9]+)*)+\s*$/;//邮件
21              regData.phone = /^(([0\+]\d{2,3}-)?(0\d{2,3})-)(\d{7,8})
(-(\d{3,})){0,}$/;//电话
22              regData.decimalNumber = /^\d+(\.\d+)+$/;  //带小数位的数字
23              regData.htmlTags = /<[\/\!]*[^<>]*>/ig;//html
24              return regData[rstr];
25           },
26           forElementArr = function (_elementArr, callBack) {
27              var arr = _elementArr,
28                 self = this;
29              if (!(_elementArr instanceof Array)) {
30                 arr = [_elementArr];
31              }
32              for (var i = 0, arrLen = arr.length; i < arrLen; i++) {
33                 var arrI = arr[i];
34                 if (typeof arrI == "string") {
35                    arrI = self.getElement(arrI);
36                 }
37                 callBack && callBack(i, arrI);
38              }
39           },
40           verification = function (str, reg) {
41              return getRegular(reg).test(str);
42           },
43           setCss = function (_this, cssOption) {
44              if (!_this || _this.nodeType === 3 || _this.nodeType === 8
|| !_this.style) {
45                 return;
46              }
47              for (var cs in cssOption) {
48                 _this.style[cs] = cssOption[cs];
49              }
50              return _this;
51           };
52        forElementArr([
53           document.getElementById("regUser"),
54           document.getElementById("regEmail"),
55           document.getElementById("regPhone"),
56           document.getElementById("regNumber")
57        ], function (index, _this) {
```

```
58              _this.onkeyup = function () {
59                  var _v = this.value.replace(/^(\s|\u00A0)+|(\s|\u00A0)+$/g,
"")，
60                      _reg = this.getAttribute("data-reg"),
61                      __reg = _reg.indexOf(",") > 0 ? _reg.split(",") : [_reg],
62                      _regLen = __reg.length,
63                      _emsg = this.getAttribute("data-emsg"),
64                      _smsg = this.getAttribute("data-smsg"),
65                      _target = document.getElementById(this.getAttribute
("data-tmsg")),
66                      i = 0;
67                  for (; i < _regLen; i++) {
68                      if (!verification(_v, __reg[i])) {
69                          _target.innerHTML = _emsg;
70                          setCss(_target, {
71                              "color": "red"
72                          });
73                          return;
74                      }
75                  }
76                  _target.innerHTML = _smsg;
77                  setCss(_target, {
78                      "color": "green"
79                  })
80              }
81          });
82      };
83  </script>
84  </body>
85  </html>
```

本例演示 4 种验证规则供读者参考，如果读者感兴趣，那么可以自己增加一些正则试验一下，只需要获取指定的元素绑定 keyup 事件即可。第 40～42 行代码增加了正则验证函数 verification()。在事件业务处理中，首先初始化一些需要的信息变量，然后遍历正则数组。

24.16 对文本内容进行关键词过滤

网络中的信息有一些是有害的，如危害国家安全的舆论、不良的色情信息等，因此我们经常需要对网络信息进行屏蔽或过滤。过滤信息一般有禁止输入、信息替换（如用“*”替换）、直接删除等方式。这些信息过滤业务处理一般在后台完成，如果能够将其转移到前端来完成，就可以降低后台的压力。本例具体代码如下：

```
01 <!doctype html>
02 <html lang="en">
03 <head>
04     <title>对文本内容进行关键词过滤</title>
05 </head>
06 <body>
07 <h2>对文本内容进行关键词过滤</h2>
08 <textarea id='keyWordsFiltering' rows="10" cols="50">
09     关键词过滤：你好，我是小怪兽，非常喜欢 JavaScript，希望和大家切磋交流。业余爱好：
玩游戏，但是不使用外挂，游戏里面有很多美女，嘿嘿~~~
10 </textarea>
11 获取焦点执行过滤
12 <script type="text/javascript">
13     window.onload = function () {
14         var _keyWordsFiltering =
document.getElementById("keyWordsFiltering");
15         _keyWordsFiltering.onclick = function () {
16             var //关键词库
17                 keyWordsLibs = [
18                     "JavaScript",
19                     "美女",
20                     /[外]{1}.{0,3}[挂]{1}/
21                 ],
22                 keyWordsLibsLen = keyWordsLibs.length;
23             for (var i = 0; i < keyWordsLibsLen; i++) {//正则过滤
24         _keyWordsFiltering.value =
_keyWordsFiltering.value.replace(keyWordsLibs[i], "***")
25             }
26         }
27     };
28 </script>
29 </body>
30 </html>
```

对于关键词过滤的大致思路是，首先第 17～21 行代码建立被过滤的“关键词词库”，然后以“词库”为基础进行关联性匹配替换或删除。本例代码创建了 keyWordsLibs 词库，将文本内容中的待过滤关键词统一替换为“***”。

运行效果（兼容 PC 端与移动端）如图 24.13 和图 24.14 所示。

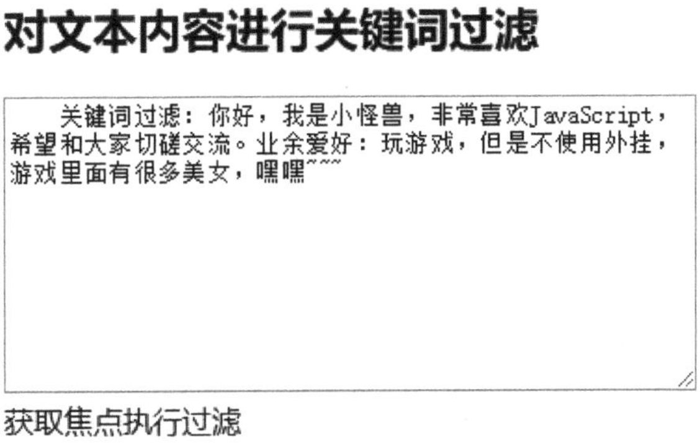

对文本内容进行关键词过滤

关键词过滤：你好，我是小怪兽，非常喜欢JavaScript，希望和大家切磋交流。业余爱好：玩游戏，但是不使用外挂，游戏里面有很多美女，嘿嘿~~~

获取焦点执行过滤

图 24.13　过滤内容之前

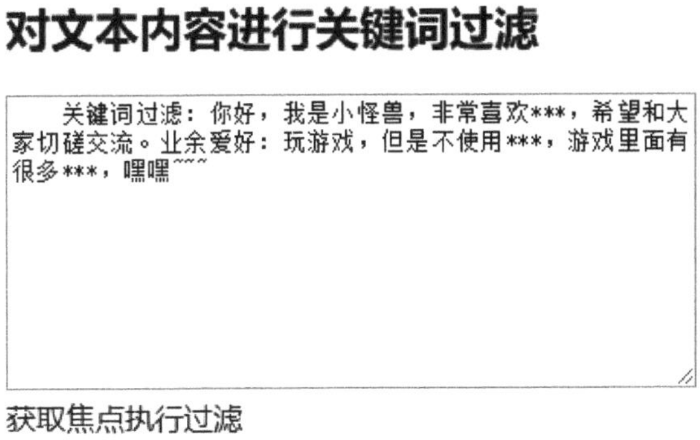

对文本本内容进行关键词过滤

关键词过滤：你好，我是小怪兽，非常喜欢***，希望和大家切磋交流。业余爱好：玩游戏，但是不使用***，游戏里面有很多***，嘿嘿~~~

获取焦点执行过滤

图 24.14　过滤内容之后

24.17 从字符串中剔除所有 HTML 代码

一些 HTML 代码会干扰程序的处理和显示，例如抓取微博页面内指定标签的数据时，有时会把一些 HTML 代码也抓取过来，这些数据就需要进一步过滤，要剔除 HTML 代码的干扰。剔除字符串中的 HTML 代码与 24.16 节中的过滤关键词有很大的相似性，只要对 24.16 节的代码稍作改动就可以剔除 HTML 代码。本例具体代码如下：

```
01 <!doctype html>
02 <html lang="en">
03 <head>
04     <title>从字符串中剔除所有 HTML 代码</title>
05 </head>
06 <body>
07 <h2>从字符串中剔除所有 HTML 代码</h2>
08 <input type="text" id='delHtmlTags' value="剔除所有 HTML 代码">
09 失去焦点的时候执行操作
```

```
10 <script type="text/javascript">
11     window.onload = function () {
12         var _delHtmlTags = document.getElementById("delHtmlTags");
13         _delHtmlTags.onblur = function () {
14             this.value = this.value.replace(/<[\/\!]*[^<>]*>/ig, "");
15         }
16     };
17 </script>
18 </body>
19 </html>
```

第 14 行代码剔除字符串中的 HTML 代码，重点在于正则。HTML 代码的开头与结尾都有类似的标记“<”或“>”，因此不难写出与其匹配的正则式“/<[\/\!]*[^<>]*>/”。为了兼容大小写，在正则后面增加 ig，修改后的正则为“/<[\/\!]*[^<>]*>/ig”。为了方便查看效果，第 13～15 行代码为响应元素绑定 blur 事件，当事件被触发时，利用 JavaScript 的 replace()替换 HTML 标签为空。

运行效果如图 24.15 和图 24.16 所示。

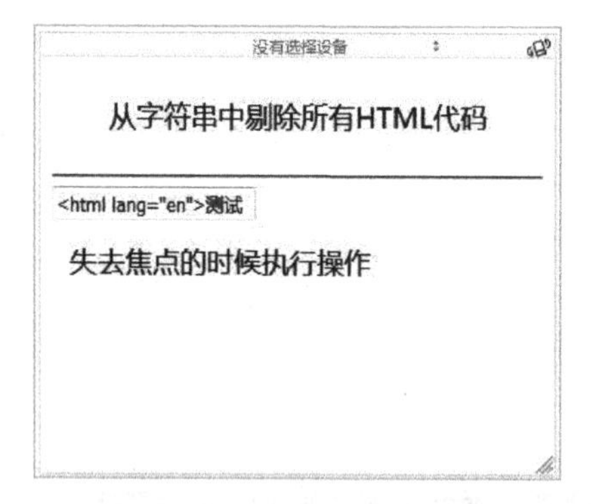

图 24.15　剔除 HTML 之前

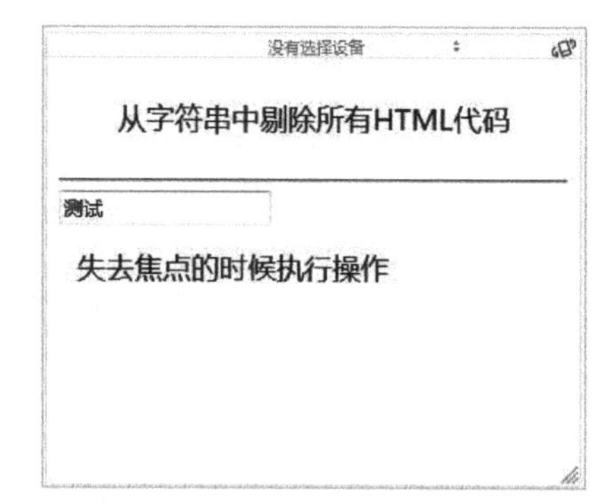

图 24.16　剔除 HTML 之后

24.18 检测是否为数值型

数值类型是 JavaScript 中的基本数据类型之一，在进行一些数学运算时非常有用。例如，计算购物车中的商品总共多少钱，计算玩游戏时充值多少游戏币，等等。typeof 是一个非常有用的一元运算符，可以用来检测数据类型。

```
01 <!doctype html>
02 <html lang="en">
03 <head>
04     <title>测试是否为数值型</title>
05 </head>
```

```
06 <body>
07 <h2>测试是否为数值型</h2>
08 <div id='isNumber'>
09 </div>
10 <script type="text/javascript">
11     window.onload = function () {
12         var isNumber = function (_number) {
13                 return typeof _number == "number";//
14             },
15             _number1 = "1",
16             _number2 = 1,
17             _number3 = 1.22,
18             _number4 = null,
19             _html = "";
20     _html += isNumber(_number1) ? "_number1 是数值型<br />" : "_number2 不是
数值型";
21     _html += isNumber(_number2) ? "_number2 是数值型<br />" : "_number2 不是
数值型";
22     _html += isNumber(_number3) ? "_number3 是数值型<br />" : "_number3 不是
数值型";
23     _html += isNumber(_number4) ? "_number4 是数值型<br />" : "_number4 不是
数值型";
24         document.getElementById("isNumber").innerHTML = _html;
25     };
26 </script>
27 </body>
28 </html>
```

typeof 属于一元运算符，可以检测数据的任意类型，返回 number、boolean、string、function、object、undefined。也可以使用 typeof 来判断变量是否存在，防止浏览器解析报错。第 12～14 行代码使用 typeof 检测输入值是否为 number。为了验证检测是否准确，本例列举了 4 种输入类型：字符串、整数、带小数点的数字、null。

运行效果如图 24.17 和图 24.18 所示。

```
var _number1 = "1",
    _number2 = 1,
    _number3 = 1.22,
    _number4 = null,
```

图 24.17　被测试的数据

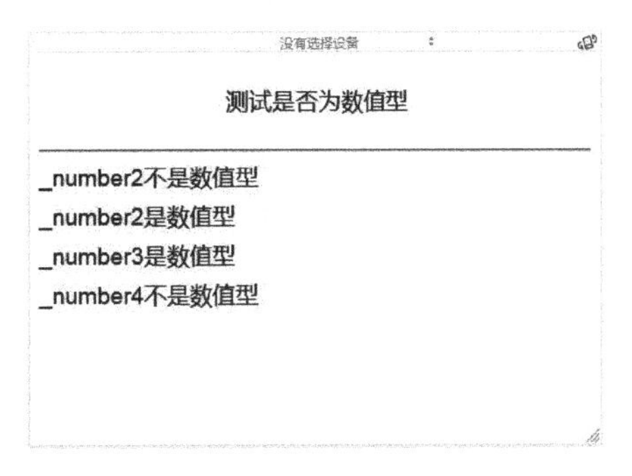

图 24.18　输出的结果

24.19 TextArea 自适应文字行数

为了节约页面空间，TextArea 的文字行数一般会随着文字数量的变化而变化，例如默认的 TextArea 为一行，随着输入的文字增多，文本框的行数也会增多。本例具体代码如下：

```
01  <!doctype html>
02  <html lang="en">
03  <head>
04      <title>TextArea 自适应文字行数多少</title>
05  </head>
06  <body>
07  <h2>TextArea 自适应文字行数多少</h2>
08  <textarea rows=1 name=s1 cols=27 id="autoRow"></textarea>
09  <script type="text/javascript">
10      window.onload = function () {
11          var autoRow = document.getElementById("autoRow");
12          autoRow.style.overflowY = "hidden";
13          autoRow.onkeyup = function () {
14              autoRow.style.height = autoRow.scrollHeight;
15          };
16      };
17  </script>
18  </body>
19  </html>
```

第 12 行代码通过 CSS 的 overflowY 可以很好地控制元素的高度与滚轴的显示。第 13～15 行代码绑定 keyup 事件，当事件被触发时，动态修改元素的高度，让其等于元素的卷轴高度 scrollHeight。

24.20 判断单选框是否被选中

注册账号时，一般情况下需要选择性别，选择的 UI 表现形式就是单选框。那么，JavaScript 怎样判断单选框是否选中呢？单选框有一个特殊属性 checked，使用 JavaScript 检测该属性值的变化就能判断单选框是否被选中。本例具体代码如下：

```
01  <!doctype html>
02  <html lang="en">
03  <head>
04      <title>判断单选框是否选中</title>
05  </head>
```

```
06 <body>
07 <h2>判断单选框是否选中</h2>
08 <input type="radio" name='sex' id='sexMan' checked="checked">男
09 <input type="radio" name='sex' id='sexWoman'>女
10 <script type="text/javascript">
11     window.onload = function () {
12         var sexMan = document.getElementById("sexMan"),
13             sexWoman = document.getElementById("sexWoman");
14         if (sexMan.checked) {
15             console.log("sexMan 被选中")
16         } else {
17             console.log("sexMan 未被选中")
18         }
19         if (sexWoman.checked) {
20             console.log("sexWoman 被选中")
21         } else {
22             console.log("sexWoman 未被选中")
23         }
24     };
25 </script>
26 </body>
27 </html>
```

第 14～23 行代码通过判断元素的 checked 属性值来判断单选框是否被选中。运行效果如图 24.19 所示。

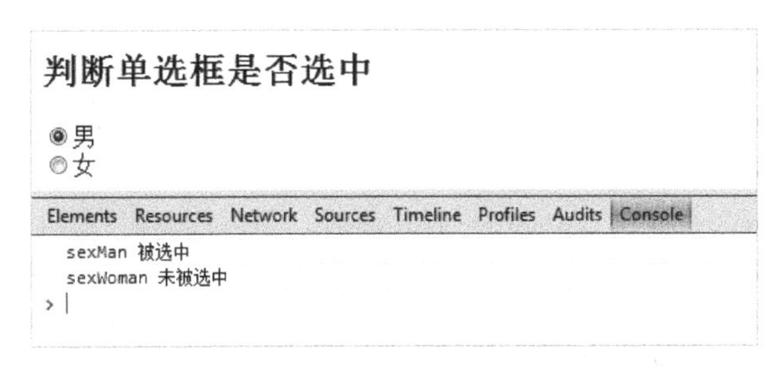

图 24.19　输出的结果

24.21 判断复选框至少选中一项

电子邮箱的容量是有限的，有时需要选择、删除一些垃圾邮件，如果没有选中删除的邮件，单击“删除”按钮时就会提示用户至少要选中一项，这是怎么实现的呢？结合 24.20 节判断是否选中的思路，本例通过遍历节点的方式来实现需求。本例具体代码如下：

```
01  <!doctype html>
02  <html lang="en">
03  <head>
04      <title>判断复选框至少选中一项</title>
05  </head>
06  <body>
07  <h2>判断复选框至少选中一项</h2>
08  <input type="checkbox" name='checkSelects' checked='checked'>1<br/>
09  <input type="checkbox" name='checkSelects'>2<br/>
10  <input type="checkbox" name='checkSelects'>3<br/>
11  <input type="checkbox" name='checkSelects'>4<br/>
12  <script type="text/javascript">
13      window.onload = function () {
14          var _checkSelects = document.getElementsByName("checkSelects");
15          for (var i in _checkSelects) {
16              if (_checkSelects[i].checked) {
17                  console.log("至少选中了一项");
18                  return;
19              }
20          }
21          console.log("没有选中");
22      };
23  </script>
24  </body>
25  </html>
```

第 15～20 行代码遍历元素节点，因为判断单选框是否被选中与判断复选框是否被选中的方法一样，所以利用 24.20 节的函数_checkSelects[i].checked 来判断是否有一个元素被选中。如果有就停止遍历，这样可以减少性能开支。

24.22 限制复选框最多选择几项

在一个招聘网站中，通过限制用户选择职位标签的个数可以精确定位用户的职位。例如，以复选框的形式为用户提供一些备选职位标签，限制用户最多选取 3 个，当超过 3 个时禁止用户继续选择。本例通过交互事件来控制复选框的选择。

```
01  <!doctype html>
02  <html lang="en">
03  <head>
04      <title>限制复选框最多选择几项</title>
05  </head>
```

```
06 <body>
07 <h2>限制复选框最多选择几项</h2>
08 <input type="checkbox" name='forbidcheckSelects'>1<br/>
09 <input type="checkbox" name='forbidcheckSelects'>2<br/>
10 <input type="checkbox" name='forbidcheckSelects'>3<br/>
11 <input type="checkbox" name='forbidcheckSelects'>4<br/>
12 <p>最多选择 3 项</p>
13 <script type="text/javascript">
14     window.onload = function () {
15         var _forbidcheckSelects =
document.getElementsByName("forbidcheckSelects"),
16             banNums = 3;    //限制复选框最多选择 3 项
17         for (var i in _forbidcheckSelects) {
18             _forbidcheckSelects[i].onclick = function () {
19         var __forbidcheckSelects =
document.getElementsByName("forbidcheckSelects"),
20                     selectNum = 0;
21                 for (var i in __forbidcheckSelects) {
22                     if (i == "length") break;
23                     if (__forbidcheckSelects[i].checked) {
24                         selectNum++;
25                     }
26                 }
27         //如果选中的复选项超过限制最大数，就将当前选中的选项设置为没选中 false
28                 if (selectNum > banNums) {
29                     this.checked = false;
30                 }
31             }
32         }
33     };
34 </script>
35 </body>
36 </html>
```

使用 JavaScript 中的 document.getElementsByName()获取指定的复选框，当触发单击事件时，第 28～30 行代码检测被选中的选项卡是否超过了限制的最大数，如果超过最大数，就将当前的响应元素设置为未被选中状态。

24.23 Checkbox 全选、取消全选、反选

越来越多的人有了选择恐惧症，“治疗”的最好方式就是全选或全不选。常用的邮箱每页

可以显示 20 封邮件，如果要删除全部邮件，一个一个地选择是不是有点太逆天了？为了降低操作成本，提升用户体验，所有邮箱都提供了“全选”功能。本例要实现 3 个简易操作：全选、取消全选、反选，详细代码如下：

```
01  <!doctype html>
02  <html lang="en">
03  <head>
04      <title>Checkbox 全选、取消全选、反选</title>
05  </head>
06  <body>
07  <h2>Checkbox 全选、取消全选、反选</h2>
08  <p>
09      <input type="button" id='allSelect' value="全选">
10      <input type="button" id='canelallSelect' value="取消全选">
11      <input type="button" id='_select' value='反选'>
12  </p>
13  <input type="checkbox" name='actionSelects'>1<br/>
14  <input type="checkbox" name='actionSelects'>2<br/>
15  <input type="checkbox" name='actionSelects'>3<br/>
16  <input type="checkbox" name='actionSelects'>4<br/>
17  <script type="text/javascript">
18      window.onload = function () {
19          var targets = document.getElementsByName("actionSelects"),
20              targetsLen = targets.length,
21              i = 0;
22          document.getElementById("allSelect").onclick = function () {
23              for (i = 0; i < targetsLen; i++) {
24                  targets[i].checked = true;
25              }
26          };
27          document.getElementById("canelallSelect").onclick = function () {
28              for (i = 0; i < targetsLen; i++) {
29                  targets[i].checked = false;
30              }
31          };
32          document.getElementById("_select").onclick = function () {
33              for (i = 0; i < targetsLen; i++) {
34                  targets[i].checked = !targets[i].checked;
35              }
36          }
37      };
38  </script>
39  </body>
```

```
40 </html>
```

前面介绍过，通过操控 checkbox 的属性 checked 可以设置复选框的选中状态。结合本例的需求，整体设计思路为：当单击“全选”按钮时，遍历所有的元素，将元素的 checked 设置为 true；当单击“取消全选”按钮时，将所有元素的 checked 设置为 false；当单击“反选”按钮时，对元素的 checked 属性执行取反操作。

24.24 获取选中的复选框值

在新浪微博注册引导流程中，会要求初次注册的用户选择一些关注用户，当提交表单数据时，系统获取所有被选中的值。要想获取被选中“复选框”的“值”，必须在两者之间建立关联性。本例具体代码如下：

```
01 <!doctype html>
02 <html lang="en">
03 <head>
04     <title>
05 <body>
06 <h2>获取复选框所有选中内容</h2>
07 <ul>
08     <li>
09         <input type="checkbox" name='getSelectContent'>
10         <div class="contentCheckbox">等待选择的内容····1</div>
11     </li>
12     <li>
13         <input type="checkbox" name='getSelectContent'>
14         <div class="contentCheckbox">等待选择的内容····2</div>
15     </li>
16     <li>
17         <input type="checkbox" name='getSelectContent'>
18         <div class="contentCheckbox">等待选择的内容····3</div>
19     </li>
20 </ul>
21 <p id='selectedContents'>被选择的内容：选择内容为空</p>
22 <script type="text/javascript">
23     window.onload = function () {
24         var selectContents = "",
25             _selectContent = document.getElementsByName("getSelectContent"),
26             i = 0,
27             sl = _selectContent.length;
28         for (; i < sl; i++) {
```

```
29            _selectContent[i].onclick = function () {
30                var _t = this.nextSibling.innerText;
31                if (this.checked) {
32                    selectContents += "<br/>" + _t;
33                } else {
34                    selectContents = selectContents.replace("<br/>" + _t, "")
35                }
36  document.getElementById("selectedContents").innerHTML="被选择的内容
"+selectContents;
37            }
38        }
39    };
40  </script>
41  </body>
42  </html>
```

第 28～38 行代码获取指定的复选框元素，为每个复选框元素绑定 click 事件，第 24 行代码定义的变量 selectContents 用来存储内容。当 click 事件触发时，首先判断复选框是否被选中，如果选中就追加内容，否则删除内容。运行效果如图 24.20 所示。

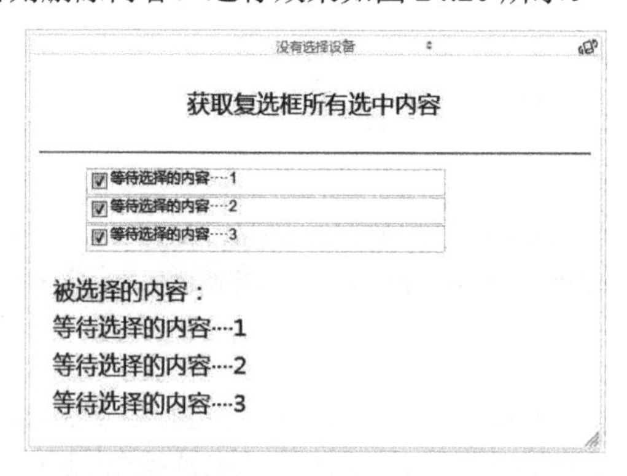

图 24.20　选中两个“复选框”后显示的“值”

给读者留份小小的练习：如何获取单选框选中的内容？

24.25 判断下拉框中的值是否被选中

用户需要选择的信息比较多时，展示所有信息的最好方式便是下拉框。例如全国有好多省，通过下拉框的形式让用户选择目标省。如何判断下拉框是否被选择了呢？下拉框的选中状态是通过下拉框中的 value 属性来判断的。本例具体代码如下：

```
01  <!doctype html>
```

```
02  <html lang="en">
03  <head>
04      <title>判断下拉框是否选中</title>
05  </head>
06  <body>
07  <h2>判断下拉框是否选中</h2>
08  <select id="selectOptios">
09      <option value="">请选择</option>
10      <option value="1">选项 1</option>
11      <option value="2">选项 2</option>
12      <option value="3">选项 3</option>
13      <option value="4">选项 4</option>
14      <option value="5">选项 5</option>
15  </select>
16  <script type="text/javascript">
17      window.onload = function () {
18          var _selectOptios = document.getElementById("selectOptios");
19          _selectOptios.onchange = function () {
20              if (this.value === "") {               //判断选项是否为空
21                  alert("您没有选中选项");       //为空，弹出提示
22              } else {
23                  alert(this.value);             //不为空，弹出被选中的值
24              }
25          }
26      };
27  </script>
28  </body>
29  </html>
```

第 19～25 行代码为 select 元素绑定了 change 事件，该事件被触发时判断下拉框的选项值是否为空，如果为空就表示没有被选择。运行效果如图 24.21 所示。

图 24.21　下拉框没被选择的效果

第 25 章

◀ 图片控制 ▶

网页中随处可见各种有趣的动画，以前大部分动画都是由 Flash 实现的，现在随着前端技术的发展，使用 JavaScript 也能实现这类动画效果了。

本章主要涉及的知识点有：

- 动画模块的管理
- 图片实时预览
- 图片放大、倒影
- 图片轮播
- 图片的旋转和拖曳

本章涉及的样式比较多，在不同浏览器上的表现效果不太一样，请在 Chrome、FireFox、IE8+下测试，所有代码都要在这 3 种环境下运行正确才算通过测试。如果代码运行失败，就要检测代码是否兼容以上浏览器。

25.1 动画管理模块

在日常的 JavaScript 开发中有很多动画效果，如图片轮播、广告移动等。因为本书有很多效果要实现，所以本节首先构建一个动画管理模块，有助于为以后的动画效果打下良好的基础。

由于动画管理模块服务于整个项目，是独立的模块，因此下面创建一个 animateManage.js 脚本文件，详细代码如下：

```
01 ;(function (window, document, undefined) {
02     var _aniQueue = [],                  //动画队列
03         _baseUID = 0,                    //元素的 UID 基础值
04         _aniUpdateTimer = 13,            //动画更新的时间
05         _aniID = -1,                     //检测的进程 ID
06         isTicking = false;               //检测状态
07     /* optios 参数
08     * context --- 被操作的元素上下文
```

```
09     * effect --- 动画效果的算法
10     * time --- 效果的持续时间
11     * starCss --- 元素的起始偏移量
12     * css --- 元素的结束值偏移量
13     * */
14     window.animateManage = function (optios) {
15        this.context = optios;              //当前对象
16     };
17     animateManage.prototype = {
18        init: function () {                 //初始化方法
19           this.start(this.context);
20        },
21        stop: function (_e) {               //停止动画
22           clearInterval(_aniID);
23           isTicking = false;
24        },
25        start: function (optios) {                  //开始动画
26           if (optios) this.pushQueue(optios);   //填充队列属性
27           if (isTicking || _aniQueue.length === 0) return false;
28           this.tick();
29           return true;
30        },
31        tick: function () {                         //动画检测
32           var self = this;
33           isTicking = true;
34           _aniID = setInterval(function () {
35              if (_aniQueue.length === 0) {
36                 self.stop();
37              } else {
38                 var i = 0,
39                    _aniLen = _aniQueue.length;
40                 for (; i < _aniLen; i++) {
41                    _aniQueue[i] && self.go(_aniQueue[i], i);
42                 }
43              }
44           }, _aniUpdateTimer)
45        },
46        go: function (_options, i) {                //执行具体的动画业务
47           var n = this.now(),
48              st = _options.startTime,
49              ting = _options.time,
50              e = _options.context,
51              t = st + ting,
```

```
52                 name = _options.name,
53                 tPos = _options.value,
54                 sPos = _options.startValue,
55                 effect = _options.effect,
56                 scale = 1;
57             if (n >= t) {      //若当前的时间 > 开始时间+结束时间，则停止当前动画
58                 _aniQueue[i] = null;
59                 this.delQueue();
60             } else {
61                 tPos = this.aniEffect({
62                     e: e,
63                     ting: ting,
64                     n: n,
65                     st: st,
66                     sPos: sPos,
67                     tPos: tPos
68                 }, effect)
69             }
70             e.style[name] = name == "zIndex" ? tPos : tPos + "px";
71             this.goCallBack(_options.callback, _options.uid);//是否执行回调函数
72         },
73         aniEffect: function (_options, effect) {//动画效果，读者可以扩展一下该
动画算法
74             effect = effect || "linear";
75             var _effect = {
76                 "linear": function (__options) {  //线性运动
77                     var scale = (__options.n - __options.st) / __options.ting,
78                         tPos = __options.sPos + (__options.tPos -
__options.sPos) * scale;
79                     return tPos;
80                 }
81             };
82             return _effect[effect](_options);
83         },
84         goCallBack: function (callback, u) {     //回调
85             var i = 0,
86                 _aniLen = _aniQueue.length,
87                 isCallback = true;
88             for (; i < _aniLen; i++) {
89                 if (_aniQueue[i].uid == u) {
90                     isCallback = false;
91                 }
92             }
```

```
93            if (isCallback) {
94               callback && callback();
95            }
96         },
97         pushQueue: function (options) {         //压入执行动画队列
98            var con = options.context,
99               t = options.time || 1000,
100              callback = options.callback,
101              effect = options.effect,
102              starCss = options.starCss,
103              c = options.css,
104              name = "",
105              u = this.setUID(con);
106           for (name in c) {
107              _aniQueue.push({
108                 "context": con,
109                 "time": t,
110                 "name": name,
111                 "value": parseInt(c[name], 10),
112                 "startValue": parseInt((starCss[name] || 0)),
113                 "effect": effect,
114                 "uid": u,
115                 "callback": callback,
116                 "startTime": this.now()
117              })
118           }
119        },
120        delQueue: function () {                //删除动画队列中指定的动画
121           var i = 0,                          //寻找指定动画队列，将其删除
122              l = _aniQueue.length;
123           for (; i < l; i++) {
124              if (_aniQueue[i] === null) _aniQueue.splice(i, 1);
125           }
126        },
127        now: function () {                     //获取现在的时间
128           return new Date().getTime();
129        },
130        getUID: function (_e) {                //获取元素的 UID
131           return _e.getAttribute("aniUID");
132        },
133        setUID: function (_e, _v) {            //设置元素的 UID
134           var u = this.getUID(_e);
135           if (u) return u;             //若存在 UID，则直接返回
```

```
136                u = _v || _baseUID++;          //生成 UID
137                _e.setAttribute("aniUID", u);
138                return u;
139            }
140        };
141    })(window, document);
```

动画模块整体分为 3 部分：

（1）第 31~46 行代码通过一个定时调用的“帧函数 tick()”维护整个动态效果，默认为 13 毫秒。

（2）当帧函数调用时会循环一系列的“动画队列”，并且执行每一个具体动画业务。

（3）动画队列的压入与删除维护。

在此模块中，通过闭包封装整个模块，将 animateManage 放在 window 域下，当用户使用时直接将 new animateManage(参数列表)传入相应的哈希参数列表即可。

将一些公用的函数在 JavaScript 原型链上进行扩展。tick()为动画检测函数，当动画开始执行后会不断地检测更新动画的效果。第 35~43 行当检测到存在需要执行的动画时，第 41 行代码会调用 go()函数执行具体的动画业务，在具体的动画业务中，aniEffect()担任实现动画算法的角色。

另外，如果读者对此模块感兴趣，那么可以自己完善一下，做一个扩展练习。

为了验证以上动画模块是否可以正常运行，写一段测试代码如下：

```
01  <!doctype html>
02  <html lang="en">
03  <head>
04      <title>动画管理模块</title>
05      <meta http-equiv="Content-Type" content="text/html; charset=utf-8">
06      <script type="text/javascript" src="../js/animateManage.js"></script>
07  </head>
08  <body>
09  <h2>动画管理——点击元素会触发元素向右移动，移动结束后会触发回调</h2>
10  <img id='focusPointSource' class='minImages' src='../images/psu2.jpg'>
11  <script type="text/javascript">
12      window.onload = function () {
13          /*
14           * 动画管理测试，点击元素会触发闪烁式动画
15           */
16          document.getElementById("focusPointSource").onclick = function () {
17              new animateManage({
18                  "context": this,          //被操作的元素
19                  "effect": "linear",       //动画的效果，linear 线性运动
20                  "time": 500,              //持续时间
```

```
21                  "starCss": {              //元素的起始值偏移量
22                      "left": this.left
23                  },
24                  "css": {                  //元素的结束值偏移量
25                      "left": 200
26                  },
27                  "callback": function () {  //结束之后的回调函数
28                      alert("动画结束的回调函数执行");
29                  }
30              }).init();
31          }
32      };
33  </script>
34  </body>
35  </html>
```

在 HTML 页面中增加响应元素（id 为'focusPointSource'），当单击元素时元素会向右移动，移动结束时触发回调函数，出现提示框。具体效果如图 25.1 所示。

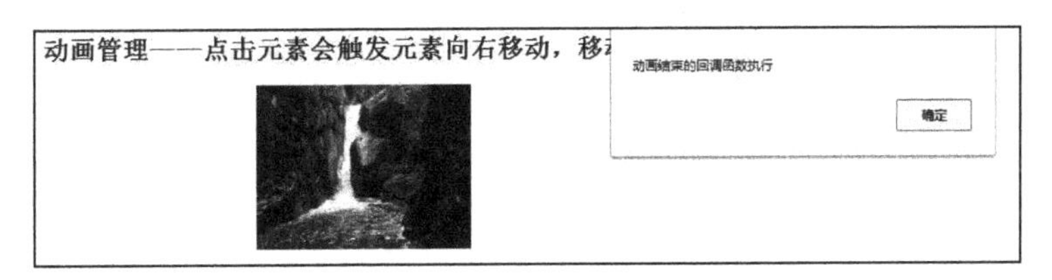

图 25.1　动画模块测试，元素移动的效果

25.2 实时预览上传的图片

一般的图片上传是将图片上载到服务器后才能够被预览，但那样会占用服务端的资源，降低用户体验，网速慢的话用户就更崩溃了。例如，丰富个人基本资料时需上传个人头像，但是网络不给力时需要等待好久才能预览上传图片的效果。如果能够在客户端直接预览上传的图片，就太好了。

```
01  <!doctype html>
02  <html lang="en">
03  <head>
04      <title>实时预览上传图片</title>
05      <script type="text/javascript" src="../js/animateManage.js"></script>
06  </head>
07  <style>
08      #previewImg {
```

```
09          height: 100px;
10      }
11      #previewImgSrc {
12          display: none;
13          height: 100px;
14      }
15  </style>
16  <body>
17  <h2>实时预览上传图片</h2>
18  <form>
19      <div id='previewImg'><img id='previewImgSrc' src=''/></div>
20      <input type="file" id='upPreviewImg' name='fileimg'>
21  </form>
22  <script type="text/javascript">
23      window.onload = function () {
24          var
25              isIE = function () {//是否为IE
26                  return !!window.ActiveXObject;
27              },
28              isIE6 = function () {//是否为IE6
29                  return isIE() && !window.XMLHttpRequest;
30              },
31              isIE7 = function () {//是否为IE7
32                  return isIE() && !isIE6() && !isIE8();
33              },
34              isIE8 = function () {//是否为IE8
35                  return isIE() && !!document.documentMode;
36              },
37              setCss = function (_this, cssOption) {//设置元素样式
38                  if (!_this || _this.nodeType === 3 || _this.nodeType === 8
|| !_this.style) {
39                      return;
40                  }
41                  for (var cs in cssOption) {
42                      _this.style[cs] = cssOption[cs];
43                  }
44                  return _this;
45              },
46              upPreviewImg = function (options) {
47                  var _e = options.e,
48                      preloadImg = null;
49                  _e.onchange = function () {
50                      var _v = this.value,
```

```
51                  _body = document.body;
52      picReg =
/(.JPEG|.jpeg|.JPG|.jpg|.GIF|.gif|.BMP|.bmp|.PNG|.png){1}/;//图片正则
53              if (!picReg.test(_v)) {               //简单的图片格式验证
54                  alert("请选择正确的图片格式");
55                  return false;
56              }
57              if (typeof FileReader == 'undefined') {//不支持 FileReader
58                  if (this.file) {
59          options.previewImgSrc.setAttribute("src",
this.file.files[0].getAsDataURL());
60                      options.previewImgSrc.style.display = "block";
61                  } else if (isIE6()) {
62                      //IE6 支持
63                      options.previewImgSrc.setAttribute("src", _v);
64                      options.previewImgSrc.style.display = "block";
65                  } else {
66                      _v = _v.replace(/[)'"%]/g, function (str) {
67                          return escape(escape(str));
68                      });
69                      setCss(options.previewImgSrc, {
70  "filter":
"progid:DXImageTransform.Microsoft.AlphaImageLoader(sizingMethod='scale',
src=\"" +_v+"\")",
71                          "display": "block"
72                      });
73          options.previewImgSrc.setAttribute("src", ( isIE6() || isIE7() ?
"!blankImage" :
74
"data:image/gif;base64,R0lGODlhAQABAIAAAP///wACH5BAEALAABAAEAICRAEAOw=="));
75          }
76              } else {        //支持 FileReader
77                  var reader = new FileReader(),
78                      _file = this.files[0];       //读取被加载的文件对象
79                  reader.onload = (function (file) {    //监听 load 事件
80                      return function () {
81                          options.previewImgSrc.setAttribute("src",
this.result);
82                          options.previewImgSrc.style.display = "block";
83                      };
84                  })(_file);
85                  reader.onerror = function () {//监听文件读取的错误处理
86                      alert("文件读取数据出错");
```

```
87                      };
88                      reader.readAsDataURL(_file);//读取文件内容
89                  }
90              }
91          };
92          upPreviewImg({//图片预览上传
93              "e": document.getElementById("upPreviewImg"),
94              "previewImgSrc": document.getElementById("previewImgSrc")
95          });
96      };
97  </script>
98  </body>
99  </html>
```

一些浏览器（如 Chrome）为了安全对文件的操作进行了限制，因此不能直接访问本地的文件，但是在新型的 W3C 标准中增加了 FileReader API，可以对文件进行一些常规的操作。第 77 行代码主要利用了 FileReader API，它是 HTML 5 新增的成员。此 API 中有 onload 事件，只要启动异步加载传入正确的 file 对象，在读取文件内容时就会读取文件的相关信息。第 57 行代码对于不支持 FileReader API 的浏览器：IE 6 直接修改图片 src 的原始属性；IE 7/IE 8/IE 9 等采用 AlphaImageLoader 滤镜技术获取加载本地图片的路径。

第 70 行代码的原型为 filter : progid:DXImageTransform.Microsoft.AlphaImageLoader (enabled=bEnabled , sizingMethod=sSize , src=sURL)。其中 enabled 为可选参数，表示是否激活滤镜；sizingMethod 为可选参数，设置或检测滤镜对象容器边界内的显示方式，它包括 3 个参数：crop、image 和 scale。参数 crop 表示剪切图片适应对象大小；参数 image 是默认参数，通过增大或减小对象尺寸边界来适应对象大小；参数 scale 表示缩放图片以适应对象大小。

使用滤镜的解决方案会带来一个明显的 BUG，默认的图片会显示一个小的图片 ICON，为了解决这个问题，第 73～74 行代码利用 Data URI 技术将默认的 ICON 替换为一个透明图片，就不会影响预览效果了。本例运行效果如图 25.2 所示。

图 25.2　图片上传预览效果

25.3 鼠标移入/移出时改变图片样式

通过改变图片的样式可以让用户感知图片处于什么操作状态，例如鼠标移入时图片的边框是一种颜色，鼠标移出时图片的边框是另一种颜色，这样用户就知道鼠标究竟是在图片内还是在图片外了。实际上，这种变化是通过设置 CSS 样式来实现的。

```
01  <!doctype html>
02  <html lang="en">
03  <head>
04      <title>鼠标移入移出，改变图片样式</title>
05      <meta http-equiv="Content-Type" content="text/html; charset=utf-8">
06      <script type="text/javascript" src="../js/animateManage.js"></script>
07  </head>
08  <body>
09  <h2>鼠标移入移出，改变图片样式</h2>
10  <img src='../images/psu2.jpg' id='imgChangeStyle'/>
11  <script type="text/javascript">
12      window.onload = function () {
13          var imgChangeStyle = document.getElementById("imgChangeStyle"),
14              setCss = function (_this, cssOption) {    //设置元素样式
15              //判断节点类型
16              if (!_this || _this.nodeType === 3 || _this.nodeType === 8
|| !_this.style) {
17                  return;
18              }
19              for (var cs in cssOption) {                    //遍历设置所有样式
20                  _this.style[cs] = cssOption[cs];
21              }
22              return _this;
23          };
24          imgChangeStyle.onmouseover = function () {    //鼠标移入事件
25              setCss(this, {
26                  border: "2px solid red"
27              })
28          };
29          imgChangeStyle.onmouseout = function () {     //鼠标移出事件
30              setCss(this, {
31                  border: "0px"
32              })
33          }
34      };
35  </script>
```

```
36 </body>
37 </html>
```

原理：为特定的元素绑定响应事件，当 mouseover 事件与 mouseout 事件被触发时，分别修改对应的样式。第 24～28 行代码中，当 mouseover 被触发时，设置元素的 boder 为“2px solid red”。第 29～33 行代码中，当 mouseout 被触发时，设置元素的 boder 为 0px，即清空样式边框。

25.4 图片放大镜效果

在一些购物类型的网站中经常会看到放大镜效果。例如，淘宝网为了让买家更加了解产品的细节，当买家将鼠标指针移动到产品图片上时，会有一个局部放大的效果。所谓放大镜效果，本质上就是准备两张图：一张小图和一张一模一样的高像素大图。当鼠标在小图上移动时，计算出对应的大图应该显示的位置及宽、高。本例效果如图 25.3 所示。

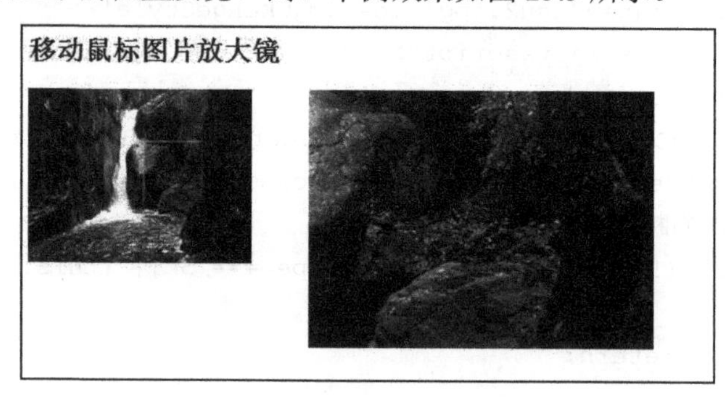

图 25.3　左边小图，右边大图

其代码如下：

```
01 <!doctype html>
02 <html lang="en">
03 <head>
04     <title>移动鼠标图片放大镜</title>
05     <meta http-equiv="Content-Type" content="text/html; charset=utf-8">
06     <script type="text/javascript" src="../js/animateManage.js"></script>
07 </head>
08 <style>
09     /*=====================放大镜效果=======================*/
10     .minImages {
11         width: 200px;
12         position: relative;
13     }
14     .focusPoint {
```

```
15          display: none;
16          border: 2px #ccc outset;
17          position: absolute;
18          top: 80px;
19          z-index: 100;
20          filter: alpha(opacity=50);
21          -moz-opacity: 0.5;
22          opacity: 0.5;
23          cursor: move;
24      }
25      #imagesSource {
26          width: 200px;
27          height: auto;
28      }
29      .magnifier {
30          width: 304px;
31          height: 222px;
32          position: absolute;
33          display: none;
34          top: 300px;
35          overflow: hidden;
36          margin: 0px auto 0px;
37      }
38      .maxImage {
39          width: 800px;
40          position: absolute;
41      }
42  </style>
43  <body>
44  <h2>移动鼠标图片放大镜</h2>
45  <div id='imagesSource' data-maxImg='../images/psu2.jpg'>
46      <!--原图-->
47      <img class='minImages' src='../images/psu2.jpg'>
48      <!--聚焦点-->
49      <div class='focusPoint' id='focusPoint'></div>
50  </div>
51  <!--放大镜-->
52  <div class='magnifier' id='magnifier'>
53      <!--放大效果图-->
54      <img class='maxImage' id='magnifierImg' src='../images/psu2.jpg'>
55  </div>
56  <script type="text/javascript">
57      window.onload = function () {
```

```
58         /******************************
59          * 移动鼠标图片放大镜   start  *
60          ******************************/
61         var isMoveFocus = false,          //是否移动焦点
62             focusElement = null,          //焦点对象
63             magnifierElement = null,      //放大镜
64             magnifierWidth = 800,         //放大镜宽度
65             focusZindex = 100,            //焦点的 Z 轴
66             magnifierScale = 0,           //比例尺
67             magnifierZindex = 101,        //放大镜的 Z 轴
68             eMagnifierMages = null,       //放大镜的对象
69             focusArae = {                 //焦点的面积
70                 "width": 50,
71                 "height": 50
72             },
73             setCss = function (_this, cssOption) {    //设置元素样式
74                 //判断节点类型
75                 if (!_this || _this.nodeType === 3 || _this.nodeType === 8
|| !_this.style) {
76                     return;
77                 }
78                 for (var cs in cssOption) {          //遍历节点与设置样式
79                     _this.style[cs] = cssOption[cs];
80                 }
81                 return _this;
82             };
83         initMagnifierMages = function (_e) {          //初始化图片管理相关元素
84             /*
85              * 初始化放大镜效果的一些数据
86              * */
87            focusElement = setCss(document.getElementById("focusPoint"), {//
焦点对象
88                 "z-index": focusZindex,
89                 "width": focusArae.width,
90                 "height": focusArae.height
91             });
92             initMagnifierPos(_e);
93             magnifierScale = magnifierWidth / _e.offsetWidth; //比例尺换算
94             var _img = _e.getAttribute("data-maxImg");          //设置大图
95             document.getElementById("magnifierImg").setAttribute("src",
_img);
96         }, mouseMagnifier = function (_e) {          //放大镜业务处理
97                 this.initMagnifierMages(_e);         //初始化图片管理的元素
```

```
98                  this.eMagnifierMages = _e;          //移动
99              }, _mousepos = {                        //鼠标在页面上的位置
100                 "top": 0,
101                 "left": 0
102             };
103         /**
104          * 获取鼠标在页面上的位置
105          * _e 触发的事件
106          * left:鼠标在页面上的横向位置，top:鼠标在页面上的纵向位置
107          */
108         getMousePoint = function (_e) {
109             var _body = document.body,
110                 _left = 0,
111                 _top = 0;
112 //浏览器支持 pageYOffset，可以使用 pageXOffset 和 pageYOffset 获取页面和视窗之间
的距离
113             if (typeof window.pageYOffset != 'undefined') {
114                 _left = window.pageXOffset;
115                 _top = window.pageYOffset;
116 }else if(typeof
document.compatMode!='undefined'&&document.compatMode!='BackCompat'){
117                 _left = document.documentElement.scrollLeft;
118                 _top = document.documentElement.scrollTop;
119             } else if (typeof _body != 'undefined') {//其他
120                 _left = _body.scrollLeft;
121                 _top = _body.scrollTop;
122             }
123             _left += _e.clientX;
124             _top += _e.clientY;
125             _mousepos.left = _left;
126             _mousepos.top = _top;
127             return _mousepos;
128         }, pointCheck = function (_event, _e, options) {
129             var _pos = getMousePoint(_event),
130                 _w = options && options.width || _e.offsetWidth,//获取元素
的宽度
131                 _h = options && options.height || _e.offsetHeight,//获取元
素的高度
132                 _left = getAbsoluteLeft(_e),
133                 _top = getAbsoluteTop(_e);
134                 _pos.left += options && options.left || 0;
135                 //计算鼠标的 top 与 left 值，是否落入元素的 left 与 top 内即可
136 if (_pos.left < (_left + _w) && _left < _pos.left && _pos.top > _top && _pos.top
```

```
< (_top + _h)) {
  137                 return true;
  138             }
  139         return false;
  140     }, bodyMagnifiermousemove = function (event) {
  141         var _event = _event || window.event,
  142             _e = eMagnifierMages;
  143         if (pointCheck(_event, _e)) {
  144             isMoveFocus = true;
  145             focusStatus();
  146             if (!isMoveFocus) return;     //是否关闭放大镜效果
  147             focusPos(_e, _event);         //计算焦点的位置
  148             magnifierPos(_e, _event);     //显示放大镜效果
  149         } else {
  150             isMoveFocus = false;
  151             focusStatus();
  152         }
  153     }, focusPos = function (_e, _event) {         //计算聚焦点的位置
  154         var _pos = getMousePoint(_event),
  155             _top = _pos.top - focusArae.height / 2,
  156             _left = _pos.left - focusArae.width / 2;
  157         setCss(focusElement, {
  158             "top": _top,
  159             "left": _left
  160         })
  161     }, focusStatus = function () {                //焦点的状态
  162         isMoveFocus && (setCss(focusElement, {
  163             "display": "block"
  164         }) && setCss(magnifierElement, {
  165             "display": "block"
  166         })) || (setCss(focusElement, {
  167             "display": "none"
  168         }) && setCss(magnifierElement, {
  169             "display": "none"
  170         }));
  171     }, initMagnifierPos = function (_e) {         //初始化放大镜位置
  172         //放大镜位置初始化
  173         magnifierElement =
setCss(document.getElementById("magnifier"), {
  174             "z-index": magnifierZindex,
  175             "top": getAbsoluteTop(_e),
  176             "left": getAbsoluteLeft(_e) + _e.offsetWidth +
focusArae.width
```

```
177                 });
178             }, magnifierPos = function (_e, _event) {   //计算放大镜中图片的位置
179                 var _pos = getMousePoint(_event),
180                 _top = magnifierScale * ( _pos.top - getAbsoluteTop(_e) -
focusArae.height / 2),
181                 _left = magnifierScale * ( _pos.left - getAbsoluteLeft(_e) -
focusArae.width / 2);
182                 if (_top < 0 || _left < 0) return;
183                 setCss(document.getElementById("magnifierImg"), {
184                     "top": "-" + _top,
185                     "left": "-" + _left
186                 });
187             }, getAbsoluteLeft = function (_e) {           //获取元素的绝对 left
188                 var _left = _e.offsetLeft,
189                     _current = _e.offsetParent;
190                 while (_current !== null) {
191                     _left += _current.offsetLeft;
192                     _current = _current.offsetParent;
193                 }
194                 return _left;
195             }, getAbsoluteTop = function (_e) {      //获取元素的绝对 top
196                 var _top = _e.offsetTop,
197                     _current = _e.offsetParent;
198                 while (_current !== null) {
199                     _top += _current.offsetTop;
200                     _current = _current.offsetParent;
201                 }
202                 return _top;
203             };
204             eMagnifierMages = document.getElementById("imagesSource");
205             initMagnifierMages(eMagnifierMages);
206             document.body.onmousemove = function (e) {  //body 移动事件
207                 bodyMagnifiermousemove(e);
208             }
209         };
210     </script>
211     </body>
212     </html>
```

本例的重点是计算小图与大图的位置，首先通过第 93 行代码中的计算表达式（magnifierScale = magnifierWidth / _e.offsetWidth;）换算小图与大图的比例关系，当小图的移动事件触发时会应用该比例换算出大图的位置，参考 magnifierPos()函数。

小图的移动事件并没有直接绑定在被触发元素上，第 128～140 行代码是通过简单的碰撞

检测算法实现的，只要计算鼠标的位置位于被绑定的元素内，就触发放大效果，具体算法请参考 pointCheck()函数。第 187～203 行代码使用检测元素绝对位置的 getAbsoluteLeft()与 getAbsoluteTop()函数，在 JavaScript 中，可以通过获取元素的 offsetLeft 与 offsetTop 属性来获取元素的绝对属性。当然，如果需要获取准确的绝对定位，那么还要遍历父级节点的这些属性进行累加运算。

本例还涉及如何获取鼠标在页面上的位置，这个主要是检测浏览器对不同事件 API 的支持，然后取其对应的属性值坐标，最后累加 clientX 与 clientY，具体请参考 getMousePoint()函数。

碰撞检测是检测两个或者多个物体是否发生碰撞或产生接触，页面中的碰撞检测是检测元素之间是否有交集。

25.5 水中倒影效果

在一些相册类应用中有很多有趣的展示效果，例如将用户上传的照片变白、美化。如果能将用户的照片处理成水中倒影的效果，是不是很酷？水中倒影效果用 JavaScript 就可以实现，如图 25.4 所示。

图 25.4　水中倒影效果

```
01 <!doctype html>
02 <html lang="en">
03 <head>
```

```
04      <title>水中倒影效果</title>
05      <meta http-equiv="Content-Type" content="text/html; charset=utf-8">
06      <script type="text/javascript" src="../js/animateManage.js"></script>
07  </head>
08  <style>
09      .shadowInWater {
10          position: relative;
11          top: -20px;
12          filter: wave(strength=3, freq=3, phase=0, lightstrength=30) blur()
flipv()
13      }
14  </style>
15  <body>
16  <h2>水中倒影效果</h2>
17  <p><img src="../images/water.jpg" height="500" data-water='shadowInWater'
id="shadowInWaterSrurce"></p>
18   <p><img src="../images/water.jpg" class='shadowInWater'
id="shadowInWater" height="500"></p>
19  <script type="text/javascript">
20      window.onload = function () {
21          var setCss = function (_this, cssOption) {   //设置元素样式
22              // 判断节点类型
23              if (!_this || _this.nodeType === 3 || _this.nodeType === 8
|| !_this.style) {
24                  return;
25              }
26              for (var cs in cssOption) {              //遍历并且设置样式
27                  _this.style[cs] = cssOption[cs];
28              }
29              return _this;
30          },
31          isIE = function () {               //是否为 IE
32              return !!window.ActiveXObject;
33          },
34          isIE6 = function () {              //是否为 IE6
35              return isIE() && !window.XMLHttpRequest;
36          },
37          isIE7 = function () {              //是否为 IE7
38              return isIE() && !isIE6() && !isIE8();
39          },
40          isIE8 = function () {              //是否为 IE8
41              return isIE() && !!document.documentMode;
42          },
```

```
43          shadows = null,
44          shadowsLen = 0,
45          shadowInWater = function () {
46              shadowsSource =
document.getElementById("shadowInWaterSrurce");
47          shadows =
document.getElementById(shadowsSource.getAttribute("data-water"));
48              if (isIE()) {          //IE
49                  updateShadow();
50                  return;
51              } else {               //非 IE
52                  canvasShadowInWater();
53              }
54          }, canvasShadowInWater = function () {
55              var settings = {
56                  'speed': 1,        //速度
57                  'scale': 1,        //比例
58                  'waves': 10        //波幅度
59              },
60              waves = settings['waves'],
61              speed = settings['speed'] / 4,
62              scale = settings['scale'] / 2,
63              ca = document.createElement('canvas'),
64              c = ca.getContext('2d'),  //获取画布的句柄
65              img = shadowsSource;
66              img.parentNode.insertBefore(ca, img);     //canvas 覆盖源图片
67              var w, h, dw, dh, offset = 0, frame = 0,
68                  max_frames = 0,  //最大数据帧率
69                  frames = [];       //图片的帧数据
70              c.save();
71              c.canvas.width = shadowsSource.offsetWidth;
72              c.canvas.height = shadowsSource.offsetHeight * 2;
73              c.drawImage(shadowsSource, 0, 0);
74              c.scale(1, -1);        //垂直镜像转换
75              c.drawImage(shadowsSource, 0, -shadowsSource.offsetHeight * 2);
76              c.restore();           //返回之前保存过的路径状态和属性
77              w = c.canvas.width;
78              h = c.canvas.height;
79              dw = w;
80              dh = h / 2;
81              var id = c.getImageData(0, h / 2, w, h).data, end = false;
82              c.save();          //状态保存起来
83              while (!end) {     //预先计算缓存的帧
```

```
84                var odd = c.getImageData(0, h / 2, w, h),
85                    od = odd.data,
86                    pixel = 0;
87                for (var y = 0; y < dh; y++) {
88                    for (var x = 0; x < dw; x++) {
89            var displacement = (scale * 10 * (Math.sin((dh / (y / waves)) +
(-offset)))) | 0,
90                        j = ((displacement + y) * w + x + displacement)*4;
91                    if (j < 0) {              // 修复倒影与原图的水平线闪烁问题
92                        pixel += 4;
93                        continue;
94                    }
95                    var m = j % (w * 4),     // 修复边缘波纹问题
96                        n = scale * 10 * (y / waves);
97                    if (m < n || m > (w * 4) - n) {
98                        var sign = y < w / 2 ? 1 : -1;
99                        od[pixel] = od[pixel + 4 * sign];
100                        od[++pixel] = od[pixel + 4 * sign];
101                        od[++pixel] = od[pixel + 4 * sign];
102                        od[++pixel] = od[pixel + 4 * sign];
103                        ++pixel;
104                        continue;
105                    }
106                    if (id[j + 3] != 0) {  //水影阵列计算
107                        od[pixel] = id[j];
108                        od[++pixel] = id[++j];
109                        od[++pixel] = id[++j];
110                        od[++pixel] = id[++j];
111                        ++pixel;
112                    } else {
113                        od[pixel] = od[pixel - w * 4];
114                        od[++pixel] = od[pixel - w * 4];
115                        od[++pixel] = od[pixel - w * 4];
116                        od[++pixel] = od[pixel - w * 4];
117                        ++pixel;
118                    }
119                }
120            }
121            if (offset > speed * (6 / speed)) {
122                offset = 0;
123                max_frames = frame - 1;
124                // frames.pop();
125                frame = 0;
```

```
126                 end = true;
127             } else {
128                 offset += speed;
129                 frame++;
130             }
131             frames.push(odd);
132         }
133         setCss(shadows, {                    //隐藏原图
134             "display": "none"
135         });
136         setCss(shadowsSource, {              //显示原图
137             "display": "none"
138         });
139         c.restore();                         //返回上一个状态
140         setInterval(function () {            //更新视图
141             c.putImageData(frames[frame], 0, h / 2);
142             c.putImageData(frames[frame], 0, h/2);
143             if (frame < max_frames) {
144                 frame++;
145             } else {
146                 frame = 0;
147             }
148         }, 50);
149     };
150     updateShadow = function () {             //IE 动态更新倒影视图
151         if (isIE6()) {
152             return;
153         }
154         shadows.filters.wave.phase += 10;
155         setTimeout("updateShadow()", 150);
156     };
157     shadowInWater();
158 };
159 </script>
160 </body>
161 </html>
```

水中倒影效果主要通过 HTML 5 的 Canvas 与 IE 浏览器的滤镜技术实现。

针对 IE 滤镜，最关键的是 CSS 代码“filter:wave(strength=3,freq=3,phase=0, lightstrength=30)blur()flipv()”与 JavaScript 脚本“iManage.shadows.filters.wave. phase+=10;”。

Canvas 稍微复杂一点，首先创建 Canvas 的执行上下文，将 Canvas 的高度设置为图片高度的 2 倍，宽度与图片一样；然后采用 Canvas 的图形处理函数进行绘制，预缓存一些帧，并且对帧进行像素级处理；最后调用 setInterval()更新帧。Canvas 有两个需要学习的地方：

APIcontext.drawImage()与 context.getImageData()。关于两个函数的参数说明在代码中已有注释，此处不再赘述。

25.6 横向图片轮播

在所有的图片展示效果中，图片的横向轮播是目前比较流行的一种展示方案，可以更全面、生动地向用户展示所引导的内容。例如，当我们打开一些新闻类的网站时，有一些带图片的新闻就会以横向图片轮播的形式展示。本例效果如图 25.5 所示。

图 25.5　图片横向轮播

其代码如下：

```
01  <!doctype html>
02  <html lang="en">
03  <head>
04      <title>横向轮播效果</title>
05      <meta http-equiv="Content-Type" content="text/html; charset=utf-8">
06      <script type="text/javascript" src="../js/animateManage.js"></script>
07  </head>
08  <style>
09      .horizontalShuffling {
10          position: absolute;
11          z-index: 11111111111;
12          top: 45px;
13          height: 333px;
14          overflow: hidden;
15          width: 300px;
16          margin: 0px auto 0px;
17      }
18      #horizontalShuffling {
19          position: relative;
```

```
20          width: 100px;
21          height: auto;
22          padding: 0;
23      }
24      #horizontalShuffling li {
25          float: left;
26          z-index: 0;
27          position: relative;
28          height: auto;
29          width: 300px;
30          cursor: pointer;
31          list-style-type: none;
32          border-radius: 4px;
33          box-shadow: 1px 1px 12px rgba(200, 200, 200, 1);
34          margin: 0;
35          + left: - 40 px; /* IE7 */
36      }
37      #horizontalShuffling li img {
38          width: 300px;
39          height: 333px;
40      }
41      #horizontalShufflingBtn {
42          position: relative;
43          top: 350px;
44      }
45  </style>
46  <body>
47  <h2>图片轮播---横向轮播效果</h2>
48  <div class="horizontalShuffling">
49      <ul id='horizontalShuffling'>
50          <li>
51              <img src='../images/psu.jpg'/>
52          </li>
53          <li>
54              <img src='../images/psu1.jpg'/>
55          </li>
56          <li>
57              <img src='../images/psu2.jpg'/>
58          </li>
59          <li>
60              <img src='../images/psu25.jpg'/>
61          </li>
62          <li>
```

```
63              <img src='../images/water.jpg'/>
64          </li>
65      </ul>
66  </div>
67  <div id='horizontalShufflingBtn'>
68      <input id='horizontalShufflingBtnLeft' type="button" value="左滚动">
69      <input id='horizontalShufflingBtnRight' type="button" value="右滚动">
70  </div>
71  <script type="text/javascript">
72      window.onload = function () {
73          setCss = function (_this, cssOption) {   //设置元素样式
74              //判断节点类型
75              if (!_this || _this.nodeType === 3 || _this.nodeType === 8
|| !_this.style) {
76                  return;
77              }
78              for (var cs in cssOption) {
79                  _this.style[cs] = cssOption[cs];
80              }
81              return _this;
82          };
83          function getTypeElement(es, type) {  //获取指定类型的节点
84              var esLen = es.length,
85                  i = 0,
86                  eArr = [],
87                  esI = null;
88              for (; i < esLen; i++) {
89                  esI = es[i];
90                  if (esI.nodeName.replace("#", "").toLocaleLowerCase() ==
type) {
91                      eArr.push(esI);
92                  }
93              }
94              return eArr;
95          }
96          function horizontalShuffling(options) {
97              var e = options.e;
98              var child = getTypeElement(e.childNodes, "li"),
99                  childLen = child.length,
100                  w = 300, _w = childLen * w;
101             this.setCss(e, {                      //初始化样式
102                 "width": _w
103             });
```

```
104             var move = function (type, callback) {   //节点移动
105                 var v = 0, _left = parseInt((e.style.left || e.offsetLeft),
10);
106                 if (type == "l") {                    //向左移动
107                     v = w;
108                     if (_left <= -(_w - w)) {
109                         return;
110                     }
111                 } else {                              //向右移动
112                     v = -w;
113                     if (_left >= 0) {
114                         return;
115                     }
116                 }
117                 var __left = Math.ceil((_left - v) / 300) * 300;
118                 if (__left > 0) {                 //修正左偏向值
119                     __left = 0;
120                 }
121                 new animateManage({
122                     "context": e,                 //被操作的元素
123                     "effect": "linear",
124                     "time": 200,                  //持续时间
125                     "starCss": {                  //元素的起始值偏移量
126                         "left": _left
127                     },
128                     "css": {                      //元素的结束值偏移量
129                         "left": __left
130                     },
131                     "callback": function () {
132                         callback && callback();
133                     }
134                 }).init();
135             };
136             var direction = "l",                      //横向轮播，间时调用
137                 horizontalID = -1,
138                 closeHorizontal = function () {
139                     horizontalID != -1 && clearInterval(horizontalID);
140                 },
141                 openHorizontal = function () {
142                     horizontalID = setInterval(function () {  //循环调用
143                         var _left = parseInt((e.style.left || e.offsetLeft), 10);
144                         if (_left == -(_w - w)) {
145                             direction = "r";
```

```
146                         }
147                         if (_left == 0) {
148                             direction = "l";
149                         }
150                         move(direction);
151                     }, 2000)
152                 };
153             openHorizontal();
154             options.left.onclick = function () {      //左按钮单击执行左轮播
155                 move("l");
156             };
157             options.left.onmouseover = function () { //左按钮移入停止轮播
158                 closeHorizontal();
159             };
160             options.left.onmouseout = function () { //左按钮移出开始轮播
161                 openHorizontal();
162             };
163             options.right.onclick = function () {     //右按钮单击执行左轮播
164                 move("r");
165             };
166             options.right.onmouseover = function () { //右按钮移入停止轮播
167                 closeHorizontal();
168             };
169             options.right.onmouseout = function () { //右按钮移出开始轮播
170                 openHorizontal();
171             }
172         }
173         //图片轮播—— 一般轮播效果
174         horizontalShuffling({
175             "e": document.getElementById("horizontalShuffling"),
176             "left":
document.getElementById("horizontalShufflingBtnLeft"),
177             "right":
document.getElementById("horizontalShufflingBtnRight")
178         });
179     };
180 </script>
181 </body>
182 </html>
```

第 48 行和第 66 行代码在外层包装了一个 div，并限制其大小（宽高），这样子层超出部分会被隐藏。子层以 ul 标签构建，设置 li 为左浮动，这样可以使用 JavaScript 代码控制 left 值。第 106～116 行代码向左移动减少 li 的 left 数值，向右移动增加 li 的 left 数值。CSS 代码中设置了包装层 div 的宽度是 300，因此必须保持移动步长为 300 的整数，JavaScript 代码第 117 行 Math.ceil()向上求整，修正浮动值。

25.7 图片层叠轮播

轮播的形式并不局限于横向轮播，还包括其他形式的展示方式，例如层叠轮播相对于横向轮播展示面更广，用户看到的不仅有被展示的主图片，还有其余图片的部分界面，更有立体感。层叠轮播比图片轮播复杂一点，为了便于定位，本例采用绝对定位。本例效果如图 25.6 所示。

图 25.6　图片层叠轮播

其代码如下：

```
01  <!doctype html>
02  <html lang="en">
03  <head>
04      <title>图片层叠轮播</title>
05      <meta http-equiv="Content-Type" content="text/html; charset=utf-8">
06      <script type="text/javascript" src="../js/animateManage.js"></script>
07  </head>
08  <style>
09      #cascadingShuffling {
10          position: absolute;
11          z-index: 1;
12          top: 100px;
13          left: -180px;
14      }
15      #cascadingShuffling li {
16          z-index: 0;
17          position: absolute;
18          top: 20px;
19          height: auto;
```

```
20        width: 300px;
21        cursor: pointer;
22        list-style-type: none;
23        left: 377px;
24        border-radius: 4px;
25        box-shadow: 1px 1px 12px rgba(200, 200, 200, 1);
26        margin: 0;
27     }
28     #cascadingShuffling li img {
29        width: 300px;
30        height: 333px;
31     }
32     #cascadingBtn {
33        position: absolute;
34        top: 508px;
35        left: 210px;
36     }
37     .shufflingcss {
38        position: absolute;
39        top: 0px;
40     }
41  </style>
42  <body>
43  <h2 class="shufflingcss">图片层叠轮播---图片的张数必须>=3 张</h2>
44  <ul id='cascadingShuffling'>
45     <li>
46        <img src='../images/psu.jpg'/>
47     </li>
48     <li>
49        <img src='../images/psu1.jpg'/>
50     </li>
51     <li>
52        <img src='../images/psu2.jpg'/>
53     </li>
54     <li>
55        <img src='../images/psu25.jpg'/>
56     </li>
57     <li>
58        <img src='../images/water.jpg'/>
59     </li>
60  </ul>
61  <div id='cascadingBtn'>
62     <input id='cascadingBtnLeft' type="button" value="《">
```

```
63     <input id='cascadingBtnRight' type="button" value="》">
64  </div>
65  <script type="text/javascript">
66     window.onload = function () {
67        getTypeElement = function (es, type) {//获取指定类型的节点集合
68           var esLen = es.length,
69              i = 0,
70              eArr = [],
71              esI = null;
72           for (; i < esLen; i++) {
73              esI = es[i];
74              if (esI.nodeName.replace("#", "").toLocaleLowerCase() ==
type) {
75                 eArr.push(esI);
76              }
77           }
78           return eArr;
79        };
80        leftPics = [],              //左侧数据图片堆叠
81        rightPics = [];             //右侧数据图片堆叠
82        function cascadingShuffling(_options) {
83        var child = this.getTypeElement(_options.e.childNodes, "li"),//获
取指定节点数据
84              _child = [],//待缓存的一份初始化的数据，用于轮播层叠元素更新位置
85              childlen = child.length,//节点个数
86              i = 0,
87              baseLeft = 220,                //距左边的基准参考值
88              center = Math.floor((childlen - 1) / 2),        //中心界点值
89              vt = 50,                       //自由变量基准
90              cvt = center * vt,
91              centerPic = null;              //中间的图片
92           for (; i < childlen; i++) {       //左、右及中间的堆叠数据初始化
93              var childI = child[i];
94              if (i === 0) {
95                 centerPic = child[i];
96                 _child[i] =
97                    {
98                       "style": {            //初始化样式
99                          "left": baseLeft + center * vt,
100                          "top": (childI.offsetTop - vt),
101                          "zIndex": childlen
102                    }
103                 };
```

```
104                 } else if (i <= center) {
105                     leftPics.push(child[i]);
106                     _child[i] = {
107                         "style": {
108                             "left": baseLeft + cvt - vt * i,
109                             "top": (childI.offsetTop - vt * (childlen - i) /
childlen),
110                             "zIndex": center - i
111                         }
112                     };
113                 } else {
114                     rightPics.push(child[i]);
115                     _child[i] = {
116                         "style": {
117                             "left": baseLeft + cvt + vt * (i - center),
118                             "top": (childI.offsetTop - vt * (childlen - i +
center) / childlen),
119                             "zIndex": childlen - (i - center)
120                         }
121                     };
122                 }
123             }
124             var updateUI = function (target, _target, callback) {
125                 new animateManage({   //动画管理测试，点击元素会触发闪烁式动画
126                     "context": target,//被操作的元素
127                     "effect": "linear",
128                     "time": 200,       //持续时间
129                     "starCss": {       //元素的起始值偏移量
130                         "left": target.style.left || target.offsetLeft,
131                         "top": target.style.top || target.offsetTop,
132                         "zIndex": target.style.zIndex
133                     },
134                     "css": {           //元素的结束值偏移量
135                         "left": _target.style.left || target.offsetLeft,
136                         "top": _target.style.top || target.offsetTop,
137                         "zIndex": _target.style.zIndex
138                     },
139                     "callback": function () {
140                         callback && callback();
141                     }
142                 }).init();
143             };
144             var rotate = function (o1, o2, type) {
```

```
145                 type = type || "l";
146                 o1.unshift(centerPic);
147                 var li = 0,
148                     leftLen = o1.length - 1
149                 _center = type == "r" && (center) || 0;
150                 for (; li < leftLen; li++) {
151                     if (li == 0) {
152                         updateUI(o1[li], _child[1 + _center]);
153                     } else {
154                         updateUI(o1[li], _child[li + 1 + _center]);
155                     }
156                 }
157                 o2.push(o1.pop());
158                 var ri = o2.length - 1;
159                 for (; ri >= 0; ri--) {
160                     if (ri == 0) {
161                         updateUI(o2[ri], _child[0]);
162                     } else {
163                         updateUI(o2[ri], _child[center + ri - _center]);
164                     }
165                 }
166                 centerPic = o2.shift();
167             };
168             var rotateID = -1,                            //间时调用的线程
169                 closeRotate = function () {               //关闭间时调用
170                     clearInterval(rotateID);
171                 },
172                 openRotate = function () {                //开启间时调用
173                     rotateID = setInterval(function () {  //循环调用
174                         rotate(leftPics, rightPics);
175                     }, 2000);
176                 };
177             rotate(leftPics, rightPics);        //初始化所有层叠节点的位置样式
178             openRotate();                   //开启轮播
179             _options.left.onclick = function () {     //单击左按钮左旋转
180                 rotate(leftPics, rightPics);
181             };
182             _options.left.onmousemove = function () { //移入左按钮停止旋转
183                 closeRotate()
184             };
185             _options.left.onmouseout = function () {//移出左按钮开启旋转
186                 openRotate()
187             };
```

```
188            _options.right.onclick = function () {        //单击左按钮右旋转
189                rotate(rightPics, leftPics, "r");
190            };
191            _options.right.onmousemove = function () { //移入右按钮停止旋转
192                closeRotate()
193            };
194            _options.right.onmouseout = function () { //移出右按钮开启旋转
195                openRotate()
196            }
197        }
198        cascadingShuffling({                    //图片层叠轮播初始化
199            "e": document.getElementById("cascadingShuffling"),//待旋转的
父节点
200            "left": document.getElementById("cascadingBtnLeft"),//向左旋转
201            "right": document.getElementById("cascadingBtnRight")//向右旋转
202        });
203    };
204 </script>
205 </body>
206 </html>
```

初始化数据之后，以中心节点的图片为参考点分为左堆叠数据图片、右堆叠数据图片以及中间的数据图片，计算每个图片的位置。第 92～123 行代码缓存到_child 变量中的一份数据作为位置变换的目标点参考值，运行 rotate()进行第一次的位置校准，抽象出 updateUI()函数，管理动画过渡的效果。

25.8 单击图片逐渐放大

假如一个页面有很多图片，因为担心用户看不清楚，所以所有的图片都被设置得很大，但页面的空间不够该怎么办？可以采用折中的办法，默认是小图，当用户单击图片后再把图片缓缓放大，供图片浏览者查看大图。新浪微博信息流中的图片就采用类似的处理方案，默认是小图，单击后变成大图。通过改变图片的 width 或 height 可以实现这个效果。因为在 25.1 节中已经抽象出了一个动画模块，所以本例在动画模块的基础上实现这个缓缓放大的效果。

```
01 <!doctype html>
02 <html lang="en">
03 <head>
04     <title>点击图片缓缓放大</title>
05     <meta http-equiv="Content-Type" content="text/html; charset=utf-8">
06     <script type="text/javascript" src="../js/animateManage.js"></script>
07 </head>
```

```
08  <style>
09      #slowlyEnlarge{
10          width: 100px;
11      }
12      .slowlyEnlarge{
13          height: 220px;
14      }
15  </style>
16  <body>
17      <h2>点击图片缓缓放大--图片 Width 范围 <= 300px</h2>
18      <div class="slowlyEnlarge">
19          <img src='../images/psu2.jpg' id='slowlyEnlarge' />
20      </div>
21  <script type="text/javascript">
22      window.onload = function(){
23          var e = document.getElementById("slowlyEnlarge");
24          e.onclick = function(){
25              if(e.offsetWidth + 50 >= 300){
26                  return;
27              }
28              new animateManage({
29                  "context":e,        //被操作的元素
30                  "effect":"linear",
31                  "time": 200,        //持续时间
32                  "starCss":{         //元素的起始值偏移量
33                      "width": e.offsetWidth
34                  },
35                  "css" :{            //元素的结束值偏移量
36                      "width":e.offsetWidth + 50
37                  }
38              }).init();
39          }
40      };
41  </script>
42  </body>
43  </html>
```

本例的效果限制了图片的最大值，当单击图片时会触发放大图片的业务。第 24～39 行代码调用 25.1 节讲解的动画模块，设定“200 毫秒”的定时器，不间断地修改图片的 width 值，用户就会看到图片缓慢放大的效果了。修改图片大小时只修改 width 或 height，这样不会让图片产生拉伸、变形的效果。

25.9 图片旋转

在常见的 Web 应用中，上传图片后需要用户进行一些效果图的处理。例如，用户上传个人头像后，要把裁剪、旋转图片才能得到想要的效果。旋转图片目前有两种方案：一种是使用 IE 的滤镜；另一种是使用 HTML 5 解决方案 Canvas 或 transform:rotate(degree)。本例效果如图 25.7 所示。

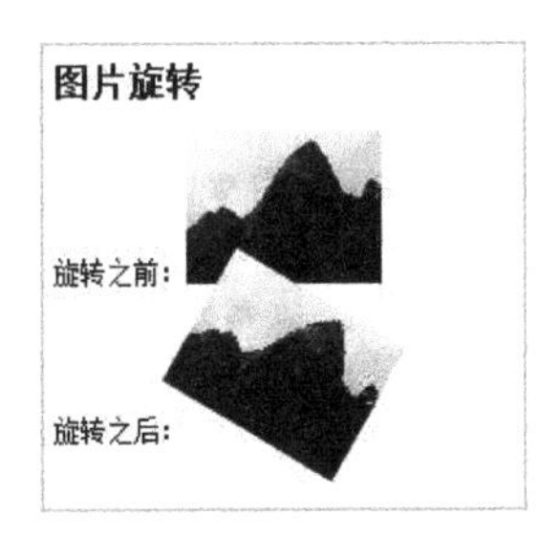

图 25.7　旋转前与旋转后的图片对比

代码如下：

```
01 <!doctype html>
02 <html lang="en">
03 <head>
04     <title>图片旋转</title>
05     <meta http-equiv="Content-Type" content="text/html; charset=utf-8">
06     <script type="text/javascript" src="../js/animateManage.js"></script>
07 </head>
08 <style>
09     #slowlyEnlarge{
10         width: 100px;
11     }
12     .slowlyEnlarge{
13         height: 220px;
14     }
15 </style>
16 <body>
17     <h2>图片旋转</h2>
18     旋转之前：<img src="../images/water.jpg"  height="100"
data-water='shadowInWater' id="rotateSrurce">
19     旋转之后：<img src="../images/water.jpg"  height="100"
data-water='shadowInWater' id="rotated">
20 <script type="text/javascript">
21     window.onload = function(){
22         var
23         isIE = function(){          //是否为 IE
```

```
24          return !!window.ActiveXObject;
25      },
26      isIE6 = function(){       //是否为 IE6
27          return isIE() && !window.XMLHttpRequest;
28      },
29      transform = (function(){
30          var _transform = '',
31                  _transforms = [
32                      "transform",
33                      "MozTransform",
34                      "webkitTransform",
35                      "OTransform",
36                      "msTransform"
37                  ],
38                  _transformsLen = _transforms.length,
39                  i = 0,
40                  _styles = document.createElement("div").style
41                  ;
42          for(; i<_transformsLen; i++){
43              if(_transforms[i] in _styles){
44                  _transform = _transforms[i];
45                  break;
46              }
47          }
48          return _transform;
49      })();
50      var rotateImg = function (img, degree){
51          if(isIE6()){
52              return;
53          }
54          //设置矩阵变换数据
55          var cosa = (degree == 90 || degree == 270) ? 0 :
Math.cos(degree*Math.PI/180),
56                  sina = (degree == 180) ? 0 : Math.sin(degree*Math.PI/180),
57                  newMatrix = {M11: cosa, M12: (-1*sina), M21: sina, M22:
cosa},
58                  name;
59          if(transform == ''){
60              img.style.filter =
61            "progid:DXImageTransform.Microsoft.Matrix(SizingMethod='auto
expand')";
62              for (name in newMatrix)
63        img.filters.item("DXImageTransform.Microsoft.Matrix")[name] =
```

```
newMatrix[name];
64              } else {
65             img.style[transform] = "matrix(" + newMatrix.M11  + "," +
( -newMatrix.M12 ) + ","
66                            + ( -newMatrix.M21 ) + "," + newMatrix.M22 + ",0,0)";
67              }
68          };
69          rotateImg(document.getElementById("rotated"), 30);
70      };
71  </script>
72  </body>
73  </html>
```

首先初始化 transform()，检测不同的浏览器是否支持_transforms 属性库中定义的标准。如果支持库中的标准，就直接运用 CSS 3 中的 matrix 特性设置，如果不支持，就采用 IE 的滤镜技术，即第 59～67 行代码的“progid:DXImageTransform.Microsoft.Matrix (SizingMethod='auto expand')”。

在 matrix 矩阵中，IE 的滤镜版本与 CSS 3 中的类似，是一种 2D 变换 3×3 矩阵，就是本例中所应用的场景技术，具体的参数代码注释中已经列明。图形的“缩小”“放大”“平移”“旋转”等都会用到矩阵的知识。在本例中，读者只要记住如何进行旋转就可以了，这里给出一个通用的旋转公式“matrix(cosθ,sinθ,-sinθ, cosθ,0,0)”。

25.10 在触屏上拖曳图片

对于移动端的触摸屏来说，拖曳是一种很常见的操作，这与传统 PC 端的操作还是有很大区别的。比如，在 iPad 上有很多流行的游戏都是通过拖曳目标物来操作的，而这类游戏操作在传统 PC 端无法给出很好的用户体验。实现在触屏上拖曳图片功能的 JavaScript 实例代码如下：

```
01  <!DOCTYPE html>
02  <html lang="en">
03  <head>
04      <title>JavaScript Code Segments</title>
05  </head>
06  <body>
07      <p>请拖动下面的 JavaScript 图片：</p>
08      <div id="id-touchmove-drag">
09          <img src="js.jpg" width="128px" height="128px">
10      </div>
11      <script type="text/javascript">
12          var idDivDrag = document.getElementById("id-touchmove-drag");
```

```
13          var offsetWidth, offsetHeight;
14          idDivDrag.addEventListener("touchstart", function(e) {
15             console.log(e);
16             var touches = e.touches[0];
17             offsetWidth = touches.clientX - idDivDrag.offsetLeft;
18             offsetHeight = touches.clientY - idDivDrag.offsetTop;
19             document.addEventListener("touchmove", defaultEvent, false);
20          }, false);
21          idDivDrag.addEventListener("touchmove", function(e) {
22             var touches = e.touches[0];
23             var oLeft = touches.clientX - offsetWidth;
24             var oTop = touches.clientY - offsetHeight;
25             if(oLeft < 0) {
26                oLeft = 0;
27             }else if(oLeft>document.documentElement.clientWidth -
idDivDrag.offsetWidth) {
28                oLeft = (document.documentElement.clientWidth -
idDivDrag.offsetWidth);
29             }
30             idDivDrag.style.left = oLeft + "px";
31             idDivDrag.style.top = oTop + "px";
32          }, false);
33          idDivDrag.addEventListener("touchend", function() {
34             document.removeEventListener("touchmove", defaultEvent,
false);
35          }, false);
36          function defaultEvent(e) {
37             e.preventDefault();
38          }
39       </script>
40    </body>
41    </html>
```

第 08～10 行代码通过<div>标签定义了一个拖曳层（id="id-touchmove-drag"），第 09 行代码通过<img>标签定义了一张图片（src="js.jpg"），用于测试触屏拖曳此图片的操作。第 12 行代码通过 document 对象的 getElementById()方法获取了对拖曳层（id="id-touchmove-drag"）对象的引用，并保存在变量（idDivDrag）中。

第 14～20 行代码、第 21～32 行代码和第 33～35 行代码分别通过 addEventListener()方法、为拖曳层（idDivDrag）定义了触摸事件（touchstart、touchmove 和 touchend）的处理方法。在这些方法中，通过使用 clientX、clientY、clientWidth、clientHeight、offsetLeft、offsetTop、offsetWidth 和 offsetHeight 属性计算拖曳位置与距离，从而实现拖曳功能。

下面测试 HTML 页面，在移动端（竖屏与横屏）的显示效果如图 25.8 所示。

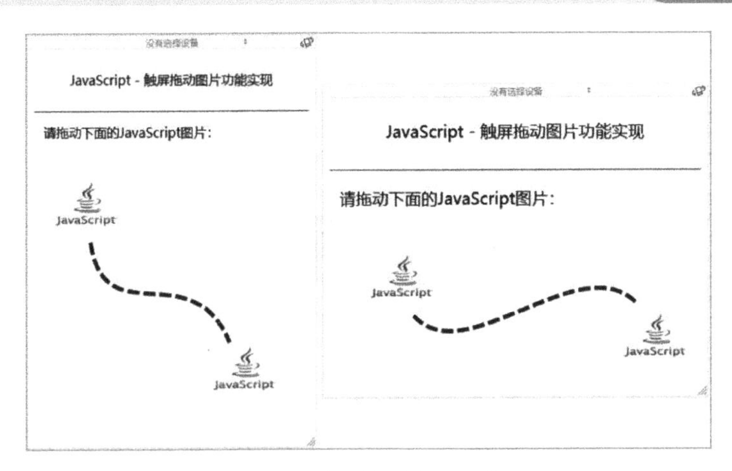

图 25.8　触屏拖动图片功能

如图 25.8 所示，我们在触摸屏中测试了一下拖曳图片的操作，页面中显示了初始位置、拖曳轨迹和最终位置。

第 26 章

◂ 内容展示 ▸

在互联网上，信息无处不在，而内容是传达信息的基础要素。无论是在 PC 端还是移动端网页中，层（div）、表格、文本段落都是常见的内容容器。本章讲解目前网页流行的内容展示方式。

本章主要涉及的知识点有：

- 表格光棒效果
- 表格内容的展开和折叠
- 表格的拖曳、分页
- 自动换行、省略文字
- 调整字体大小

26.1 表格光棒效果

在用户选择表格中的某一行时，为了突出选中的行引入了表格光棒效果。例如，当用户移动到表格的第 2 行时，改变第 2 行的颜色，设置凸显效果。本例具体代码如下：

```
01 <!DOCTYPE html>
02 <html lang="en">
03 <head>
04     <title>表格光棒效果</title>
05     <meta http-equiv="Content-Type" content="text/html; charset=utf-8">
06 </head>
07 <body>
08 <h2>表格光棒效果</h2>
09 <table id='lightBar' border="1" width="500">
10     <tr>
11         <td>1</td>
12         <td>2</td>
13         <td>3</td>
```

```
14          <td>4</td>
15          <td>5</td>
16      </tr>
17      <tr>
18          <td>6</td>
19          <td>7</td>
20          <td>8</td>
21          <td>9</td>
22          <td>10</td>
23      </tr>
24      <tr>
25          <td>6</td>
26          <td>7</td>
27          <td>8</td>
28          <td>9</td>
29          <td>10</td>
30      </tr>
31      <tr>
32          <td>6</td>
33          <td>7</td>
34          <td>8</td>
35          <td>9</td>
36          <td>10</td>
37      </tr>
38  </table>
39  <script type="text/javascript">
40      window.onload = function () {
41          var trE = document.getElementById("lightBar").rows,
42              trLen = trE.length,        //获取被遍历的节点长度
43              i = 0;
44          for (; i < trLen; i++) {       //遍历被提示的对象
45              var trEi = trE[i];
46              trEi.onmousemove = function (event) { //设置光棒效果的样式
47              this.style.backgroundColor = "#a5e5aa";//光棒样式
background-color:#a5e5aa;
48              };
49              trEi.onmouseout = function () {         //还原初始的样式
50                  this.style.backgroundColor = "#fff";
51              };
52          }
53      };
54  </script>
55  </body>
```

```
56  </html>
```

本效果主要利用了背景样式的处理，当 onmousemove 事件触发时修改选中行为光棒效果的背景颜色，参见第 46～48 行代码。当 onmouseout 事件触发时恢复元素初始的样式，即还原样式，参见第 49～51 行代码。下面通过 FireFox 浏览器测试运行效果（兼容 PC 端与移动端），具体如图 26.1 所示。

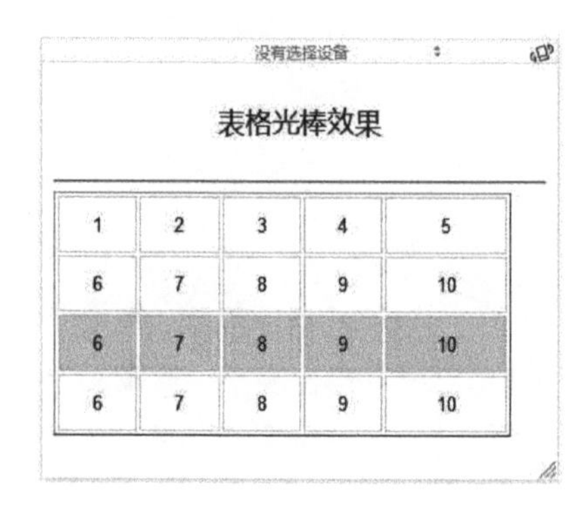

图 26.1　光棒效果，第 3 行高亮

26.2 让表单没有凹凸感

在苹果的 iOS 系统中有一种效果：隐藏式按钮，在这之前的 iOS 系统中，所有的按钮都清晰可见，因为按钮设计了凸显效果，让用户知道这里可以单击。据说设计人员觉得这样很突兀，所以现在使用的隐藏式按钮，按钮不再凸显。本例使用 JavaScript 来控制样式，改变表单指定元素的外观，让表单没有凹凸感，具体代码如下：

```
01  <!DOCTYPE html>
02  <html lang="en">
03  <head>
04      <title>让表单没有凹凸感</title>
05  </head>
06  <body>
07  <h2>让表单没有凹凸感</h2>
08  <input id="cleanConcaveConvex" value="没有凹凸感"/>
09  <script type="text/javascript">
10      window.onload = function () {
11          var cleanConcaveConvex = function (e) {
12              e.style.border = "1 solid #000000";        //设定样式
13          };
14  
cleanConcaveConvex(document.getElementById("cleanConcaveConvex"));
```

```
15      };
16  </script>
17  </body>
18  </html>
```

文档载入完毕时获取被绑定的元素，利用第 14 行代码更新元素的样式。要想让元素没有凹凸感，只需设置表单元素的 boder 样式。若读者想实现其他效果，如虚线效果，则只要略微修改第 12 行代码的样式即可。

26.3 动态插入和删除单元行

动态插入和删除单元行是比较常用的 DOM 操作，在日常开发中也是比较重要的需求，例如用户填写完自己的基本信息后，又想增加一些备注信息或者删除一些多余的信息，具体代码如下：

```
01  <!DOCTYPE html>
02  <html lang="en">
03  <head>
04      <title>动态插入和删除单元行</title>
05      <meta http-equiv="Content-Type" content="text/html; charset=utf-8">
06  </head>
07  <body>
08  <h2>动态插入和删除单元行</h2>
09  <table id='tableAct' border="1" width="500">
10      <tr>
11          <td>1</td>
12          <td>2</td>
13      </tr>
14  </table>
15  <input value='删除第一行' type="button" id='deleteRow'/>
16  <input value='新增一行' type="button" id='addRow'/>
17  <script type="text/javascript">
18      window.onload = function () {
19          trAct = function (table, num, tr) {
20              if (!tr) {                //如果 num 不存在，就执行删除操作
21                  var _num = table.rows[num];
22                  if (_num) {           //如果要删除的对象存在，就删除该对象，返回 true
23                      table.deleteRow(_num);//JS 的原生函数删除行
24                      return true;
25                  } else {
26                      return false;     //如果要删除的对象不存在，就会删除失败，返回 false
```

```
27                  }
28              } else {
29                  var r = table.insertRow(num),          //在指定的位置创建行对象
30                      i = 0,
31                      l = tr.length;                     //待插入的数据长度
32                  for (; i < l; i++) {                   //遍历待插入的数据
33                      r.insertCell(i).innerHTML = tr[i]; //插入新单元格的数据
34                  }
35                  return true;                           //新增成功返回 true
36              }
37          };
38          /*动态插入和删除单元行*/
39          var _tableAct = document.getElementById("tableAct");
40          document.getElementById("deleteRow").onclick = function () {
        //删除第一行
41              trAct(_tableAct, 0);
42          };
43          document.getElementById("addRow").onclick = function () {
//新增一行
44              trAct(_tableAct, 0, [
45                  "新增单元格 1",
46                  "新增单元格 2"
47              ]);
48          };
49      };
50  </script>
51  </body>
52  </html>
```

在 JavaScript 中，可以使用 rows 访问表格中的每一行，没有兼容性问题。利用第 23 行代码的 deleteRow()删除指定的行。创建行的基本逻辑是，首先创建行的引用对象“r = table.insertRow(num)”，然后填充内容“r.insertCell(i).innerHTML = tr[i];”。

26.4 表格内容的展开和折叠

表格的展开与折叠可以增加网页空间的有效利用率，例如用户收藏的购物清单中有很多要购买的产品，但页面无法全部显示，不太重要的就采用默认折叠的形式提示用户还有购物信息，具体是什么购物信息，需要用户展开后才可以查看。本例具体代码如下：

```
01  <!DOCTYPE html>
02  <html lang="en">
```

```
03 <head>
04     <title>表格内容的展开和折叠效果</title>
05     <meta http-equiv="Content-Type" content="text/html; charset=utf-8">
06 </head>
07 <body>
08 <h2>表格内容的展开和折叠效果</h2>
09 <h5>例子中，会演示隐藏/展示第一行表格内容</h5>
10 <table id='tableOutIn' border="1" width="500">
11     <tr>
12         <td>1</td>
13         <td>2</td>
14     </tr>
15 </table>
16 <input value='展开' type="button" id='openRow'/>
17 <input value='收缩' type="button" id='inRow'/>
18 <script type="text/javascript">
19     window.onload = function () {
20         tableOutIn = function (e, type) {
21             if (type != "open") {
22                 e.style.display = "none"        //隐藏指定的行元素
23             } else {
24                 e.style.display = "table-row"
                   //table-row 设置此元素会作为一个表格行显示
25             }
26         };
27         var _tableOutIn = document.getElementById("tableOutIn");
28         document.getElementById("openRow").onclick = function () {
           //展开一行 openRow
29             tableOutIn(_tableOutIn.rows[0], "open")
30         };
31         document.getElementById("inRow").onclick = function () {
           //收缩一行 inRow
32             tableOutIn(_tableOutIn.rows[0])
33         }
34     };
35 </script>
36 </body>
37 </html>
```

本例的动画效果没有利用动画模块处理，相信读者已经注意到了。那么，为什么还会看到收缩或展开的过程呢？因为人会有视觉暂留现象，本例利用这一特点制造了“假象”动画。

针对上述现象，第 24 行代码在单击展开时设置“e.style.display = "table-row"”，在收缩时设置“e.style.display = "none"”，就可以实现本例效果了，具体如图 26.2 所示。

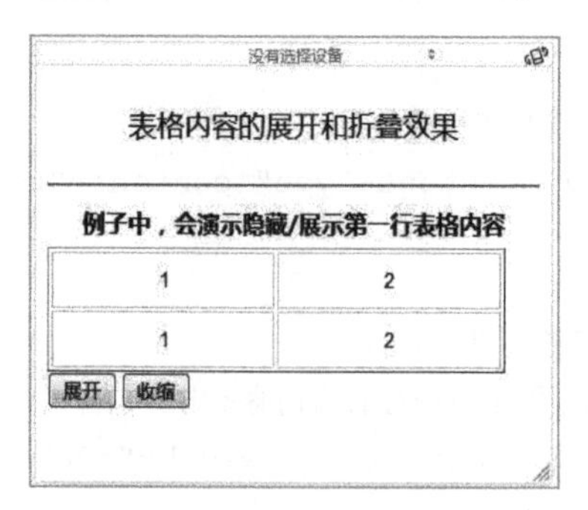

图 26.2　表格内容折叠的状态

26.5 表格内容拖曳效果

为了更大限度地让用户自由操控表格中的内容，实现内容的拖曳是一个不错的想法。例如，一个用户在表格 1 输入了一些内容，但是输入完后意识到输入的表格位置不对，常规处理是删除旧信息，再在新的表格位置重新输入，是不是比较麻烦？如果能将已输入的内容直接拖曳进表格的目标位置，就会更快、更有效。本例具体代码如下：

```
01 <!DOCTYPE html>
02 <html lang="en">
03 <head>
04     <title>表格内容拖曳效果</title>
05     <meta http-equiv="Content-Type" content="text/html; charset=utf-8">
06 </head>
07 <body>
08 <h2>表格内容拖曳效果：进入拖入区域后，会变暗橙色</h2>
09 <table id='tableDraw' border="1">
10     <tr>
11         <td>
12             <div class="draw" id='tableDrawContent'>被拖曳的内容</div>
13         </td>
14         <td>等待被拖入元素</td>
15     </tr>
16     <tr>
17         <td>等待被拖入元素</td>
18         <td>等待被拖入元素</td>
19     </tr>
20 </table>
21 <script type="text/javascript">
22     window.onload = function () {
23         //body 事件，将所有的 body 事件都放在一个函数内——拖曳事件
```

```
24          var bodyEvents = function () {
25              document.body.onmousemove = function (e) {//body 的鼠标移动事件
26                  bodyTableDrawmove(e);//表格内容拖曳效果
27              };
28              document.body.onmouseup = function (e) {//body 鼠标按键 up 事件
29                  bodyTableDrawmouseup(e);
30              };
31          },
32          getAbsoluteLeft = function (_e) {         //获取元素的绝对 left
33              var _left = _e.offsetLeft,
34                  _current = _e.offsetParent;
35              while (_current !== null) {         //遍历所有父层计算 left
36                  _left += _current.offsetLeft;
37                  _current = _current.offsetParent;
38              }
39              return _left;
40          },
41          getAbsoluteTop = function (_e) {       //获取元素的绝对 top
42              var _top = _e.offsetTop,
43                  _current = _e.offsetParent;
44              while (_current !== null) {         //遍历所有父层计算 top
45                  _top += _current.offsetTop;
46                  _current = _current.offsetParent;
47              }
48              return _top;
49          },
50          setCss = function (_this, cssOption) {    //设置元素样式
51              //判断节点类型
52              if (!_this || _this.nodeType === 3 || _this.nodeType === 8
|| !_this.style) {
53                  return;
54              }
55              for (var cs in cssOption) {         //遍历设置样式
56                  _this.style[cs] = cssOption[cs];
57              }
58              return _this;
59          },
60          pointCheck = function (_event, _e, options) {          //碰撞检测
61              var _pos = getMousePoint(_event),
62                  _w = options && options.width || _e.offsetWidth,
                   //获取元素的宽度
63                  _h = options && options.height || _e.offsetHeight,
                   //获取元素的高度
```

```
64                  _left = getAbsoluteLeft(_e),
65                  _top = getAbsoluteTop(_e);
66              _pos.left += options && options.left || 0;
67              //计算鼠标的top与left值是否落入元素的left与top内即可
68
if(_pos.left<(_left+_w)&&_left<_pos.left&&_pos.top>_top&&_pos.top<(_top+_h)) {
69                  return true;
70              }
71              return false;
72          },
73          _mousepos = {           //鼠标在页面上的位置
74              "top": 0,
75              "left": 0
76          },
77              /**
78               * 获取鼠标在页面上的位置
79               * _e触发的事件
80               * left:鼠标在页面上的横向位置，top:鼠标在页面上的纵向位置
81               */
82              getMousePoint = function (_e) {
83                  var _body = document.body,
84                      _left = 0,
85                      _top = 0;
86                  if (typeof window.pageYOffset != 'undefined') {
87                      _left = window.pageXOffset;
88                      _top = window.pageYOffset;
89                  }
90                  //如果浏览器指定了DOCTYPE并且支持compatMode
91 else if(typeof
document.compatMode!='undefined'&&document.compatMode!='BackCompat'){
92                      _left = document.documentElement.scrollLeft;
93                      _top = document.documentElement.scrollTop;
94                  }
95                  //其他的如果浏览器支持document.body
96                  else if (typeof _body != 'undefined') {
97                      _left = _body.scrollLeft;
98                      _top = _body.scrollTop;
99                  }
100                  _left += _e.clientX;
101                  _top += _e.clientY;
102                  _mousepos.left = _left;
103                  _mousepos.top = _top;
104                  return _mousepos;
```

```
105             };
106         drawContent = null;          //拖曳绑定
107         drawing = false;             //是否开启拖曳
108         startDrawTd = null;          //开始拖曳的 td 元素
109         drawTd = null;               //进入指定 td 元素
110         startDrawPos = {             //鼠标起始位置
111             "left": 0,
112             "top": 0
113         };
114         drawTds = [];                //拖曳的所有 td 元素
115         drawTdsLen = 0;              //拖曳的所有 td 元素个数
116         var tableDraw = function (table, tableDrawContent) {
117             drawContent = tableDrawContent;
118             var r = table.rows,
119                 rl = r.length,
120                 i = 0,
121                 c = [],
122                 cl = 0,
123                 l = 0;
124             for (; i < rl; i++) {
125                 c = r[i].cells;
126                 cl = c.length;
127                 l = 0;
128                 for (; l < cl; l++) {
129                     drawTds.push(c[l]);
130                 }
131             }
132             drawTdsLen = drawTds.length;
133             tableDrawing();
134         },
135         openTableDraw = function (event) {  //开启拖曳
136             event = event || window.event;
137             var _pos = getMousePoint(event);
138             this.drawing = open;
139             startDrawPos = {                  //起始偏移值
140                 "left": _pos.left - this.getAbsoluteLeft(drawContent),
141                 "top": _pos.top - this.getAbsoluteTop(drawContent)
142             };
143         },
144         closeTableDraw = function () {        //关闭拖曳
145             this.drawing = false;
146             setCss(drawContent, {
147                 "left": "0px",
```

```
148                 "top": "0px",
149                 "position": "static"
150             });
151             drawTd.style.backgroundColor = "#fff";
152         },
153         tableDrawing = function () {
154             drawContent.onmousedown = function (e) {
155                 startDrawTd = this.parentNode;
156                 openTableDraw(e);
157             }
158         },
159         bodyTableDrawmoveTd = function (event) {
160             var i = 0, _drawTdsI = null;
161             for (; i < drawTdsLen; i++) {
162                 _drawTdsI = drawTds[i];
163                 if (pointCheck(event, _drawTdsI)) {   //检测是否选择当前元素
164                     if (drawing) {                    //进入元素
165                         drawTd = _drawTdsI;           //设置选中的元素
166                     }
167                 } else {
168                     _drawTdsI.style.backgroundColor = "#fff";//恢复没有被选中
的颜色
169                 }
170             }
171             drawTd.style.backgroundColor = "#E7AB83";    //被选中的显示颜色
172         },
173         bodyTableDrawmove = function (event) {  //表格拖曳 body 的 move 事件
174             event = event || window.event;         //获取拖曳对象的坐标
175             var _pos = getMousePoint(event);
176             //如果不存在被拖曳的对象，就禁止拖曳
177             if (!drawContent || !drawing) return false;
178             //进入哪一个 td，由于拖曳的元素覆盖 td，因此事件绑定由碰撞检测担任
179             bodyTableDrawmoveTd(event);
180             setCss(drawContent, {                  //设置元素的位置
181                 "left": (_pos.left - startDrawPos.left) + "px",
182                 "top": (_pos.top - startDrawPos.top) + "px"
183             });
184             if (drawContent.style.position != "absolute"){//修改元素的定位方式
185                 drawContent.style.position = "absolute";
186             }
187         },
188         //表格拖曳 body 的 mouseup 事件
189         bodyTableDrawmouseup = function () {
```

```
190            //如果不存在被拖曳的对象，就禁止拖曳
191            if (!drawContent || !drawTd || !drawing) return false;
192            drawTd.innerHTML = "";        //设置被拖入的区域为空
193            drawTd.appendChild(drawContent);//将被拖曳的内容追加在拖入的区域元
素内
194            var _html = startDrawTd.innerHTML;//内容替换，防止被拖曳的内容覆盖
195            if(_html.search("等待被拖入元素")==-1&&_html.search("被拖曳的内容
") == -1) {
196                startDrawTd.innerHTML = "等待被拖入元素";
197            }
198            closeTableDraw();          //关闭拖曳
199        };
200        tableDraw(
201            document.getElementById("tableDraw"),
202            document.getElementById("tableDrawContent"));
203        bodyEvents();
204    };
205 </script>
206 </body>
207 </html>
```

为了增加用户体验，让用户知道自己拖曳到哪一个方格，设置了拖入区域变暗的样式。

第 154 行代码中，当触发 onmousedown 事件时开启拖曳效果，记录初始的位置，因为直接让元素的位置等于坐标的位置是不符合实际的，所以先记录初始位置，再计算拖曳移动时的坐标位置与初始位置之间的差值，就是真实的拖曳位置；当开始移动时，利用 bodyTableDrawmove()函数处理移动逻辑，并将这个函数放置在 document.body.onmousemove 事件中进行移动响应，第 159～172 行代码在移动的过程中调用 bodyTableDrawmoveTd()函数判断鼠标是否进入特定的格子内，如果进入，就改变格子的颜色，并记录最后进入的格子对象；当关闭拖曳时调用 closeTableDraw()函数处理关闭业务，关闭拖曳状态“this.drawing = false;”，还原样式。

本例效果如图 26.3 所示。

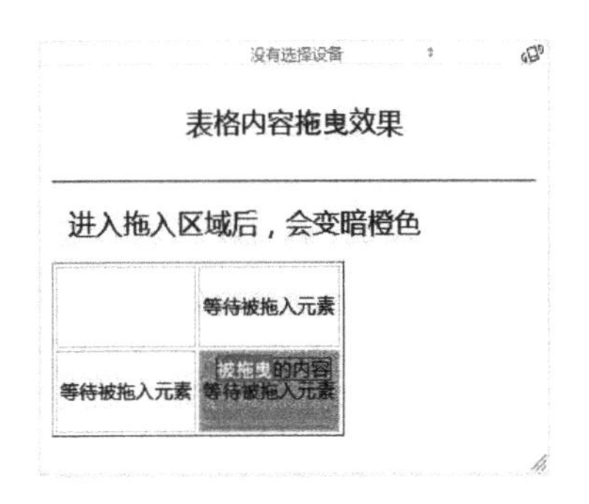

图 26.3　目标位置变色

26.6 表格分页

通过表格的方式展示信息是一个不错的选择，但是如果表格内的信息非常多，一个 Web 页面展示不完怎么办？只有采用分页的形式展示更多信息了。使用 JavaScript 对表格进行分页，本质就是在指定的页数下显示对应的数据。通常情况下，分页的数据来自服务端，本例抽象了一个函数_CM.getPageData()模拟服务端的数据。如果读者想用服务端的真实数据，那么可以将这个函数中返回数据的方式改为 Ajax 或者缓存的数据，其实本质上只要数据的结构一样，至于用什么手段获取数据，对于显示的内容来说是一样的结果。本例具体代码如下：

```
01  <!DOCTYPE html>
02  <html lang="en">
03  <head>
04      <title>使用 js 对表格内容进行分页</title>
05      <meta http-equiv="Content-Type" content="text/html; charset=utf-8">
06  </head>
07  <body>
08  <h2>使用 js 对表格内容进行分页</h2>
09  <table id='tablePaging' border="1">
10      <tr>
11          <td>第 1 页内容</td>
12          <td>第 1 页内容</td>
13      </tr>
14      <tr>
15          <td>第 1 页内容</td>
16          <td>第 1 页内容</td>
17      </tr>
18  </table>
19  <p class="paging">
20      总页数<span id='allPage'>1</span>
21      当前页<span id='currentPage'>1</span>
22      <input value='上一页' id='prevPaging' type="button"/>
23      <input value='下一页' id='nextPaging' type="button">
24  </p>
25  <script type="text/javascript">
26      window.onload = function () {
27          var trAct = function (table, num, tr) {
28              if (!tr) {
29                  var _num = table.rows[num];
30                  if (_num) {
31                          table.deleteRow(_num);
32                          return true;
```

```
33                  } else {
34                      //如果删除的对象不存在，就会删除失败，返回 false
35                      return false;
36                  }
37              } else {
38                  var r = table.insertRow(num),
39                      i = 0,
40                      l = tr.length;
41                  for (; i < l; i++) {
42                      r.insertCell(i).innerHTML = tr[i];
43                  }
44                  return true;
45              }
46          },
47          currentPage = 1,
48          table = null,
49          currentPageUi = null,
50          allPage = null,
51          updateUi = function () {
52              tableUi();
53              currentPageUi.innerHTML = currentPage;
54              allPage.innerHTML = allPages;
55          },
56          getPageData = function () {
57              return [
58                  [
59                      "第" + currentPage + "页内容",
60                      "第" + currentPage + "页内容"
61                  ],
62                  [
63                      "第" + currentPage + "页内容",
64                      "第" + currentPage + "页内容"
65                  ]
66              ]
67          },
68          allPages = 5,
69          tablePaging = function (args) {
70              table = args.tablePaging;
71              currentPageUi = args.currentPage;
72              allPage = args.allPage;
73              nextPaging(args.nextPaging);
74              prevPaging(args.prevPaging);
75              updateUi();
```

```
76              },
77              nextPaging = function (e) {
78                  e.onclick = function () {
79                      currentPage++;
80                      if (currentPage > allPages) {
81                          currentPage = allPages;
82                          return;
83                      }
84                      updateUi();
85                  }
86              },
87              prevPaging = function (e) {
88                  e.onclick = function () {
89                      currentPage--;
90                      if (currentPage < 1) {
91                          currentPage = 1;
92                          return;
93                      }
94                      updateUi();
95                  }
96              },
97              tableUi = function () {
98                  var d = getPageData(),
99                      _dataI = null,
100                     l = d.length,
101                     i = 0;
102                 for (; i < l; i++) {
103                     trAct(table, 0);
104                 }
105                 for (i = 0; i < l; i++) {
106                     _dataI = d[i];
107                     trAct(table, 0, [
108                         _dataI[0],
109                         _dataI[1]
110                     ]);
111                 }
112             };
113         tablePaging({
114             "tablePaging": document.getElementById("tablePaging"),
115             "currentPage": document.getElementById("currentPage"),
116             "allPage": document.getElementById("allPage"),
117             "nextPaging": document.getElementById("nextPaging"),
118             "prevPaging": document.getElementById("prevPaging")
```

```
119            });
120        };
121    </script>
122    </body>
123    </html>
```

使用 JavaScript 分页主要涉及 3 方面：视图的渲染、当前页的数据和处理过程，即当页数发生改变时，首先获取指定页的数据结构内容，然后将当前页的数据按一定的结构进行处理，渲染为视图。

本例中的页数变换主要采用“上一页”与“下一页”的交互，请参考第 77～96 行代码。当页数发生变换时，调用 getPageData()更新当前页的数据。请求回来的最新数据调用 tableUi()进行视图渲染更新。本例中的视图更新首先会清空所有的视图，然后利用 26.3 节介绍的 trAct()函数遍历数据增加“行”内容。

本例效果如图 26.4 所示。

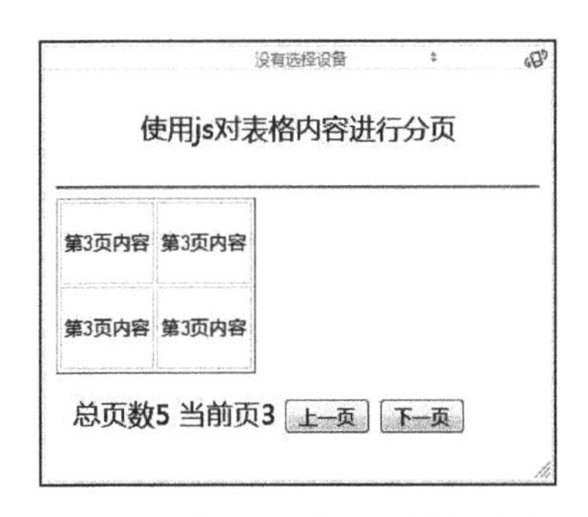

图 26.4　分页显示第 3 页数据内容

26.7 英文字符串自动换行

语言是沟通的基本元素之一，也是比较复杂的信息载体。例如英文字符有各种格式、各种组合形式，为了在有限的版面中展示更多信息，可以对超出元素宽度的字符进行换行处理。换行处理方案有两种：样式和 JavaScript。

样式的处理通过 CSS 中的“word-break: break-all; word-wrap: break-word”属性实现，但是有一些兼容性问题。通过 JavaScript 实现这一效果会损失一点性能，但不会有兼容性问题。本例具体代码如下：

```
01  <!DOCTYPE html>
02  <html lang="en">
03  <head>
04      <title>英文字符串超出元素宽度自动换行</title>
05      <meta http-equiv="Content-Type" content="text/html; charset=utf-8">
```

```
06 </head>
07 <body>
08 <h2>英文字符串超出元素宽度自动换行</h2>
09 <div id='autoNewline'>English string is beyond word wrap element width</div>
10 <script type="text/javascript">
11     window.onload = function () {
12         function setCss(_this, cssOption) {
13             if (!_this || _this.nodeType === 3 || _this.nodeType === 8
|| !_this.style) {
14                 return;
15             }
16             for (var cs in cssOption) {
17                 _this.style[cs] = cssOption[cs];
18             }
19             return _this;
20         }
21         function autoNewline(e) {
22             var str = "",                      //初始化接收字符串对象
23                 strContent = e.innerHTML, //被切割的字符
24                 allWidth = getTextWidth(e),    //被绑定元素的所有字体宽度
25                 fontWidth = allWidth / strContent.length, //每个字体的宽度
26                 rowWidth = Math.floor(e.offsetWidth / fontWidth);//每行最多
放多少字
27             while (strContent.length > rowWidth) {          //切割字符
28                 str += strContent.substr(0, rowWidth) + "<br />";
29                 strContent = strContent.substr(rowWidth, strContent.length);
30             }
31             str += strContent;
32             e.innerHTML = str;                //设置元素的字符结果
33         }
34         function getTextWidth(e) {            //获取文字的宽度
35             e = e.cloneNode(true);            //深度克隆文字节点
36             var textWidth = 0, _body = document.body;
37             _body.appendChild(e);          //追加在 body 元素上
38             setCss(e, {                     //设置样式
39                 "width": "auto",
40                 "position": "absolute",
41                 "zIndex": -1
42             });
43             textWidth = e.offsetWidth;     //获取宽度
44             _body.removeChild(e);          //释放节点
45             return textWidth;              //返回文字宽度
46         }
```

```
47          //英文字符串超出元素宽度自动换行
48          autoNewline(document.getElementById("autoNewline"));
49      };
50  </script>
51  </body>
52  </html>
```

业务流：首先获取被绑定的元素，再获取元素内文字的总宽度，接着根据元素的宽度计算单个字的宽度，然后计算出每行最多放多少字。遍历所有字的长度，如果此长度大于每行字符的最大值，就执行截取字符操作，并在后面增加
换行标签，直到结束循环。最后将所有截取的字符追加到 str 变量中。

第 34～46 行代码的 getTextWidth()可以获取字符串的宽度，主要是利用 JavaScript 中的“e = e.cloneNode(true);”来深度克隆一份节点，设置样式“"width" : "auto",”保证宽度的准确性，然后利用“e.offsetWidth;”获取元素的真实宽度，最后删除节点，释放节点。本例效果如图 26.5 所示。

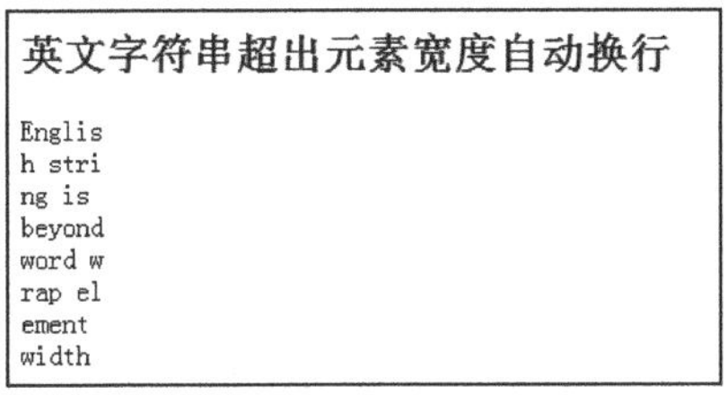

英文字符串超出元素宽度自动换行

Englis
h stri
ng is
beyond
word w
rap el
ement
width

图 26.5　英文字符串自动换行

26.8 内容超过元素宽度显示省略号

26.7 节中提到过语言的复杂性，在实际的项目开发中，所有的内容都难免会出现溢出 div 的问题。为了让用户知道内容并没有显示完整，显示“...”是一个不错的方案。本例效果如图 26.6 所示。

内容超过元素宽度显示省略号

内容超…

图 26.6　显示省略号

代码如下：

```
01  <!DOCTYPE html>
02  <html lang="en">
03  <head>
04      <title>内容超过元素宽度显示省略号</title>
```

```
05      <meta http-equiv="Content-Type" content="text/html; charset=utf-8">
06  </head>
07  <body>
08  <h2>内容超过元素宽度显示省略号</h2>
09  <div id='contentApostrophe'>内容超过元素宽度显示省略号</div>
10  <script type="text/javascript">
11      window.onload = function () {
12          function getAbsoluteLeft(_e) {          //获取元素的绝对 left
13              var _left = _e.offsetLeft,
14                  _current = _e.offsetParent;
15              while (_current !== null) {         //遍历父层，累加 left
16                  _left += _current.offsetLeft;
17                  _current = _current.offsetParent;
18              }
19              return _left;
20          }
21          function getAbsoluteTop(_e) {       //获取元素的绝对 top
22              var _top = _e.offsetTop,
23                  _current = _e.offsetParent;
24              while (_current !== null) {         //遍历父层，累加 top
25                  _top += _current.offsetTop;
26                  _current = _current.offsetParent;
27              }
28              return _top;
29          }
30          function setCss(_this, cssOption) {  //设置元素样式
31              //判断节点类型
32              if (!_this || _this.nodeType === 3 || _this.nodeType === 8
|| !_this.style) {
33                  return;
34              }
35              for (var cs in cssOption) {
36                  _this.style[cs] = cssOption[cs];
37              }
38              return _this;
39          }
40          function getTextWidth(e) {              //获取文字的宽度
41              e = e.cloneNode(true);              //深度克隆文字节点
42              var textWidth = 0, _body = document.body;
43              _body.appendChild(e);               //追加在 body 元素上
44              setCss(e, {                         //设置样式
45                  "width": "auto",
46                  "position": "absolute",
```

```
47                  "zIndex": -1
48              });
49              textWidth = e.offsetWidth;          //获取宽度
50              _body.removeChild(e);          //释放节点
51              return textWidth;              //返回文字宽度
52          }
53          function contentApostrophe(e) {
54              var _left = getAbsoluteLeft(e),
55                  _top = getAbsoluteTop(e),
56                  _w = e.offsetWidth;
57              e.style.overflow = "hidden";
58      //循环节点，比较文字与目标元素的长度，如果文字的长度大于元素宽度，就继续循环处理
59              while (getTextWidth(e) > _w) {
60          e.innerHTML = e.innerHTML.substring(0, e.innerHTML.length - 4);//
提取文字片段
61                  e.innerHTML = e.innerHTML + "…";//添加省略号
62              }
63          }
64          contentApostrophe(document.getElementById("contentApostrophe"));
65      };
66  </script>
67  </body>
68  </html>
```

在上面的代码中，首先获取元素的宽度，当宽度大于元素的真实宽度时，截取字符串，并增加“…”。JavaScript 中的 substring(start,stop)返回一个新的字符串。

26.9 调整字体大小

阅读是人类学习知识的有效途径，如果阅读时字体不合适，就可能会导致眼睛不舒服。例如，每个人的阅读习惯不一样，对字体大小的需求也不一样，在一些博客、新闻类的页面文章中加入字体设置功能就是一个不错的方案。修改字体的大小主要是修改 CSS 中的 font-size 样式，代码如下：

```
01  <!DOCTYPE html>
02  <html lang="en">
03  <head>
04      <title>调整字体大小</title>
05      <meta http-equiv="Content-Type" content="text/html; charset=utf-8">
06  </head>
07  <body>
```

```
08  <h2>调整字体大小</h2>
09  <p id='fontSize'>字体的大小变化展示</p>
10  <p>
11      <input id='fontSizeBig' value="大" type="button"/>
12      <input id='fontSizeMedium' value="中" type="button"/>
13      <input id='fontSizeSmall' value="小" type="button"/>
14  </p>
15  <script type="text/javascript">
16      window.onload = function () {
17          var _fontSize = document.getElementById("fontSize"), //获取元素对象
18              fontSize = function (e, unit) {             //设置元素字体大小
19                  e.style.fontSize = unit;
20              };
21          document.getElementById("fontSizeBig").onclick = function () {
            //大字体设置
22              fontSize(_fontSize, "16px");
23          };
24          document.getElementById("fontSizeMedium").onclick = function ()
{ //中字体设置
25              fontSize(_fontSize, "14px");
26          };
27          document.getElementById("fontSizeSmall").onclick = function () {
            //小字体设置
28              fontSize(_fontSize, "12px");
29          }
30      };
31  </script>
32  </body>
33  </html>
```

为变换字体大小的元素绑定 3 个按钮交互事件。当单击按钮时，第 18～20 行代码调用 fontSize()函数改变元素的 font-size，对应的字体就会发生变化。

第 27 章

◀ 日期处理 ▶

时间是构成世界的基本要素，在人们知道如何描述时间之后，“日期”这一名词便诞生了。日期的处理是项目中常见的需求，在 JavaScript 中，Date 对象用于处理日期和时间，它是浏览器内置对象的一员。

本章主要涉及的知识点有：

- 获取时间的各个部分，包括年、月、日、时、分、秒
- 通过 Date 对象获取当前时间及最后修改时间
- 格式化时间
- 获取指定日期的结果：天数、第几周，判断是闰年还是平年
- 比较日期大小、时间倒计时
- 计算两个日期的时差、指定日期的加减

27.1 获取日期的指定部分

在程序中，日期的主要构成部分包括：年、月、日、时、分、秒。JavaScript 可以获取本地浏览器的系统日期，本例将演示如何获取本地日期的各个组成部分。

```
01  <!DOCTYPE html>
02  <html lang="en">
03  <head>
04      <title>获取日期的指定部分</title>
05      <meta http-equiv="Content-Type" content="text/html; charset=utf-8">
06  </head>
07  <body>
08  <h2>获取日期的指定部分</h2>
09  <script type="text/javascript">
10      window.onload = function () {
11          /*获取日期的指定部分*/
12          var d = new Date();                         //获取日期对象
13          console.log(d.getFullYear() + "年");       //获取年
```

```
14        console.log((d.getMonth() + 1) + "月");       //获取月函数默认是0~11，
所以要加1
15        console.log(d.getDate() + "日");           //获取日
16        console.log(d.getHours() + "时");          //获取时
17        console.log(d.getMinutes() + "分");        //获取分
18        console.log(d.getSeconds() + "秒");        //获取秒
19    };
20 </script>
21 </body>
22 </html>
```

Date 对象用于处理日期和时间，JS 代码第 04 行通过 new Date()来创建 Date 对象，Date 对象会自动初始化当前时间，并返回日期格式的对象。Date 对象有很多种获取特定时间部分的函数，本节只介绍了获取年、月、日、时、分、秒的函数。获取日期中的“年”有两种方法：getYear()与 getFullYear()。由于从 ECMAScript v3 开始不再使用 getYear()，因此建议使用 getFullYear()。获取日期中的“月”的函数是 getMonth()，该函数返回月的范围值是“0~11”，因此按照国内需求，一般情况下需要将返回值加 1。

27.2 显示当前时间

本例用年、月、日、时、分、秒的形式显示当前时间，具体代码如下：

```
01 <!DOCTYPE html>
02 <html lang="en">
03 <head>
04    <title>显示当前时间</title>
05    <meta http-equiv="Content-Type" content="text/html; charset=utf-8">
06 </head>
07 <body>
08 <h2>显示当前时间</h2>
09 <p id='nowTime'>时间：</p>
10 <script type="text/javascript">
11    window.onload = function () {
12        function getNowTime() {
13            var date = new Date();               //获取日期对象
14            /*获取年、月、日、时、分、秒，本地系统的时间*/
15            return date.getFullYear() + "年"
16                + (date.getMonth() + 1) + "月"
17                + date.getDate() + "日"
18                + " "
19                + date.getHours() + "时"
```

```
20                  + date.getMinutes() + "分"
21                  + date.getSeconds() + "秒";
22          }
23          //显示当前时间
24          document.getElementById("nowTime").innerHTML = "时间：" +
getNowTime();
25      };
26  </script>
27  </body>
28  </html>
```

本例的关键是第 12～22 行代码实现的 getNowTime()函数，首先利用 27.1 节的方法获取时间的各个部分，然后将时间的各个部分用“+”运算符按照“年、月、日、时、分、秒”的顺序进行组合，就形成了当前的时间格式。本例效果如图 27.1 所示。

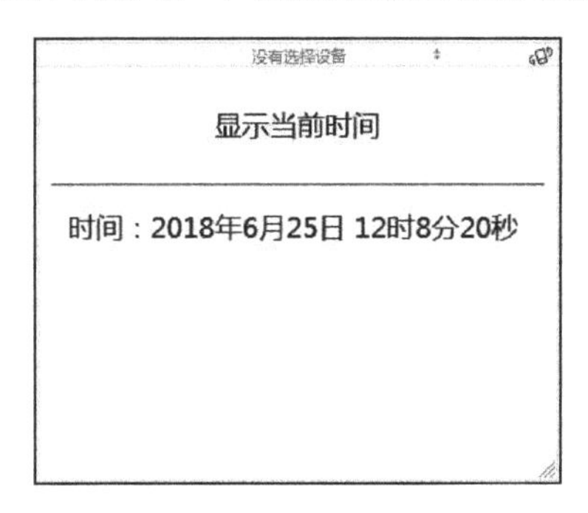

图 27.1　显示当前时间

27.3 显示最后修改时间

针对不同的项目，时间有不同的用法和算法，例如在线招聘网站中需要记录求职者最后修改简历的时间，具体代码如下：

```
01  <!DOCTYPE html>
02  <html lang="en">
03  <head>
04      <title>显示最后修改时间</title>
05      <meta http-equiv="Content-Type" content="text/html; charset=utf-8">
06  </head>
07  <body>
08  <h2>显示最后修改时间</h2>
09  失去焦点时间，会修改文本：<input type="text" id='updateContent'/><br/>
10  <p id='getLastMTime'>显示最后修改时间：</p>
11  <script type="text/javascript">
```

```
12      window.onload = function () {
13          function getNowTime() {
14              var date = new Date();              //获取日期对象
15              /*获取年、月、日、时、分、秒，本地系统的时间*/
16              return date.getFullYear() + "年"
17                  + (date.getMonth() + 1) + "月"
18                  + date.getDate() + "日"
19                  + " "
20                  + date.getHours() + "时"
21                  + date.getMinutes() + "分"
22                  + date.getSeconds() + "秒";
23          }
24          //显示最后修改时间
25          document.getElementById("updateContent").onblur = function () {
26  document.getElementById("getLastMTime").innerHTML="显示最后修改时
间:"+getNowTime();
27          }
28      };
29  </script>
30  </body>
31  </html>
```

第 1 步，第 25～27 行代码为待修改的文本绑定 blur 事件，事件被触发时就记录当前时间。

第 2 步，调用 getNowTime()获取当时的修改时间，即最后修改时间。

本例效果如图 27.2 所示。

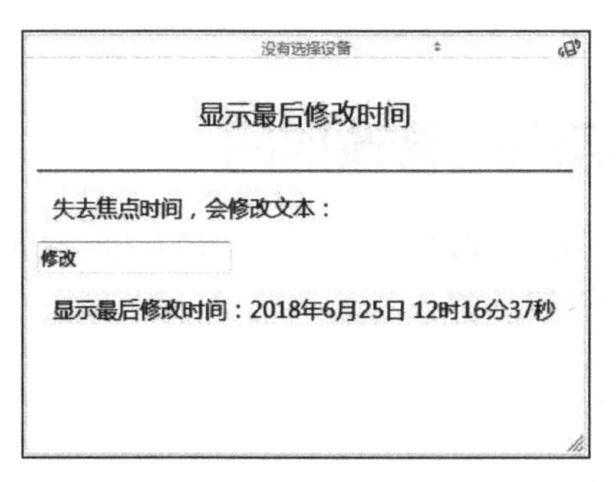

图 27.2　显示文本最后修改时间

27.4 实时显示当前时间

笔者刚做开发时觉得在网页上显示时间太简单了，不就是创建一个 Date 对象。但这个时间是固定值，没法像钟表一样自动走起来，要让网页上这个时间走起来，还需要用到定时器。其代码如下：

```
01 <!DOCTYPE html>
02 <html lang="en">
03 <head>
04     <title>实时显示当前时间</title>
05     <meta http-equiv="Content-Type" content="text/html; charset=utf-8">
06 </head>
07 <body>
08 <h2>实时显示当前时间</h2>
09 <p id='showNowTime'>时间: </p>
10 <script type="text/javascript">
11     window.onload = function () {
12         function getNowTime() {
13             var date = new Date();              //获取日期对象
14             /*获取年、月、日、时、分、秒，本地系统的时间*/
15             return date.getFullYear() + "年"
16                 + (date.getMonth() + 1) + "月"
17                 + date.getDate() + "日"
18                 + " "
19                 + date.getHours() + "时"
20                 + date.getMinutes() + "分"
21                 + date.getSeconds() + "秒";
22         }
23         setInterval(function () {          //间时调用，不断地修改为当前时间
24         document.getElementById("showNowTime").innerHTML="时
间:"+getNowTime();
25         }, 1000);
26     };
27 </script>
28 </body>
29 </html>
```

要想实时地显示时间，必须隔一段时间获取一下当前的日期，时间的间隔周期建议是 1 秒。

第 1 步，第 23～25 行代码开启一个定时器 setInterval。

第 2 步，在时间间隔调用的函数中，通过 getNowTime()获取当前时间。

将以上两步综合起来，就可以看到走动的时间了，即实时显示当前时间。

27.5 将日期格式化成字符串

东西方的日期显示格式不同，因为语言都是别人发明的，如果要显示国内的日期格式，开发人员就必须在后台进行日期格式化操作。例如，默认格式为“MM-YYYY-DD h:m:s”，要求转换为“YYYY-MM-DD h:m:s”或“YYYY/MM/DD h-m-s”，具体代码如下：

```
01 <!DOCTYPE html>
02 <html lang="en">
03 <head>
04     <title>日期格式化成字符串</title>
05     <meta http-equiv="Content-Type" content="text/html; charset=utf-8">
06 </head>
07 <body>
08 <h2>日期格式化成字符串</h2>
09 <p id='formatTime1'>格式化日期 1: </p>
10 <p id='formatTime2'>格式化日期 2: </p>
11 <p id='formatTime3'>格式化日期 3: </p>
12 <script type="text/javascript">
13     window.onload = function () {
14         //日期格式化成字符串
15         function dateFormat() {
16             Date.prototype.format = function (f) {
17                 var date = {                                //获取对象中的日期
18                     "Y": this.getFullYear(),                //获取年
19                     "M": (this.getMonth() + 1),             //获取月
20                     "D": this.getDate(),                    //获取日
21                     "h": this.getHours(),                   //获取小时
22                     "m": this.getMinutes(),                 //获取分钟
23                     "s": this.getSeconds()                  //获取秒
24                 },
25                 d = "",                             //初始化接收日期变量的对象
26                 r = false,                          //判断是否存在待替换的字符
27                 reg = null,                         //正则
28                 _d = "";                            //日期
29             };
30             for (d in date) {                       //过滤日期标识符
31                 reg = new RegExp("[" + d + "]{1,}", "g");
                   //判断是否有待格式化的字符
32                 r = reg.test(f);
33                 if (r){                             //验证是否存在
34                     _d = date[d];                   //被替换的日期
35                     f = f.replace(reg, _d < 10 ? ("0" + _d) : _d);
```

```
36                    }
37                }
38                return f;
39            }
40        };
41        var d = new Date();                         //获取日期对象
42        dateFormat();
43        document.getElementById("formatTime1").innerHTML = "格式化日期 1: " +
d.format("YYYY-MM-DD h:m:s");
44        document.getElementById("formatTime2").innerHTML = "格式化日期 2: " +
d.format("YYYY/MM/DD h-m-s");
45        document.getElementById("formatTime3").innerHTML = "格式化日期 3: " +
d.format("Y:M:D h:m:s");
46    }
47 </script>
48 </body>
49 </html>
```

第 16 行代码是在 Date 原型链 prototype 上进行扩展。第 1 步，构建当前日期对象的日期数据 date。第 2 步，过滤日期标识符，检查传入的字符 f 是否符合待替换的日期格式，匹配规则：Y 被替换为年，M 被替换为月，D 被替换为日，h 被替换为小时，m 被替换为分钟，s 被替换为秒。本例效果如图 27.3 所示。

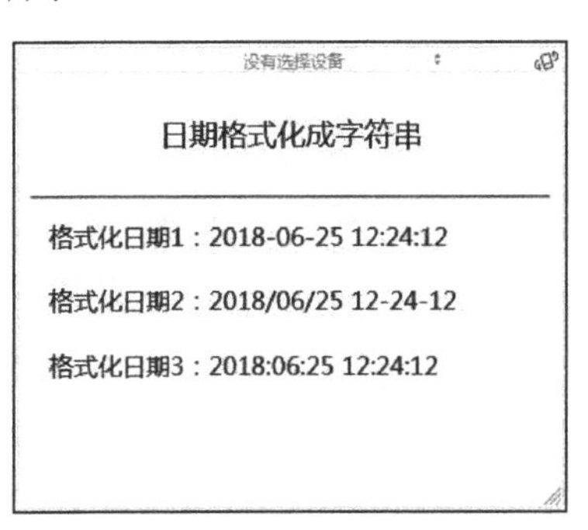

图 27.3　格式化后的日期

27.6 获取短日期格式

日期一般分为长格式与短格式，两种格式在定义上没有太明显的界限。大多数情况下，获取短日期格式，就是获取日期的年、月、日。例如，2019 年 5 月 1 日（短日期格式）是劳动节。

```
01 <!DOCTYPE html>
02 <html lang="en">
```

```
03  <head>
04      <title>获取短日期格式</title>
05      <meta http-equiv="Content-Type" content="text/html; charset=utf-8">
06  </head>
07  <body>
08  <h2>获取短日期格式---即年月日</h2>
09  <p id='getMinDate'>短日期：</p>
10  <script type="text/javascript">
11      window.onload = function () {
12          function dateFormat() {                    //日期格式化成字符串
13              Date.prototype.format = function (f) {
14                  var date = {                       //获取对象中的日期
15                          "Y": this.getFullYear(),    //获取年
16                          "M": (this.getMonth() + 1), //获取月
17                          "D": this.getDate(),        //获取日
18                          "h": this.getHours(),       //获取小时
19                          "m": this.getMinutes(),     //获取分钟
20                          "s": this.getSeconds()      //获取秒
21                      },
22                      d = "",                        //初始化接收日期变量的对象
23                      r = false,                     //判断是否存在待替换的字符
24                      reg = null,                    //正则
25                      _d = "";                       //日期
26                  };
27                  for (d in date) {                  //过滤日期标识符
28                      //判断是否有待格式化的字符
29                      reg = new RegExp("[" + d + "]{1,}", "g");
30                      r = reg.test(f);
31                      if (r) {                       //验证是否存在
32                          _d = date[d];              //被替换的日期
33                          f = f.replace(reg, _d < 10 ? ("0" + _d) : _d);
34                      }
35                  }
36                  return f;
37              }
38          };
39          dateFormat();
40          //获取短日期格式
41          function getMinDate() {
42              return new Date().format("YYYY-MM-DD");
43          }
44          //获取短日期格式
45          document.getElementById("getMinDate").innerHTML = getMinDate();
```

```
46     };
47 </script>
48 </body>
49 </html>
```

本例首先明确一个概念：什么是短日期。一般情况下，短日期就是只有“年、月、日”，没有“时、分、秒”的日期。第 42 行代码调用 27.5 节讲解的格式化日期函数“new Date().format("YYYY-MM- DD")”直接显示短日期格式的日期。

27.7 获取指定日期所在月份的天数

通过计算某个月份的天数可以完成很多与日期相关的需求，例如通过程序计算员工当月实际的工作天数、计算 2 月份天数以判断是平年还是闰年等。如何获取指定日期的天数呢？不太了解 JavaScript 特性的读者首先想到的是用多么复杂的算法实现，其实没那么麻烦。本例效果如图 27.4 所示。

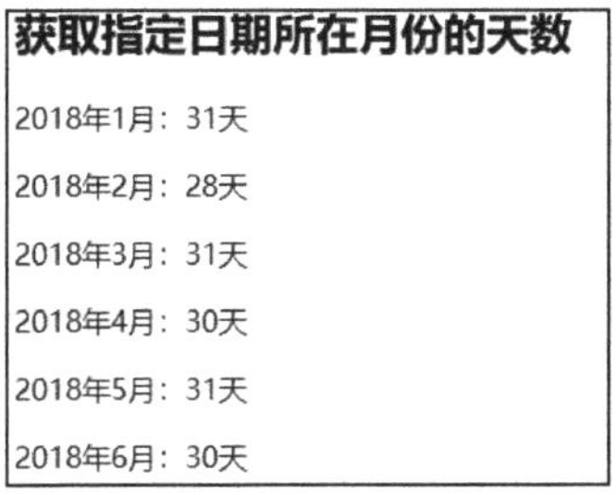

获取指定日期所在月份的天数

2018年1月：31天

2018年2月：28天

2018年3月：31天

2018年4月：30天

2018年5月：31天

2018年6月：30天

图 27.4　显示指定日期的天数

```
01 <!DOCTYPE html>
02 <html lang="en">
03 <head>
04     <title>获取指定日期所在月份的天数</title>
05     <meta http-equiv="Content-Type" content="text/html; charset=utf-8">
06 </head>
07 <body>
08 <h2>获取指定日期所在月份的天数</h2>
09 <p id='getMonthDays1'>2018 年 1 月：</p>
10 <p id='getMonthDays2'>2018 年 2 月：</p>
11 <p id='getMonthDays3'>2018 年 3 月：</p>
12 <p id='getMonthDays4'>2018 年 4 月：</p>
13 <p id='getMonthDays5'>2018 年 5 月：</p>
14 <p id='getMonthDays6'>2018 年 6 月：</p>
15 <script type="text/javascript">
16     window.onload = function () {
```

```
17          function dateFormat() {
18              Date.prototype.format = function (f) {
19                  //获取对象中的日期
20                  var date = {
21                      "Y": this.getFullYear(),              //获取年
22                      "M": (this.getMonth() + 1),           //获取月
23                      "D": this.getDate(),                  //获取日
24                      "h": this.getHours(),                 //获取小时
25                      "m": this.getMinutes(),               //获取分钟
26                      "s": this.getSeconds()                //获取秒
27                  },
28                  d = "",                     //初始化接收日期变量的对象
29                  r = false,                  //判断是否存在待替换的字符
30                  reg = null,                 //正则
31                  _d = "";                    //日期
32              };
33              for (d in date) {              //过滤日期标识符
34                  //判断是否有待格式化的字符
35                  reg = new RegExp("[" + d + "]{1,}", "g");
36                  r = reg.test(f);
37                  if (r) {//验证是否存在
38                      _d = date[d];          //被替换的日期
39                      f = f.replace(reg, _d < 10 ? ("0" + _d) : _d);
40                  }
41              }
42              return f;
43          }
44      };
45      dateFormat();
46      function getMonthDays(Y, M) {
47          return new Date(Y, M, 0).getDate();
48      }
49      document.getElementById("getMonthDays1").innerHTML = "2018 年 1 月:
" + getMonthDays("2018", "1") + "天";
50      document.getElementById("getMonthDays2").innerHTML = "2018 年 2 月:
" + getMonthDays("2018", "2") + "天";
51      document.getElementById("getMonthDays3").innerHTML = "2018 年 3 月:
" + getMonthDays("2018", "3") + "天";
52      document.getElementById("getMonthDays4").innerHTML = "2018 年 4 月:
" + getMonthDays("2018", "4") + "天";
53      document.getElementById("getMonthDays5").innerHTML = "2018 年 5 月:
" + getMonthDays("2018", "5") + "天";
54      document.getElementById("getMonthDays6").innerHTML = "2018 年 6 月:
```

```
" + getMonthDays("2018", "6") + "天";
  55     }
  56 </script>
  57 </body>
  58 </html>
```

在 Date 对象中，第 3 个参数默认为 1~31，如果写一个超过范围的数字会出现什么现象呢？读者可以测试一下。当第 3 个参数被设置为 0 时，就会获取月份的最后一天，也就是当前月份有多少天。

27.8 获取指定日期是第几周

有些需求是以周为单位计算的，例如在一个孕妇管理网站中会帮助孕妇计算怀胎几周了、当前日期是第几周等。如果获取日期时需要获取指定日期是当年的第几周，该怎么计算呢？计算第几周没有获取天数那么简单，需要真正地“计算”。

```
  01 <!DOCTYPE html>
  02 <html lang="en">
  03 <head>
  04     <title>获取指定日期所在周是第几周</title>
  05     <meta http-equiv="Content-Type" content="text/html; charset=utf-8">
  06 </head>
  07 <body>
  08 <h2>获取指定日期所在周是第几周</h2>
  09 <p id='getHowManyWeeks'></p>
  10 <script type="text/javascript">
  11     window.onload = function () {
  12         function getHowManyWeeks(Y, M, D) {
  13             var totalDays = 0,                    //总天数
  14                 i = 1;                            //默认开始为第 1 个月
  15             for (; i < M; i++) {                  //计算总天数
  16                 totalDays += this.getMonthDays(Y, M);
  17             }
  18             totalDays += D;
  19             return Math.ceil(totalDays / 7);  //除以 7，向上取数，计算第几周
  20         }
  21         //获取指定日期所在周是第几周
  22 document.getElementById("getHowManyWeeks").innerHTML="第
"+getHowManyWeeks("2014", "1", "6")+"周";
  23     };
  24 </script>
```

```
25 </body>
26 </html>
```

第 12～20 行代码是本例的关键，要想计算第几周，首先要计算指定的天是当年的第几天，然后除以 7，向上取整，就可以获取具体是第几周。

第 1 步，以月份 M 为最大的循环范围，计算月份 M 之前有多少天，由于上一节已经学习过取得指定月份的天数，因此这一节的算法直接调用就可以。

第 2 步，加上 D 天，即为所有累加的天数。

第 3 步，除以 7，向上取整，就可以计算出指定日期为当年的第几周。

27.9 倒计时

中国奥运会的倒计时电子牌当年在国内的各大城市让人印象深刻。在 Web 项目中，经常需要计算距离某个节日的天数，尤其是电商狂欢日越来越多，倒计时功能已经成为前端开发人员的必备代码。本例具体代码如下：

```
01 <!DOCTYPE html>
02 <html lang="en">
03 <head>
04     <title>到指定日期时间的倒计时</title>
05     <meta http-equiv="Content-Type" content="text/html; charset=utf-8">
06 </head>
07 <body>
08 <h2>到指定日期时间的倒计时</h2>
09 <p id='getCountDown'>2019 年 2 月 13 日距离现在：</p>
10 <p id='LabourDay'>劳动节距离现在：</p>
11 <p id='NationalDay'>国庆节距离现在：</p>
12 <script type="text/javascript">
13     window.onload = function () {
14         function getCountDown(Y, M, D, h, m, s) {     //到指定日期时间的倒计时
15             Y = Y || 0;
16             M = M || 0;
17             D = D || 0;
18             h = h || 0;
19             m = m || 0;
20             s = s || 0;
21             var date = new Date(Y, M - 1, D, h, m, s),
22                 times = date.getTime() - new Date().getTime();
23             return Math.ceil(times / (1000 * 60 * 60 * 24));
24         }
25         document.getElementById("getCountDown").innerHTML = "2019 年 2 月 14
```

```
日距离现在: " + getCountDown("2019", "2", "14") + "天";
    26          document.getElementById("LabourDay").innerHTML = "劳动节距离现在: " +
getCountDown("2019", "5", "1") + "天";
    27          document.getElementById("NationalDay").innerHTML = "国庆节距离现在:
" + getCountDown("2019", "10", "1") + "天";
    28      };
    29  </script>
    30  </body>
    31  </html>
```

第 1 步，要计算距指定日期的天数必须知道两个日期：当前日期与指定日期。

第 2 步，第 22 行代码将当前日期与指定日期都转换为时间戳，然后相减，除以“1000×60×60×24”就可以得到倒计时的天数。

本例效果如图 27.5 所示。

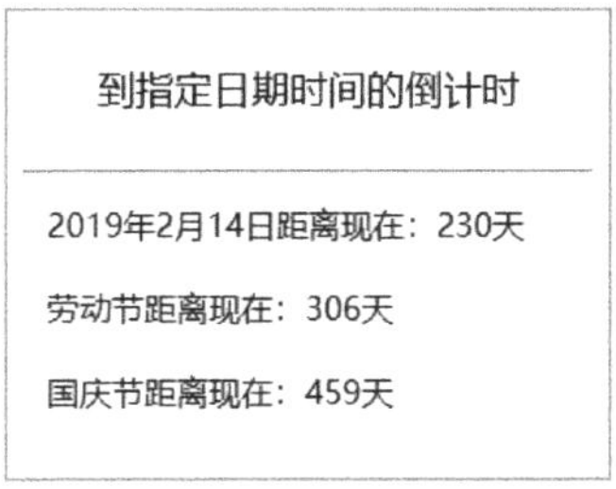

图 27.5　倒计时的时间

27.10 比较两个日期相差多少秒

先给读者出一个题：“2018 年 3 月 2 日”与“2019-3-1”如何计算差（值）？需要年、月、日都计算一遍吗？日期的表现形式很多，3 月 2 日能直接减去“3-1”吗？是不是本来觉得很简单，看到这个问题后才发现，比较两个日期不是那么容易呀？

其实，转换为相同格式的时间形式就很好比较了，比如都转化为时间戳再比较。本例 JS 代码如下：

```
    01  <!DOCTYPE html>
    02  <html lang="en">
    03  <head>
    04      <title>比较两个日期的差</title>
    05      <meta http-equiv="Content-Type" content="text/html; charset=utf-8">
    06  </head>
    07  <body>
    08  <h2>比较两个日期的差</h2>
```

```
09  <p id='getDateDifferenceValue'>2018年6月3日与2018年6月4日差值：</p>
10      <script type="text/javascript">
11          window.onload = function () {
12              function getDateDifferenceValue(date1, date2) {
13                  var d1 = new Date(date1.Y || 0, (date1.M - 1) || 0, date1.D
|| 1, date1.h || 0, date1.m || 0, date1.s || 0).getTime(),
14                      d2 = new Date(date2.Y || 0, (date2.M - 1) || 0, date2.D ||
1, date2.h || 0, date2.m || 0, date2.s || 0).getTime();
15                  return (d1 - d2) / 1000;                    //计算时间差值
16              }
17              //比较两个日期的差
18              document.getElementById("getDateDifferenceValue").innerHTML =
"2018年6月3日与2018年6月4日差值" + getDateDifferenceValue(
19                  {
20                      "Y": "2018",
21                      "M": "6",
22                      "D": "3"
23                  },
24                  {
25                      "Y": "2018",
26                      "M": "6",
27                      "D": "4"
28                  }) + "秒";
29          };
30      </script>
31  </body>
32  </html>
```

第1步，将待比较的两个日期转换为相同的时间戳，第12～16行代码调用getTime()可以自动转换，getTime()可以返回从1970年1月1日到现在的毫秒数。

第2步，比较计算后的时间戳，除以1000就可以计算出相差多少秒。

27.11 日期比较大小

日期之间比较大小是常见的需求，例如判断时间是否过时，只要比较指定日期与当前日期的大小即可。上一节已经学会怎样计算两个日期的差值，只要将计算的差值与0进行比较就可以判断两个日期的大小。

```
01  <!DOCTYPE html>
02  <html lang="en">
03  <head>
```

```
04     <title>日期比较大小</title>
05     <meta http-equiv="Content-Type" content="text/html; charset=utf-8">
06 </head>
07 <body>
08 <h2>日期比较大小</h2>
09 <p id='getDateSize1'>2018 年 6 月 3 日比 2018 年 6 月 4 日: </p>
10 <p id='getDateSize2'>2018 年 7 月 5 日比 2018 年 6 月 4 日: </p>
11 <script type="text/javascript">
12     window.onload = function () {
13         function getDateDifferenceValue(date1, date2) {
14             var d1 = new Date(date1.Y || 0, (date1.M - 1) || 0, date1.D ||
1, date1.h || 0, date1.m || 0, date1.s || 0).getTime(),
15                 d2 = new Date(date2.Y || 0, (date2.M - 1) || 0, date2.D || 1,
date2.h || 0, date2.m || 0, date2.s || 0).getTime();
16             return (d1 - d2) / 1000;
17         }
18         function getDateSize(date1, date2) {//日期比较大小,返回 true 为大，返回
false 为小
19             return getDateDifferenceValue(date1, date2) > 0 ? true : false;
20         }
21         //日期比较大小
22         document.getElementById("getDateSize1").innerHTML = "2018 年 6 月 3
日比 2018 年 6 月 4 日: " + (getDateSize(
23             {
24                 "Y": "2018",
25                 "M": "6",
26                 "D": "3"
27             },
28             {
29                 "Y": "2018",
30                 "M": "6",
31                 "D": "4"
32             }) ? "大" : "小");
33         document.getElementById("getDateSize2").innerHTML = "2018 年 7 月 5
日比 2018 年 6 月 4 日: " + (getDateSize(
34             {
35                 "Y": "2018",
36                 "M": "7",
37                 "D": "5"
38             },
39             {
40                 "Y": "2018",
41                 "M": "6",
```

```
42                "D": "4"
43            }) ? "大" : "小");
44        };
45    </script>
46    </body>
47    </html>
```

第 1 步，第 13～17 行代码调用上一节的函数 getDateDifferenceValue()计算出两个日期的差值。

第 2 步，将两个差值相减，然后与 0 进行比较。如果大于 0，第 1 个日期就大于第 2 个日期，否则第 1 个日期小于第 2 个日期。

27.12 对指定日期进行加减

学过 10 位数加减的幼儿园学生都可以计算 7 天后是几号，但在程序中要获取 7 天后的日期，不是简单地加 7 就可以的。

```
01 <!DOCTYPE html>
02 <html lang="en">
03 <head>
04     <title>对指定日期进行加减</title>
05     <meta http-equiv="Content-Type" content="text/html; charset=utf-8">
06 </head>
07 <body>
08 <h2>对指定日期进行加减</h2>
09 <p id='setXDate1'>获取当前日期，增加 7 天：</p>
10 <p id='setXDate2'>获取当前日期，增加 7 年：</p>
11 <script type="text/javascript">
12     window.onload = function () {
13         var d = new Date();                              //获取日期对象
14         //日期格式化成字符串
15         function dateFormat() {
16             Date.prototype.format = function (f) {
17                 var date = {                              //获取对象中的日期
18                         "Y": this.getFullYear(),         //获取年
19                         "M": (this.getMonth() + 1),      //获取月
20                         "D": this.getDate(),             //获取日
21                         "h": this.getHours(),            //获取小时
22                         "m": this.getMinutes(),          //获取分钟
23                         "s": this.getSeconds()           //获取秒
24                     },
```

```
25                d = "",                          //初始化接收日期变量的对象
26                r = false,                       //判断是否存在待替换的字符
27                reg = null,                      //正则
28                _d = "";                         //日期
29            for (d in date) {                    //过滤日期标识符
30                //判断是否有待格式化的字符
31                reg = new RegExp("[" + d + "]{1,}", "g");
32                r = reg.test(f);
33                if (r) {                         //验证是否存在
34                    //被替换的日期
35                    _d = date[d];
36                    f = f.replace(reg, _d < 10 ? ("0" + _d) : _d);
37                }
38            }
39            return f;
40        }
41    }
42    dateFormat();
43    //对指定日期进行加减
44    function setXDate(date, xY, xM, xD, xh, xm, xs) {
45        xY = xY || 0;
46        xM = xM || 0;
47        xD = xD || 0;
48        xh = xh || 0;
49        xm = xm || 0;
50        xs = xs || 0;
51        if (xY) {                                //如果存在年的差值，就计算
52            date.setFullYear(date.getFullYear() + xY);
53        }
54        if (xM) {                                //如果存在月的差值，就计算
55            date.setMonth(date.getMonth() + xM);
56        }
57        if (xD) {                                //如果存在日的差值，就计算
58            date.setDate(date.getDate() + xD);
59        }
60        if (xh) {                                //如果存在时的差值，就计算
61            date.setHours(date.getHours() + xh);
62        }
63        if (xm) {                                //如果存在分的差值，就计算
64            date.setMinutes(date.getMinutes() + xm);
65        }
66        if (xs) {                                //如果存在秒的差值，就计算
67            date.setSeconds(date.getSeconds() + xs);
```

```
68          }
69          return date.format("YYYY-MM-DD h:m:s")
70        }
71        //对指定日期进行加减
72    document.getElementById("setXDate1").innerHTML="获取当前日期,增加 7
天:"+setXDate(d,0,0,7);
73        document.getElementById("setXDate2").innerHTML = "获取当前日期,增加 7
年:"+setXDate(d,7);
74      };
75  </script>
76  </body>
77  </html>
```

Date 对象可以获取时间，也可以设置时间。设置时间的函数与获取时间的函数名字基本一样，只是将所有的 get 都换成 set。例如第 51～68 行代码的 getFullYear()改成了 setFullYear()、getMonth()改成了 setMonth()。

第 1 步，第 45～50 行代码获取增加或减少的时间，如果参数不存在，就默认设置为 0。

第 2 步，第 51～68 行代码判断是否存在对应的时间变化，如果数值不等于 0，就进行加减计算。

27.13 将字符串转换成日期格式

格式化的时间字符与日期格式是可以相互转换的，也就是说，既然日期可以按一定的格式转换成字符，那么字符格式的日期也可以转换为日期格式的对象。本例具体代码如下：

```
01  <!DOCTYPE html>
02  <html lang="en">
03  <head>
04      <title>字符串转换为日期格式</title>
05      <meta http-equiv="Content-Type" content="text/html; charset=utf-8">
06  </head>
07  <body>
08  <h2>字符串转换为日期格式</h2>
09  <p id='strDate'></p>
10      <script type="text/javascript">
11          window.onload = function () {
12              function strDate(strDate, s1, s2) {   //字符串转换为日期格式
13                  var d = strDate.split(" "),        //以空格进行第一次日期分隔
14                      d1 = d[0],                     //年月日的数组
15                      d2 = d[1],                     //时分秒的数组
16                      D1 = d1.split(s1 || "-"),      //分隔年月日为数组
```

```
17                          D2 = d2.split(s2 || ":");         //分隔为时分秒的数组
18                      return new Date(
19                          D1[0] || 0,
20                          D1[1] || 0,
21                          D1[2] || 1,
22                          D2[0] || 0,
23                          D2[1] || 0,
24                          D2[2] || 0
25                      )
26                  }
27                  //字符串转换为日期格式
28                  document.getElementById("strDate").innerHTML = "2018-02-19
15:56:01 转换为日期格式: " + strDate("2018-02-19 15:56:01");
29              };
30          </script>
31      </body>
32  </html>
```

第 1 步，第 13～17 行代码将传入的时间字符进行空格分隔，得到“年月日”一组以及“时分秒”一组。

第 2 步，第 16～17 行代码再次进行分隔，得到两个分组，即“D1”与“D2”。

第 3 步，将分隔后的所有数据传入 Date，实例化对象便可以得到日期格式的时间。

本例效果如图 27.6 所示。

图 27.6 日期格式的时间

27.14 判断是闰年还是平年

闰年与平年是为了解决因人为历法造成的年度天数与地球公转周期的一些时差问题。当然，我们没有必要去计算地球的公转，那样既麻烦又不实际。在 JavaScript 中，判断日期是闰年还是平年的最好方法是判断特定某年的 2 月有多少天。本例具体代码如下：

```
01  <!DOCTYPE html>
02  <html lang="en">
03  <head>
04      <title>判断日期是闰年还是平年</title>
05      <meta http-equiv="Content-Type" content="text/html; charset=utf-8">
06  </head>
07  <body>
08  <h2>判断日期是闰年还是平年</h2>
09  <p id='getYearType1'></p>
10  <p id='getYearType2'></p>
11  <p id='getYearType3'></p>
12  <script type="text/javascript">
13      window.onload = function () {
14          function dateFormat() {
15              Date.prototype.format = function (f) {
16                  var date = {
17                      "Y": this.getFullYear(),          //获取年
18                      "M": (this.getMonth() + 1),       //获取月
19                      "D": this.getDate(),              //获取日
20                      "h": this.getHours(),             //获取小时
21                      "m": this.getMinutes(),           //获取分钟
22                      "s": this.getSeconds()            //获取秒
23                  },
24                  d = "",             //初始化接收日期变量的对象
25                  r = false,          //判断是否存在待替换的字符
26                  reg = null,         //正则
27                  _d = "";            //日期
28                  for (d in date) {   //过滤日期标识符
29                      //判断是否有待格式化的字符
30                      reg = new RegExp("[" + d + "]{1,}", "g");
31                      r = reg.test(f);
32                      if (r) {                      //验证是否存在
33                          _d = date[d];             //被替换的日期
34                          f = f.replace(reg, _d < 10 ? ("0" + _d) : _d);
35                      }
36                  }
37                  return f;
38              }
39          }
40          dateFormat();
41          function getMonthDays(Y, M) {
42              return new Date(Y, M, 0).getDate();
43          }
```

```
44         function getYearType(Y) {
45             return getMonthDays(Y, 2) == 28 ? "平年" : "闰年";
46         }
47 document.getElementById("getYearType1").innerHTML="2018 年为
"+getYearType("2018");
48 document.getElementById("getYearType2").innerHTML="2000 年为
"+getYearType("2000");
49 document.getElementById("getYearType3").innerHTML="2012 年为
"+getYearType("2012");
50     };
51 </script>
52 </body>
53 </html>
```

第 1 步，第 41～43 行代码调用 getMonthDays()函数获取特定年份 2 月的天数。

第 2 步，判断 2 月份的天数是否等于 29，如果等于就为“闰年”，否则为“平年”。

本例效果如图 27.7 所示。

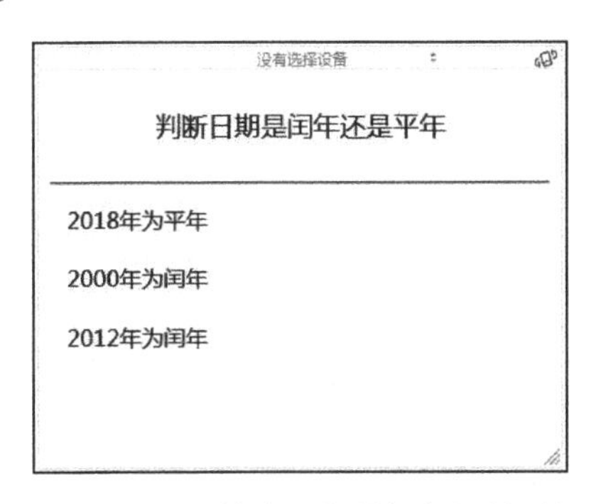

图 27.7　显示特定日期是闰年还是平年

27.15 日期合法性验证

在 Web 应用中，用户的输入经常不按常理出牌，如果不按规定的日期格式输入，程序在处理日期时就会发生问题，例如日期格式要求“年-月-日”，但用户输入的是“20129.027.02”，这样的日期是不符合要求的，加大了后台程序的处理难度，因此日期格式的合法性验证是前端比较重要的一个环节。本例效果如图 27.8 所示。

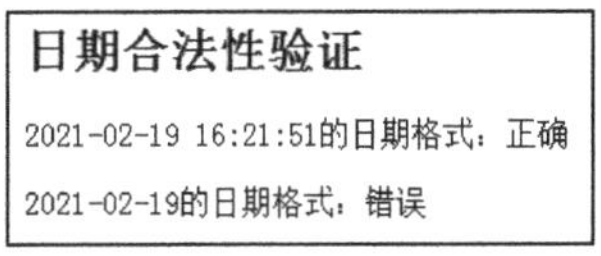

日期合法性验证

2021-02-19 16:21:51的日期格式：正确

2021-02-19的日期格式：错误

图 27.8　验证日期格式是否合法

```
01 <!DOCTYPE html>
02 <html lang="en">
03 <head>
04     <title>日期合法性验证</title>
05     <meta http-equiv="Content-Type" content="text/html; charset=utf-8">
06 </head>
07 <body>
08 <h2>日期合法性验证</h2>
09 <p id='verifyDate1'></p>
10 <p id='verifyDate2'></p>
11 <script type="text/javascript">
12     window.onload = function () {
13         //日期合法性验证
14         function verifyDate(vDate) {
15         //验证格式必须为"YYYY-MM-DD hh:mm:ss"格式，类似“2014-02-12 16:34:57”
16             return
/^(\d{4}-\d{2}-\d{2})\s{1}(\d{2}:\d{2}:\d{2})$/.test(vDate);
17         }
18         document.getElementById("verifyDate1").innerHTML = "2021-02-19
16:21:51 的日期格式：" + (verifyDate("2021-02-19 16:21:51") ? "正确" : "错误");
19         document.getElementById("verifyDate2").innerHTML = "2021-02-19 的日
期格式：" + (verifyDate("2021-02-19") ? "正确" : "错误");
20     };
21 </script>
22 </body>
23 </html>
```

第 1 步，获取日期 vDate，日期为字符类型。

第 2 步，第 16 行代码中的 test()函数采用正则验证的方式检测日期是否与正则表达式匹配，如果匹配就返回 true，否则返回 false。

第 28 章

页面特效

Web 1.0 时代的网页是枯燥的，我们还记得进入某些网站后，鼠标后面会追随着一堆字母，这是早期的页面特效，现在想起来觉得挺无趣的。Web 2.0 时代，页面特效越来越绚丽，本章的特效主要是通过动态操作 DOM 来实现的。

本章主要涉及的知识点有：

- 各种导航菜单特效
- 仿 QQ 菜单
- 漂浮广告

28.1 页面悬浮导航

在比较长的页面中，为了让 UI 总是显示在页面的可视范围内，需要不断地调节 UI 在页面的位置，比如通过调整 top 与 left 值就可以将一个 UI 定位在可视范围内。常见的应用场景就是关于导航菜单的定位，例如在一些很长的页面中，无论怎么滚动页面，导航菜单始终如一地显示在页面窗口顶部。

```
01 <!DOCTYPE html>
02 <html lang="en">
03 <head>
04     <title>页面悬浮导航</title>
05     <meta http-equiv="Content-Type" content="text/html; charset=utf-8">
06 </head>
07 <body>
08 <div id='suspendNavigation'>
09     <h2>页面悬浮导航</h2>
10     <div><a href='http://www.baidu.com' target="_blank">导航 1</a></div>
11     <div class=""><a href='http://www.baidu.com' target="_blank">导航
2</a></div>
12     <div><a href='http://www.baidu.com' target="_blank">导航 3</a></div>
13     <div><a href='http://www.baidu.com' target="_blank">导航 4</a></div>
```

```
14      <div><a href='http://www.baidu.com' target="_blank">导航 5</a></div>
15  </div>
16  <script type="text/javascript">
17      window.onload = function () {
18          var suspendNavigation =
document.getElementById("suspendNavigation");
19          window.onscroll = function () {   //绑定滚轴事件
20suspendNavigation.style.top=(document.documentElement.scrollTop||document
.body.scrollTop)+"px";
21          }
22      };
23  </script>
24  <br/>
25  </body>
26  </html>
```

第 1 步，在页面中增加一个导航。

第 2 步，为页面中的导航绑定 onscroll 事件。

第 3 步，第 19～21 行代码触发 onscroll 事件时，调整导航的 top 值，让 top 值等于滚动值，这样就能看到页面的导航一直悬浮于页面的顶部。

本例效果如图 28.1 所示。

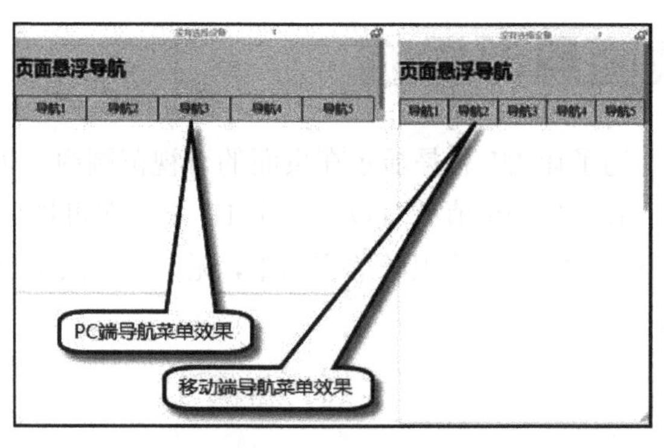

图 28.1　页面悬浮导航

28.2 下拉式导航菜单

有的导航分类太多会导致子分类信息显示不全，此时可以采取其他的导航设计方案，例如可扩展式导航、多级导航、下拉式导航等。本例效果如图 28.2 所示。

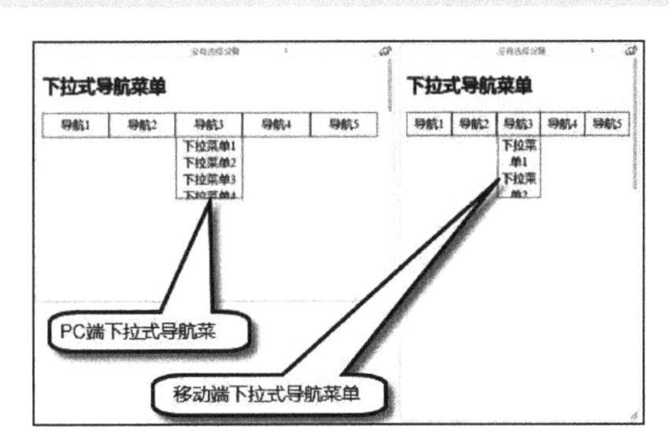

图 28.2　下拉式导航菜单

下拉式导航菜单只显示主要的分类，隐藏子分类。

其代码如下：

```
01 <!DOCTYPE html>
02 <html lang="en">
03 <head>
04     <title>下拉式导航菜单</title>
05     <meta http-equiv="Content-Type" content="text/html; charset=utf-8">
06 </head>
07 <body>
08 <h2>下拉式导航菜单</h2>
09 <div id='pullDownNavigation'>
10     <div class="navigation navigation1"
data-targetID='pullDownNavigation1'>
11         <div class="nav"><a href='http://www.baidu.com' target="_blank">
导航 1</a></div>
12         <!--导航 1 菜单-->
13         <div class="pullDownNavigationc" id='pullDownNavigation1'>
14             <div><a href='http://www.baidu.com' target="_blank">下拉菜单
1</a></div>
15             <div><a href='http://www.baidu.com' target="_blank">下拉菜单
2</a></div>
16             <div><a href='http://www.baidu.com' target="_blank">下拉菜单
3</a></div>
17             <div><a href='http://www.baidu.com' target="_blank">下拉菜单
4</a></div>
18         </div>
19     </div>
20     <div class="navigation navigation1"
data-targetID='pullDownNavigation2'>
21         <div class="nav"><a href='http://www.baidu.com' target="_blank">
```

```
导航 2</a></div>
    22          <!--导航 1 菜单-->
    23          <div class="pullDownNavigationc" id='pullDownNavigation2'>
    24             <div><a href='http://www.baidu.com' target="_blank">下拉菜单
1</a></div>
    25             <div><a href='http://www.baidu.com' target="_blank">下拉菜单
2</a></div>
    26             <div><a href='http://www.baidu.com' target="_blank">下拉菜单
3</a></div>
    27             <div><a href='http://www.baidu.com' target="_blank">下拉菜单
4</a></div>
    28          </div>
    29       </div>
    30       <div class="navigation navigation1"
data-targetID='pullDownNavigation3'>
    31          <div class="nav"><a href='http://www.baidu.com' target="_blank">
导航 3</a></div>
    32          <!--导航 1 菜单-->
    33          <div class="pullDownNavigationc" id='pullDownNavigation3'>
    34             <div><a href='http://www.baidu.com' target="_blank">下拉菜单
1</a></div>
    35             <div><a href='http://www.baidu.com' target="_blank">下拉菜单
2</a></div>
    36             <div><a href='http://www.baidu.com' target="_blank">下拉菜单
3</a></div>
    37             <div><a href='http://www.baidu.com' target="_blank">下拉菜单
4</a></div>
    38          </div>
    39       </div>
    40       <div class="navigation navigation1"
data-targetID='pullDownNavigation4'>
    41          <div class="nav"><a href='http://www.baidu.com' target="_blank">
导航 4</a></div>
    42          <!--导航 1 菜单-->
    43          <div class="pullDownNavigationc" id='pullDownNavigation4'>
    44             <div><a href='http://www.baidu.com' target="_blank">下拉菜单
1</a></div>
    45             <div><a href='http://www.baidu.com' target="_blank">下拉菜单
2</a></div>
    46             <div><a href='http://www.baidu.com' target="_blank">下拉菜单
3</a></div>
    47             <div><a href='http://www.baidu.com' target="_blank">下拉菜单
4</a></div>
```

```
48          </div>
49      </div>
50      <div class="navigation navigation1"
data-targetID='pullDownNavigation5'>
51          <div class="nav"><a href='http://www.baidu.com' target="_blank">
导航 5</a></div>
52          <!--导航 1 菜单-->
53          <div class="pullDownNavigationc" id='pullDownNavigation5'>
54              <div><a href='http://www.baidu.com' target="_blank">下拉菜单
1</a></div>
55              <div><a href='http://www.baidu.com' target="_blank">下拉菜单
2</a></div>
56              <div><a href='http://www.baidu.com' target="_blank">下拉菜单
3</a></div>
57              <div><a href='http://www.baidu.com' target="_blank">下拉菜单
4</a></div>
58          </div>
59      </div>
60  </div>
61  <script type="text/javascript">
62      window.onload = function () {
63          var getTypeElement = function (es, type) {   //获取指定类型的节点
64              var esLen = es.length,
65                  i = 0,
66                  eArr = [],
67                  esI = null;
68              for (; i < esLen; i++) {
69                  esI = es[i];
70                  if (esI.nodeName.replace("#", "").toLocaleLowerCase() ==
type) {
71                      eArr.push(esI);
72                  }
73              }return eArr;
74          },
75
navs=getTypeElement(document.getElementById("pullDownNavigation").childNodes,
"div"),
76          i = 0,
77          l = navs.length,      //元素个数
78          targetID = null;
79          for (; i < l; i++) {
80              navs[i].onmousemove = function () {         //显示下拉菜单
81                  targetID = this.getAttribute("data-targetID");
```

```
82                  document.getElementById(targetID).style.display = "block";
83              }
84              navs[i].onmouseout = function () {          //隐藏下拉菜单
85                  document.getElementById(targetID).style.display = "none";
86              }
87          }
88      };
89  </script>
90  </body>
91  </html>
```

第 1 步，创建主要分类及子分类，并且将子分类隐藏。

第 2 步，当鼠标移入主分类时，以下拉菜单的形式将它的子分类展现出来。

第 3 步，当鼠标移出时，隐藏子类层。

28.3 滑动门导航

将滑动门导航放在页面的一侧更能增加用户的体验，并且不会占据页面的主空间，用户想使用的时候直接移到导航上就可以显示导航菜单的全部 UI 界面。本例效果如图 28.3 所示。

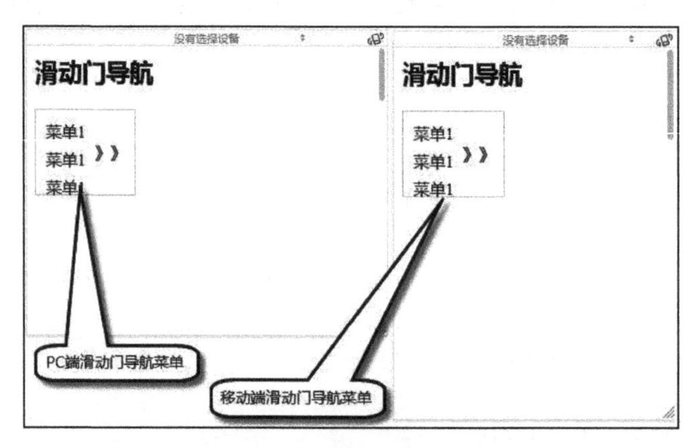

图 28.3　滑动门导航滑出页面

提示　本例需要使用第 25 章设计的动画模块，所以需要引入 JS 文件。

```
01  <!DOCTYPE html>
02  <html lang="en">
03  <head>
04      <title>滑动门导航</title>
05      <meta http-equiv="Content-Type" content="text/html; charset=utf-8">
06      <script type="text/javascript"
```

```
src="../js/animateManage.js"></script><!-注意引入-->
07 </head><body>
08 <h2>滑动门导航</h2>
09 <div id='slide'>
10     <!--菜单主体-->
11     <div class="slideMain" id='slideMain'>
12         <div><a href="http://www.baidu.com">菜单 1</a></div>
13         <div><a href="http://www.baidu.com">菜单 1</a></div>
14         <div><a href="http://www.baidu.com">菜单 1</a></div>
15     </div>
16     <!--引导卡-->
17     <div class="slideTab" title='显示菜单' id='slideTab'> 》》</div>
18 </div>
19 <script type="text/javascript">
20     window.onload = function () {
21         function slideNavs(slide) {
22             var slideId = -1;
23             slide.onmouseover = function () {          //打开滑动门
24                 clearTimeout(slideId);
25                 new animateManage({                   //播放显示元素的动画
26                     "context": slide,                 //被操作的元素
27                     "effect": "linear",
28                     "time": 100,                      //持续时间
29                     "starCss": {                      //元素的起始值偏移量
30                         "left": slide.style.left
31                     },
32                     "css": {                          //元素的结束值偏移量
33                         "left": 0
34                     }
35                 }).init();
36             }
37             slide.onmouseout = function () {          //关闭滑动门
38                 slideId = setTimeout(function () {
39                     new animateManage({               //播放隐藏元素的动画
40                         "context": slide,             //被操作的元素
41                         "effect": "linear",
42                         "time": 100,                  //持续时间
43                         "starCss": {                  //元素的起始值偏移量
44                             "left": slide.style.left
45                         },
46                         "css": {                      //元素的结束值偏移量 s
47                             "left": -72
48                         }
```

```
49                  }).init();
50              }, 300)
51          }
52      }
53      slideNavs(document.getElementById("slide"));
54  };
55  </script>
56  </body>
57  </html>
```

第 1 步，第 23～36 行代码中，当鼠标移入元素时播放动画，修改 left 值为 0 就会看到菜单栏以滑动的形式滑出页面。

第 2 步，当鼠标移出元素时播放动画，修改 left 值为-72。

28.4 树形菜单导航

在一些系统的后台分类导航中，树形菜单导航是比较常见的形式，因为它能以友好的界面无限地延伸、扩展菜单，例如图书的分类，1 级分类是图书科目，2 级分类是图书行业，3 级分类是图书专业课题，等等，这种层级比较多、分类比较多的结构就可以采用树形菜单导航。本例效果如图 28.4 所示。

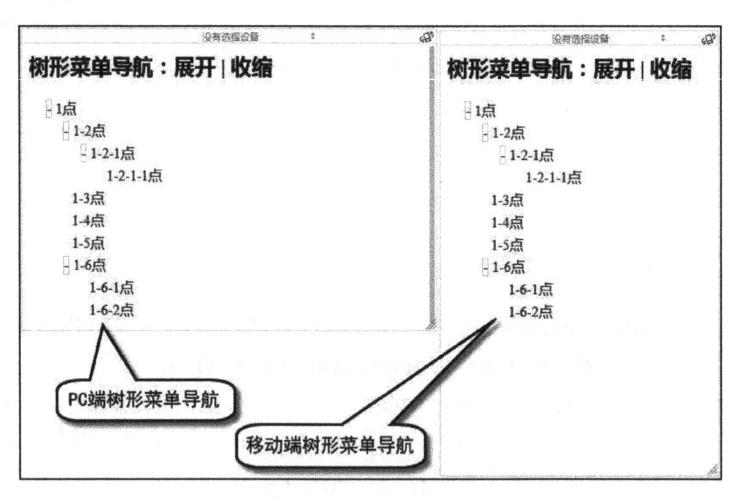

图 28.4　树形菜单展示

其代码如下：

```
01  <!DOCTYPE html>
02  <html lang="en">
03  <head>
04      <title>树形菜单导航</title>
```

```
05     <meta http-equiv="Content-Type" content="text/html; charset=utf-8">
06 </head>
07 <body>
08 <h2>树形菜单导航：展开 | 收缩</h2>
09 <ul class="treeNode">
10     <li>
11         <!--当前项-->
12         <div class="treeList">
13             <a href="javascript:void(0)" class="treeIcon">-</a>
14             <a href="javascript:void(0)">1 点</a>
15         </div>
16         <!--子菜单-->
17         <ul class="treeNode">
18             <li>
19                 <!--当前项-->
20                 <div class="treeList">
21                     <a href="javascript:void(0)" class="treeIcon">-</a>
22                     <a href="javascript:void(0)">1-2 点</a>
23                 </div>
24                 <!--子菜单-->
25                 <ul class="treeNode">
26                     <li>
27                         <!--当前项-->
28                         <div class="treeList">
29                             <a href="javascript:void(0)"
class="treeIcon">-</a>
30                             <a href="javascript:void(0)">1-2-1 点</a>
31                         </div>
32                         <!--子菜单-->
33                         <ul class="treeNode">
34                             <li>
35                                 <!--当前项-->
36                                 <div class="treeList">
37                         <a href="javascript:void(0)"
class="treeIconNo"> </a>
38                                     <a href="javascript:void(0)">1-2-1-1 点</a>
39                                 </div>
40                                 <!--子菜单-->
41                                 <ul></ul>
42                             </li>
43                         </ul>
44                     </li>
45                 </ul>
```

```
46            </li>
47            <li>
48                <!--当前项-->
49                <div class="treeList">
50                    <a href="javascript:void(0)"
class="treeIconNo"> </a>
51                    <a href="javascript:void(0)">1-3 点</a>
52                </div>
53            </li>
54            <li>
55                <!--当前项-->
56                <div class="treeList">
57                    <a href="javascript:void(0)"
class="treeIconNo"> </a>
58                    <a href="javascript:void(0)">1-4 点</a>
59                </div>
60            </li>
61            <li>
62                <!--当前项-->
63                <div class="treeList">
64                    <a href="javascript:void(0)"
class="treeIconNo"> </a>
65                    <a href="javascript:void(0)">1-5 点</a>
66                </div>
67            </li>
68            <li>
69                <!--当前项-->
70                <div class="treeList">
71                    <a href="javascript:void(0)" class="treeIcon">-</a>
72                    <a href="javascript:void(0)">1-6 点</a>
73                </div>
74                <!--子菜单-->
75                <ul class="treeNode">
76                    <li>
77                        <!--当前项-->
78                        <div class="treeList">
79                            <a href="javascript:void(0)"
class="treeIconNo"> </a>
80                            <a href="javascript:void(0)">1-6-1 点</a>
81                        </div>
82                    </li>
83                    <li>
84                        <!--当前项-->
```

```
 85                      <div class="treeList">
 86                          <a href="javascript:void(0)"
class="treeIconNo"> </a>
 87                          <a href="javascript:void(0)">1-6-2 点</a>
 88                      </div>
 89                  </li>
 90              </ul>
 91          </li>
 92      </ul>
 93  </li>
 94 </ul>
 95 <script type="text/javascript">
 96     window.onload = function () {
 97         function getTypeElement(es, type) {   //获取指定类型的节点
 98             var esLen = es.length,
 99                 i = 0,
 100                eArr = [],
 101                esI = null;
 102            for (; i < esLen; i++) {
 103                esI = es[i];
 104                if (esI.nodeName.replace("#", "").toLocaleLowerCase() ==
type) {
 105                    eArr.push(esI);
 106                }
 107            }
 108            return eArr;
 109        }
 110        function treeMenuNav() {                         //树形菜单导航
 111            var as = document.getElementsByTagName('a'), //获取所有 a 元素
 112                ai = 0,                                //循环变量初始引导值
 113                al = as.length,//a 的个数
 114                ao = null;              //被遍历的当前元素
 115            for (; ai < al; ai++) {
 116                ao = as[ai];
 117                if (ao.className == "treeIcon") { //判断是否是树形节点被点击的地方
 118                    ao.onclick = function () {               //绑定点击事件
 119                        var iconType = this.innerHTML,       //获取展示类型
 120
uls=getTypeElement(this.parentNode.parentNode.childNodes, "ul"),
 121                            uli = 0,                         //元素初始值
 122                            ull = uls.length,                //子菜单个数
 123                            dis = "block";         //默认显示（展开）子菜单
 124                        if (iconType == "-") {
 125                            this.innerHTML = "+";
 126                            dis = "none";
 127                        }
 128                        else {
```

```
129                         this.innerHTML = "-";
130                     }
131                     for (; uli < ull; uli++) {
132                         uls[uli].style.display = dis;
133                     }
134                 }
135             }
136         }
137     }
138     treeMenuNav();
139   };
140 </script>
141 </body>
142 </html>
```

第 1 步，创建树形菜单的结构 UI。

第 2 步，为了遍历所有的 a 对象，检测哪一个属于树形菜单的单击按钮，检测到后绑定事件。

第 3 步，当单击树形菜单的触发按钮时，JS 代码第 37~43 行判断是“-”还是“+”，如果是“-”，就隐藏子元素，否则显示子元素。

28.5 仿 QQ 菜单

QQ 是我们经常使用的 IM 工具，里面有很多友好的交互，其中有一个功能是查看各个分类下的好友。本例效果如图 28.5 所示。

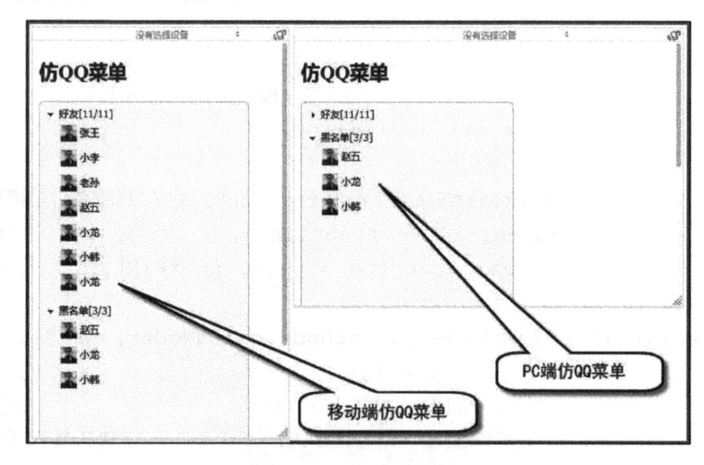

图 28.5　仿 QQ 菜单

其代码如下：

```
01 <!DOCTYPE html>
```

```
02 <html lang="en">
03 <head>
04     <title>仿 QQ 菜单</title>
05     <meta http-equiv="Content-Type" content="text/html; charset=utf-8">
06 </head>
07 <body>
08 <h2>仿 QQ 菜单</h2>
09 <!--QQ 菜单最外层-->
10 <div id='likeQQMenue'>
11     <!--好友-->
12     <div class="likeQQMenueLists" data-targetID='relationList1'>
13         <div class="relationMenu"> </div>
14         <div class="relationTitle"> 好友[11/11]</div>
15     </div>
16     <!--好友-关系列表-->
17     <div class="relationList likeQQMenueLists" id='relationList1'>
18         <div class="lists">
19             <!--头像-->
20             <div class="images">
21                 <img src='../images/my.jpg'/>
22             </div>
23             <!--昵称-->
24             <div class="nickname">
25                 <a href="javascript:void(0)"> 张王</a>
26             </div>
27         </div>
28         <div class="lists">
29             <!--头像-->
30             <div class="images">
31                 <img src='../images/my.jpg'/>
32             </div>
33             <!--昵称-->
34             <div class="nickname">
35                 <a href="javascript:void(0)"> 小李</a>
36             </div>
37         </div>
38         <div class="lists">
39             <!--头像-->
40             <div class="images">
41                 <img src='../images/my.jpg'/>
42             </div>
43             <!--昵称-->
44             <div class="nickname">
```

```
45                  <a href="javascript:void(0)"> 老孙</a>
46              </div>
47          </div>
48          <div class="lists">
49              <!--头像-->
50              <div class="images">
51                  <img src='../images/my.jpg'/>
52              </div>
53              <!--昵称-->
54              <div class="nickname">
55                  <a href="javascript:void(0)"> 赵五</a>
56              </div>
57          </div>
58          <div class="lists">
59              <!--头像-->
60              <div class="images">
61                  <img src='../images/my.jpg'/>
62              </div>
63              <!--昵称-->
64              <div class="nickname">
65                  <a href="javascript:void(0)"> 小龙</a>
66              </div>
67          </div>
68          <div class="lists">
69              <!--头像-->
70              <div class="images">
71                  <img src='../images/my.jpg'/>
72              </div>
73              <!--昵称-->
74              <div class="nickname">
75                  <a href="javascript:void(0)"> 小韩</a>
76              </div>
77          </div>
78          <div class="lists">
79              <!--头像-->
80              <div class="images">
81                  <img src='../images/my.jpg'/>
82              </div>
83              <!--昵称-->
84              <div class="nickname">
85                  <a href="javascript:void(0)"> 赵五</a>
86              </div>
87          </div>
```

```
88          <div class="lists">
89              <!--头像-->
90              <div class="images">
91                  <img src='../images/my.jpg'/>
92              </div>
93              <!--昵称-->
94              <div class="nickname">
95                  <a href="javascript:void(0)"> 小龙</a>
96              </div>
97          </div>
98          <div class="lists">
99              <!--头像-->
100              <div class="images">
101                  <img src='../images/my.jpg'/>
102              </div>
103              <!--昵称-->
104              <div class="nickname">
105                  <a href="javascript:void(0)"> 小韩</a>
106              </div>
107          </div>
108          <div class="lists">
109              <!--头像-->
110              <div class="images">
111                  <img src='../images/my.jpg'/>
112              </div>
113              <!--昵称-->
114              <div class="nickname">
115                  <a href="javascript:void(0)"> 赵五</a>
116              </div>
117          </div>
118          <div class="lists">
119              <!--头像-->
120              <div class="images">
121                  <img src='../images/my.jpg'/>
122              </div>
123              <!--昵称-->
124              <div class="nickname">
125                  <a href="javascript:void(0)"> 小龙</a>
126              </div>
127          </div>
128      </div>
129      <div style="clear: both"></div>
130      <!--黑名单-->
```

```
131     <div class="likeQQMenueLists" data-targetID='relationList2'>
132         <div class="relationMenu"> </div>
133         <div class="relationTitle"> 黑名单[3/3]</div>
134     </div>
135     <!--好友-关系列表-->
136     <div class="relationList likeQQMenueLists" id='relationList2'>
137         <div class="lists">
138             <!--头像-->
139             <div class="images">
140                 <img src='../images/my.jpg'/>
141             </div>
142             <!--昵称-->
143             <div class="nickname">
144                 <a href="javascript:void(0)"> 赵五</a>
145             </div>
146         </div>
147         <div class="lists">
148             <!--头像-->
149             <div class="images">
150                 <img src='../images/my.jpg'/>
151             </div>
152             <!--昵称-->
153             <div class="nickname">
154                 <a href="javascript:void(0)"> 小龙</a>
155             </div>
156         </div>
157         <div class="lists">
158             <!--头像-->
159             <div class="images">
160                 <img src='../images/my.jpg'/>
161             </div>
162             <!--昵称-->
163             <div class="nickname">
164                 <a href="javascript:void(0)"> 小韩</a>
165             </div>
166         </div>
167     </div>
168 </div>
169 <script type="text/javascript">
170     window.onload = function () {
171         function getTypeElement(es, type) { //获取指定类型的节点
172             var esLen = es.length,
173                 i = 0,
```

```
174                 eArr = [],
175                 esI = null;
176             for (; i < esLen; i++) {            //获取所有元素
177                 esI = es[i];
178                 if (esI.nodeName.replace("#", "").toLocaleLowerCase() ==
type) {
179                     eArr.push(esI);
180                 }
181             }
182             return eArr;
183         }
184         function likeQQMenue() {            //QQ 菜单
185             var ls = document.getElementById("likeQQMenue").childNodes,
186                 li = 0,
187                 ll = ls.length,
188                 lo = null;
189             for (; li < ll; li++) {
190                 lo = ls[li];
191                 if (lo.className == "likeQQMenueLists") {
192                     lo.onclick = function () {
193                         var divs = getTypeElement(this.childNodes, "div"),
194                             dis = "block",
195                             classNames = divs[0].className,
196 
target=document.getElementById(this.getAttribute("data-targetID"));
197                         if (classNames == "relationMenu on") {//展开列表
198                             divs[0].className = "relationMenu";
199                             target.style.display = "block";
200                         }
201                         else { //收缩列表
202                             divs[0].className = "relationMenu on";
203                             target.style.display = "none";
204                         }
205                     }
206                 }
207             }
208         }
209         likeQQMenue();
210     };
211 </script>
212 </body>
213 </html>
```

第 1 步，创建一个 QQ 面板，模拟好友分类与好友列表。

第 2 步，第 192～205 行代码为每个分类绑定事件，当单击分类时，判断所有分类是否展开，如果处于展开状态就收缩，如果处于收缩状态就展开。

28.6 漂浮广告

广告是常见的品牌传播形式。目前，广告是很多互联网公司的主要利润来源。因此，广告的经营及表现形式对所有互联网公司来说都是非常重要的。漂浮广告属于一种硬性广告，虽然很令普通用户讨厌，但是推广效果非常有效。

```
01 <!DOCTYPE html>
02 <html lang="en">
03 <head>
04     <title>漂浮广告</title>
05     <meta http-equiv="Content-Type" content="text/html; charset=utf-8">
06     <script type="text/javascript"
src="../js/animateManage.js"></script><!—注意引入-->
07 </head><body>
08 <h2>漂浮广告</h2>
09 <div id='floatingAd'>
10     我是漂浮广告
11 </div>
12 <script type="text/javascript">
13     window.onload = function () {
14         function floatingAd() {
15             var animateFloat = function () {            //运动行动画
16                 var floatingAd = document.getElementById("floatingAd"),
                   //浮动的动画
17                 bodyW = window.innerWidth || document.documentElement.
offsetWidth,
18                     maxLeft = bodyW - 120,          //浮动的最大范围修正
19                     thisLeft = parseInt(floatingAd.style.left);//元素的 left 值
20                 new animateManage({
21                     "context": floatingAd,          //被操作的元素
22                     "effect": "linear",
23                     "time": 10000,                  //持续时间
24                     "starCss": {                    //元素的起始值偏移量
25                         "left": thisLeft
26                     },
27                     "css": {                        //元素的结束值偏移量
28                         "left": thisLeft >= maxLeft ? 0 : maxLeft
29                     }
```

```
30                    }).init();
31                }
32                animateFloat();
33                setInterval(function () {                    //更新动画
34                    animateFloat();
35                }, 10100);
36            }
37            floatingAd();
38        };
39    </script>
40    </body>
41    </html>
```

广告的展示形式多种多样，本例中的漂浮广告的关键在于第 20～30 行代码，主要是通过动态修改元素的 left 值来实现的。

第 1 步，广告默认开始运行的位置为左边，然后不断地让其向右移动。

第 2 步，当 left 值大于页面宽度时，修改 left 值向左移动，即目标动画位置是 0。

本例效果如图 28.6 所示。

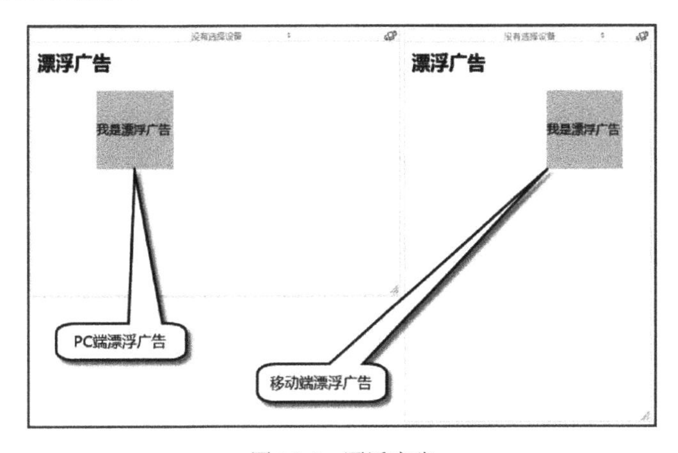

图 28.6　漂浮广告

第 29 章

◂ JavaScript移动开发 ▸

随着当今移动互联网大潮的出现，移动端开发已经达到了一个井喷的态势。布局移动端是现今很多企业、公司的重要战略方向。比如当下流行、成功的移动端应用——微信（WeChat），其母公司腾讯（Tencent）就被业内戏称为取得了“第一张移动互联网船票”的 IT 企业。当然，微信是传统意义上的移动端应用（App），而随着 HTML 5 和 JavaScript 技术的日益成熟，前端技术也能够逐步实现传统移动端 App 的功能。

JavaScript 作为一种前端脚本编程语言，不仅能开发传统 PC 端的网页应用，还能够开发移动端的网页应用，而且使用 JavaScript 技术进行移动端开发是有其自身优势的。我们都知道目前移动终端设备及其系统平台的实际状况：设备终端品类繁多，系统平台不统一（以 Android、iOS 和 Windows 三大操作系统平台为主），这势必会为设计人员开发移动端应用带来不可想象的难度及工作量。而使用 JavaScript 脚本语言的最大优势就是跨平台、跨终端的良好兼容性，以及 JavaScript 所独有的轻量级特点，这些都是未来 JavaScript 能够在移动互联网占据一席之地的重要基础。

本章主要涉及的知识点有：

- 区分移动设备平台
- 检测设备的方向
- 移动端触摸操作
- 让 Web 应用近似本地 App：移除浏览器地址

29.1 判断 PC 端或移动端

目前主流的移动端平台包括 iOS、Android 和 Windows，而最新的 Windows 10 操作系统是兼容 PC 端与移动端的。不过在全球市场中，移动端平台是 Android 和 iOS 的天下，Windows 平台主要还是在其传统的 PC 端。

本例介绍如何通过 JavaScript 代码来实现自动识别当前客户端是 PC 端还是移动端的功能，具体代码如下：

```
01  <!DOCTYPE html>
```

```
02 <html lang="en">
03 <head>
04     <title>JavaScript Code Segments</title>
05 </head>
06 <body>
07 <p>判断结果：</p><br>
08 <div id="id-pc-mobile"></div>
09 <script type="text/javascript">
10     function isPC() {
11         var userAgentInfo = navigator.userAgent;
12         var Agents = [
13             "Android",
14             "iPhone",
15             "SymbianOS",
16             "Windows Phone",
17             "iPad",
18             "iPod"
19         ];
20         var flag = true;
21         for (var v = 0; v < Agents.length; v++) {
22             if (userAgentInfo.indexOf(Agents[v]) > 0) {
23                 flag = false;
24                 break;
25             }
26         }
27         return flag;
28     }
29     window.addEventListener('load', function () {
30         var idPcMobile = document.getElementById("id-pc-mobile");
31         if (isPC())
32             idPcMobile.innerHTML = "当前环境是在 PC 端.";
33         else
34             idPcMobile.innerHTML = "当前环境是在移动端.";
35     }, false);
36 </script>
37 </body>
38 </html>
```

第 10～28 行代码定义了一个函数方法 isPC，用于判断用户当前的设备终端是在 PC 端还是移动端。第 11 行代码通过 navigator 对象获取了 userAgent 用户代理头的属性值。第 12～19 行代码增加了设备终端类型库，为检测设备类型提供依据。第 21～26 行代码遍历设备类型库，并判断遍历的当前设备是否与代理头的属性值相匹配，相当于通过匹配结果判断是 PC 端还是移动端，最后将判断结果存到布尔变量（flag）中。

下面通过 FireFox 浏览器分别模拟在 PC 端和移动端的运行环境，测试运行结果，具体如图 29.1 所示。

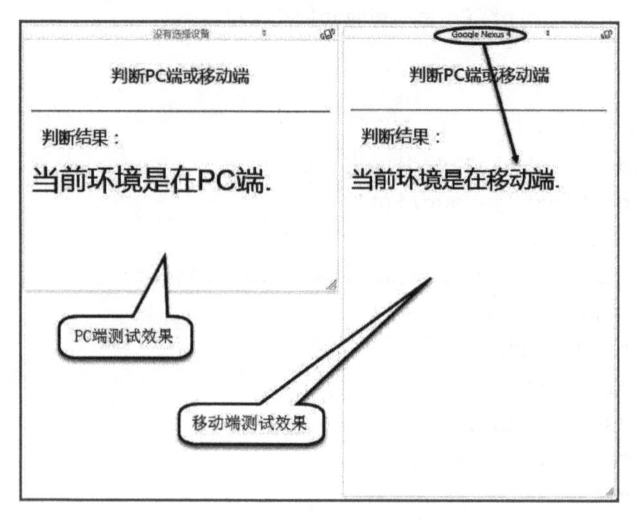

图 29.1　判断 PC 端或移动端

29.2 判断移动端平台类型

本例继续介绍如何通过 JavaScript 代码来实现自动识别移动端平台类型（如 Android 手机、iPhone、iPad、Windows Phone 等）的功能，具体代码如下：

```
01 <!DOCTYPE html>
02 <html lang="en">
03 <head>
04     <title>JavaScript Code Segments</title>
05 </head>
06 <body>
07 <header>
08     <nav>判断移动端平台类型</nav>
09 </header>
10 <p>判断结果：</p><br>
11 <div id="id-mobile-platform"></div>
12 <script type="text/javascript">
13     function isPlatform() {
14         var vPlatform;
15         var userAgentInfo = navigator.userAgent;
16         var Agents = [
17             "Android",
18             "iPhone",
```

```
19                "SymbianOS",
20                "Windows Phone",
21                "iPad",
22                "iPod"
23            ];
24            for (var v = 0; v < Agents.length; v++) {
25                if (userAgentInfo.indexOf(Agents[v]) > 0) {
26                    vPlatform = Agents[v];
27                    break;
28                }
29            }
30            return vPlatform;
31        }
32        window.addEventListener('load', function () {
33            var idMobilePlatform =
document.getElementById("id-mobile-platform");
34            idMobilePlatform.innerHTML = isPlatform();
35        }, false);
36    </script>
37    </body>
38    </html>
```

第 13～31 行代码定义了一个函数方法 isPlatform，用于判断用户当前的移动端平台类型。第 16～23 行代码增加了设备终端类型库，为检测设备类型提供依据。第 24～29 行代码遍历设备类型库，并判断遍历的当前设备是否与代理头的属性值相匹配，最后将判断结果存到变量（vPlatform）中。

下面通过 FireFox 浏览器分别在移动端模拟 Google Nexus 4、Apple iPhone 6s 和 Nokia Lumia 520 这三个系统下的运行环境，测试运行效果，具体如图 29.2 所示。

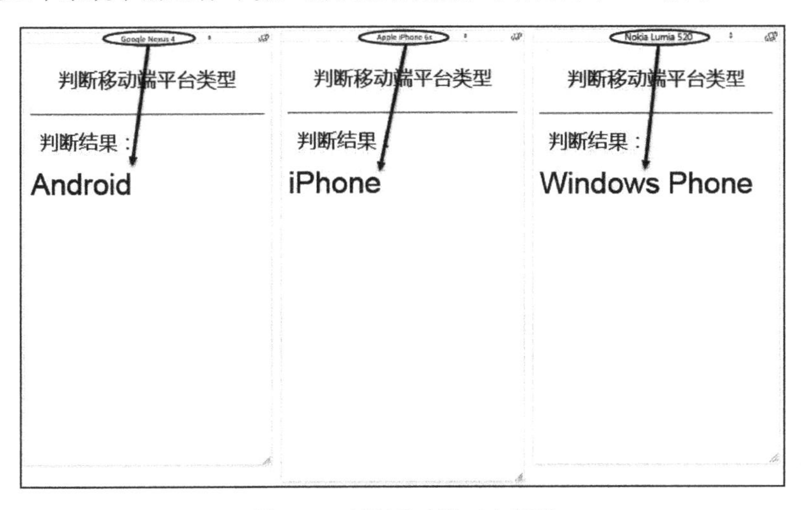

图 29.2　判断移动端平台类型

29.3 判断设备方向变更

当今的移动设备为了适应人们在各种应用场景下的需要，增加了屏幕旋转的功能，例如有的人竖着拿手机，有的人横着拿手机，程序会自动检测设备的方向，并根据设备的不同方向来显示不同的页面效果。具体代码如下：

```
01 <!DOCTYPE html>
02 <html lang="en">
03 <head>
04     <title>终端设备方向变更</title>
05     <meta http-equiv="Content-Type" content="text/html; charset=utf-8">
06 </head>
07 <body>
08 <script type="text/javascript">
09     window.onload = function () {
10         var orientationCall = [],          //方向改变事件待执行的函数列
11             orientation = (function () {  //移动设备方向改变事件
12                 var o = "";                //待遍历的对象键
13     window.addEventListener("orientationchange", function (event) {
    //检测浏览器的方向改变
14                     for (o in orientationCall) {
15                         orientationCall[i]();           //运行待执行的函数
16                     }
17                 }, false);
18             })();
19         var addOrientation = function (callFun) {     //增加方向变换的回调队列
20                 orientationCall[orientationCall.length] = callFun;//推入回调
21             },
22             //默认值是垂直（vertical），如果是横向，那么为 horizontal
23             orientation = "vertical",
24             //检测是否支持 window.orientation
25             isOrientation = (typeof window.orientation == "number" && typeof
window.onorientationchange == "object"),
26             getOrientation = function () {     //获取设备的方向
27                 if (this.isOrientation) {      //如果支持 window.orientation
28                     //0 表示竖屏模式，正负 90 表示横屏（向左与向右）模式
29                     orientation = window.orientation == 0 ? "vertical" :
"Horizontal";
30                 } else {
31                     //根据高度与宽度判断是横屏或竖屏
32         this.orientation=window.innerWidth>window.innerHeight?
"Horizontal":"vertical";
```

```
33                 }
34                 //为 body 添加判断方向属性
35                 document.body.setAttribute("mob-orientation",
this.orientation);
36             },
37             updateorientation = function () { //更新屏幕的方向值
38                 getOrientation();            //更新方向
39                 addOrientation(getOrientation);//方向变更的时候，更新屏幕方向数值
40             };
41         };
42 </script>
43 </body>
44 </html>
```

针对移动设备，HTML 5 新增了一个事件 orientationchange，当设备方向发生变更时触发该事件，参见第 13～17 行代码。本例的主要思想是，将所有的变更事件统一管理，变更事件触发回调队列。

在一些设备浏览器中，window.orientation 接口可以获取设备的方向，因此需要检测浏览器是否支持 window.orientation，如果支持，就采用此 API 提供的数值判断方向：0 表示竖屏模式，正负 90 表示横屏（向左与向右）模式；如果不支持，就通过判断宽、高的相对值来区分横屏与竖屏。

因为方向变更会处理一堆的业务逻辑，所以将所有待处理的函数都存放在一个队列中，发生方向变更时就处理这些在队列中的函数。

29.4 移除移动浏览器地址栏

在移动端，有时需要让 Web App 与 Native App 达到一个近似的融合。这个需求提出了很多新的挑战。首先就是如何隐藏地址栏，地址栏属于浏览器的行为，因此只能利用浏览器的特性去实现，但是就目前的形式来看，实现不会特别完美，因为 Web App 总是会受制于浏览器。

其代码如下：

```
01 <!DOCTYPE html>
02 <html lang="en">
03 <head>
04     <title>移除移动浏览器地址栏</title>
05     <meta http-equiv="Content-Type" content="text/html; charset=utf-8">
06 </head>
07 <body>
```

```
08 <script type="text/javascript">
09     window.onload = function () {
10         var orientationCall = [],              //方向改变事件待执行的函数队
11             orientation = (function () {       //移动设备方向改变事件
12                 var o = "";                    //待遍历的对象键
13                 window.addEventListener("orientationchange", function
(event) {
14                     for (o in orientationCall) {
15                         orientationCall[i]();  //运行待执行的函数
16                     }
17                 }, false);
18             })();
19         function addOrientation(callFun) {    //增加方向变换的回调队列
20             orientationCall[orientationCall.length] = callFun;//推入回调
21         }
22         function clearUrl() {
23             var scroll = function () {
24                 window.scrollTo(0, 1);         // 将屏幕滚动到指定的位置
25             };
26             scroll();                          //页面载入的时候运行
27             addOrientation(scroll);            //待方向变更的时候修改屏幕滚轴
28         }
29     };
30 </script>
31 </body>
32 </html>
```

现在大部分浏览器的页面都有一个特殊的行为，当内容超过设备的高度时，在页面向下移动时会自动隐藏地址栏，可以利用这个特点隐藏地址栏。核心部分是第 24 行代码中的 window.scrollTo(0, 1)，当页面加载完或方向变更时修正这个值。

29.5 判断当前浏览器是否为移动浏览器

因为移动设备屏幕大小有限，在移动设备上显示的网页效果应该和在 PC 端显示的效果不一致。要让程序知道该显示哪一套方案，就得能让程序判断当前浏览器是不是移动浏览器。本例具体代码如下：

```
01 <!DOCTYPE html>
02 <html lang="en">
03 <head>
04     <title>判别是否为移动浏览器</title>
```

```
05        <meta http-equiv="Content-Type" content="text/html; charset=UTF-8"/>
06        <script type="text/javascript">
07            //获取 user agent 信息
08            var userAgent = navigator.userAgent;
09            if (userAgent.indexOf('AppleWebKit') > -1) {//判断是否为移动浏览器
10                alert('您使用的是移动浏览器');
11            } else {
12                alert('您使用的是普通浏览器');
13            }
14        </script>
15    </head>
16    <body style="text-align:center">
17    </body>
18    </html>
```

浏览器和客户端的信息都保存在第 08 行代码中定义的 navigator.userAgent 里，通过对 userAgent 进行关键词的匹配就可以知道用户当前正在使用什么浏览器。

29.6 判断用户是否在使用微信浏览器

目前，微信可以说是在移动互联网中最火热的“即时通信 + 社交”App。而且，微信除了即时通信和社交这两大主要功能外，在金融、支付、电商等领域也逐渐站稳了位置。可以说，移动互联大时代的到来成就了微信，微信也为移动互联网的蓬勃发展注入了活力。

本例介绍如何通过 JavaScript 代码来实现判断用户是否在使用微信浏览器的功能，具体代码如下：

```
01    <!DOCTYPE html>
02    <html lang="en">
03    <head>
04        <title>JavaScript Code Segments</title>
05    </head>
06    <body>
07    <header>
08        <nav>判断用户是否在使用微信浏览器</nav>
09    </header>
10    <p>判断结果：</p><br>
11    <div id="id-mobile-wechat"></div>
12    <script type="text/javascript">
13        function isWechat() {
14            var userAgentInfo = navigator.userAgent.toLowerCase();
15            if (userAgentInfo.indexOf('micromessenger') != -1) {
```

```
16                 return true;
17             } else {
18                 return false;
19             }
20         }
21         window.addEventListener('load', function () {
22             var idMobileWechat = document.getElementById("id-mobile-wechat");
23             if (isWechat())
24                 idMobileWechat.innerHTML = "当前用户是在使用微信(WeChat)浏览器.";
25             else
26                 idMobileWechat.innerHTML = "当前用户没在使用微信(WeChat)浏览器.";
27         }, false);
28     </script>
29     </body>
30     </html>
```

第 10～28 行代码定义了一个函数方法 isWechat，用于判断用户是否在使用微信浏览器。第 14 行代码通过 navigator 对象获取了 userAgent 用户代理头的属性值。

第 15～19 行代码判断用户代理头的属性值中是否有关键字 micromessenger，如果有就表示用户正在使用微信浏览器。本例效果如图 29.3 所示。

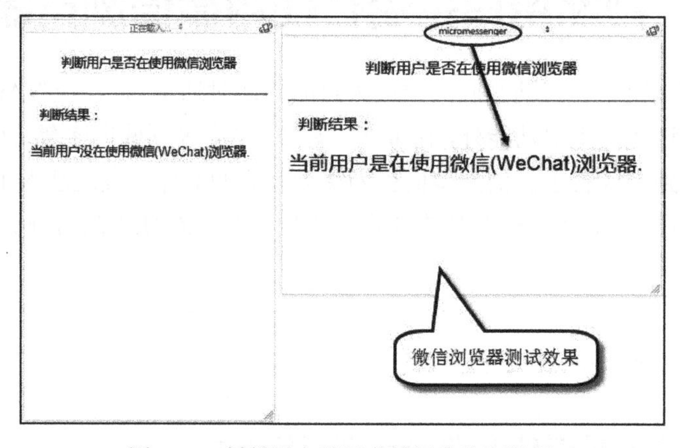

图 29.3　判断用户是否在使用微信浏览器

第 30 章

JavaScript触屏开发常用代码

众所周知，在移动终端设备屏幕上的操作主要是通过手指触摸来完成的，这与传统 PC 屏幕上主要通过鼠标来操作的方式是不同的。JavaScript 作为一种前端脚本语言，能够通过编程来进行监听触摸事件的操作，进而完成用户的功能需求。

本章主要涉及的知识点有：

- 移动端触摸开始操作
- 移动端触摸移动操作
- 长触屏操作
- 点击穿透现象
- 触屏滑动和拖曳操作

30.1 获取手机屏幕的用户触点坐标

众所周知，在移动端（如平板电脑或手机）屏幕上是通过触摸方式来操作的。当用户手指或触摸笔触碰到终端屏幕上时就会产生一个基本的触屏事件（touchstart），该触屏事件在功能上类似于鼠标点击事件。通过触摸手机屏幕获取屏幕触点坐标的 JavaScript 实例代码如下：

```
01 <!DOCTYPE html>
02 <html lang="en">
03 <head>
04     <title>JavaScript Code Segments</title>
05 </head>
06 <body>
07     <p>获取手机屏幕用户触点位置：</p>
08     <div id="id-phone-pos"></div>
09     <script type="text/javascript">
10         function mobile_page_load() {
11             document.addEventListener("touchstart", mobile_page_touch,
false);
12             function mobile_page_touch(ev){
```

```
13                  var ev = ev || window.event;
14                  var idPos = document.getElementById("id-phone-pos");
15                  if(event.type == "touchstart") {
16  idPos.innerHTML = "Touched Pos (" + ev.touches[0].clientX + ", " +
ev.touches[0].clientY + ")";
17                  }
18              }
19          }
20          window.addEventListener('load', mobile_page_load, false);
21      </script>
22  </body>
23  </html>
```

第 20 行代码通过 window 对象的 addEventListener()方法为页面加载事件（load）绑定了监听方法 mobile_page_load。第 10～19 行代码是对事件方法 mobile_page_load 的实现。其中，第 11 行代码为用户触摸开始事件 touchstart 绑定了监听方法 mobile_page_touch；第 12～18 行代码是对事件方法 mobile_page_touch 的实现，主要是通过 event 对象的 clientX 和 clientY 属性获取用户触摸手机屏幕的坐标位置。

下面测试 HTML 页面，在移动端（竖屏与横屏）的显示效果如图 30.1 所示。

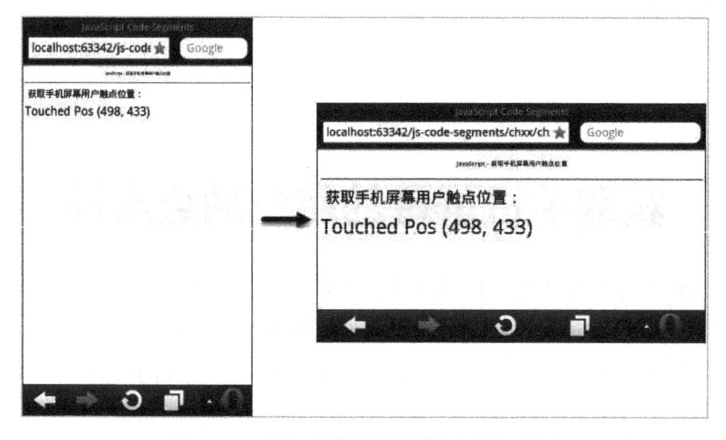

图 30.1　获取手机屏幕的用户触点坐标

30.2 平板电脑触屏提示信息

平板电脑自诞生之日起就取得了良好的市场效应，目前已经是被广大用户喜爱的移动终端设备之一。可以说，因为平板电脑的屏幕尺寸大小更接近传统显示器，被认为是未来将完全取代传统 PC 的一种工具。

例如，当用户使用平板电脑浏览网页时，交互体验上更接近于使用传统 PC。模拟实现通过触摸平板电脑显示提示信息的 JavaScript 实例代码如下：

```
01 <!DOCTYPE html>
02 <html lang="en">
03 <head>
04     <title>JavaScript Code Segments</title>
05 </head>
06 <body>
07     <div>
08         <table border="1px solid #666" cellpadding="1"
cellspacing="0">...</table>
09     </div>
10     <script tyep="text/javascript">
11         function padInfo(info, s, x, y){
12             var id_pad_info = 'id-pad-info';
13             var padTooltip = document.getElementById(id_pad_info);
14             if(padTooltip){
15                 document.body.removeChild(padTooltip);
16             }
17             if(!s) s = 3;
18             padTooltip = document.createElement('div');
19             padTooltip.innerHTML = info;
20             padTooltip.id = id_pad_info;
21             padTooltip.style.background='rgba(128, 128, 128, 0.8)';
22             padTooltip.style.color='#fff';
23             padTooltip.style.display='inline-block';
24             padTooltip.style.padding = '0.6rem 0.8rem';
25             padTooltip.style.borderRadius = '0.8rem';
26             padTooltip.style.fontSize = '2.4rem';
27             document.body.appendChild(padTooltip);
28             var vWidth = document.documentElement.clientWidth;
29             var vHeight = document.documentElement.clientHeight;
30             padTooltip.style.position = 'fixed';
31             padTooltip.style.zIndex = '9999';
32             padTooltip.style.left = (x - (padTooltip.offsetWidth/2)) + 'px';
33             padTooltip.style.top = (y - (padTooltip.offsetHeight/2)) + 'px';
34             setTimeout(function() {
35                 document.body.removeChild(padTooltip);
36             }, s*1000);
37         }
38         function mobile_page_load() {
39             document.addEventListener("touchstart", mobile_page_touch,
false);
40             function mobile_page_touch(ev) {
41                 var ev = ev || window.event;
```

```
42                    if(event.type == "touchstart") {
43                        var x = event.touches[0].clientX;
44                        var y = event.touches[0].clientY;
45                        var info = "Touched tag (" +
event.touches[0].target.tagName + ")";
46                        padInfo(info, 3, x, y);
47                    }
48                }
49            }
50            window.addEventListener('load', mobile_page_load, false);
51        </script>
52    </body>
53    </html>
```

第 07～09 行代码定义了一个表格（HTML 代码省略），主要是为了后面定义的 JavaScript 脚本代码测试使用。

第 11～37 行代码自定义了一个函数 padInfo()，用于实现显示屏幕提示信息的功能。padInfo()函数定义了 4 个参数，第一个参数（info）用于定义提示信息的内容，第二个参数（s）用于定义提示信息窗口的显示时长（超过时长后自动消失），第三个和第四个参数（x 和 y）用于定义提示信息窗口的屏幕显示位置（跟随触屏位置显示）。

第 43～45 行代码分别获取了触屏位置的屏幕坐标和触屏位置的 HTML 标签元素名称（tag 名称）。

下面测试 HTML 页面，在平板电脑上的显示效果如图 30.2 所示。如图 30.2 箭头所示，当用户触摸平板电脑屏幕时，弹出的提示信息（Touched tag (TD)）表明了触屏所在位置的 HTML 标签名称（TD）。

图 30.2　平板电脑触屏提示信息

30.3 触屏时长

用户在使用移动终端的触屏时可以轻轻地触摸一下就离开屏幕，也可以在轻触后选择驻留在屏幕上一段时间。后一种触摸操作可以简称为“长触屏”。下面模拟实现“长触屏”操作，并获取触摸时长的 JavaScript 代码。

```
01 <!DOCTYPE html>
02 <html lang="en">
03 <head>
04     <title>JavaScript Code Segments</title>
05 </head>
06 <body>
07     <p>触屏时长：</p>
08     <div id="id-div-touch-duration"></div>
09     <script type="text/javascript">
10         function mobile_page_load() {
11             var dStart = 0, dEnd = 0, dDur = 0;
12             document.addEventListener("touchstart", mobile_page_touch,
false);
13             document.addEventListener('touchend', mobile_page_touch,
false);
14             function mobile_page_touch(ev){
15                 var ev = ev || window.event;
16                 var idDur =
document.getElementById("id-div-touch-duration");
17                 switch(ev.type) {
18                     case "touchstart":
19                         dStart = Date.now();
20                         idDur.innerHTML = "Touch started at " + dStart + ".";
21                         break;
22                     case "touchend":
23                         dEnd = Date.now();
24                         idDur.innerHTML += "<br/>Touch ended at " + dEnd + ".";
25                         dDur = dEnd - dStart;
26                         idDur.innerHTML += "<br/>Touch duration " + dDur + "ms."
27                         break;
28                 }
29             }
30         }
31         window.addEventListener('load', mobile_page_load, false);
32     </script>
33 </body>
34 </html>
```

第 11 行代码定义了一组变量（dStart、dEnd、dDur），分别用于保存触摸开始时间、触摸结束时间和触摸时长。第 19 行代码通过使用 Date 对象的 now()方法获取了触摸开始时的时间。第 23 行代码再次通过使用 Date 对象的 now()方法获取了触摸结束时的时间。第 25 行代码通过运算得出了触摸时长。

下面测试 HTML 页面，在移动端（竖屏与横屏）的显示效果如图 30.3 所示。如图 30.3 箭头所示，当用户在屏幕上进行长触的操作时，屏幕中会显示触摸的时长（从轻触屏幕开始到离开屏幕的时间长度）。

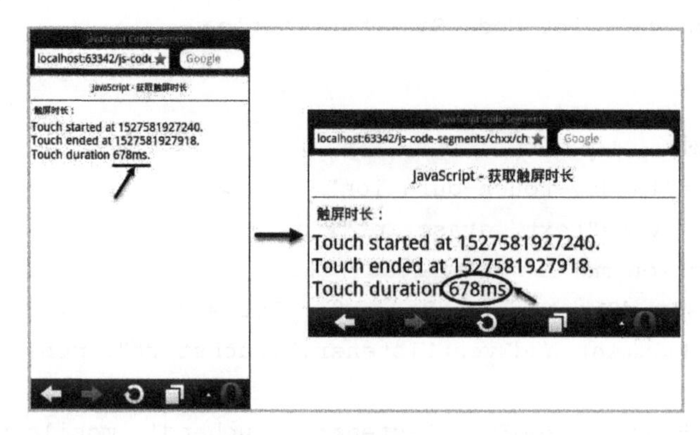

图 30.3　获取触屏时长

30.4 长触屏操作实现

对于移动终端设备来说，触屏操作有“轻触屏”和“长触屏”之分。“轻触屏”操作是指进行一次触摸操作后马上离开屏幕（触摸停留时间极短），这种情况只执行一个触屏开始（touchstart）事件。而“长触屏”操作则是进行一次触摸操作后没有马上离开屏幕（触摸停留了一段时间，一般为 500ms 以上的时长）。移动终端设备之所以区分“轻触屏”和“长触屏”，主要是因为通过“长触屏”操作可以实现与“轻触屏”操作不同的功能。模拟实现“长触屏”操作的 JavaScript 实例代码如下：

```
01 <!DOCTYPE html>
02 <html lang="en">
03 <head>
04     <title>JavaScript Code Segments</title>
05 </head>
06 <body>
07     <p>事件反馈日志：</p>
08     <div id="id-div-longtouch"></div>
09     <script type="text/javascript">
10         var timeoutEvent;
11         function mobile_page_load() {
12             document.addEventListener("touchstart", mobile_page_touch,
```

```
false);
    13            document.addEventListener('touchend', mobile_page_touch,
false);
    14            function mobile_page_touch(ev){
    15                var ev = ev || window.event;
    16                var idLongTouch =
document.getElementById("id-div-longtouch");
    17                switch(ev.type) {
    18                    case "touchstart":
    19                        timeoutEvent = setTimeout(function () {
    20                            idLongTouch.innerHTML += "This is a long
touch.<br>";
    21                            timeoutEvent = 0;
    22                        }, 500);
    23                        ev.preventDefault();
    24                        break;
    25                    case "touchend":
    26                        clearTimeout(timeoutEvent);
    27                        if(timeoutEvent != 0) {
    28                            idLongTouch.innerHTML += "This is a short
touch.<br>";
    29                        }
    30                        break;
    31                }
    32            }
    33        }
    34        window.addEventListener('load', mobile_page_load, false);
    35    </script>
    36 </body>
    37 </html>
```

第 10 行代码定义了一个变量 timeoutEvent，用于保存计时器的 id 标识符。第 19～22 行代码通过使用计时器 setTimeout()方法定义了“长触屏”操作时长（500ms），具体判断依据是，如果“长触屏”操作时长大于 500ms，就被认定为“长触屏”操作，否则为“轻触屏”操作。

下面测试 HTML 页面，在移动端（竖屏与横屏）的显示效果如图 30.4 所示。用户在移动终端依次进行了“长触屏”和“短触屏”操作，提示信息如实地显示在了屏幕上。

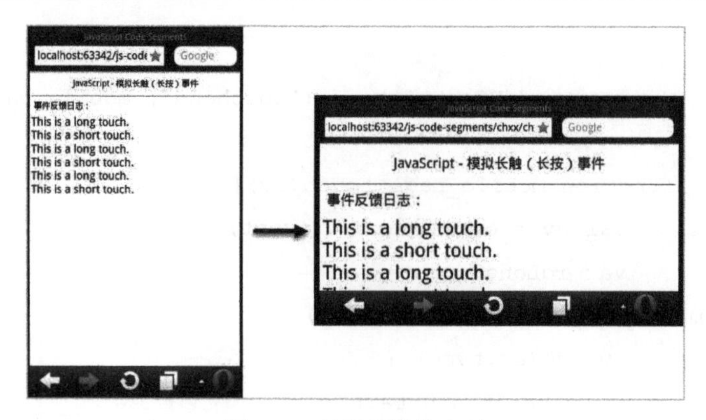

图 30.4　长触屏操作实现

30.5 双击触屏操作实现

对于移动终端设备来说，触屏操作除了上一节中提到的“轻触屏”和“长触屏”之外，还有一种“双击触屏”的操作。“双击触屏”是指连续两次时间间隔很短（一般在 300ms 以内）的触摸操作，一般移动端会为“双击触屏”设定默认功能。模拟实现“双击触屏”操作的 JavaScript 实例代码如下：

```
01  <!DOCTYPE html>
02  <html lang="en">
03  <head>
04      <title>JavaScript Code Segments</title>
05  </head>
06  <body>
07      <p>事件反馈日志：</p>
08      <div id="id-div-dbtouch"></div>
09      <script type="text/javascript">
10          var dbTouchEvent = 0;
11          var dOne = 0, dTwo = 0, dInterval = 0;
12          function mobile_page_load() {
13              document.addEventListener("touchstart", mobile_page_touch,
false);
14              function mobile_page_touch(ev){
15                  var ev = ev || window.event;
16                  var idDbTouch = document.getElementById("id-div-dbtouch");
17                  switch(ev.type) {
18                      case "touchstart":
19                          if(dbTouchEvent == 0) {
20                              dOne = Date.now();
```

```
21                              dbTouchEvent += 1;
22                          } else if(dbTouchEvent == 1) {
23                              dTwo = Date.now();
24                              dInterval = dTwo - dOne;
25                              if(dInterval <= 300) {
26                              idDbTouch.innerHTML += "You made a double
touch.<br>";
27                                  ev.clientWidth *= 2;
28                                  ev.clientHeight *= 2;
29                              } else {
30                              idDbTouch.innerHTML += "You made a touch
twice.<br>";
31                              }
32                              dbTouchEvent = 0;
33                          }
34                          ev.preventDefault();
35                      break;
36                  }
37              }
38          }
39          window.addEventListener('load', mobile_page_load, false);
40      </script>
41  </body>
42  </html>
```

第 10 行代码定义了一个变量 dbTouchEvent，用于标识用户是执行了连续“轻触屏”操作还是“双击触屏”操作。第 19～33 行代码通过判断变量 dbTouchEvent 的取值以及计算“双击触屏”操作间隔的时长（小于等于 300ms）来判断用户操作是连续“轻触屏”操作还是“双击触屏”操作，具体判断依据是，如果连续两次“轻触屏”的间隔时长小于等于 300ms，就是“双击触屏”操作，否则就是连续“轻触屏”操作。

下面测试 HTML 页面，在移动端（竖屏与横屏）的显示效果如图 30.5 所示。用户在移动终端多次进行了“双击触屏”和连续“轻触屏”操作，提示信息如实地显示在了屏幕上。

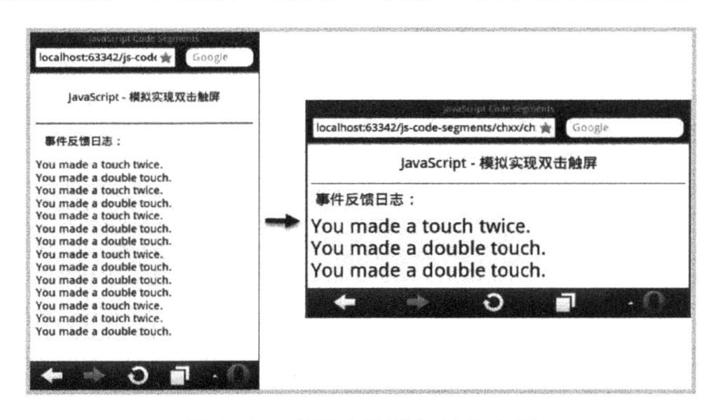

图 30.5　“双击触屏”操作实现

30.6 点击穿透现象

30.5 节详细介绍了“双击触屏”操作与连续“轻触屏”操作的区别。其实，关键在于时间间隔（300ms）的设定，超过 300ms 这个阈值就不会被认定是“双击触屏”操作。对于 300ms 的时间延迟，往往被业内称为移动端开发的一个陷阱（“点击穿透”现象）。

什么是“点击穿透”现象呢？简单来讲，就是单击事件会有一个 300ms 的时间延迟。假设脚本代码在 300ms 的时间延迟内隐藏了操作对象，单击事件就无法对该对象进行操作，进而去操作下一层的对象。

模拟实现“点击穿透”操作的 JavaScript 实例代码如下：

```
01 <!DOCTYPE html>
02 <html lang="en">
03 <head>
04     <title>JavaScript Code Segments</title>
05 </head>
06 <body>
07     <p> 移动端“点击穿透”测试：</p>
08     <button id="id-btn-normal" onclick="on_btn_click(this.id);">测试正常点
击</button>
09     <button id="id-btn-through" onclick="on_btn_click(this.id);">测试点击
穿透</button>
10     <div id="id-div-touch-through"></div>
11     <script type="text/javascript">
12         var idTouchThrough =
document.getElementById("id-div-touch-through");
13         function mobile_page_load() {
14             document.addEventListener("touchstart", mobile_page_touch,
false);
15             function mobile_page_touch(ev) {
16                 var ev = event || window.event;
17                 if(ev.type == "touchstart") {
18                     var target = ev.target;
19                     if(target.id == "id-btn-through") {
20         idTouchThrough.innerHTML += "单击“测试点击穿透”按钮,但先被触屏事件隐藏
了.";
21
document.getElementById("id-btn-through").style.display = "none";
22                     }
23                 }
24             }
25         }
```

```
26          window.addEventListener('load', mobile_page_load, false);
27          function on_btn_click(thisid) {
28              switch(thisid) {
29                  case "id-btn-normal":
30                      idTouchThrough.innerHTML += "单击“测试正常点击”按钮.<br>";
31                      break;
32                  case "id-btn-through":
33                      idTouchThrough.innerHTML += "单击“测试点击穿透”按钮.<br>";
34                      break;
35              }
36          }
37      </script>
38  </body>
39  </html>
```

第 08、09 行代码定义了一组按钮，分别用于测试正常点击操作和“点击穿透”操作；同时，为这两个按钮定义了同一个 click 事件处理方法（on_btn_click(this.id)），该方法具体定义在第 27～36 行代码中。

当用户尝试点击移动端页面中的按钮时会先触发 touchstart 事件；而 click 事件由于设定了 300ms 的时间延迟，则是在 touchstart 事件完成之后才被触发的。因此，在第 17～23 行代码中先判断按钮的 id 值，再对按钮（id="id-btn-through"）进行隐藏处理，这样就可以有效地测试“点击穿透”现象。

下面测试 HTML 页面，在移动端（竖屏与横屏）的显示效果如图 30.6 所示。如图 30.6 中箭头所示，“点击穿透”导致按钮（id="id-btn-through"）被隐藏后，第 33 行代码预计要执行的代码（输出一行提示文本）没有被执行。

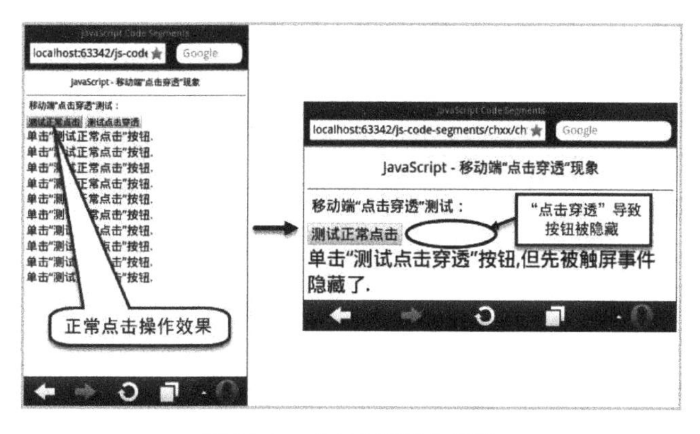

图 30.6 “点击穿透”现象

30.7 触屏事件流程

在移动端屏幕上主要处理触屏事件（Touch Event），这一点与 PC 端浏览器有明显区别。一个基本的触屏事件流程包括：触屏开始（touchstart）事件、触屏移动（touchmove）事件和触屏结束（touchend）事件。实现一个基本的触屏事件流程测试的 JavaScript 实例代码如下：

```
01 <!DOCTYPE html>
02 <html lang="en">
03 <head>
04     <title>JavaScript Code Segments</title>
05 </head>
06 <body>
07     <p>事件反馈日志：</p>
08     <div id="id-touch-event-log"></div>
09     <script type="text/javascript">
10         var idTouchEventLog =
document.getElementById("id-touch-event-log");
11         function mobile_page_load() {
12             document.addEventListener("touchstart", mobile_page_touch,
false);
13             document.addEventListener("touchmove", mobile_page_touch,
false);
14             document.addEventListener("touchend", mobile_page_touch,
false);
15             function mobile_page_touch(ev) {
16                 var ev = ev || window.event;
17                 switch(ev.type) {
18                     case "touchstart":
19                         idTouchEventLog.innerHTML = "Event flow :";
20                         idTouchEventLog.innerHTML += " touchstart ";
21                         break;
22                     case "touchmove":
23                         idTouchEventLog.innerHTML += " touchmove ";
24                         break;
25                     case "touchend":
26                         idTouchEventLog.innerHTML += " touchend " + "<br>";
27                         break;
28                 }
29             }
30         }
31         window.addEventListener('load', mobile_page_load, false);
32     </script>
```

```
33 </body>
34 </html>
```

第 12～14 行代码通过 document 对象的 addEventListener()方法依次为触屏开始（touchstart）、触屏移动（touchmove）和触屏结束（touchend）事件定义了事件处理方法（mobile_page_touch()）。第 15～29 行代码是对事件处理方法 mobile_page_touch()的具体定义，通过判断触屏事件类型执行不同的操作。

下面测试 HTML 页面，在移动端（竖屏与横屏）的显示效果如图 30.7 所示。在“横屏”界面测试了简单的触屏开始（touchstart）和触屏结束（touchend）事件流程，在“竖屏”界面测试了比较复杂的触屏开始（touchstart）、触屏移动（touchmove）和触屏结束（touchend）事件流程。

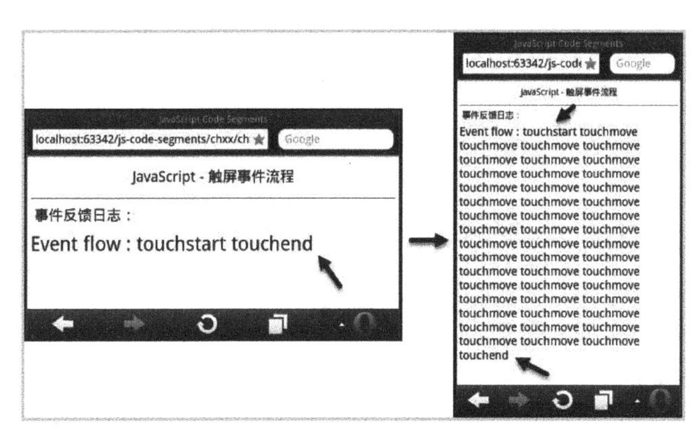

图 30.7　触屏事件流程

30.8　获取手机触屏移动轨迹

触屏移动事件（touchmove）是指当用户在移动终端的触摸屏上进行移动触点操作时所触发的事件。触屏移动事件（touchmove）被触发前，一定是触屏开始（touchstart）事件先被触发，这是一个严格的次序。获取手机触屏移动轨迹的 JavaScript 实例代码如下：

```
01 <!DOCTYPE html>
02 <html lang="en">
03 <head>
04     <title>JavaScript Code Segments</title>
05 </head>
06 <body>
07     <p>触屏移动轨迹日志：</p>
08     <div id="id-touchmove-orbit"></div>
09     <script type="text/javascript">
10         var idTouchmoveOrbit =
```

```
document.getElementById("id-touchmove-orbit");
   11         function mobile_page_load() {
   12             document.addEventListener("touchstart", mobile_page_touch,
false);
   13             document.addEventListener("touchmove", mobile_page_touch,
false);
   14             document.addEventListener("touchend", mobile_page_touch,
false);
   15             function mobile_page_touch(ev) {
   16                 var ev = ev || window.event;
   17                 switch(ev.type) {
   18                     case "touchstart":
   19                     idTouchmoveOrbit.innerHTML = "Move orbit : <br>";
   20                     idTouchmoveOrbit.innerHTML += "Starts [" +
ev.touches[0].clientX + ", " + ev.touches[0].clientY + "]";
   21                         break;
   22                     case "touchmove":
   23                     idTouchmoveOrbit.innerHTML += " [" +
ev.touches[0].clientX + ", " + ev.touches[0].clientY + "] ";
   24                         break;
   25                     case "touchend":
   26                     idTouchmoveOrbit.innerHTML += "[" +
ev.changedTouches[0].clientX + ", " + ev.changedTouches[0].clientY + "] ends.";
   27                         break;
   28                 }
   29             }
   30         }
   31         window.addEventListener('load', mobile_page_load, false);
   32     </script>
   33 </body>
   34 </html>
```

第 12～14 行代码通过 document 对象的 addEventListener()方法依次为触屏开始（touchstart）、触屏移动（touchmove）和触屏结束（touchend）事件定义了事件处理方法（mobile_page_touch()）。第 15～29 行代码是对事件处理方法 mobile_page_touch()的具体定义，通过 clientX 和 clientY 属性获取了触屏移动轨迹坐标的操作。

下面测试 HTML 页面，在移动端（竖屏与横屏）的显示效果如图 30.8 所示。在“横屏”界面获取了简单的触屏开始（touchstart）和触屏结束（touchend）事件的坐标，在“竖屏”界面获取了比较复杂的触屏开始（touchstart）、触屏移动（touchmove）和触屏结束（touchend）事件的坐标。

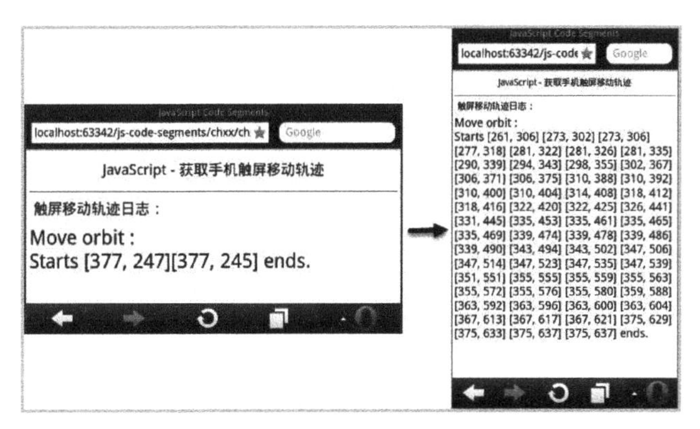

图 30.8　获取手机触屏移动轨迹

30.9 模拟触屏画笔功能

在 30.8 节介绍了通过触屏移动（touchmove）事件获取移动轨迹坐标。这一节继续 30.8 节的内容，实现一个模拟触屏画笔功能的 JavaScript 实例，代码如下：

```
01 <!DOCTYPE html>
02 <html lang="en">
03 <head>
04     <title>JavaScript Code Segments</title>
05 </head>
06 <body>
07     <p>模拟触屏画笔：</p>
08     <canvas id="id-canvas-draw"
09             width="896px"
10             height="896px"
11             style="border: 1px solid #c8c8c8">
12     </canvas>
13     <script type="text/javascript">
14         var x, y;
15         var idCanvasDraw = document.getElementById("id-canvas-draw");
16         var offset_left = idCanvasDraw.offsetLeft;
17         var offset_top = idCanvasDraw.offsetTop;
18         function mobile_page_load() {
19             var cxt = idCanvasDraw.getContext("2d");
20             document.addEventListener("touchstart", mobile_page_touch,
false);
21             document.addEventListener("touchmove", mobile_page_touch,
false);
22             document.addEventListener("touchend", mobile_page_touch,
```

```
false);
 23             function mobile_page_touch(ev) {
 24                 var ev = ev || window.event;
 25                 switch(ev.type) {
 26                     case "touchstart":
 27                         x = ev.touches[0].clientX - offset_left;
 28                         y = ev.touches[0].clientY - offset_top;
 29                         cxt.moveTo(x, y);
 30                         break;
 31                     case "touchmove":
 32                         x = ev.touches[0].clientX - offset_left;
 33                         y = ev.touches[0].clientY - offset_top;
 34                         cxt.lineTo(x, y);
 35                         cxt.stroke();
 36                         break;
 37                     case "touchend":
 38                         x = ev.changedTouches[0].clientX - offset_left;
 39                         y = ev.changedTouches[0].clientY - offset_top;
 40                         cxt.lineTo(x, y);
 41                         cxt.stroke();
 42                         break;
 43                 }
 44             }
 45         }
 46         window.addEventListener('load', mobile_page_load, false);
 47     </script>
 48 </body>
 49 </html>
```

第 08～12 行代码通过使用画布（<canvas>）标签定义了一个画布区域，并定义了画布的 id 值（"id-canvas-draw"）、尺寸以及边框属性。第 16、17 行代码通过使用 offsetLeft 和 offsetTop 属性获取了画布（id="id-canvas-draw"）距离原点的偏移距离。第 19 行代码通过画布 canvas 对象的 getContext("2d")方法获取了画布的上下文环境，并保存在变量 cxt 中。

第 29 行、第 34 行、第 35 行、第 40 行和第 41 行代码分别通过使用画布 canvas 对象变量 cxt 的 moveTo()、lineTo()和 stroke()方法在画布（id="id-canvas-draw"）中实现了画笔（本例为画线操作）功能。

下面测试 HTML 页面，在移动端的显示效果如图 30.9 所示。我们在触摸屏中通过模拟画笔手工绘制了一个“五角星”形状，虽然不是很规则，但模拟触屏画笔功能还是成功实现了。

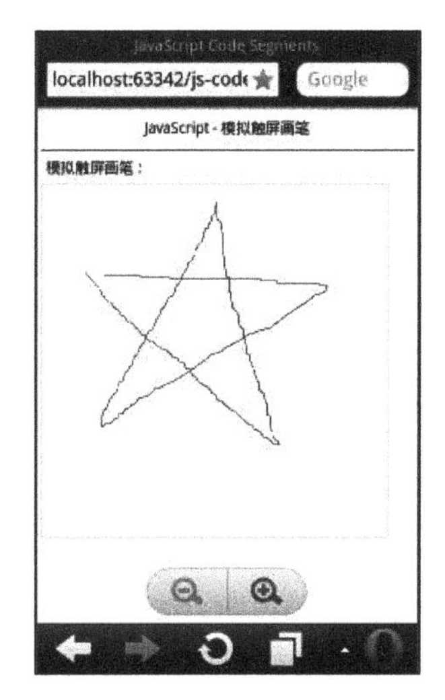

图 30.9 模拟触屏画笔功能

30.10 触屏滑动功能

对于移动端的触摸屏来说，除了拖曳操作之外，其实还有一种滑动（或称手势）操作。其实，在原生的 JavaScript 脚本语言触屏事件中是没有专门的拖曳事件和滑动事件的。但是，通过编程手段来定义触摸移动的时长和偏移距离还是可以模拟拖曳与滑动两种事件之间的区别的。实现触屏滑动功能的 JavaScript 实例代码如下：

```
01 <!DOCTYPE html>
02 <html lang="en">
03 <head>
04     <title>JavaScript Code Segments</title>
05 </head>
06 <body>
07     <p>请滑动下面的条目：</p>
08     <div id="id-touchmove-slider">滑动&拖动</div><br><br><br>
09     <div id="id-touchmove-slider-info">操作日志：</div>
10     <script type="text/javascript">
11         var idDiv = document.getElementById("id-touchmove-slider");
12         var idDivInfo =
document.getElementById("id-touchmove-slider-info");
13         var offsetWidth, offsetHeight;
14         var startPosX, startPosY, endPosX, endPosY, disX, disY;
15         var startTime, endTime, durTime;
16         var touchmoveFlag = 0;
17         idDiv.addEventListener("touchstart", function(e) {
```

```
    18              console.log(e);
    19              touchmoveFlag = 0;
    20              startTime = Date.now();
    21              var touches = e.targetTouches[0];
    22              offsetWidth = touches.clientX - idDiv.offsetLeft;
    23              offsetHeight = touches.clientY - idDiv.offsetTop;
    24              startPosX = touches.clientX;
    25              startPosY = touches.clientY;
    26              document.addEventListener("touchmove", defaultEvent, false);
    27          }, false);
    28          idDiv.addEventListener("touchmove", function(e) {
    29              touchmoveFlag = 1;
    30              var touches = e.targetTouches[0];
    31              var oLeft = touches.clientX - offsetWidth;
    32              var oTop = touches.clientY - offsetHeight;
    33              if(oLeft < 0) {
    34                  oLeft = 0;
    35              }else if(oLeft > document.documentElement.clientWidth -
idDiv.offsetWidth) {
    36                  oLeft = (document.documentElement.clientWidth -
idDiv.offsetWidth);
    37              }
    38              idDiv.style.left = oLeft + "px";
    39              idDiv.style.top = oTop + "px";
    40          }, false);
    41          idDiv.addEventListener("touchend", function(e) {
    42              var touches = e.changedTouches[0];
    43              endPosX = touches.clientX;
    44              endPosY = touches.clientY;
    45              disX = Math.abs(endPosX - startPosX);
    46              disY = Math.abs(endPosY - startPosY);
    47              endTime = Date.now();
    48              durTime = endTime - startTime;
    49              if(touchmoveFlag == 1)
    50                  if(durTime <= 1000)
    51                      if((disX <= 32) && (disY <= 32))
    52                          idDivInfo.innerHTML += "<br>This is a slider
operation.";
    53                      else
    54                          idDivInfo.innerHTML += "<br>This is a drag operation.";
    55              touchmoveFlag = 0;
    56              document.removeEventListener("touchmove", defaultEvent,
false);
```

```
57          }, false);
58          function defaultEvent(e) {
59              e.preventDefault();
60          }
61      </script>
62  </body>
63  </html>
```

本例在 30.10 节例子的基础上修改而成，主要是在拖曳操作功能的基础上增加了滑动操作的功能。如何区分拖曳与滑动两种操作呢？基本原则就是以触屏时间和触屏移动距离来区分两种操作的不同。

首先需要定义几组变量，其中第 14 行代码定义的变量用于描述触屏移动的距离（startPosX、startPosY、endPosX、endPosY、disX、disY），第 15 行定义的变量用于描述触屏移动的时长（startTime、endTime、durTime），第 16 行代码定义的变量用于描述是否产生了触屏移动操作（touchmoveFlag）。

第 17～57 行代码中分别定义了触屏开始（touchstart）、触屏移动（touchmove）和触屏结束（touchend）3 个事件的处理方法，并依次对以上几组变量进行了赋值和计算。比较关键的是第 49～54 行代码，依次对是否产生触屏移动（0 或 1）、触屏移动时长（1000ms）和触屏移动距离（32）进行了判断，根据判断结果甄别出是触屏拖曳操作还是触屏滑动操作。

下面测试 HTML 页面，在移动端（竖屏与横屏）的显示效果如图 30.10 所示。我们在触摸屏中测试了一下拖曳灰色长方形的操作，页面中显示了滑动操作和拖曳操作的日志信息。

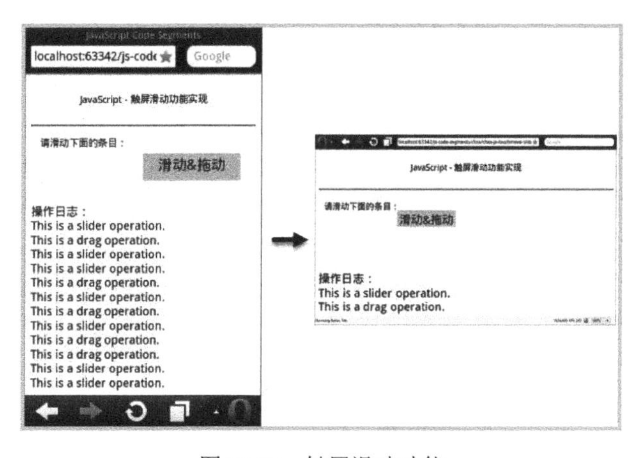

图 30.10　触屏滑动功能

30.11 触屏手势操作

其实，移动端的触屏滑动操作可以定义为一种更严格的手势操作，可以识别上、下、左和右。同样的，手势操作在原生的 JavaScript 脚本语言触屏事件中是没有专门定义的，具体还是通过编程来实现用户手势操作功能。下面实现一个触屏手势操作的 JavaScript 实例，代码如下：

```
01  <!DOCTYPE html>
02  <html lang="en">
03  <head>
04      <title>JavaScript Code Segments</title>
05  </head>
06  <body>
07      <p>请测试页面触屏手势操作：</p>
08      <div id="id-touchmove-gesture-info">操作日志：</div>
09      <script type="text/javascript">
10          var g_body = document.getElementsByTagName("body")[0];
11          var cHeight = document.documentElement.clientHeight;
12          g_body.style.height = cHeight + 'px';
13          var idDivInfo =
document.getElementById("id-touchmove-gesture-info");
14          var startPosX, startPosY, endPosX, endPosY, disX, disY;
15          g_body.addEventListener("touchstart", function(e) {
16              e.preventDefault();
17              var touches = e.touches[0];
18              startPosX = touches.pageX;
19              startPosY = touches.pageY;
20          }, false);
21          g_body.addEventListener("touchmove", function(e) {
22              e.preventDefault();
23              var touches = e.targetTouches[0];
24              endPosX = touches.pageX;
25              endPosY = touches.pageY;
26              disX = endPosX - startPosX;
27              disY = endPosY - startPosY;
28              get_gesture(disX, disY);
29          }, false);
30          function get_gesture(x, y) {
31              if(Math.abs(y) > Math.abs(x) && y < 0) {
32                  idDivInfo.innerHTML += "gesture to up...<br>";
33              } else if(Math.abs(x) > Math.abs(y) && x > 0) {
34                  idDivInfo.innerHTML += "gesture to right...<br>";
35              } else if(Math.abs(y) > Math.abs(x) && y > 0) {
36                  idDivInfo.innerHTML += "gesture to down...<br>";
37              } else if(Math.abs(x) > Math.abs(y) && x < 0) {
38                  idDivInfo.innerHTML += "gesture to left...<br>";
39              } else {
40                  idDivInfo.innerHTML += "no gesture ...<br>";
41              }
```

```
42          }
43      </script>
44  </body>
45  </html>
```

第 10 行代码获取了页面文档 document 对象的引用，用于测试触屏手势操作。第 11～12 行代码通过 clientHeight 属性获取了页面文档客户区域的高度，并重新进行了设定。第 15～20 行和第 21～29 行代码分别通过 addEventListener()方法为触摸事件（touchstart 和 touchmove）定义了事件处理方法，并使用 pageX 和 pageY 属性计算触摸移动操作的距离，从而通过 get_gesture()自定义方法判断是否属于触摸手势操作。第 30～42 行代码是对 get_gesture()方法的具体实现，主要是通过计算得出的触摸移动距离（水平和垂直方向及正负值）来判定触屏手势操作的类型（上、下、左和右）。

下面测试 HTML 页面，在移动端（竖屏与横屏）的显示效果如图 30.11 所示。我们在触摸屏中测试了一下手势操作，页面中显示了不同手势操作的类型（上、下、左和右）。

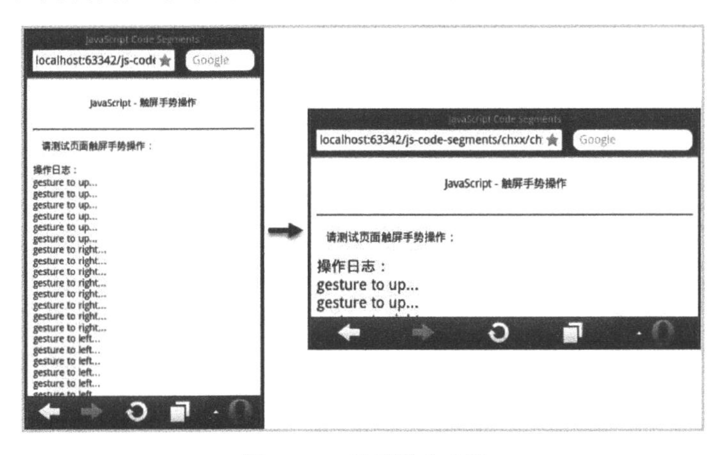

图 30.11　触屏滑动功能